# AR交互动画与微

AR交互动画是指将含有字母、数字、符号或图形的信息叠加或融合到读者看到的真实世界中，以增强读者对相关知识的直观理解，具有虚实融合的特点。

本书为纸数融合的新形态教材，通过运用AR动画技术，将模拟电子技术中的抽象知识与复杂现象进行直观呈现，以提升课堂的趣味性，增强读者的理解力，最终实现高质量教学。

## AR交互动画识别图

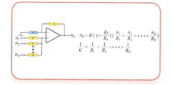

**由集成运放组成的积分器与微分器**

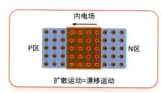

**PN结的形成**

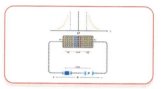

**PN结的扩散电容**

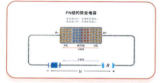

**PN结的势垒电容**

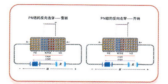

**PN结的反向击穿**

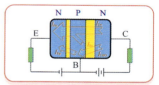

**NPN型三极管内部载流子的运动**

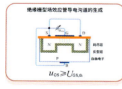

**绝缘栅型场效应
管导电沟道的形成**

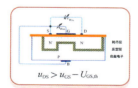

**绝缘栅型场效应管漏源电压
对导电沟道的控制**

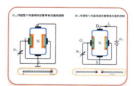

**结型N道沟场效应
管导电沟道夹断**

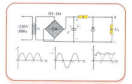

**直流电源的工作过程**

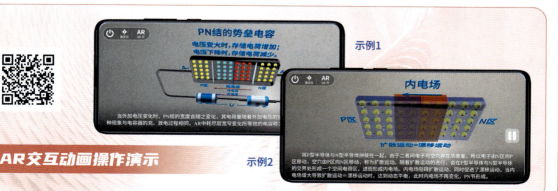

**AR交互动画操作演示**

示例2

## 使用指南

**01** 扫描二维码下载"人邮教育AR"App安装包，并在手机或平板电脑等移动设备上进行安装。

**02** 安装完成后，打开App，进入"人邮教育AR"页面。

**03** 单击"扫描AR交互动画识别图"按钮，扫描书中的AR交互动画识别图，即可操作对应的"AR交互动画"，并且可以进行交互学习。

## 新形态教学资源示例

手机扫描二维码，即可观看相关知识点的微课视频讲解，重点难点轻松掌握。

模拟信号和数字信号

例题1.4.1

例题1.4.2

例题1.4.3

MultiSim介绍

电路图的绘制

MultiSim电路仿真分析1

MultiSim电路仿真分析2

MultiSim中的虚拟仪器万用表

MultiSim信号发生器和示波器

集成运算放大器简介

例题2.2.2

MultiSim仿真视频

积分电路

微分电路

积分电路仿真

微分电路仿真

### 本章知识导图

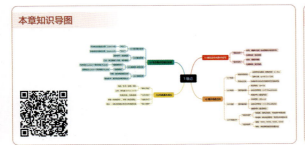

### 自我检测题答案

**第一章　自我检测题答案**

1.1　1.A　2.B　3.D

1.2　1.X　2.X　3.X　4.✓　5.X　6.X　7.X　8.✓　9.X　10.X

高等学校电子信息类
基础课程名师名校系列教材

# 模拟电子
# 技术基础

 **微课版｜支持AR交互**

华中科技大学电子技术课程组／组编

邓天平 罗杰／编著

人民邮电出版社

北 京

图书在版编目（CIP）数据

模拟电子技术基础：微课版：支持 AR 交互／华中科技大学电子技术课程组组编；邓天平，罗杰编著.
北京：人民邮电出版社，2025. --（高等学校电子信息类基础课程名师名校系列教材）. -- ISBN 978-7-115-65338-3

Ⅰ. TN710

中国国家版本馆 CIP 数据核字第 2024GU5859 号

## 内 容 提 要

本书符合教育部高等学校电工电子基础课程教学指导分委员会于 2019 年制定的"模拟电子技术基础"课程教学基本要求，以"保证基础、精选内容、重视应用"为宗旨，立足于现代电子技术的发展和我国高等教育人才培养目标，力求反映当前电子技术发展的主流和趋势。

全书共 10 章，主要内容包括绪论、集成运算放大器的基本应用、半导体二极管及其基本电路、双极结型三极管及基本放大电路、场效应管及放大电路、模拟集成电路、反馈放大电路、信号处理与信号产生电路、功率放大电路、直流稳压电源。编者本着"立足基础、面向未来"的原则，采用先"集成"、后"分立"的次序安排教学内容，力求做到通俗易懂，激发读者学习的主观能动性。

本书可作为普通高等学校电子信息类、电气类、自动化类等专业"模拟电子技术基础"课程的教材，也可作为从事电子技术工作的工程技术人员的参考书。

◆ 组　　编　华中科技大学电子技术课程组
　　编　著　邓天平　罗　杰
　　责任编辑　许金霞
　　责任印制　胡　南

◆ 人民邮电出版社出版发行　　北京市丰台区成寿寺路 11 号
　　邮编　100164　　电子邮件　315@ptpress.com.cn
　　网址　https://www.ptpress.com.cn
　　三河市君旺印务有限公司印刷

◆ 开本：787×1092　1/16　　　　　　彩插：1
　　印张：22.5　　　　　　　　　　　2025 年 6 月第 1 版
　　字数：650 千字　　　　　　　　　2025 年 6 月河北第 1 次印刷

定价：79.80 元

读者服务热线：(010)81055256　印装质量热线：(010)81055316
反盗版热线：(010)81055315

# 前　言

## 写作初衷

模拟电子技术在智能传感器、智能微系统、新型计算架构等方面发挥着重要作用，能实现对物理世界的高效感知和精确控制，为物联网、智慧城市、智能制造等领域提供了基础性支撑。"模拟电子技术基础"课程是理工科学生面向工程的"启蒙"课程，旨在培养学生面向工程的思维和方法。本书针对学生的思维习惯，从设计的角度讲述部分电路，再现"器件、电路、系统、方法的获得过程"，以便学生系统地学习电路设计的方法；从结构特点阐明基本电路，以便学生掌握其精髓和根本，从而能够举一反三；从具体电子电路应用的局限性引导获得重构电路的思路，以便学生掌握发现问题、分析问题、解决问题的方法。

本书是根据教育部高等学校电工电子基础课程教学指导分委员会于2019年制定的"模拟电子技术基础"课程教学基本要求编写的，可与编者在中国大学 MOOC 平台上开设的"模拟电子技术基础"课程配套使用，该课程获评"国家精品在线开放课程""国家级一流本科课程""国家级线上线下混合式一流课程"。

## 内容特色

### 1 立足经典知识体系，突出工程性和实践性

本书借鉴了国内外优秀教材的优点，总结了编者多年来的教学实践经验，以"保证基础，精选内容，重视应用"为目标，力求反映当前模拟电子技术发展的主流和趋势。面对模拟电子技术的新发展，重新提炼基础知识，着重编排了能够体现其工程性和实践性的相关内容，使学生能够更快地适应电子技术的快速发展，并能够面对未来的挑战。

### 2 软件与硬件结合，强化实际应用能力

面对 EDA（电子设计自动化）技术的日臻成熟，本书的内容体系框架采用"软硬件相结合"的方式，各章都给出 EDA 的应用范例，涵盖 MultiSim 在模拟电路中的基本应用，使学生能够初步掌握分析和设计电子电路的现代化方法。同时，编者充分考虑到学生当前的软件应用水平，力图通过书中较为细致的描述和系统的实验，使学生能够以"自学为主"的方式学习 EDA。

### 3 配备 AR 交互动画、微课、慕课等新形态资源，提供立体化教学服务

本书以 AR 交互动画的形式展示抽象的知识要点，以微课视频讲解的形式解析重点和难点内容，便于学生牢固掌握模拟电子技术基础的相关知识，大大降低了学生的学习难度。同时，学生还可以通过编者在中国大学 MOOC 平台开设的国家精品在线开放课程"模拟电子技术基础"进行自主学习。

### 4 采用知识导图梳理知识脉络，配套丰富的教辅资源

本书每章都配备详细的思维导图对知识点进行梳理，便于学生归纳和总结。编者针对重点、难点内容编排了相关例题，便于学生理解与掌握相应知识点。同时，还编写了《模拟电子技术基础实验指导与习题解析》一书，帮助学生通过实验和练习巩固所学的知识。此外，本书还提供了丰富的教辅资源，包括教学大纲、教学日历、教学课件、习题答案、试题等，可助力教师开展高质量的教学。

# 教学建议

本书适合 48～64 学时的教学需求，教师可根据自身院校的实际需求，按模块结构组织教学，灵活选用相关内容。

讲授书中全部内容大约需要 56 学时，"实践训练"以仿真实验为主，可以作为作业布置给学生在课外完成。但建议同时安排不少于 32 学时的实验，让学生有机会动手组装电路，并在实验室使用电子仪器实际测试电路的功能和性能。本书学时分配建议见表1。

表1　学时建议

| 章 | 教学内容 | 参考学时 | 配套实验 | 参考学时 |
|---|---|---|---|---|
| 第1章 | 绪论 | 2学时 | • MultiSim 入门 | 2学时 |
| 第2章 | 集成运算放大器的基本应用 | 4学时 | • 集成运放构成的反相、同相、比例积分电路 | 4学时 |
| 第3章 | 半导体二极管及其基本电路 | 4学时 | • 二极管应用电路的仿真 | 4学时 |
| 第4章 | 双极结型三极管及基本放大电路 | 12学时 | • 共发射极放大电路 | 8学时 |
| 第5章 | 场效应管及放大电路 | 4学时 | • 共源极放大电路 | 4～8学时 |
| 第6章 | 模拟集成电路 | 6学时 | • 差分放大电路 | 4学时 |
| 第7章 | 反馈放大电路 | 8学时 | • 负反馈放大电路 | 4学时 |
| 第8章 | 信号处理与信号产生电路 | 8学时 | • 有源滤波器<br>• 正弦波产生电路<br>• 方波-三角波产生电路 | 8学时 |
| 第9章 | 功率放大电路 | 4学时 | • 音响放大器 | 4～8学时 |
| 第10章 | 直流稳压电源 | 4学时 | • 整流、滤波及集成稳压电源 | 4～8学时 |

华中科技大学电工电子教学团队包括电路课程组、电子技术课程组等，2007 年获评国家级教学团队，讲授的电路、数字电子技术基础、模拟电子技术基础等多门课程获评国家级精品课程、国家精品资源共享课、国家级线上一流课程，是一支高素质、高教学水平的教学团队。

本书由华中科技大学电子技术课程组组编，邓天平、罗杰编著。其中，邓天平编写第1章、第4章、第7章、第9章和第10章，罗杰编写第2章、第3章、第5章、第6章、第8章，邓天平负责全书的内容组织和定稿工作。

本书的编写得到了华中科技大学本科生院及电子信息与通信学院的大力支持，同时，还得到电子技术课程组各位教师的支持，在此谨致衷心的感谢。

限于编者水平和时间，书中难免有疏漏之处，敬请读者批评指正。读者可通过电子邮件与作者联系，邮箱：390301558@qq.com。

编　者

2025 年 3 月于华中科技大学

# 目　录

## 第 8 章

## 信号处理与信号产生电路

## 第 7 章

## 反馈放大电路

# 资源索引

## AR 交互动画识别图

## 微课视频二维码

# 第 **1** 章

## 绪论

本章知识导图

### 本章学习要求

- 能区分模拟信号与数字信号。
- 能识别常见的基本电路元件。
- 能理解电路的基本概念。
- 能掌握和运用电路基本定律和定理。

### 本章讨论的问题

- 模拟信号与数字信号的区别是什么？
- 常见的基本电路元件有哪些？
- 已学习过哪些电路基本概念？
- 已学习过的电路基本定律和定理有哪些？

## 1.1　模拟信号和数字信号

温度、气压、风速、人类的脉搏、呼吸等，都包含各种各样的信息。信号就是这些信息的载体或表达形式。可见，信号的物理量形式是多种多样的。但从信号处理的实现技术来看，目前便于实现的是电信号的处理，所以在处理各种非电信号时，通常先将非电信号转换为电信号再进行处理。

电信号的两种基本形式是电压和电流。通常，它们都是时间的函数。在时间和幅值上均连续的信号称为**模拟信号**，也就是数学上所说的连续函数。话筒输出的电压信号就是模拟信号，其波形如图 1.1.1 所示。处理模拟信号的电子电路称为模拟电路。本书主要讨论各种模拟电路的基本概念、基本原理、基本分析方法及基本应用。

在时间和幅值上均离散的信号称为数字信号。处理数字信号的电子电路称为数字电路。

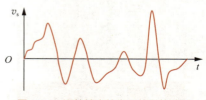
视频 1-1：模拟信号和数字信号

图 1.1.1　话筒输出的电压信号的波形

## 1.2　基本电路元件

在电路理论学习中，我们知道，为了便于分析和计算实际电路，通常需要把实际电路抽象为电路模型，在一定条件下，常突出实际元件主要的电磁性质而忽略其次要性质，将其看成理想电路元件。

常见的理想电路元件主要有以下几种。

（1）电阻元件（后文简称电阻）：消耗电能的元件。

（2）电感元件（后文简称电感）：产生磁场、储存磁场能量的元件。

（3）电容元件（后文简称电容）：产生电场、储存电场能量的元件。

（4）电压源和电流源：将其他形式的能量转变成电能的元件。

电路元件分为有源元件和无源元件。能够提供功率增益的元件为有源元件，反之就是无源元件，电阻、电容和电感均为无源元件。

各种不同电阻

### 1.2.1　电阻

凡是其端电压与其流过的电流成比例的电阻，称为线性电阻。线性电阻的电路符号如图 1.2.1（a）所示。线性电阻的伏安特性曲线是通过原点的一条直线，直线的斜率就是该电阻的阻值 $R$，如图 1.2.1（b）所示。

当电压和电流为关联参考方向时，线性电阻的电压和电流关系满足欧姆定律，即 $v=Ri$ 或 $i=Gv$，其中 $R$ 为电阻，$G$ 为电导。在国际单位制中，电压的

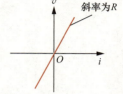

（a）电路符号　　（b）伏安特性曲线

图 1.2.1　线性电阻的电路符号和伏安特性曲线

单位为 V（伏特），电流的单位为 A（安培），电阻的单位为 Ω（欧姆），电导的单位为 S（西门子）。需要注意的是，如果电阻两端的电压和流过电阻的电流为非关联参考方向，那么我们需要将欧姆定律改写为 $v=-Ri$ 或 $i=-Gv$。

电阻是耗能元件，也就是说，电阻会将电能转换为热能等。关联参考方向下，电阻 $R$ 所吸收的功率 $P=vi=Ri^2=v^2/R=Gv^2=i^2/G$。

## 1.2.2 电容

电容是储存电能的二端元件。在任何时刻，其储存的电荷 $q$ 与其两端的电压 $v$ 能用 $q$-$v$ 平面上的一条曲线来描述。在外电源作用下，电容正、负电极上分别带等量异性电荷，撤去电源，电极上的电荷仍可长久地聚集。

各种不同电容

对于常见的线性时不变电容，在任何时刻，其极板上的电荷 $q$ 与电压 $v$ 成正比，电路符号如图 1.2.2（a）所示。库伏特性曲线是过原点的直线，即 $q=Cv$，直线的斜率就是该电容的容量 $C$，国际单位为 F（法拉），如图 1.2.2（b）所示。

当电压和电流为关联参考方向时，流过电容的电流 $i$ 与其两端的电压 $v$ 满足微分关系，即

$i = \dfrac{\mathrm{d}q}{\mathrm{d}t} = \dfrac{\mathrm{d}Cv}{\mathrm{d}t} = C\dfrac{\mathrm{d}v}{\mathrm{d}t}$，因此电容是动态元件，某

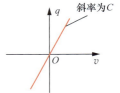

（a）电路符号　　　　（b）库伏特性曲线

图 1.2.2　线性时不变电容的电路符号和库伏特性曲线

一时刻电容电流 $i$ 的大小取决于电容电压 $v$ 的变化率，而与该时刻电压 $v$ 的大小无关。当 $v$ 为常数时，$i=0$，也就是电容对直流相当于开路，因此电容有隔断直流的作用。

## 1.2.3 电感

电感是储存磁能的二端元件。在任何时刻，其特性可用 $\varPsi$-$i$ 平面上的一条曲线来描述。把金属导线绕在骨架上就可以构成实际电感线圈，当电流通过线圈时，将产生磁通，抵抗电流变化。

各种不同电感

常见的线性时不变电感，通过电感的电流 $i$ 与其磁链 $\varPsi$ 成正比，电路符号如图 1.2.3（a）所示。韦安特性曲线为过原点的直线，即 $\varPsi=Li$，直线的斜率就是该电感的电感量 $L$，国际单位为 H（亨利），如图 1.2.3（b）所示。

当电压和电流为关联参考方向时，电感两端的电压 $v$ 与其流过的电流 $i$ 满足微分关系，即

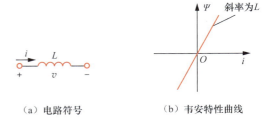

（a）电路符号　　　　（b）韦安特性曲线

图 1.2.3　线性时不变电感的电路符号和韦安特性曲线

$v = \dfrac{\mathrm{d}\psi}{\mathrm{d}t} = L\dfrac{\mathrm{d}i}{\mathrm{d}t}$，因此电感也是动态元件，电感电压

$v$ 的大小取决于 $i$ 的变化率，与 $i$ 的大小无关。当 $i$ 为常数时，电压 $v=0$，也就是电感对直流相当于短路。

## 1.2.4 电源元件

### 1. 独立电源

独立电源，就是电压源的电压或电流源的电流不受外部电路（简称外电路）的控制而独立存在的源。独立电源是二端元件，具有把非电磁能量（如机械能、化学能、光能等）转变成电磁能量的能力。独立电源在电路中能作为激励来激发电路中的响应，产生支路电压和支路电流等。

独立电源分为独立电压源和独立电流源两种类型。这是两个完全独立、彼此不能替代的理想电源模型。

（1）独立电压源

如果流过一个二端元件的电流无论为何值，其两端电压均保持常量或按给定的时间函数发生

变化，那么该二端元件称为独立电压源，简称电压源。

电压源的电路符号如图 1.2.4（a）所示，图中"+""−"表示电压源电压的参考极性。直流电压源的电路符号也可以用图 1.2.4（b）所示的符号表示，直流电压源的伏安特性曲线如图 1.2.4（c）所示。

（a）电压源的电路符号　（b）电流电压源的电路符号　（c）直流电压源的伏安特性曲线

图 1.2.4　电压源

电压保持常量的电压源，称为直流电压源。电压随时间变化的电压源，称为时变电压源。电压随时间周期性变化且平均值为零的时变电压源，称为交流电压源。

（2）独立电流源

如果一个二端元件的输出电流总能保持恒定值或为确定的时间函数，其值与它的两端电压无关，那么该二端元件称为独立电流源，简称电流源。

电流源的电路符号如图 1.2.5（a）所示，图中箭头表示电流源电压的参考方向。直流电流源的伏安特性曲线如图 1.2.5（b）所示。

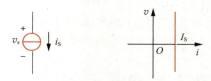

（a）电流源的电路符号　（b）直流电流源的伏安特性曲线

图 1.2.5　电流源

电流保持常量的电流源，称为直流电流源。电流随时间变化的电流源，称为时变电流源。电流随时间周期性变化且平均值为零的时变电流源，称为交流电流源。

### 2. 受控电源

电源的电压和电流源的电流，是受电路中其他电流或电压控制的，这种电源称为受控电源。受控电源又称非独立电源，是一种具有两个支路的四端元件。当被控制量是电压时，用受控电压源表示；当被控制量是电流时，用受控电流源表示。根据控制量和被控制量是电压 $v$ 或电流 $i$，受控电源可分为 4 种类型：电压控制电压源（VCVS）、电压控制电流源（VCCS）、电流控制电压源（CCVS）和电流控制电流源（CCCS），其电路符号如图 1.2.6 所示。

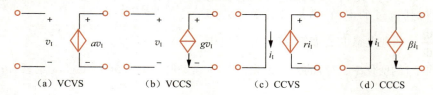

（a）VCVS　　　　（b）VCCS　　　　（c）CCVS　　　　（d）CCCS

图 1.2.6　受控电源的电路符号

需要注意的是，独立电源电压（或电流）由电源本身决定，与电路中其他电压、电流无关，而受控电源电压（或电流）由控制量决定。独立电源在电路中能起激励作用，在电路中产生电压、电流；而受控电源只反映电路中某处的电压或电流对另一处的电压或电流的控制关系，在电路中不能起激励作用。

## 1.3　电路基本概念

支路（branch）：电路中通过同一电流的分支。在电路仿真软件中，经常将每个二端元件定义为一条支路。

节点（node）：3条或3条以上支路的连接点称为节点。在电路仿真软件中，经常将元件之间的连接点称为节点。

回路（loop）：由支路组成的闭合路径。

网孔（mesh）：对于平面电路，其内部不含任何支路的回路称为网孔。需要注意的是，网孔是回路，但回路不一定是网孔。

观察图1.3.1所示的电路，可以得到支路数$b=5$，节点数$n=3$，网孔数$m=3$，对于任何平面电路，满足网孔数＝支路数−节点数+1，即$m=b-n+1$。

有载和空载：将图1.3.2所示电路中的开关S合上，电路构成闭合电路，电路导通，即处于有载状态；反之，开关S断开时，电路断开，负载电阻中无电流流过，电路处于空载状态。

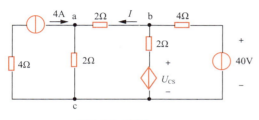

图1.3.1　电路　　　　　　　　　　　图1.3.2　有载、空载、开路概念说明

开路：若电路（或元件）的电阻为无穷大，则当电压是有限值时，其电流总是零，这时称电路状态为开路。图1.3.2所示电路中的开关断开时，电路处于空载状态，即负载电阻（为简便，有时称为负载）$R_L=\infty$，电路处于开路状态。

短路：若电路（或元件）的电阻为零，则当电流是有限值时，其电压总是为零，这时称电路状态为短路。图1.3.2所示电路中的开关闭合时，若负载电阻$R_L=0$，则负载处于短路状态。

串联：一些二端元件首尾相连、中间没有分支时，这种连接方式称为串联，串联元件总是流过相同的电流，如图1.3.3所示电路中的电阻$R_3$和$R_4$就是串联的。

并联：一些二端元件的两个端子分别连在一起时，这种连接方式称为并联，并联元件两端总是具有相同的电压，如图1.3.3所示电路中的电阻$R_5$和$R_6$就是并联的。

输入电阻：如果一个一端口网络内部只有电阻，通过电阻串、并联简化方法，可以求出其等效电阻。如果该一端口网络内部含有受控电源，但是不含有任何独立电源，可以证明，不论内部如何复杂，端口电压和端口电流始终成正比。因此，如图1.3.4所示，定义这样的一端口网络的输入电阻$R_i$为

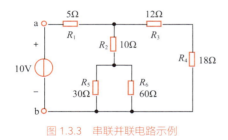 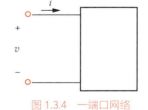

图1.3.3　串联并联电路示例　　　　　　图1.3.4　一端口网络

$$R_i = \frac{v}{i} \tag{1.3.1}$$

## 1.4　电路基本定律和定理

在电子电路的分析和计算中，需要用到电路理论中的有关定律和定理，主要有基尔霍夫定

律、叠加定理、戴维南定理与诺顿定理及密勒定理等。

## 1.4.1 基尔霍夫定律

### 1. 基尔霍夫电流定律

基尔霍夫电流定律（kirchhoff's current law，KCL），指的是在集总参数电路中，在任意时刻对于任意节点，流入（或流出）该节点电流的代数和等于零，即

$$\sum_{k=1}^{n} i_k = 0 \tag{1.4.1}$$

图 1.4.1 中，如果我们定义电流流出节点的方向为正，电流流进节点的方向为负，可以列写 KCL 方程为

$$-i_1 - i_2 + i_3 + i_4 + i_5 = 0 \tag{1.4.2}$$

式（1.4.2）也可以写成

$$i_1 + i_2 = i_3 + i_4 + i_5 \tag{1.4.3}$$

也就是流进节点的电流等于流出节点的电流，因此 KCL 方程也可以写成

$$\sum i_I = \sum i_O \tag{1.4.4}$$

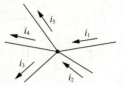

图 1.4.1 KCL 解释

### 2. 基尔霍夫电压定律

基尔霍夫电压定律（kirchhoff's voltage law，KVL），指的是在集总参数电路中，在任意时刻对于任意回路，所有支路电压的代数和恒等于零，即

$$\sum_{k=1}^{b} v_k = 0 \tag{1.4.5}$$

对于任何电路，列 KVL 方程的基本步骤如下。
（1）标定各元件的电压参考方向。
（2）选定回路绕行方向（顺时针或逆时针方向）。
（3）列 KVL 方程。

---

**例1.4.1** 电路如图 1.4.2 所示，试列网孔的 KVL 方程。
**解：**（1）标定各元件的电压参考方向，如图 1.4.3 所示。
（2）选定网孔的顺时针绕行方向，如图 1.4.3 所示。
（3）列网孔 1 和网孔 2 的 KVL 方程。
网孔 1：$V_1 + V_3 - 4I_3 - V_s = 0$
网孔 2：$V_2 + V_4 - V_3 = 0$
应用欧姆定律，可以将电阻两端的电压用其流过的电流表示。

视频1-2：
例题1.4.1

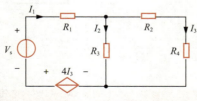

图 1.4.2 例 1.4.1 的电路

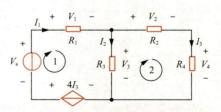

图 1.4.3 例 1.4.1 电路电压极性标注

网孔 1：$I_1 R_1 + I_2 R_3 - 4I_3 - V_s = 0$
网孔 2：$I_3 R_2 + I_3 R_4 - I_2 R_3 = 0$

KVL 是对回路中支路电压的约束，与回路各支路上接的是什么元件无关，与电路是线性，还是非线性无关。

KVL 方程是按电压参考方向列写的，与电压实际方向无关。

## 1.4.2 叠加定理

我们知道，对于线性电路，如果电路中只有一个激励源，那么激励与响应之间满足齐次线性关系。如果线性电路中有多个激励源，那么激励与响应之间的关系又怎样呢？可以证明，在线性电路中，任意支路的电流（或电压）可以看成电路中每一个独立电源单独作用于电路时在该支路产生的电流（或电压）的代数和，这就是叠加定理。这是因为节点电压和支路电流均为各电源的一次函数，均可看成各独立电源单独作用时产生的响应之叠加。

需要注意的是，叠加定理只适用于线性电路。

利用叠加定理分析电路的基本步骤如下。

（1）在有多个激励源的电路中，保留一个有效的，其他的置零。对于独立电压源，置零表示将其电压置零，也就是短路；对于独立电流源，置零表示将其电流置零，也就是开路。

（2）利用电路中的分析方法，求解这个源激励得到的响应。

（3）重复上述步骤，直到得到所有源的响应，最后将所有的响应相加，得到的结果就是电路的响应。

**例1.4.2** 电路如图1.4.4所示，求电流$I$的值。

**解：** 利用叠加定理求解，将图1.4.4所示电路分为两个独立电源单独激励的情况，如图1.4.5所示。

在图1.4.5（a）所示的电路中，由于4Ω电阻、2Ω电阻与10Ω电阻、5Ω电阻构成了平衡电桥，因此$I^{(1)}=0$；在图1.4.5（b）所示的电路中，可得$I^{(2)}=70V/14Ω+70V/7Ω=15A$。

因此$I=I^{(1)}+I^{(2)}=15A$。

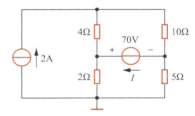

图 1.4.4 例 1.4.2 的电路

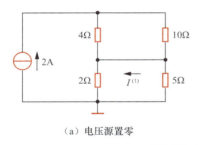

（a）电压源置零

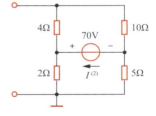

（b）电流源置零

图 1.4.5 例 1.4.2 图解

视频1-3：例题1.4.2

在使用叠加定理时，需要特别注意物理量的方向，分电路中的物理量和原电路中物理量的方向要一致。

## 1.4.3 戴维南定理与诺顿定理

在实际工程中，常常会碰到只需要研究某一支路的电压、电流或功率的问题。对所研究的支路来说，电路的其余部分就成为一个有源二端口网络，此时可等效变换为较简单的有源支路（电压源与电阻串联或电流源与电阻并联的支路），使分析和计算简化。戴维南定理给出了等效有源支路及其计算方法。

任何一个有源线性一端口网络，对外电路来说，总可以用一个电压源和电阻的串联组合来等效置换，此电压源的电压等于外电路断开时端口处的开路电压 $v_{OC}$，而电阻等于一端口的输入电阻（或等效电阻 $R_{eq}$），如图 1.4.6（b）所示，这就是戴维南定理。

同样，任何一个有源线性一端口网络，对外电路来说，总可以用一个电流源和电阻的并联组合来等效置换，此电流源的电流等于该一端口的短路电流 $i_{SC}$，电阻等于该一端口的输入电阻 $R_{eq}$，如图 1.4.6（e）所示，这就是诺顿定理。

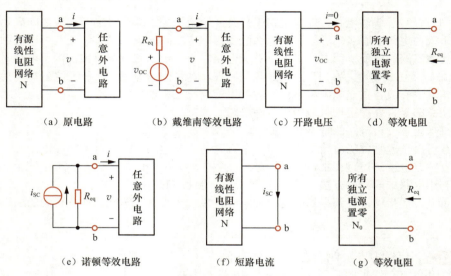

（a）原电路　　　（b）戴维南等效电路　　　（c）开路电压　　　（d）等效电阻

（e）诺顿等效电路　　　（f）短路电流　　　（g）等效电阻

图 1.4.6　戴维南定理与诺顿定理

当我们需要了解电路中负载的电压或者电流随负载阻值变化时，可以先将负载以外的电路等效变换为戴维南等效电路或者诺顿等效电路，然后利用等效电路求解。

**例1.4.3**　电路如图 1.4.7 所示，求负载电阻 $R_L$ 分别为 6Ω、18Ω、36Ω 时的电流 $i_L$。

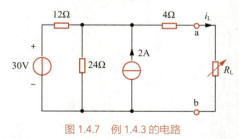

视频1-4：
例题1.4.3

图 1.4.7　例 1.4.3 的电路

**解：**应用戴维南定理求解，首先求开路电压 $v_{OC}$。将负载电阻 $R_L$ 开路，电路如图 1.4.8（a）所示，利用叠加定理，可得开路电压

$$v_{OC} = \frac{24\Omega}{24\Omega+12\Omega} \times 30V + \frac{12\Omega \times 24\Omega}{12\Omega+24\Omega} \times 2A = 36V$$

由图 1.4.8（b）所示电路计算等效电阻，得

$$R_{eq} = 4\Omega + \frac{12\Omega \times 24\Omega}{12\Omega+24\Omega} = 12\Omega$$

由此得，电路的戴维南等效电路如图 1.4.8（c）所示，因此

当 $R_L = 6\Omega$ 时，$i_L = \frac{36V}{12\Omega + 6\Omega} = 2A$

当 $R_L = 18\Omega$ 时，$i_L = \dfrac{36\text{V}}{12\Omega + 18\Omega} = 1.2\text{A}$

当 $R_L = 36\Omega$ 时，$i_L = \dfrac{36\text{V}}{12\Omega + 36\Omega} = 0.75\text{A}$

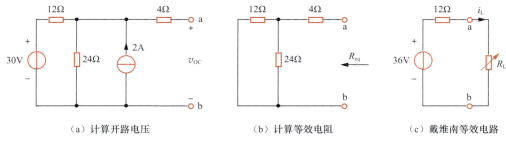

（a）计算开路电压　　　　　（b）计算等效电阻　　　　　（c）戴维南等效电路

图 1.4.8　例 1.4.3 图解

## 1.4.4　密勒定理

在放大电路分析中，有时候会遇到图 1.4.9（a）所示的电路，在节点 1 和节点 2 之间接有一个阻抗 $Z$，会增加计算的复杂度。

密勒定理提供了一种简化分析的方法。可以把图 1.4.9（a）所示的电路变换为图 1.4.9（b）所示的电路，后者称为前者的密勒等效电路。

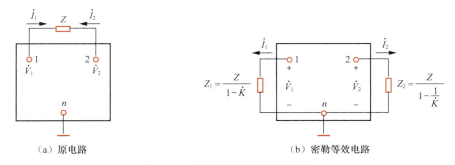

（a）原电路　　　　　　　　　　　（b）密勒等效电路

图 1.4.9　用密勒定理对电路进行变换

假设在一个电路中，$\dot{V}_1$ 和 $\dot{V}_2$ 分别为节点 1 和节点 2 对地的电压，节点 1 和节点 2 之间跨接阻抗 $Z$，如图 1.4.9（a）所示。已知该两点间电压传输系数

$$\dot{K} = \dot{V}_2 / \dot{V}_1 \tag{1.4.6}$$

在图 1.4.9（a）中，$\dot{I}_1$ 是从节点 1 出发流过 $Z$ 的电流，有

$$\dot{I}_1 = \frac{\dot{V}_1 - \dot{V}_2}{Z} = \frac{\dot{V}_1 - \dot{K}\dot{V}_1}{Z} = \frac{\dot{V}_1(1 - \dot{K})}{Z} = \frac{\dot{V}_1}{Z/(1-\dot{K})} = \frac{\dot{V}_1}{Z_1} \tag{1.4.7}$$

其中

$$Z_1 = \frac{Z}{1 - \dot{K}} \tag{1.4.8}$$

式（1.4.7）说明，原来从节点 1 出发流过 $Z$ 的电流 $\dot{I}_1$ 等于从节点 1 出发通过接地阻抗 $Z_1$ 的电流，如图 1.4.9（b）左侧所示。换句话说，在节点 1 与地之间并联一个阻抗 $Z_1$ 以取代原来的阻抗

9

$Z$，从节点 1 流出的电流 $\dot{I}_1$ 与原电路中的电流相等。

同理，对于从节点 2 出发流过 $Z$ 的电流 $\dot{I}_2$ 也有

$$\dot{I}_2 = \frac{\dot{V}_2 - \dot{V}_1}{Z} = \frac{\dot{V}_2 - \dot{V}_2 / \dot{K}}{Z} = \frac{\dot{V}_2\left(1 - \dfrac{1}{\dot{K}}\right)}{Z} = \frac{\dot{V}_2}{Z / \left(1 - \dfrac{1}{\dot{K}}\right)} = \frac{\dot{V}_2}{Z_2} \tag{1.4.9}$$

其中

$$Z_2 = \frac{Z}{1 - \dfrac{1}{\dot{K}}} \tag{1.4.10}$$

式（1.4.9）说明，在节点 2 与地之间并联一个阻抗 $Z_2$ 以取代原来的阻抗 $Z$，则从节点 2 流出的电流 $\dot{I}_2$ 与原电路中的电流相等，如图 1.4.9（b）右侧所示。

由上述分析可知，当电压传输系数 $\dot{K}$ 由图 1.4.9（a）确定，而 $Z_1$ 和 $Z_2$ 由式（1.4.8）及式（1.4.10）分别确定时，图 1.4.9（a）和图 1.4.9（b）所示电路是等效的。

必须指出的是，应用密勒定理对电路进行分析和计算时，若电压传输系数 $K$ 值很大，则可以认为经密勒变换后的阻抗 $Z_2$ 与 $K$ 值无关，可以近似处理，即 $Z_2 \approx Z$。

## 小结

- 在时间和幅值上均连续的信号称为模拟信号，在时间和幅值上均离散的信号称为数字信号。处理模拟信号的电子电路称为模拟电路，处理数字信号的电子电路称为数字电路。
- 常见的理想电路元件主要有电阻、电感、电容等无源元件，以及能将其他形式的能量转变成电能的电压源和电流源，在模拟电路中，我们还会学习到能够提供功率增益的有源元件。
- 掌握支路、节点、回路、网孔、有载和空载、开路和短路、并联和串联及输入电阻等概念，是理解模拟电路基本概念的基础。
- 基尔霍夫定律、叠加定理、戴维南定理与诺顿定理，以及密勒定理是分析模拟电路的基础。

视频1-5：
MultiSim
介绍

视频1-6：
电路图的绘制

视频1-7：
MultiSim电路
仿真分析1

视频1-8：
MultiSim电路
仿真分析2

视频1-9：
MultiSim中的
虚拟仪器——
万用表

视频1-10：
MultiSim
信号发生器和
示波器

## 自我检验题

### 1.1　选择题

1. 当电路中电流的参考方向与电流的真实方向相同时，该电流（　　）。
A. 一定为正值　　　　　　　B. 一定为负值　　　C. 无法确定

2. 当理想电流源开路时，该电流源内部（　　）。
A. 有电流，有功率损耗　　　　　　　　　　　B. 无电流，无功率损耗

自我检验题
答案

C. 有电流，无功率损耗
D. 无法确定

3. 下列有关电流参考方向的叙述，正确的是（　　）。

A. 电流的参考方向是正电荷移动的方向
B. 电流的参考方向是负电荷移动的方向

C. 电流的参考方向是电流的实际流向
D. 电流的参考方向是人为任意假定的方向

### 1.2 判断题（正确的画"√"，错误的画"×"）

1. 实际电感线圈在任何情况下的电路模型都可以用电感来抽象表征。　　　　　　　　（　　）
2. 电流由元件的低电位端流向高电位端的参考方向称为关联参考方向。　　　　　　（　　）
3. 电路分析中一个电流为负值，说明它小于零。　　　　　　　　　　　　　　　（　　）
4. 网孔都是回路，但回路不一定是网孔。　　　　　　　　　　　　　　　　　　（　　）
5. 应用基尔霍夫定律列方程时，可以不参照参考方向。　　　　　　　　　　　　（　　）
6. 两个电路等效，即它们无论是内部还是外部都相同。　　　　　　　　　　　　（　　）
7. 受控电源在电路分析中的作用和独立电源的完全相同。　　　　　　　　　　　（　　）
8. 叠加定理、戴维南定理、诺顿定理只适用于线性电路。　　　　　　　　　　　（　　）
9. 任何一个有源线性一端口网络都必然既存在戴维南等效电路，又存在诺顿等效电路。

（　　）

10. 应用叠加定理时，将其他激励置零，置零就是理想电压源短路，理想电流源也短路。

（　　）

## 📝 习题

### 1.2 基本电路元件

1.2.1 在图题1.2.1中，正电荷$q=5t\sin4\pi t$ mC 从b端向a端流动，在图中的参考方向下，计算当时间$t=0.5$s时，流过电阻$R$的电流$i_1$和$i_2$。

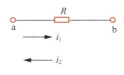

图题 1.2.1

1.2.2 计算图题1.2.2中元件吸收的功率。

（a）　　　　　　（b）　　　　　　（c）　　　　　　（d）

图题 1.2.2

1.2.3 计算图题1.2.3所示电路中各元件的功率，并且说明是提供功率还是吸收功率。

1.2.4 计算图题1.2.4中电压$v_2$的值。

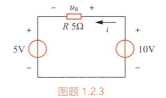

图题 1.2.3

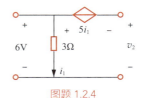

图题 1.2.4

### 1.3 电路基本概念

1.3.1 电路如图题1.3.1所示，求端口等效电阻$R_{ab}$。

1.3.2 电路如图题1.3.2所示，试求10V电压源提供的功率。

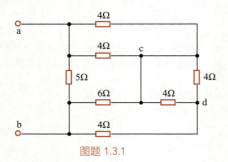

图题 1.3.1

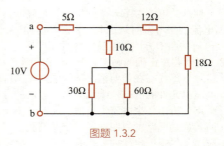

图题 1.3.2

1.3.3　电路如图题 1.3.3 所示，试求电流 $i$。

## 1.4　电路基本定律和定理

1.4.1　电路如图题 1.4.1 所示，试将电路变换为电压源和电阻的串联，并求电压源和电阻的值。

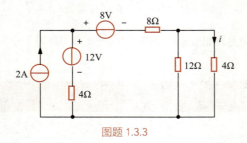

图题 1.3.3

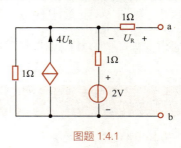

图题 1.4.1

1.4.2　电路如图题 1.4.2 所示，试求独立电源提供的功率。

1.4.3　电路如图题 1.4.3 所示，求电压 $v$。

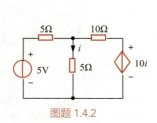

图题 1.4.2

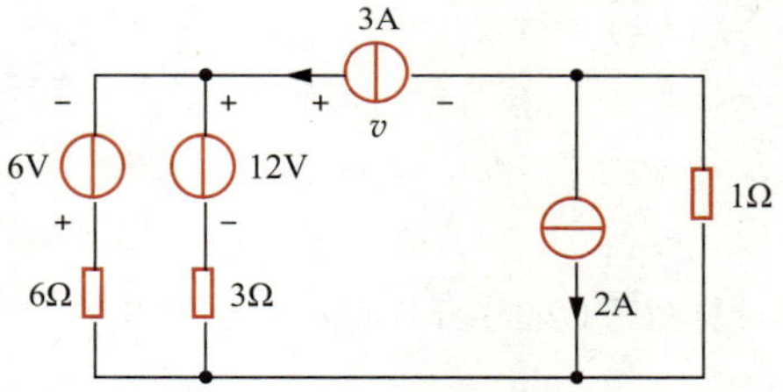

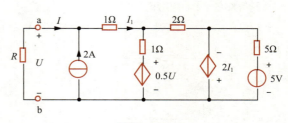

图题 1.4.3

1.4.4　电路如图题 1.4.4 所示，求电流 $I$。

1.4.5　电路如图题 1.4.5 所示。

（1）若 $R=1.5\Omega$，求电流 $I$ 的值。

（2）若 $R=4.5\Omega$，求电流 $I$ 的值。

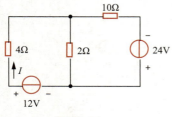

图题 1.4.4

图题 1.4.5

# 第 **2** 章

# 集成运算放大器的基本应用

本章知识导图

## 本章学习要求

- 了解集成运算放大器的基本特性和参数。
- 掌握基本运算电路的结构、工作原理及分析方法。
- 能熟练应用"虚短"和"虚断"概念，分析、计算由运算放大器构成的各种线性应用电路。

## 本章讨论的问题

- 理想运算放大器的技术指标有哪些？
- 实际运算放大器和理想运算放大器的区别是什么？
- 集成运算放大器工作在线性放大区的条件是什么？
- 如何由集成运算放大器构成同相放大电路、反相放大电路？
- 如何由集成运算放大器构成减法、加法、积分和微分等运算电路？

# 2.1 集成运算放大器

## 2.1.1 集成运算放大器简介

集成运算放大器（简称集成运放或者运放）是一种模拟集成电路。**集成电路**，是指采用一定制造工艺将半导体三极管、电阻、电容等元件及它们之间的连线制作在同一块单晶硅的芯片上，并具有一定功能的电子电路。

视频2-1：集成运算放大器简介

早在1965年，仙童半导体公司就推出了第一块单片集成运放μA709，之后又推出其改进版本μA741。自那时起，集成运放的应用便得到了飞速发展。早期，集成运放主要用在模拟计算机中，求解微分方程和积分方程等，并因此而得名。如今，集成运放已经成为模拟系统中基本的有源器件之一，广泛应用于模拟信号处理和产生电路中。集成运放凭借性能好、价格低等特点，在很多情况下已经取代分立元件放大电路。

根据国家标准GB/T 5465.2—2023《电气设备用图形符号 第2部分：图形符号》的规定，运算放大器的国家标准符号如图2.1.1（a）所示，图中"▷"表示信号从输入端（左）向输出端（右）的方向传输，"∞"表示理想条件。电路有两个输入端和一个输出端，其对地的电压分别用 $v_P$ 和 $v_N$ 表示，输出电压用 $v_O$ 表示。在相位关系上，输出 $v_O$ 与输入 $v_N$ 反相，但与输入 $v_P$ 同相，因此，标有"-"的端子 $v_N$ 称为反相输入端，标有"+"的端子 $v_P$ 称为同相输入端。图2.1.1（b）所示为常用符号，本书采用该符号。

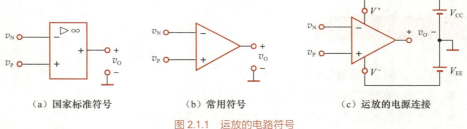

（a）国家标准符号　　　　（b）常用符号　　　　（c）运放的电源连接

图 2.1.1　运放的电路符号

大多数集成运放同时采用正、负电源供电，需要两个电源端（$V^+$、$V^-$），$V^+$ 接正的直流电源（$+V_{CC}$），$V^-$ 接负的直流电源（$-V_{EE}$），电路的公共端（或者称为参考地）由 $+V_{CC}$ 和 $-V_{EE}$ 的中间接点建立，如图2.1.1（c）所示。为了简洁，很多时候电路原理图中不画电源连接线，但实际电路必须外接直流电源。通常 $|+V_{CC}|=|-V_{EE}|$，电源的典型值为+15V和-15V。

除了3个信号端和两个电源端以外，有的集成运放可能还有几个供专门用途的端子，如调零端和频率补偿端等，这些端子的功能将在第6章中讲解，读者也可以查阅有关器件手册了解。

集成运放的外形通常有双列直插式、扁平的表面贴装式等多种，如图2.1.2所示。此外还有许多其他形式，且引脚数目也不尽相同，这些在运放数据手册中都有描述。双列直插式集成运放的引脚识别方法：将文字符号标记正放，以凹口或一个凹的圆点为标记并置于左方，由顶部俯视，按逆时针方向编号，依次为1、2、3、4……

集成运放实质上是一种高增益直接耦合直流放大器，它可以放大两个输入电压之间的差值，产生一个输出信号。随着集成电路技术的发展，在一块

标记　1

（a）双列直插式　　　　（b）表面贴装式

图 2.1.2　集成运放的外形

芯片内部通常会封装 1、2 或 4 个独立的运放，但它们共用直流电源，如图 2.1.3 所示[①]。

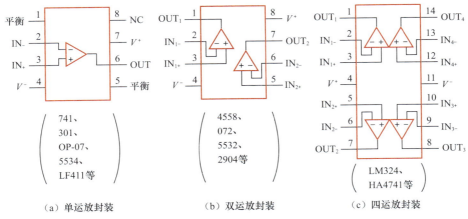

（a）单运放封装　　　　　　　（b）双运放封装　　　　　　　（c）四运放封装

图 2.1.3　集成运放的引脚

## 2.1.2　集成运算放大器的电路模型

虽然运放的种类很多，内部电路也不一致，但在大多数应用中，只需要了解运放的外部端口特性及其电路模型，就能将运放作为一个基本模块，设计出具有一定功能的实际电路。当然，在一些要求高精度的应用中，掌握运放的内部结构和原理也是必要的。

集成运放的电路模型如图 2.1.4（a）所示。输入端用输入电阻 $r_i$ 来模拟，输出端用受控电压源 $A_{vo}(v_P-v_N)$ 及串联输出电阻 $r_o$ 来模拟，其中 $A_{vo}$ 表示小信号**开环电压增益**，即在运放的外部没有连接任何反馈元件时的电压放大倍数。$r_i$、$r_o$ 和 $A_{vo}$ 这 3 个参数的值是由运放内部结构所确定的，和外电路无关。例如，对型号为 μA741 的通用型运放，经查阅其数据手册可知，$A_{vo}$ 的典型值为 106dB（即放大 $2\times10^5$ 倍），$r_i$ 的典型值为 2MΩ，$r_o$ 的典型值为 75Ω。

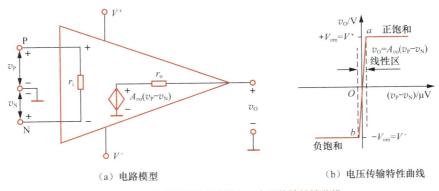

（a）电路模型　　　　　　　　　　　（b）电压传输特性曲线

图 2.1.4　集成运放的电路模型及电压传输特性曲线

注意，该模型没有考虑输出饱和效应，并且假设开环电压增益 $A_{vo}$ 在所有频率下均保持不变，实际上运放的增益是和频率相关的。

集成运放的输出电压与两个输入端电压信号的差值之间的关系称为**电压传输特性**，即

$$v_O=f(v_P-v_N) \tag{2.1.1}$$

对于正、负两组直流电源供电的集成运放，其电压传输特性曲线如图 2.1.4（b）所示。此曲

---

① 有很多厂家生产与 μA741 性能参数相同的产品，例如，摩托罗拉公司的 MC1741、美国国家半导体公司的 LM741 等，为了方便，人们便省去其前缀，将这类产品简称为 741。

线有线性区和饱和区两部分。中间斜线部分（$ab$ 段）是线性区，此时输出与输入满足 $v_O=A_{vo}(v_P-v_N)$，斜率就是开环电压增益 $A_{vo}$。可见，输入压差只有在一定范围内，才能保证运放工作在线性区，而且增益越大，斜率越大，$(v_P-v_N)$ 的线性范围也越小。

通常，$A_{vo}$ 的取值范围为 $10^4 \sim 10^6$，这样即使输入电压 $(v_P-v_N)$ 的值很小（微伏数量级），也会使运放进入饱和区。所以，在图 2.1.4（b）中，随着 $|v_P-v_N|$ 的增大，当 $|v_O|$ 受电源电压限制不再增加时，特性曲线转为水平线（上、下两条水平线），输出与输入不再呈线性关系，$|v_O|$ 达到最大值。水平线区域称为饱和区，也称为非线性区或限幅区。

由于直流电源是集成运放放大信号的能量来源，因此图 2.1.4（a）所示的电路模型中的输出电压 $v_O$ 不可能超过正电源 $V^+$ 和负电源 $V^-$ 的值，即 $V^-<v_O<V^+$。实际上，在运放内部输出级电路上会消耗一部分电压（常称为饱和压降），所以最大输出电压通常小于电源电压。当用 $V_{om}$ 表示输出电压的最大值时，有 $+V_{om}=V^+-\Delta V$ 或 $-V_{om}=V^-+\Delta V$。这里 $\Delta V$ 是运放输出端的饱和压降。对于早期设计的运放（如 741），$\Delta V$ 为 $1 \sim 2V$，而对于比较新的 CMOS（Complementary Metal Oxide Semiconductor，互补金属氧化物半导体）运放，$\Delta V$ 可能低至 10mV。

在忽略输出饱和压降的情况下，可用下列表达式来描述运放的电压传输特性。

$$v_O=\begin{cases} V_{om} \approx V^+, & A_{vo}(v_P-v_N) \geqslant V^+ \\ A_{vo}(v_P-v_N), & V^- < A_{vo}(v_P-v_N) < V^+ \\ -V_{om} \approx V^-, & A_{vo}(v_P-v_N) \leqslant V^- \end{cases} \tag{2.1.2}$$

**例2.1.1**　运放的电路模型如图 2.1.4（a）所示，已知运放的 $A_{vo}=2\times10^5$，$r_i=2M\Omega$，$r_o=75\Omega$，$V^+=12V$，$V^-=-12V$，设输出电压的最大饱和电压 $\pm V_{om}=\pm11V$。

（1）如果 $v_P=25\mu V$，$v_N=100\mu V$，其输出电压 $v_O$ 为多少？
（2）画出其电压传输特性曲线。

**解：**（1）假设运放工作在线性放大区，也就是 $V^-<A_{vo}(v_P-v_N)<V^+$，有 $v_O=A_{vo}(v_P-v_N)$。
已知 $A_{vo}=2\times10^5$，$v_P=25\mu V$，$v_N=100\mu V$，于是

$$v_O=A_{vo}(v_P-v_N)=2\times10^5\times(25-100)\times10^{-6}V=-15V$$

由于 $\pm V_{om}=\pm11V$，可见运放的输出已经饱和，假设错误。因为输出电压不会超过负的最大限制电压 $-11V$，所以 $v_O=-11V$。

（2）画电压传输特性曲线。
由于 $\pm V_{om}=\pm11V$，$A_{vo}=2\times10^5$，因此

$$v_P-v_N=\pm 11V/(2\times10^5)=\pm 55\mu V$$

找到 $a$ 点（$55\mu V,11V$）和 $b$ 点（$-55\mu V,-11V$），并用直线连接 $a$、$b$ 两点，得到的电压传输特性曲线如图 2.1.5 所示。其中，直线的斜率 $A_{vo}=2\times10^5$。

注意，电压传输特性曲线的形状与 $A_{vo}(v_P-v_N)$ 密切相关，由于 $A_{vo}$ 的值很高，因此容易导致性能不稳定。为了能够利用集成运放对实际输入信号（它比运放的线性范围大得多）进行线性放大，必须引入负反馈。这是运放线性应用的特点，关于负反馈将在第 7 章专门讨论。

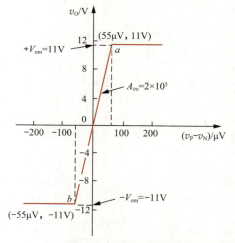

图 2.1.5　例 2.1.1 运放的电压传输特性曲线

### 2.1.3　理想运算放大器的特性

假设运放是理想的，则含有运放的电路的分析和设计就能得到简化。尽管实际运放的特性

不同于理想运放的特性，但采用理想条件进行推导引入的误差在大多数应用中是可以接受的。当然，在要求精确结果的应用中，可以采用复杂的运放。理想运放具有以下特性。

（1）开环电压增益为无穷大，即 $A_{vo}=\infty$。

（2）输入电阻为无穷大，即 $r_i=\infty$。

（3）输出电阻为零，即 $r_o=0$。

（4）开环带宽为无穷大，即 $BW=\infty$（即以相同的 $A_{vo}$ 放大任意频率的信号）。

（5）当 $v_p=v_N$ 时，$v_o=0$，即理想运放仅对两个输入电压 $v_p$ 和 $v_N$ 的差值做出响应。当 $v_p=v_N\neq0$ 时，则存在共模输入信号，理想运放的共模输出信号为 0，这种特性称为共模抑制。

　　理想运放的电路模型和电压传输特性曲线分别如图 2.1.6 和图 2.1.7 所示。由图 2.1.7 可知，$ab$ 段的直线为垂直线，表示理想运放的开环电压增益趋于无穷大，即 $A_{vo}\rightarrow\infty$。

　　对工作在线性区的理想运放，利用其特性可以得出下面两条重要法则。

　　（1）在线性区，由于运放输出电压 $v_O$ 不能超过最大饱和电压 $\pm V_{om}$，也就是说，输出电压 $v_O$ 总是有限的，在 $A_{vo}\rightarrow\infty$ 的情况下，得到 $v_p-v_N=v_O/A_{vo}\rightarrow v_O/\infty\rightarrow0$，也就是说，输入信号 $v_p-v_N$ 趋近于 0，或者写成 $v_p\approx v_N$，这使得两个输入端看起来好像是短路的，而事实上它们并不是短路的（只是这两点之间的电压差很微小），这种现象我们称为虚短。

　　（2）由于 $v_{id}=v_p-v_N\approx0$，而输入电阻 $r_i=\infty$，因此运放的输入电流 $i_i=v_{id}/r_i\approx0$，即理想运放两个输入端几乎没有电流流入，这种现象称为虚断。

　　"虚短"和"虚断"是用来分析各种运放线性应用电路的有效法则，必须熟练掌握。

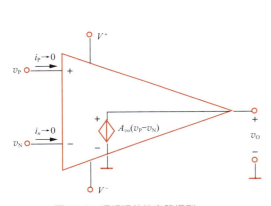

图 2.1.6　理想运放的电路模型

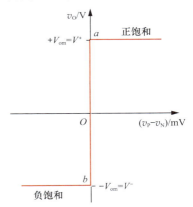

图 2.1.7　理想运放的电压传输特性曲线

## 2.2　基本线性运放电路

　　本节讨论同相输入和反相输入的放大电路，许多由运放组成的应用电路都是在这两种放大电路的基础上组合或演变而来的。在分析运放组成的各种应用电路时，其中的运放均视为理想运放。

### 2.2.1　同相放大电路

#### 1. 基本电路

　　同相放大电路如图 2.2.1（a）所示，输入电压 $v_i$（$=v_p$）直接加到同相输入端"+"，反相输入端"−"通过电阻 $R_1$ 接地，同时输出电压 $v_o$ 经过电阻 $R_f$ 加到反相输入端。由于 $R_f$ 将输出信号引回到输入端，因此称为反馈通路。

　　对于理想运放，$i_p\approx i_N\approx0$，因此加到反相输入端的输入电压 $v_N=v_f=R_1v_o/(R_1+R_f)$。由于 $v_f$ 是由输出电压 $v_o$ 经反馈元件 $R_1$、$R_f$ 送回到运放的反相输入端"−"，因此称 $v_f$ 为反馈电压。

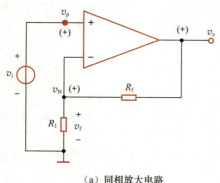
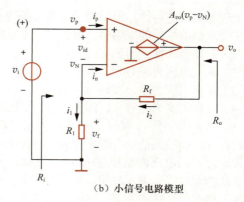

| （a）同相放大电路 | （b）小信号电路模型 |

图 2.2.1　同相放大电路和小信号电路模型

### 2. 负反馈的基本概念

现在来介绍负反馈[①]的基本概念。当输入电压 $v_i$ 的瞬时电位变化极性如图2.2.1（a）中的（＋）时，由于 $v_i$ 加到同相输入端，因此 $v_o$ 的极性与 $v_i$ 的相同。反相端的输入电压 $v_n$ 为反馈电压，其极性也为（＋），而净输入电压 $v_{id}=v_i-v_f=v_p-v_n$ 比无反馈时减小了，即 $v_n$ 抵消了 $v_i$ 的一部分，使放大电路的输出电压 $v_o$ 减小了，其电压增益 $A_v=v_o/v_i$ 也会减小，因而这时引入的反馈是负反馈。这个过程可表示为

$$v_p(v_i)\uparrow \longrightarrow v_o\uparrow \xrightarrow{R_1,\,R_f} v_n\uparrow$$
$$v_o\downarrow \longleftarrow v_{id}\downarrow\downarrow$$

由上述过程可看出，负反馈的作用就是输出电压 $v_o$ 通过反馈元件（$R_1$、$R_f$）对放大电路进行自动调整，从而牵制 $v_o$ 的变化，最后使输出电压稳定。由于负反馈的作用，因此运放工作在线性区。本章仅讨论输出端通过电阻（或电容）连接到反相输入端的负反馈放大电路。

### 3. 几项技术指标的近似计算

用理想运放代替图2.2.1（a）所示电路中的运放，画出其小信号电路模型[②]，如图2.2.1（b）所示。

（1）电压增益 $A_v$

首先，列反相输入端的电流方程，即

$$i_1+i_n=i_2 \tag{2.2.1}$$

根据"虚断"概念，$i_n\approx i_p\approx 0$；根据"虚短"概念，$v_n\approx v_p=v_i$。由图2.2.1（b）可知，

$$i_1=\frac{v_n}{R_1}=\frac{v_i}{R_1}，而 i_2=\frac{v_o-v_n}{R_2}=\frac{v_o-v_i}{R_2}$$

将上式代入式（2.2.1）求解，得到电压增益

$$A_v=\frac{v_o}{v_i}=1+\frac{R_f}{R_1} \tag{2.2.2}$$

式中 $A_v$ 为接入负反馈后的电压增益，称为**闭环电压增益**。$A_v$ 为正值，表示 $v_o$ 与 $v_i$ 同相，且总是大于或等于1。

由式（2.2.2）可知，电路中引入负反馈后，$A_v$ 只取决于运放外部的元件（即 $R_1$ 和 $R_f$），而与运放本身的参数 $A_{vo}$、$r_i$ 和 $r_o$ 无关。**加到两个输入端的电压近似相等、相位相同是同相放大电路在闭环工作状态下的重要特征。**

---

① 关于负反馈的进一步讨论，见本书第7章。
② 小信号电路模型是指运放工作在线性区的电路模型。

（2）输入电阻 $R_\text{i}$

输入电阻就是从放大电路输入端向右看进去的等效电阻，它等于输入电压与输入电流的比值，即

$$R_\text{i} = \frac{v_\text{i}}{i_\text{i}}$$

由于输入电压 $v_\text{i}$ 直接和同相输入端相连，即 $v_\text{i}=v_\text{p}$，而 $i_\text{i}=i_\text{p}\approx0$，因此

$$R_\text{i} = \frac{v_\text{i}}{i_\text{i}} \to \infty \tag{2.2.3}$$

（3）输出电阻 $R_\text{o}$

从图 2.2.1（b）所示电路的输出端向左看进去的等效电阻就是输出电阻，这个端口内的电路包括理想运放和电阻网络 $R_1$ 和 $R_\text{f}$。由于运放输出端是一个理想的受控电压源，其电阻 $r_\text{o}=0$，而 $r_\text{o}$ 与 $R_1$、$R_\text{f}$ 支路并联，因此电路的输出电阻趋近于零，即

$$R_\text{o} \to 0 \tag{2.2.4}$$

### 4. 电压跟随器

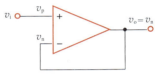

在图 2.2.1（a）中，令 $R_1=\infty$，$R_\text{f}=0$，则得到图 2.2.2 所示的电路。根据式（2.2.2），得到

$$A_v = \frac{v_\text{o}}{v_\text{i}} = 1$$

图 2.2.2　电压跟随器

该式说明输出电压 $v_\text{o}$ 与输入电压 $v_\text{i}$ 大小相等，相位相同，因此，这个运放电路称为电压跟随器。

虽然电压跟随器的电压增益等于 1，仿照分析同相放大电路的方法，可知它的输入电阻 $R_\text{i} \to \infty$，输出电阻 $R_\text{o} \to 0$，故它在电路中常作为阻抗变换器或缓冲器使用。例如，当具有内阻 $R_\text{s}=100\text{k}\Omega$ 的信号源 $v_\text{s}$ 直接驱动 $R_\text{L}=1\text{k}\Omega$ 的负载时，如图 2.2.3（a）所示，它的输出电压

$$v_\text{o} = \frac{R_\text{L}}{R_\text{s}+R_\text{L}} v_\text{s} = \frac{1\text{k}\Omega}{100\text{k}\Omega+1\text{k}\Omega} v_\text{s} \approx 0.01v_\text{s}$$

从式中可看出输出电压 $v_\text{o}$ 很小。如果将电压跟随器接在高内阻的信号源与负载之间，如图 2.2.3（b）所示。因电压跟随器的输入电阻 $R_\text{i} \to \infty$，该电路几乎不从信号源吸取电流，$v_\text{p}=v_\text{s}$，而 $R_\text{o} \to 0$，由图可知 $v_\text{o}=v_\text{n}\approx v_\text{p}=v_\text{s}$，因此，当负载变化时，输出电压 $v_\text{o}$ 几乎不变，从而消除负载变化对 $v_\text{o}$ 的影响。

注意，如果输入电压不是直接施加在同相输入端，而是通过电阻 $R_2$、$R_3$ 分压后加在同相输入端和地之间，如图 2.2.4 所示，那么输出信号 $v_\text{o}$ 和输入信号 $v_\text{i}$ 之间的关系应该为

$$A_v = \frac{v_\text{o}}{v_\text{i}} = \left(1+\frac{R_\text{f}}{R_1}\right)\left(\frac{R_3}{R_2+R_3}\right) \tag{2.2.5}$$

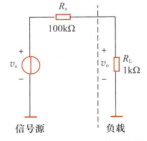

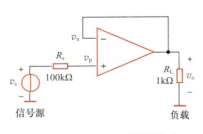

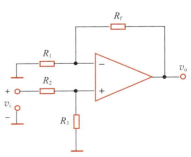

（a）具有内阻 $R_\text{s}=100\text{k}\Omega$ 的信号源　　　（b）具有内阻 $R_\text{s}=100\text{k}\Omega$ 的信号源 $v_\text{s}$ 和
　　　$v_\text{s}$ 驱动 $R_\text{L}=1\text{k}\Omega$ 的电路　　　　　　负载 $R_\text{L}=1\text{k}\Omega$ 之间接电压跟随器

图 2.2.3　电压跟随器的缓冲与隔离作用　　　　　　图 2.2.4　同相放大电路的另一种接法

## 2.2.2　反相放大电路

### 1. 基本电路

反相放大电路如图2.2.5所示，运放的同相输入端接地，输入电压$v_i$通过$R_1$加到运放的反相输入端，输出电压$v_o$通过$R_f$送回到反相输入端，构成负反馈，运放工作在线性放大区。

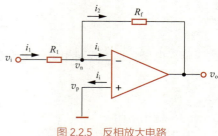

图 2.2.5　反相放大电路

由"虚短"概念可知，$v_n \approx v_p = 0$，因此反相输入端的电位接近于地电位（但并不能将其真正接地），故称"虚地"。"虚地"是反相放大电路在闭环工作状态下的重要特征。

### 2. 几项技术指标的近似计算

（1）电压增益$A_v$

反相输入端为"虚地"点，即$v_n \approx v_p = 0$，由"虚断"的概念（$i_p \approx i_n \approx 0$）可知，$i_i = 0$，$i_1 = i_2$，故有

$$\frac{v_i - v_n}{R_1} = \frac{v_n - v_o}{R_f} \text{ 或 } \frac{v_i}{R_1} = -\frac{v_o}{R_f}$$

由此得

$$A_v = \frac{v_o}{v_i} = -\frac{R_f}{R_1} \tag{2.2.6}$$

式中，$A_v$为负值，表明$v_o$与$v_i$相位相反；由于电路中引入负反馈，其闭环电压增益只取决于电阻$R_f$与$R_1$的比值。另外，由于电路中没有耦合电容，输入电压、输出电压及电阻中的电流都可以是直流信号，因此反相放大电路可以放大直流电压信号。

由于$v_n \approx v_p = 0$，因此该电路的共模输入分量很小，对运放的共模抑制比要求不高，这是其突出的优点。反相放大电路是应用较为广泛的运放电路之一。

（2）输入电阻$R_i$和输出电阻$R_o$

输入电阻$R_i$为从电路输入端口向右看进去的等效电阻，由图2.2.5可知，

$$R_i = \frac{v_i}{i_1} = \frac{v_i}{v_i / R_1} = R_1 \tag{2.2.7}$$

实际电路中$R_1$的取值不可能为无穷大，所以反相放大电路的输入电阻通常远小于同相放大电路的输入电阻。

与同相放大电路类似，反相放大电路的输出电阻$R_o \to 0$。

---

**例2.2.1**　电路如图2.2.6所示，试求当开关闭合和断开时电路的电压增益$A_v = v_o / v_i$的值。

**解：**（1）S闭合，运放的同相输入端接地，构成反相放大电路，有

$$A_v = v_o / v_i = -R_f / R_1 = -1$$

此时，$v_o = -v_i$，电路为单纯的反相放大电路。

（2）S断开，可以利用叠加定理求解。此时$v_o$包含反相输入产生的$v_o'$和同相输入产生的$v_o''$，其中

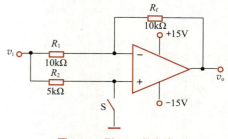

图 2.2.6　例 2.2.1 的电路

$$v_o' = -\frac{R_f}{R_1} v_i, \quad v_o'' = \left(1 + \frac{R_f}{R_1}\right) v_i$$

所以
$$v_o = v_o' + v_o''$$
$$= -\frac{R_f}{R_1}v_i + \left(1 + \frac{R_f}{R_1}\right)v_i = v_i$$

即
$$A_v = v_o/v_i = 1$$

此时电路构成电压跟随器。

视频2-2：
例题2.2.2

**例2.2.2** 电路如图2.2.7所示，假设运放是理想的，当输入电压$v_i=2\text{V}$时，试求输出电压$v_o$。

**解**：列$v_a$点的电流方程，即
$$\frac{v_i - v_a}{R_1} = \frac{v_a - v_n}{R_2} + \frac{v_a - 0}{R_3}$$

由于$v_n \approx v_p = 0$，代入参数值，得
$$v_a = 0.5\text{V}$$

根据式（2.2.6），有
$$v_o = -\frac{R_f}{R_2}v_a = -\frac{10\text{k}\Omega}{1\text{k}\Omega} \times 0.5\text{V} = -5\text{V}$$

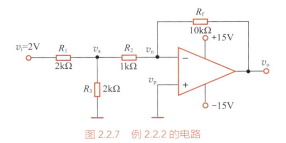

图 2.2.7　例 2.2.2 的电路

**例2.2.3** 将图2.2.5所示电路中的电阻$R_f$用T形网络代替，如图2.2.8所示。

（1）求该电路的电压增益$A_v=v_o/v_i$的表达式。

（2）该电路作为话筒的前置放大电路，若$R_1=51\text{k}\Omega$，$R_2=R_3=390\text{k}\Omega$，当$v_o=-100v_i$时，求$R_4$的值。

（3）直接用$R_f$代替T形网络，当$R_1=51\text{k}\Omega$，$A_v=-100$时，求$R_f$的值。

**解**：（1）利用"虚地"和"虚断"的概念，有$v_n \approx 0$，$i_n \approx i_p = 0$。

列图中节点N的电流方程，有
$$i_1 = i_2,\ \ \text{即}\ \frac{v_i - 0}{R_1} = \frac{0 - v_4}{R_2}$$

列图中节点M的电流方程，有
$$i_2 + i_4 = i_3,\ \ \text{即}\ \frac{0 - v_4}{R_2} + \frac{0 - v_4}{R_4} = \frac{v_4 - v_o}{R_3}$$

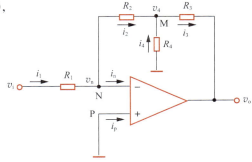

解上述方程组，得闭环电压增益

图 2.2.8　含有 T 形网络的反相放大电路

$$A_v = \frac{v_o}{v_i} = -\frac{R_2 + R_3 + (R_2 R_3 / R_4)}{R_1} = -\frac{R_2}{R_1}\left(1 + \frac{R_3}{R_2} + \frac{R_3}{R_4}\right) \quad (2.2.8)$$

（2）当$R_1=51\text{k}\Omega$，$R_2=R_3=390\text{k}\Omega$，$A_v=-100$时，有
$$A_v = -\frac{390 + 390 + (390 \times 390)/R_4}{51} = -100$$

故
$$R_4 \approx 35.2\text{k}\Omega$$

$R_4$可用50kΩ电位器代替，然后设置$R_4 \approx 35.2\text{k}\Omega$，使$A_v=-100$，这样就可通过调节$R_4$的值来改变电压增益的大小。

（3）若$A_v=-100$，用$R_f$代替T形网络时，

$$R_f = -A_v R_1 = 100 \times 51\text{k}\Omega = 5.1\text{M}\Omega$$

可见，电阻$R_f$的值太大，会增加电路噪声且容易引入干扰。用 T 形网络代替反馈电阻$R_f$时，可用低阻值电阻（$R_2$、$R_3$、$R_4$）网络得到高增益的放大电路。

### 2.2.3　反相放大电路的 MultiSim 仿真

视频2-3：
MultiSim仿真

下面采用仿真法对例 2.2.1 进行分析，以便读者对比不同分析方法所得的结果。

在 MultiSim 中，绘制图 2.2.6 所示的电路，得到仿真电路如图 2.2.9（a）所示，其中，XFG1 为函数发生器，可产生振幅为 2V、频率为 1kHz 的正弦信号；XSC1 为双通道示波器。

当开关 S 闭合时，运行仿真，双击 XSC1 图标，调出示波器界面，观察到图 2.2.9（b）所示的波形（调整 Channel A 的移位为 1 格，Channel B 的移位为 -1 格，将两个波形分开显示）。为使波形显示稳定，可以暂停仿真。可见，Channel A 和 Channel B 分别显示输入、输出的正弦波，它们的相位是相反的。移动波形显示区的两个游标（T1 和 T2），可以读出两个波形在游标 T1 和 T2 对应的幅值。游标 T1 对应的输入幅值（Channel_A）为 -1.997V，对应的输出幅值（Channel_B）为 1.999V。游标 T2 对应的输入幅值（Channel_A）为 1.994V，对应的输出幅值（Channel_B）为 -1.991V。

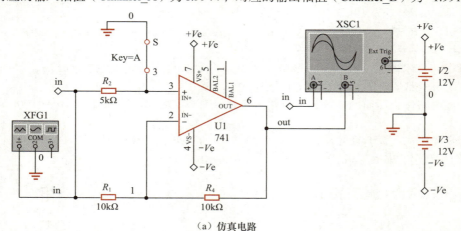

（a）仿真电路

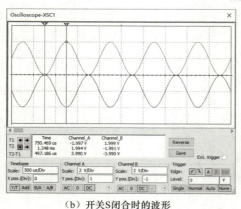

（b）开关 S 闭合时的波形

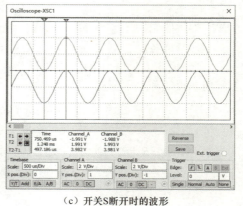

（c）开关 S 断开时的波形

图 2.2.9　基本运算电路仿真

按键盘上用于控制开关的快捷键 A，使开关 S 断开，然后再次运行仿真，观察到图 2.2.9（c）所示波形。可见，输入、输出波形的幅值基本相等，相位是相同的。

仿真结果与例 2.2.1 中的理论分析结果一致。

需要注意如下几点。

（1）在放置电阻时，为了得到矩形电阻符号，可以选择主菜单 Options→Global Options 中的 Components 选项卡，在 Symbol standard（符号标准）一栏将默认的 ANSI Y32.2[①]改为 IEC 60617[②] 即可。

（2）当电路中有接地符号时，示波器上各组端子中的"−"可以不接，默认接地。

（3）图 2.2.9（a）中的 ◇ 为电路网络连接符号（在主菜单 Place→Connectors 中选择相应的连接器放置），名称相同的网络会自动连接在一起，不需要用导线连接起来。

# 2.3　加法和减法运算电路

## 2.3.1　加法运算电路

加法运算电路如图 2.3.1 所示。将两个电压 $v_{i1}$、$v_{i2}$ 接在运放的反相输入端，如图 2.3.1（a）所示，就能实现加法运算。

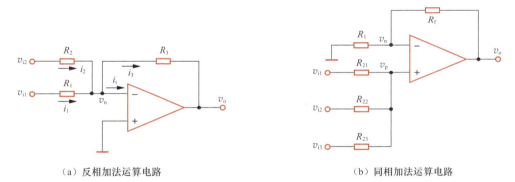

（a）反相加法运算电路　　　　　　　　　　（b）同相加法运算电路

图 2.3.1　加法运算电路

根据"虚断"概念，$i_i = 0$。运放反相输入端的节点电流方程为

$$i_1 + i_2 = i_i + i_3$$

即

$$\frac{v_{i1} - v_n}{R_1} + \frac{v_{i2} - v_n}{R_2} = 0 + \frac{v_n - v_o}{R_3} \qquad (2.3.1a)$$

又因为 $v_n \approx v_p = 0$，于是

$$\frac{v_{i1}}{R_1} + \frac{v_{i2}}{R_2} = -\frac{v_o}{R_3} \qquad (2.3.1b)$$

由此得

$$v_o = -\left( \frac{R_3}{R_1} v_{i1} + \frac{R_3}{R_2} v_{i2} \right) \qquad (2.3.1c)$$

可见，输出电压 $v_o$ 等于两个输入电压按不同比例相加求和，式中负号是因反相输入所引起的。因此，该电路称为反相加法运算电路。

---

[①] ANSI 是 American National Standards Institute（美国国家标准学会）的缩写。

[②] IEC 是 International Electrotechnical Commission（国际电工委员会）的缩写。

若 $R_1=R_2=R_3$，则式（2.3.1c）变为

$$v_o = -(v_{i1} + v_{i2}) \tag{2.3.1d}$$

在电路结构上，该电路可以看成两个信号反相放大的叠加结果，因此可以采用叠加定理求出输出信号和输入信号的关系。改变电路输入端和输入电阻的个数，就可以增加或减少输入电压的个数。

如果在图 2.3.1（a）所示电路的输出端再接一级反相电路，则可消去负号，实现符合常规的加法运算。但这样的加法运算电路需要用到两个运放，如果采用同相加法器，如图 2.3.1（b）所示，通过合理选择电路的参数，用一个运放就可以实现加法运算。

利用理想运放的"虚短"和"虚断"概念，可以得到

$$v_p \approx v_n \tag{2.3.2a}$$

同相输入节点的电流方程为

$$\frac{v_{i1}-v_p}{R_{21}} + \frac{v_{i2}-v_p}{R_{22}} + \frac{v_{i3}-v_p}{R_{23}} = 0 \tag{2.3.2b}$$

反相输入节点的电流方程为

$$\frac{0-v_n}{R_1} = \frac{v_n-v_o}{R_f} \tag{2.3.2c}$$

联立求解上述方程，得

$$v_o = \left(1+\frac{R_f}{R_1}\right) \frac{\dfrac{v_{i1}}{R_{21}} + \dfrac{v_{i2}}{R_{22}} + \dfrac{v_{i3}}{R_{23}}}{\left(\dfrac{1}{R_{21}} + \dfrac{1}{R_{22}} + \dfrac{1}{R_{23}}\right)} \tag{2.3.2d}$$

若 $R_{21}=R_{22}=R_{23}$，$R_f=2R_1$，则得到 $v_o = v_{i1} + v_{i2} + v_{i3}$。同样，在实际应用中，可以增加或减少输入信号支路的个数。

**例2.3.1**　　一个音响放大器的混合前置放大电路如图 2.3.2 所示，来自话筒的输出信号用 $v_{i1}$ 表示，其有效值为 5mV，来自音乐播放器的伴音信号用 $v_{i2}$ 表示，其有效值为 100mV，试求电路输出电压的大小。

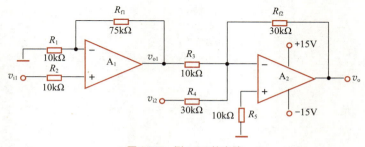

图 2.3.2　例 2.3.1 的电路

**解：** 该电路第一级 $A_1$ 为同相放大电路，其输出电压

$$v_{o1} = \left(1+\frac{R_{f1}}{R_1}\right)v_{i1} = 8.5v_{i1} \tag{2.3.3}$$

第二级 $A_2$ 构成反相加法运算电路，其输出电压

$$v_o = -\left( \frac{R_{f2}}{R_3} v_{o1} + \frac{R_{f2}}{R_4} v_{i2} \right) = -(3v_{o1} + v_{i2}) \tag{2.3.4}$$

联立求解式（2.3.3）和式（2.3.4），可得

$$v_o = -(25.5v_{i1} + v_{i2}) = -227.5\,\mathrm{mV}$$

## 2.3.2　减法运算电路

减法运算电路如图 2.3.3（a）所示。将两个电压 $v_{i1}$、$v_{i2}$ 分别接在运放的反相输入端和同相输入端，就能实现减法运算。从电路结构上来看，它是反相输入和同相输入相结合的放大电路。

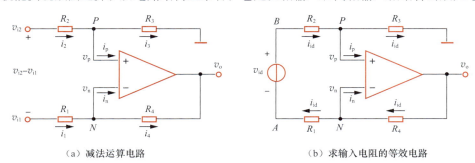

（a）减法运算电路　　　　　　　　　　（b）求输入电阻的等效电路

图 2.3.3　减法运算电路及其等效电路

利用理想运放的"虚短"和"虚断"概念，有

$$v_p \approx v_n, \quad i_p \approx i_n \approx 0$$

因此，节点 $N$ 的电流方程为

$$i_1 = i_4, \quad 即 \frac{v_{i1} - v_n}{R_1} = \frac{v_n - v_o}{R_4} \tag{2.3.5}$$

节点 $P$ 的电流方程为

$$i_2 = i_3, \quad 即 \frac{v_{i2} - v_p}{R_2} = \frac{v_p}{R_3} \tag{2.3.6}$$

由于 $v_p \approx v_n$，联立求解式（2.3.5）和式（2.3.6），可得

$$\begin{aligned} v_o &= \left( \frac{R_1 + R_4}{R_1} \right)\left( \frac{R_3}{R_2 + R_3} \right) v_{i2} - \frac{R_4}{R_1} v_{i1} \\ &= \left( 1 + \frac{R_4}{R_1} \right)\left( \frac{R_3 / R_2}{1 + R_3 / R_2} \right) v_{i2} - \frac{R_4}{R_1} v_{i1} \end{aligned} \tag{2.3.7}$$

在式（2.3.7）中，如果选取的电阻值满足 $R_4/R_1 = R_3/R_2$，则输出电压可简化为

$$v_o = \frac{R_4}{R_1}(v_{i2} - v_{i1}) \tag{2.3.8}$$

可见，输出电压 $v_o$ 与两个输入电压之差 $(v_{i2} - v_{i1})$ 成比例，该电路实现了减法运算。

如果将两个输入端电压的差值定义为 差模输入信号，即 $v_{id} = v_{i2} - v_{i1}$，则式（2.3.8）中的比例系数就是差模电压增益 $A_{vd}$，即

$$A_{vd} = \frac{v_o}{v_{i2} - v_{i1}} = \frac{v_o}{v_{id}} = \frac{R_4}{R_1} \qquad (2.3.9)$$

可见，该电路能够对差模输入信号进行放大，因此，该电路又称为差分放大电路。

下面求该电路的输入电阻。在差模信号的作用下，从两个输入端看进去的等效电阻就是差模输入电阻（用 $R_{id}$ 表示），其等效电路如图 2.3.3（b）所示。由于信号源 $v_{id}$ 正端流出电流必定等于其负端流入电流，再利用 $v_p \approx v_n$ 和 $i_p \approx i_n = 0$ 得

$$v_{id} = i_{id} R_1 + i_{id} R_2$$

所以差模输入电阻

$$R_{id} = \frac{v_{id}}{i_{id}} = R_1 + R_2 \qquad (2.3.10)$$

当 $R_1 = R_2$ 时，$R_{id} = 2R_1$。由于电阻值与增益有关，不能无限制地增大，因此输入电阻通常不会很大。

由于运放输出电阻 $r_o \approx 0$，因此电路的输出电阻 $R_o \approx 0$。

---

**例 2.3.2**　　高输入电阻的差分放大电路如图 2.3.4 所示，求输出电压 $v_{o2}$ 的表达式。

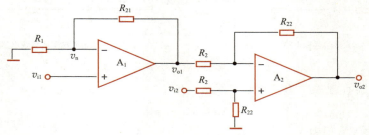

图 2.3.4　例 2.3.2 的电路

**解：**该电路第一级 $A_1$ 为同相放大电路，它的输出电压

$$v_{o1} = \left(1 + \frac{R_{21}}{R_1}\right) v_{i1}$$

第二级 $A_2$ 为差分放大电路，可利用叠加定理求输出电压。当 $v_{i2} = 0$ 时，$A_2$ 为反相放大电路，由 $v_{o1}$ 产生的输出电压

$$v'_{o2} = -\frac{R_{22}}{R_2} v_{o1} = -\frac{R_{22}}{R_2}\left(1 + \frac{R_{21}}{R_1}\right) v_{i1}$$

若令 $v_{o1} = 0$，$A_2$ 为同相放大电路，由 $v_{i2}$ 产生的输出电压

$$v''_{o2} = \left(1 + \frac{R_{22}}{R_2}\right)\left(\frac{R_{22}}{R_2 + R_{22}}\right) v_{i2}$$

电路的总输出电压 $v_{o2} = v'_{o2} + v''_{o2}$，当电路中 $R_1 = R_{21}$ 时，则

$$v_{o2} = \frac{R_{22}}{R_2}(v_{i2} - 2v_{i1})$$

由于电路中第一级 $A_1$ 为同相放大电路，因此电路的输入电阻为无穷大。

---

### 2.3.3　仪用放大电路

仪用放大电路如图2.3.5所示。$A_1$、$A_2$组成第一级放大电路，$A_3$为第二级差分放大电路。

在第一级放大电路中，输入电压$v_1$和$v_2$分别加到$A_1$和$A_2$的同相输入端，输出电压$v_3$和$v_4$通过$R_3$分别加到各自运放的反相输入端，$R_1$和$R_2$组成反馈网络，引入负反馈。

利用运放的"虚短"和"虚断"概念，有$v_{R_1}=v_1-v_2$和$v_{R_1}/R_1=(v_3-v_4)/(2R_2+R_1)$，故得

$$v_3-v_4=\frac{2R_2+R_1}{R_1}v_{R1}=\left(1+\frac{2R_2}{R_1}\right)(v_1-v_2) \qquad (2.3.11)$$

可见，第一级输出电压的差值与输入电压的差值成比例，比例系数为$(1+2R_2/R_1)$。

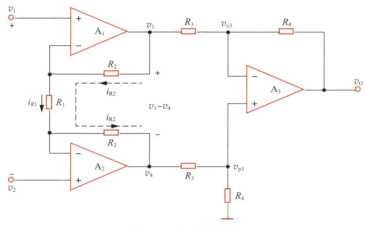

图 2.3.5　仪用放大电路

对于第二级的差分放大电路，以这里的$v_3-v_4$替换$v_{i1}-v_{i2}$、$R_3$替换$R_1$，代入式（2.3.8），可得

$$v_o=-\frac{R_4}{R_3}(v_3-v_4)=-\frac{R_4}{R_3}\left(1+\frac{2R_2}{R_1}\right)(v_1-v_2) \qquad (2.3.12)$$

于是电路的电压增益

$$A_v=\frac{v_o}{v_1-v_2}=-\frac{R_4}{R_3}\left(1+\frac{2R_2}{R_1}\right) \qquad (2.3.13)$$

在仪用放大电路中，通常$R_2$、$R_3$和$R_4$为固定值，$R_1$用可变电阻代替，调节$R_1$的值，即可改变电压增益$A_v$。

由于输入信号$v_1$和$v_2$都从$A_1$、$A_2$的同相输入端输入，运放的输入端具有"虚短"和"虚断"特性，因而流入电路的电流等于0，从而输入电阻$R_i\to\infty$。目前，这种仪用放大电路已有多种型号（如INA128、AD620、AD621B等）的单片集成电路产品，在测量系统中应用很广。

### 2.3.4　减法运算电路的 MultiSim 仿真

下面采用仿真法对图2.3.3进行分析。在MultiSim中，绘制图2.3.6所示的仿真电路。其中虚拟万用表XMM1设为直流电压挡，输入的直流电压$V_1$为3V，$V_2$为2V。

运行仿真，得到输出结果为–9.987V。用式（2.3.8）计算得到的结果为–10V，考虑到实际器件带来的误差，可以认为仿真结果与理论分析的结论相符。

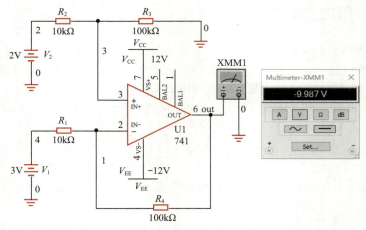

图 2.3.6　减法运算电路仿真

# 2.4 积分电路和微分电路

## 2.4.1　积分电路

积分电路能够实现对输入电压的积分运算，即其输出电压与输入电压的积分成正比。由于同相积分电路的积分误差大，应用场合少，因此这里仅讨论反相积分电路。

反相积分电路如图2.4.1所示。运放的同相输入端接地，输入电压$v_i$通过电阻$R$加到反相输入端，输出电压$v_o$通过电容器$C$送回到反相输入端，构成负反馈，使运放工作在线性放大区。

由"虚短"的概念可知，$v_n \approx v_p = 0$；利用"虚断"的概念，有$i_i \approx 0$。于是流过电容器$C$的电流$i_2$等于流过电阻的电流$i_1$，即

$$i_2 = i_1 = v_i/R \tag{2.4.1}$$

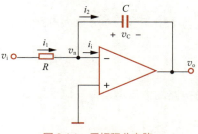

图 2.4.1　反相积分电路

根据电容器电压与电流之间的关系，有

$$v_n - v_o(t) = \frac{1}{C}\int_0^t i_2 \mathrm{d}t + v_C(0) \tag{2.4.2}$$

式中，$v_C(0)$是积分前电容器$C$上的初始电压。

联立求解式（2.4.1）和式（2.4.2），得

$$v_o(t) = -\frac{1}{RC}\int_0^t v_i \mathrm{d}t - v_C(0) \tag{2.4.3}$$

当$v_C(0) = 0$时，

$$v_o(t) = -\frac{1}{RC}\int_0^t v_i \mathrm{d}t \tag{2.4.4}$$

如果输入信号是阶跃电压，且$V_1$为正值，则输出为反相积分，其波形如图2.4.2所示。假设$v_C(0) = 0$，则$t \geqslant 0$以后，电容器将以近似恒流方式进行充电，输出电压$v_o$与时间$t$呈近似线性关系，即

$$v_{\mathrm{o}} \approx -\frac{V_1}{RC}t = -\frac{V_1}{\tau}t \tag{2.4.5}$$

由图 2.4.2 可知，刚开始时，$v_{\mathrm{o}}$ 随着时间 $t$ 的增加线性下降，当 $t=\tau$ 时，$v_{\mathrm{o}}=-V_1$；随着时间的增加，$t>\tau$ 时，$|v_{\mathrm{o}}|$ 会增大，直到 $v_{\mathrm{o}}=-V_{\mathrm{om}}$。由于运放输出电压的最大值 $|V_{\mathrm{om}}|$ 受直流电源电压的限制，致使运放进入饱和状态，因此 $v_{\mathrm{o}}$ 保持不变，电路停止积分。

如果输入信号是周期为 $T$ 的方波，则输出为三角波，其波形如图 2.4.3 所示。在 $0 \sim t_1$ 期间，$v_{\mathrm{i}}=-V_1$，电容器放电，其输出电压

$$v_{\mathrm{o}} = -\frac{1}{RC}\int_0^{t_1}(-V_1)\mathrm{d}t = \frac{V_1}{\tau}t \tag{2.4.6}$$

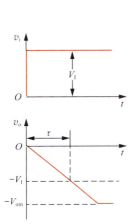

图 2.4.2　积分电路对阶跃输入的响应

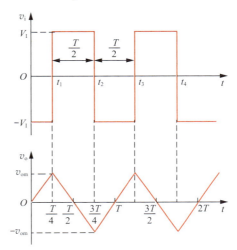

图 2.4.3　积分电路对方波输入的响应

当 $t=t_1$ 时，积分器输出的三角波达到最大值 $v_{\mathrm{om}} = \dfrac{T}{4\tau}V_1$。

在 $t_1 \sim t_2$ 期间，$v_{\mathrm{i}}=V_1$，电容器被充电，此时电容器的初始电压为 $v_{\mathrm{C}}(t_1)=-v_{\mathrm{o}}(t_1)=-\dfrac{T}{4\tau}V_1$，于是电容器两端的电压

$$v_{\mathrm{C}} = \frac{1}{RC}\int_{t_1}^{t_2}(V_1)\mathrm{d}t + v_{\mathrm{C}}(t_1)$$

所以

$$v_{\mathrm{o}} = v_{\mathrm{C}} = -\frac{1}{\tau}\int_{t_1}^{t_2}(V_1)\mathrm{d}t + \frac{T}{4\tau}V_1 \tag{2.4.7}$$

当 $t=t_2$ 时，积分器输出的三角波达到负的最大值 $v_{\mathrm{om}} = -\dfrac{T}{4\tau}V_1$。如此周而复始，即输出三角波。

　　上述积分电路将运放视为理想集成运放，但对于实际的运放来说，由于偏置电流、失调电压、失调电流及温漂等的影响，因此实际的积分电路经常输出饱和值，出现不能正常积分的现象。解决这一问题的方法是在电容器两端并联一个电阻 $R_{\mathrm{f}}$（见图 2.4.4），利用 $R_{\mathrm{f}}$ 引入直流负反馈来抑制上述各种原因引起的积分漂移现象，并且要求 $R_{\mathrm{f}}C$ 的值要远大于积分时间（即 $T/2$），否则 $R_{\mathrm{f}}$ 自身会引起较大的积分误差。

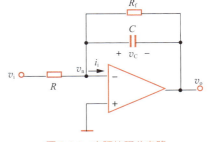

图 2.4.4　实际的积分电路

**例 2.4.1** 电路如图 2.4.5 所示，假设运放是理想的，试求 $v_o=f(v_i)$。

**解**：利用"虚短"和"虚断"的概念，有 $v_n \approx v_p=0$，$i_p \approx i_n=0$。列运放反相输入端的电流方程，有

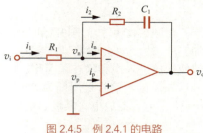

图 2.4.5　例 2.4.1 的电路

$$\frac{v_i - v_n}{R_1} = \frac{v_n - v_o}{R_2 + \dfrac{1}{j\omega C_1}}$$

整理后，得

$$v_o = -\frac{R_2 + \dfrac{1}{j\omega C_1}}{R_1} v_i \qquad (2.4.8)$$

表示成增益，式（2.4.8）可改写为

$$A_v = \frac{v_o}{v_i} = -\frac{R_2 + \dfrac{1}{j\omega C_1}}{R_1} = -\frac{R_2}{R_1}\left(1 + \frac{1}{j\omega R_2 C_1}\right)$$

若记 $A_P = -\dfrac{R_2}{R_1}$，可得

$$A_v = A_P\left(1 + \frac{1}{j\omega R_2 C_1}\right) = A_P\left(1 + \frac{1}{j\omega \tau_1}\right) = A_P\left(1 + \frac{\omega_1}{j\omega}\right) \qquad (2.4.9)$$

其中 $\tau_1 = R_2 C_1$，$\omega_1 = \dfrac{1}{\tau_1} = 2\pi f_1$。

当输入信号角频率 $\omega \ll \omega_1$ 时，式（2.4.9）变为

$$A_v = A_P\left(1 + \frac{\omega_1}{j\omega}\right) \approx A_P \frac{\omega_1}{j\omega} = -\frac{R_2}{R_1} \cdot \frac{1}{j\omega R_2 C_1} = -\frac{1}{j\omega R_1 C_1}$$

此时，电路相当于一个积分器。

当输入信号角频率 $\omega \gg \omega_1$ 时，有

$$A_v = A_P\left(1 + \frac{\omega_1}{j\omega}\right) \approx A_P = -\frac{R_2}{R_1}$$

此时电路相当于反相比例放大电路，因此该电路也被称为 PI（proportional integral，比例积分）控制器，其被广泛应用于自动控制系统中。

## 2.4.2　微分电路

微分是积分的逆运算，输出电压与输入电压呈微分关系，其电路如图 2.4.6 所示，它是将图 2.4.1 所示电路中的电阻和电容器互换位置得到的。输出电压 $v_o$ 通过电阻 $R$ 送回到反相输入端，构成负反馈，使运放工作在线性放大区。

利用"虚短"的概念，有 $v_n \approx v_p=0$；利用

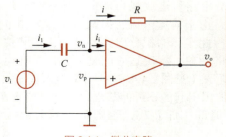

图 2.4.6　微分电路

视频2-5：
微分电路

"虚断"的概念，有 $i_1 \approx 0$，$i_1 = i$。设 $t=0$ 时，电容器 $C$ 的初始电压 $v_C(0)=0$，于是

$$i_1 = C\frac{\mathrm{d}v_i(t)}{\mathrm{d}t} \qquad (2.4.10)$$

又因为

$$v_n - v_o(t) = iR \qquad (2.4.11)$$

所以

$$v_o(t) = -RC\frac{\mathrm{d}v_i(t)}{\mathrm{d}t} \qquad (2.4.12)$$

可见，输出电压 $v_o$ 正比于输入电压 $v_i$ 对时间的微商，负号表示 $v_o$ 与 $v_i$ 的相位相反。微分电路对噪声的敏感度大于积分电路对噪声的敏感度。小幅度的输入噪声波动，可能具有较大的导数。经过微分，在输出端会产生较大的噪声信号，导致较低的输出信噪比。这个问题可以通过给输入电容器串联一个电阻得到缓解。改进的电路可以对低频信号进行微分运算，具有恒定的高频增益。

如果输入信号是阶跃电压，且 $V_1$ 为正值，则输出波形如图 2.4.7 所示。虽然在 $t=0$ 时，输入信号快速变化，但因为信号源总存在内阻，所以输出电压仍为一个有限值。随着电容器 $C$ 的充电，输出电压 $v_o$ 将逐渐衰减，最后趋近于零。

如果输入信号是方波，则输出将是尖脉冲波，其波形如图 2.4.8 所示。在 0 时刻，输入信号变化量为正值，电容器 $C$ 开始充电，输出波形为一个负的尖脉冲波，随着时间的增加，$v_o$ 将逐渐衰减，最后趋近于零；在 $t_1$ 时刻，输入信号变化量为负值，输出波形为正的尖脉冲波且最后趋近于零。

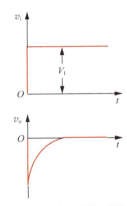

图 2.4.7　微分电路对阶跃输入的响应

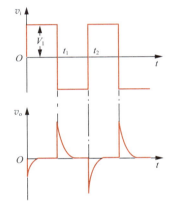

图 2.4.8　微分电路的电压波形

如果输入信号是正弦函数 $v_i = \sin\omega t$，则输出信号 $v_o = -RC\omega\cos\omega t$。此式表明，$v_o$ 的输出幅度将随频率的增加而呈线性增加。因此微分电路对高频噪声特别敏感，以至于输出噪声可能完全淹没微分信号。因此，这种类型的微分电路用得很少。在实际的微分电路中，通常在电容器 $C$ 上串联一个小电阻，以便减少噪声的放大，但这会影响微分电路的精度，故要求串联电阻较小。

前面曾将反相比例放大电路和积分电路相结合，得到 PI 控制器，如果将 PI 控制器和微分电路相结合，就可以得到比例-积分-微分运算电路，如图 2.4.9（a）所示。按照例 2.4.1 类似的方法，可以求出其输出电压和输入电压之间的关系为

$$v_o = -\left(\frac{R_2}{R_1} + \frac{C_1}{C_2} + \mathrm{j}\omega R_2 C_1 + \frac{1}{\mathrm{j}\omega R_1 C_2}\right)v_i \qquad (2.4.13)$$

上式右侧括号内第一、二项表示比例运算，第三项表示微分运算，第四项表示积分运算。图 2.4.9（b）所示为阶跃信号作用下的响应。

在自动控制系统中，比例-积分-微分运算经常用来组成 PID（Proportional Integral Differential）控制器。其中，比例运算用来放大，积分运算常用来消除静态误差，提高调节精度，而微分运算则用来加速过渡过程，缩短调节时间。

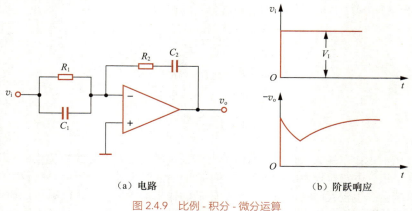

（a）电路　　　　　　　　　　　（b）阶跃响应

图 2.4.9　比例 - 积分 - 微分运算

## 2.4.3　积分电路与微分电路的 MultiSim 仿真

### 1. 积分电路仿真

根据图 2.4.4，在 MultiSim 中，绘制图 2.4.10（a）所示的仿真电路。其中，运放采用低失调

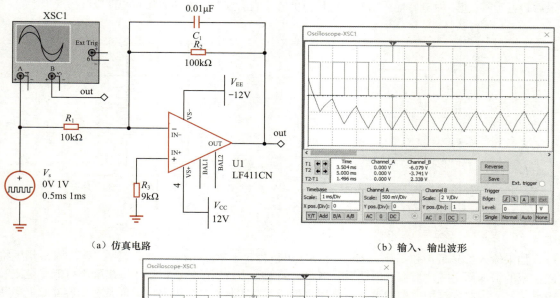

（a）仿真电路　　　　　　　　　　　（b）输入、输出波形

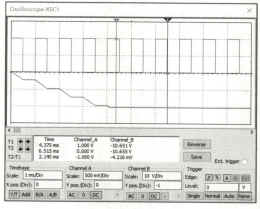

视频 2-6：
积分电路仿真

（c）去掉 $R_2$ 后的仿真波形

图 2.4.10　积分电路仿真

和低漂移的LF411CN；从Source分组中选择PULSE_VOLTAGE（脉冲电压源）作为输入信号$V_s$，其初值为0，脉冲值为1V，周期为1ms，脉冲宽度为0.5ms，即将输入信号设置成占空比为50%的正方波。

运行仿真，得到图2.4.10（b）所示的波形。可见，电路开始工作后，要经过一段时间（大约为3ms）后，输出的电压波形才能稳定。稳定后，输入为正方波的幅值在0～1V变化，输出（B通道，上移1格）为三角波，其幅值在−6.079～−3.741V变化。

如果去掉反馈电阻$R_2$=100kΩ，重新运行仿真，得到图2.4.10（c）所示的波形。可见，电路工作一段时间后，最终输出−10.655V，即积分电路偏向负的饱和值，出现不能正常积分的现象。

### 2. 微分电路仿真

在MultiSim中，绘制图2.4.11（a）所示的仿真电路。其中，运放采用LF411CN；输入$V_s$为脉冲电压源，其初值为−0.5V，脉冲值为0.5V，周期为1ms，脉冲宽度为0.5ms，即将输入信号设置成占空比为50%、幅值为1V的方波。

运行仿真电路，得到图2.4.11（b）所示的波形。可见，电路的输入（通道A，上移1.5格）为方波，输出（通道B，下移1格）为尖脉冲波。

视频2-7：微分电路仿真

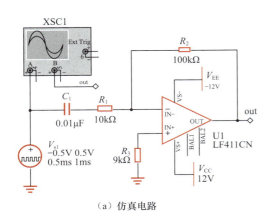

（a）仿真电路

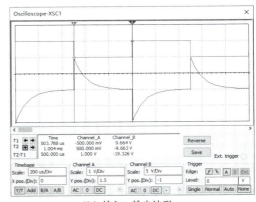

（b）输入、输出波形

图 2.4.11　微分电路仿真

## 2.5　应用举例：心电信号放大器

**设计内容**：采用运放设计一个心电信号放大器，用来对采集到的人体心电信号进行放大。

**指标要求**：探头输出心电信号的幅值$|v_i|$=50μV～5mV，典型值为1mV；

信号频率范围为0.05Hz～200Hz，等效信号源内阻$R_{si} \geqslant$50kΩ；

要求将心电信号至少放大1000倍，使输出信号$v_o$幅值达到1V以上，噪声小。

**解**：（1）总体方案设计

由于系统总的电压增益$A_v \geqslant 1000$，必须采用多级放大器实现。根据系统设计要求，这里选用TL084C型运放，其增益$A_v=2 \times 10^5$，输入电阻$R_i=10^{12}\Omega$，内部集成了4个高性能的运放，其单位增益带宽达4MHz，在选定的增益下可以满足信号带宽的要求。

为了尽可能抑制输入信号的噪声，第一级采用运放TL084C构成的仪用放大器，第二级采用同相放大电路进一步提高增益。两级的增益分配为$A_{v1}=40$，$A_{v2}=25$。

（2）电路参数设计

具体电路及其参数如图2.5.1所示。实际上，图中虚线框内的放大器可以直接选用单片集成仪用放大器（如INA128、AD620等）进行设计，电路会更简单。

第一级仪用放大器的电压增益

$$A_{v1} = \frac{v_{o1}}{v_i} = -\frac{R_4}{R_3}\left(1 + \frac{2R_2}{R_1}\right) = -\frac{16}{10} \times \left(1 + \frac{2 \times 24}{2}\right) = -40$$

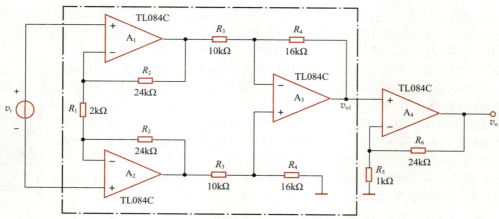

图 2.5.1　心电信号放大器的具体电路及其参数

第二级同相放大电路的电压增益

$$A_{v2} = \frac{v_o}{v_{o1}} = 1 + \frac{R_6}{R_5} = 1 + \frac{24}{1} = 25$$

总的电压增益

$$A_v = A_{v1} \times A_{v2} = -40 \times 25 = -1000$$

## 小结

- 集成运放是一种高增益直接耦合放大器，它至少有 5 个外接端子：反相输入端、同相输入端、输出端，以及电源供给端 $V^+$ 和 $V^-$。
- 集成运放有两个工作区：线性放大区与饱和区。当它工作在开环状态时，线性范围很小，为了实现对输入电压的放大、加法、减法、积分和微分等模拟运算，均需引入深度负反馈，这是运算电路的特点。当它工作在非线性放大区时，输出电压扩展到饱和值 $\pm V_{om}$。在忽略输出饱和压降的情况下，饱和值接近于电源电压。
- 理想运放具有理想参数，即 $A_{vo} \to \infty$，$r_i \to \infty$，$r_o \to 0$。
- 通过引入合理的负反馈而使运放稳定工作于线性区时，结果导致两个输入端之间的电压差 $v_p - v_N \to 0$，由此可导出"虚短"和"虚断"（$i_p = i_n \approx 0$）两个重要概念，其中前者是本质的，后者是派生的。"虚短"和"虚断"概念对分析由运放组成的各种线性应用电路非常重要，用这两个概念可求出运放电路输出与输入之间的函数关系。
- 同相放大电路和反相放大电路是两种基本的线性应用电路，由此可推广到加法、减法、积分和微分等电路。这种由理想运放组成的线性应用电路输出与输入的关系（电路闭环特性）只取决于运放外部电路的元件值，而与运放内部特性（$A_{vo}$、$r_i$、$r_o$）几乎无关。

## 自我检验题

**2.1　填空题**（试从"同相""反相"中选择一词分别填到下面的横线上）

1. 设用 $v_P$、$v_N$、$v_O$ 表示运放的同相输入端、反相输入端和输出端的信号电压，则 $v_O$ 与 $v_P$ 成

自我检验题
答案

_____变化，而 $v_O$ 与 $v_N$ 成_____变化。

2. 在反相放大电路中，运放的_____输入端为"虚地"点；而在_____放大电路中，运放的两个输入端对地电压基本上等于输入电压。

3. _____放大电路的输入电流基本上等于流过反馈电阻 $R_f$ 的电流，而_____放大电路的输入电流几乎等于零。

4. 在_____加法运算电路中，流过反馈电阻 $R_f$ 的电流等于各输入电流的代数和。

5. _____放大电路的特例是电压跟随器，它具有 $R_i$ 很大和 $R_o$ 很小的特点，常用作缓冲器。

### 2.2　判断题（正确的画"√"，错误的画"×"）

1. 在运放构成的线性运放电路中一般引入负反馈。　　　　　　　　　　　　　　（　　）
2. 集成运放在开环情况下一般都工作在非线性区。　　　　　　　　　　　　　　（　　）
3. 在线性运放电路中，集成运放的反相输入端均为"虚地"点。　　　　　　　　（　　）
4. 积分电路可将三角波变换为方波，而微分电路可将方波变换为三角波。　　　　（　　）
5. 微分电路可将方波变换为尖脉冲波。　　　　　　　　　　　　　　　　　　　（　　）

## 📝 习题

### 2.1　集成运算放大器

2.1.1　在一个集成电路封装中，如果包含两个运放，它至少应该有几个引脚？如果包含 4 个运放，它至少应该有几个引脚？

2.1.2　电路如图 2.1.4（a）所示，运放的 $A_{vo}=2\times10^5$，$r_i=2M\Omega$，$r_o=75\Omega$，$V^+=12V$，$V^-=-12V$，设输出电压的最大饱和电压 $\pm V_{om}=\pm11V$。

（1）当运放输出电压为饱和值时，求输入电压的最小幅值 $v_p-v_N$。

（2）画出其电压传输特性曲线。

2.1.3　集成运放的电压传输特性曲线由哪两部分组成，它们各有什么特点？在理想情况下，输出电压的最大值 $\pm V_{om}$ 为多少？

### 2.2　基本线性运放电路

2.2.1　同相放大电路如图题 2.2.1 所示，假设图中 $R_1=10k\Omega$，若希望它的电压增益 $A_v$ 为 10，试估算反馈电阻 $R_f$ 的值，该电路的输入电阻是多少？

2.2.2　反相放大电路如图题 2.2.2 所示，假设图中 $R_1=10k\Omega$，$R_f=50k\Omega$，试估算它的电压增益和输入电阻。

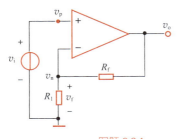

图题 2.2.1

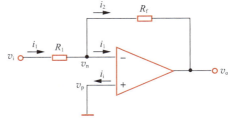

图题 2.2.2

2.2.3　电路如图题 2.2.3 所示，假设运放是理想的，图题 2.2.3（a）所示电路中的 $v_i=6V$，图题 2.2.3（b）所示电路中的 $v_i=10\sin\omega t$ mV，求各放大电路的输出电压 $v_o$ 和各支路的电流。

2.2.4　假设运放是理想的，试根据下列要求设计放大电路。

（1）设计一个输入电阻极大、电压增益为 100 的放大电路。

（2）设计一个电压增益为 -20、输入电阻为 $10k\Omega$ 的放大电路。

### 2.3　加法和减法运算电路

2.3.1　电路如图题 2.3.1 所示，假设运放是理想的，试求各电路输出电压与输入电压之间的函数关系。

2.3.2　加减运算电路如图题 2.3.2 所示，求输出电压 $v_o$ 的表达式。

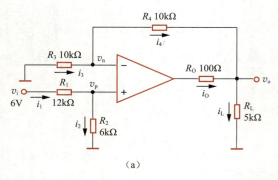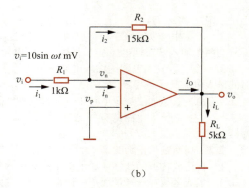

图题 2.2.3

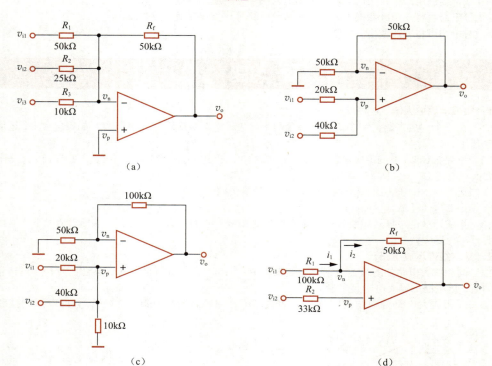

图题 2.3.1

2.3.3　仪用放大电路如图 2.3.5 所示，设电路中 $R_1=2\text{k}\Omega$，$R_2=25\text{k}\Omega$，$R_3=R_4=40\text{k}\Omega$，试求 $A_v=\dfrac{v_o}{v_1-v_2}$ 的值。

2.3.4　图题 2.3.4 所示为一增益线性调节运放电路，试求出该电路的电压增益 $A_v=v_o/(v_{i1}-v_{i2})$ 的表达式。

2.3.5　电路如图题 2.3.5 所示，假设运放是理想的，试求 $v_{o1}$、$v_{o2}$ 及 $v_o$ 的值。

2.3.6　设计一反相加法器，使其输出电压 $v_o=-(7v_{i1}+14v_{i2}+3.5v_{i3}+10v_{i4})$，允许使用的最大电阻值为 280kΩ，求各支路的电阻。

2.3.7　设计一个电路，实现运算 $v_o=1.5v_{i1}-5v_{i2}+0.1v_{i3}$，允许使用的最大电阻值为 150kΩ。

### 2.4　积分电路和微分电路

2.4.1　理想运放构成的电路如图题 2.4.1 所示，试求出函数关系式 $v_{O1}=f(v_S)$，$v_{O2}=f(v_S)$，$v_{O3}=f(v_S)$。（设电容器的初始电压为零）

2.4.2　基本积分电路如图题 2.4.2（a）所示，设运放是理想的，已知初始状态时 $v_C(0)=0$，若输入电压波形如图题 2.4.2（b）所示，试画出 $v_o$ 的波形。

2.4.3　基本微分电路如图题 2.4.3（a）所示，设运放是理想的，若输入信号波形如图题 2.4.3（b）所示，当 $t=0$ 时，$v_o=0$，试画出输出电压的波形。

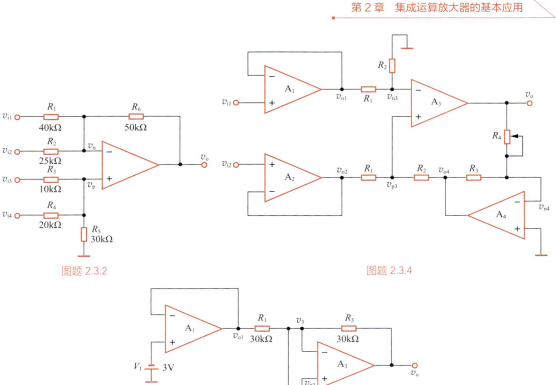

图题 2.3.2　　　　　　　　　　　　　　　　　　　图题 2.3.4

图题 2.3.5

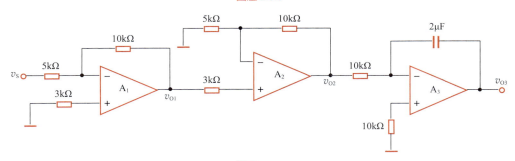

图题 2.4.1

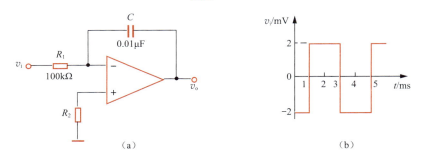

（a）　　　　　　　　　　　　　　　　　　（b）

图题 2.4.2

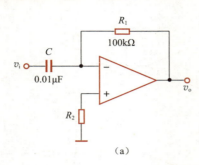 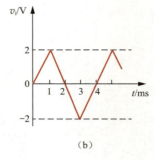

图题 2.4.3

2.4.4 电路如图题 2.4.4 所示，$A_1$、$A_2$ 为理想运放，电容器的初始电压 $v_C(0)=0$，试求 $v_o=f(v_{i1},v_{i2})$。

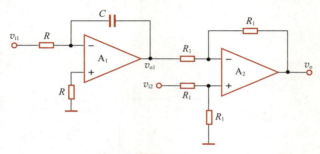

图题 2.4.4

2.4.5 设计能够实现下列运算的电路，给定 $C=1\mu F$，$v_o(t)|_{t=0}=0$，并要求各路输入电阻至少为 $100k\Omega$。

（1）$v_o = -10\int v_{i1}dt - 2\int v_{i2}dt$。

（2）$v_o = -5\int_0^t (v_{i1} - 2v_{i2} + 3v_{i3})dt$。

## 📝 实践训练

**S2.1** 在图 2.2.5 所示的反相放大电路中，已知运放采用 741，电源电压 $V^+=15V$，$V^-=-15V$，$R_1=10k\Omega$，$R_f=100k\Omega$。试用 MultiSim 进行仿真。

（1）当 $v_i=0.5\sin(2\pi \times 50t)V$ 时，绘制出输入电压 $v_i$ 和输出电压 $v_o$ 的波形。

（2）当 $v_i=2\sin(2\pi \times 50t)V$ 时，绘制出 $v_i$、$v_o$ 的波形。

（3）绘制出该电路的电压传输特性曲线 $v_o=f(v_i)$。

**S2.2** 在图 2.3.1（a）所示的加法运算电路中，已知运放采用 741，电源电压 $V^+=12V$，$V^-=-12V$，$R_1=50k\Omega$，$R_2=R_3=100k\Omega$，$R_4=25k\Omega$。试用 MultiSim 进行仿真。

（1）当输入电压 $v_{i1}=\sin(2\pi \times 1000t)V$，且 $v_{i2}$ 为 2V 的直流电压源时，绘制出 $v_{i1}$ 和 $v_o$ 的波形。

（2）当输入直流电压 $v_{i1}=4V$，$v_{i2}=2V$ 时，输出电压 $v_o$ 的值是多少？

**S2.3** 在图 2.3.3 所示的减法运算电路中，已知运放采用 741，电源电压 $V^+=12V$，$V^-=-12V$，$R_1=R_2=10k\Omega$，$R_3=R_4=100k\Omega$。试用 MultiSim 进行仿真，要求：

（1）当输入电压 $v_{i1}=0.5\sin(2\pi \times 1000t)V$，$v_{i2}=-0.5\sin(2\pi \times 1000t)V$ 时，绘制出 $v_{i1}$、$v_{i2}$ 和 $v_o$ 的波形。

（2）当输入直流电压 $v_{i1}=0.2V$，$v_{i2}=0.4V$ 时，输出电压 $v_o$ 的值是多少？

（3）在 $v_{i2}=0.4V$ 时，$v_{i1}$ 以 0.2V 的步长从 0.2V 增加到 1.8V，使用参数扫描方式，绘制出输出电压 $v_o$ 与输入电压 $v_{i1}$ 之间的电压传输特性曲线。

**S2.4** 在图 2.4.4 所示的积分电路中，已知运放采用 LF411CN，电源电压 $V^+=12V$，$V^-=-12V$，$R=10k\Omega$，$R_f=100k\Omega$，$C=0.068\mu F$，电容器 $C$ 的初始电压 $v_C(0)=0$。当输入电压 $v_i$ 的幅值在 $-1 \sim 1V$ 变化，频率为 1kHz，占空比为 50% 的方波时，试用 MultiSim 进行仿真，绘制出 $v_i$、$v_o$ 的波形。

# 第 3 章
# 半导体二极管及其基本电路

本章知识导图

## 3.1　半导体的基本知识

### 3.1.1　半导体材料

大多数电子器件（如二极管、晶体管等）是由半导体、导体和绝缘体材料制造而成的。那些容易导电的材料被称为导体，如铝、铜或银等金属；而那些难以导电的材料被称为绝缘体，如聚氯乙烯塑料、橡胶或玻璃等；还有一些导电性能介于导体和绝缘体之间的材料被称为半导体。材料的导电性能通常用电导率（$\sigma$）来表示，电导率的倒数就是电阻率（$\rho$），即 $\rho = \dfrac{1}{\sigma}$。

在电子器件中，常用的半导体材料有元素半导体，如硅（Si）、锗（Ge）等；化合物半导体，如砷化镓（GaAs）、磷化镓（GaP）和磷化铟（InP）等；掺杂或制成其他化合物半导体的材料，如硼（B）、磷（P）、铟（In）和锑（Sb）等。其中，硅是目前常用的一种半导体材料，其他的半导体材料常被应用在特殊的场合，例如，砷化镓和磷化铟是光电领域非常重要的半导体材料。半导体除了在导电能力方面与导体和绝缘体不同外，它还具有以下 3 个特性。

#### 1．热敏特性

当温度升高时，大多数半导体材料的电阻率会下降。这一特性使得半导体器件的特性随温度变化过大，对电子电路的稳定性有很大影响。但是，这一特性也可以加以利用，制作热敏电阻，用于温度检测、控制或者补偿等。

#### 2．光敏特性

大多数半导体材料受到外界光照射时，其电阻率会下降。利用这一特性可以制作光敏电阻、光敏二极管、光敏晶体管等器件，用于光的检测、传输及控制等。

#### 3．掺杂特性

在纯净的半导体中掺入微量的其他元素（杂质），其导电能力会显著增强。例如，在纯净的硅材料中掺入百万分之一的硼元素后，其电阻率显著减小，从大约 $2 \times 10^3 \Omega \cdot cm$ 减小到 $4 \times 10^{-3} \Omega \cdot cm$ 左右。利用这一特性可以制作各种半导体器件，例如半导体二极管、晶体管、晶闸管等。

为了理解这些特性，必须了解半导体的结构。

### 3.1.2　半导体的结构

视频 3-1：
半导体的结构

目前，硅是用得非常多的半导体材料。下面重点介绍硅的物理结构和导电机制。在元素周期表中，硅的原子序数为 14，它的玻尔（Bohr）原子模型如图 3.1.1（a）所示。其中，最内部为带 14 个正电荷的原子核，而带负电荷的电子用实心圆点表示，这 14 个电子分布在不同轨道（称为层）上绕原子核旋转。材料的不同特性是由它的原子结构（特别是原子最外层轨道的电子分布）决定的，最外层的电子称为价电子（valence electron）。因此，价电子是我们要研究的对象。为了方便，常常把除价电子以外的内层电子和原子核看成一个整体，称为正离子芯，正离子芯的周围是价电子，得到原子结构的简化模型，如图 3.1.1（b）所示。

为了制作半导体器件，先将半导体材料提纯，并将它由液态冷却下来形成有序排列的单晶体，即本征半导体。在单晶体中，多个硅原子在空间排列成整齐的点阵，形

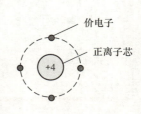

（a）玻尔原子模型　　　　（b）简化模型

图 3.1.1　硅的原子结构模型

成图 3.1.2（a）所示的三维结构，称为<u>晶格</u>。由于相邻原子间的距离很小，原来分属于每个原子的价电子不仅会受到所属原子核的作用，而且会受到相邻原子核的吸引力。这样，每个原子的价电子都与四周相邻原子的一个价电子结合组成<u>共价键</u>（covalent bond），常用图 3.1.2（b）所示的二维结构来表示。由原子理论可知，当外层有 8 个电子时原子才处于稳定状态。

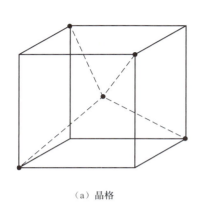

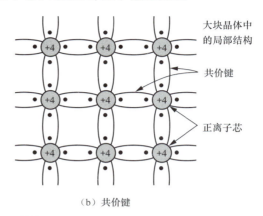

大块晶体中的局部结构

共价键

正离子芯

（a）晶格　　　　　　　　　　　　　（b）共价键

图 3.1.2　硅的结构

硅原子只有 4 个价电子，因此在组成单晶体时，每个原子都要从四周相邻的原子取得 4 个价电子，以形成稳定状态。

### 3.1.3　本征半导体

本征（intrinsic）半导体是一种完全纯净的、结构完整的半导体，其中不包含其他类型的原子。由于共价键束缚作用，共价键内的价电子就不能自由移动，如果没有足够的能量，价电子是不可能脱离其运转轨道的。因此，在热力学温度 $T=0K$（或 $-273℃$）和没有外界其他能量激发时，所有的价电子都被束缚在晶格的共价键中，没有可以导电的自由电子（free electron）。于是，硅原子不能导电，相当于绝缘体。

在室温（约 300K）下，由于热能的作用，便有少量的价电子摆脱束缚状态成为可以导电的<u>自由电子</u>，这个过程称为<u>激发</u>（excitation）。同时，在它原来所在的共价键位置上留下一个空位，这个空位称为<u>空穴</u>（hole）。于是，带有空穴的原子因失掉一个价电子而带正电，或者说，空穴带正电。在本征半导体中，激发出一个自由电子时，会产生一个空穴，自由电子和空穴总是成对出现的，称为自由<u>电子-空穴对</u>。因此本征半导体中自由电子与空穴的数目是相等的，如图 3.1.3 所示，图中的小圆圈代表空穴。随着温度的升高，越来越多的共价键被破坏，产生越来越多的自由电子和带正电的空穴。<u>空穴的出现是半导体区别于导体的一个重要特点</u>。

若在本征半导体两端外加电场，自由电子会逆着电场方向移动，形成<u>电子电流</u>；同时，相邻共价键中的价电子在热能和电场的作用下会脱离原来的位置，按一定的方向填补到这个空位上，而在这个价电子原来的位置上就留下了新空位，以后其他电子又可转移到这个新空位上，即空穴出现了定向移动，形成<u>空穴电流</u>。所以，总电流是电子电流和空穴电流之和，这说明在室温下，本征半导体具有一定的导电能力。

在外电场 $E$ 的作用下，共价键中价空穴和价电子在晶体中的移动过程可以用图 3.1.4 来解释。如果在 $x_1$ 处存在一个价电子的空位，$x_2$ 处的价电子便可以填补到这个空位上，从而使空位由 $x_1$ 移到 $x_2$。如果接着 $x_3$ 处的价电子又填补到 $x_2$ 处的空位上，这样空位又由 $x_2$ 移到 $x_3$。在这个过程中，价电子由 $x_3 \to x_2 \to x_1$，但仍处于束缚状态，而空位（即空穴）由 $x_1 \to x_2 \to x_3$，也就是说空穴移动的方向和价电子移动的方向是相反的，因而可用空穴移动产生的电流来代表束缚在共价键中的价电子移动产生的电流。图 3.1.4 中箭头方向表示价电子的移动方向。可见，在本征半导体中，共价

视频 3-2：本征半导体

键中空穴或束缚的价电子移动产生电流的根本原因是共价键中出现了空穴。只有当共价键中出现了空穴以后，它才开始导电。因此，可以将空穴看成一个带正电荷的粒子，它所带的电量与价电子的电量相等，符号相反。或者说，空穴也是一种载流子，不过这种载流子的运动是人们根据共价键中出现空位的移动而虚拟出来的，它实际上是束缚在共价键中的价电子移动形成的。

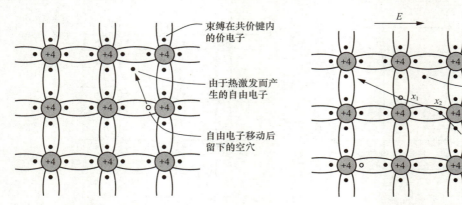

图 3.1.3　本征半导体中的自由电子和空穴　　　　图 3.1.4　价电子与空穴的移动

　　半导体中能够自由移动的带电粒子称为**载流子**（carrier）。导体中只有一种载流子，即自由电子；而本征半导体中有两种载流子，即自由电子和空穴，它们均可参与导电。自由电子带负电荷，而空穴带正电荷，由于这两种载流子所带电荷极性不同，在外电场作用下，它们的运动方向相反，因此本征半导体中的总电流就是电子电流和空穴电流之和。但由于本征半导体中自由电子和空穴的数目非常少，产生的电流非常小，因此本征半导体的导电能力是很弱的。

　　在半导体中，运动的自由电子与空穴相遇时会填补空穴，使两者同时消失，即空穴与自由电子相结合而形成一个新的填充的共价键，这一过程称为**复合**（recombination）。在一定的温度下，本征半导体中自由电子和空穴的产生与复合都在不停地进行着，最后会达到一种动态平衡，使载流子的浓度达到稳定。

　　就半导体材料的特性而言，载流子浓度是一个重要参数，因为它直接影响电流的大小。载流子浓度是指单位体积中载流子的个数。通常，用 $n$ 表示单位体积中自由电子的个数，叫作**电子浓度**；用 $p$ 表示单位体积中空穴的个数，称为**空穴浓度**。用 $n_i$ 和 $p_i$ 分别表示本征半导体中自由电子和空穴的浓度。因为本征半导体中自由电子和空穴总是成对产生的，所以自由电子和空穴的浓度相等，即 $n_i = p_i$。

　　本征半导体中载流子的浓度除了与半导体材料本身的性质有关外，还与温度有关，而且随着温度的升高，近似地按指数规律升高。例如，在室温（$T$=300K）下，硅晶体本征激发的载流子浓度 $n_i = p_i \approx 1.45 \times 10^{10}$ 个/cm$^3$；当温度升高到 $T$=400K 时，纯净硅晶体中载流子的浓度可达到 $7.8 \times 10^{12}$ 个/cm$^3$，增加了 500 余倍。可见，温度是影响半导体导电性能的一个重要因素。

## 3.1.4　杂质半导体

　　在本征半导体中，虽然存在两种载流子，但因为载流子的浓度很低，所以，它们的导电能力差。如果在本征半导体中掺入微量的特定元素杂质，晶体点阵中有些硅原子的位置就被杂质原子所取代，便得到**杂质半导体**（doped semiconductor），其导电能力会显著增强。常用的杂质有硼、铟和铝等三价元素，还有磷、砷和锑等五价元素。根据掺入杂质性质的不同，杂质半导体可分为电子（N）型半导体和空穴（P）型半导体两大类。

### 1．N型半导体

　　在纯净的硅晶体内掺入少量的某种五价元素杂质（如磷）后，可使半导体中自由电子的浓度大量增加，形成 N① 型半导体。由于磷原子有 5 个价电子，其中的 4 个价电子与它周围硅原子的价电子组成共价键，多余的那个价电子仅受到磷原子核的吸引力，无共价键束缚，只要获得很小的能量，就能摆脱束缚状态，成为自由电子，同时并未产生空穴。磷原子因失去一个价电子而成为不能自由移动的、带正电的粒子——正离子。由于这种杂质原子能"施舍"一个电子，故称磷为施主杂质（donor impurity）或 N 型杂质。N 型半导体如图 3.1.5 所示。

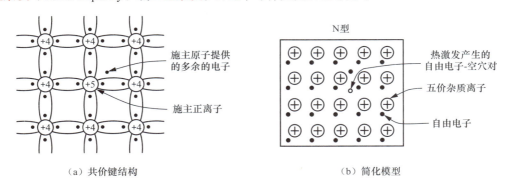

（a）共价键结构　　　　　　　　　　　　（b）简化模型

图 3.1.5　N 型半导体

在室温下，几乎每个杂质原子都能提供一个自由电子，使得半导体中自由电子的数目大大增加。所以在 N 型半导体中，自由电子的数目远大于空穴的数目，自由电子为多数载流子（majority carrier），而空穴为少数载流子（minority carrier），自由电子是导电的主体。但在 N 型半导体中，总的自由电子数等于正离子数与空穴数之和，自由电子带负电，空穴和正离子带正电，整块半导体中的正、负电荷量相等，保持电中性。

N 型半导体的简化模型如图 3.1.5（b）所示，其中，⊕ 代表不能移动的杂质正离子，实心圆点代表可移动的自由电子，空心圆圈代表空穴。

## 2. P 型半导体

在纯净的硅晶体内掺入少量的某种三价元素杂质（如硼）后，可使半导体中空穴的浓度大量增加，形成 P② 型半导体。由于硼原子的 3 个价电子与它周围的 4 个硅原子组成共价键时会缺少一个电子，在晶体中便产生一个空位。不过这个空位与空穴不同，它不带电，所以不是载流子。但是，在室温下，邻近共价键内的价电子受到热振动或其他激发获得能量时，就有可能填补这个空位，于是失去价电子的共价键中就会出现一个空穴，同时并未产生自由电子。而硼原子因接受了一个电子而成为负离子，但它不能移动，故称硼为受主杂质（acceptor impurity）或 P 型杂质。P 型半导体如图 3.1.6 所示。

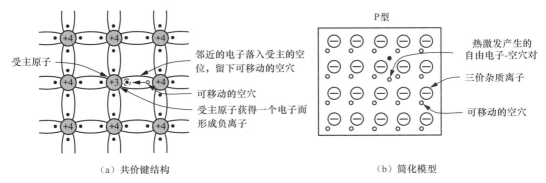

（a）共价键结构　　　　　　　　　　　　（b）简化模型

图 3.1.6　P 型半导体

---

① Negative 的首字母，因该类型半导体中参与导电的多数载流子为带负电荷的自由电子而得名。
② Positive 的首字母，因该类型半导体中参与导电的多数载流子为带正电荷的空穴而得名。

在室温下，几乎每个受主原子都能接受一个价电子而成为负离子，同时产生相同数目的空穴，使得半导体中空穴的数目大大增加。所以在 P 型半导体中，空穴为多数载流子，自由电子为少数载流子，空穴是导电的主体。但在 P 型半导体中，总的空穴数等于负离子数与自由电子数之和，空穴带正电，负离子和自由电子带负电，整块半导体中的正、负电荷量相等，保持电中性。

P 型半导体的简化模型如图 3.1.6（b）所示，其中，⊖代表不能移动的杂质负离子，空心圆圈代表可移动的空穴，实心圆点代表自由电子。另外，除了受主原子产生的空穴之外，半导体中还有热激发产生的少量自由电子-空穴对。

总之，在杂质半导体中，若每个受主杂质都能产生一个空穴，或者每个施主杂质都能产生一个自由电子，尽管杂质浓度不高，但它们对半导体的导电性能有很大的影响。因而，掺杂是提高半导体导电性能的有效方法。

## 3.2　PN 结的形成及特性

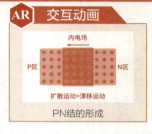

PN 结的形成

视频3-3：
PN结的形成

### 3.2.1　PN 结的形成

PN 结是构成二极管和晶体管等半导体器件的基础。通过掺杂工艺，在一块本征半导体的一边掺入三价元素杂质，形成 P 型半导体；在另一边掺入五价元素杂质，形成 N 型半导体，则在它们的交界面就会形成一个很薄的特殊物理层，称为 PN 结（PN junction）。

PN 结的形成如图 3.2.1 所示。假设每个区域的掺杂浓度相同，每个区域少数载流子的浓度也一样。在交界面两侧载流子的浓度是不同的，P 型区内空穴的浓度远大于 N 型区的，而 N 型区内自由电子的浓度远大于 P 型区的。由于存在浓度差异，因此 P 型区内的一些空穴向 N 型区扩散，N 型区内的一些自由电子向 P 型区扩散。这种由于浓度差异而引起的载流子由高浓度区域向低浓度区域的运动，称为扩散运动，所形成的电流称为扩散电流（diffusion current）。

扩散运动的结果使交界面附近原来呈现的电中性被破坏。扩散到 P 型区内的自由电子与空穴复合，留下了带负电荷的杂质离子；而扩散到 N 型区内的空穴与自由电子复合，留下了带正电荷的杂质离子。虽然这些杂质离子也带有电荷，但由于物质结构的关系，它们不能任意移动，因此并不参与导电。这些不能移动的带电离子集中在 P 型区和 N 型区交界面附近，形成了一个很薄的空间电荷区（space charge region），这就是 PN 结。在这个区域内，多数载流子已扩散并被复合掉了，或者说消耗尽了，因此空间电荷区有时又称为耗尽区（depletion region），它的电阻率很高，为高阻区。

在出现了空间电荷区以后，由于正、负离子之间

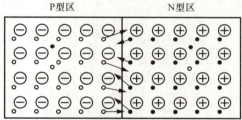

（a）多数载流子的扩散运动

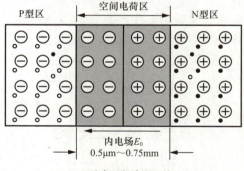

内电场 $E_0$
0.5μm～0.75mm

（b）动态平衡时的 PN 结

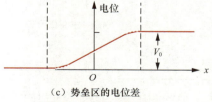

（c）势垒区的电位差

图 3.2.1　PN 结的形成

的相互作用，在空间电荷区中就形成了一个电场，其方向是从带正电的 N 型区指向带负电的 P 型区。这个电场是由多数载流子的扩散和复合后，在空间电荷区内部形成的，而不是外加电压形成的，故称为**内电场**。显然，这个内电场的方向是阻止多数载流子扩散运动的。因此，空间电荷区又称为**阻挡层**。但同时，内电场会对少数载流子有吸引作用，使 N 型区的少数载流子空穴向 P 型区漂移，P 型区的少数载流子自由电子向 N 型区漂移。**载流子在内电场作用下的运动，称为漂移运动**。漂移运动形成的电流称为**漂移电流**（drift current）。漂移运动的方向正好与扩散运动的方向相反，结果使空间电荷区变窄，其作用正好与扩散运动的作用相反。

由此可见，扩散运动和漂移运动是互相联系，又互相对立的。刚开始时，内电场较弱，载流子的扩散运动占优势，随着扩散的进行，空间电荷区变宽，内电场逐渐增强，对多数载流子扩散的阻力增大，但使少数载流子的漂移增强；而漂移使空间电荷区变窄，内电场减弱，又使扩散容易进行。当漂移运动和扩散运动相等时，空间电荷区便处于动态平衡状态。

内电场的存在表明空间电荷区两边的电位不相等，内电场的方向从正电荷区指向负电荷区，所以 N 型区的电位比 P 型区的高。由于电位差的存在，阻碍载流子的扩散运动，对于多数载流子来说，好像存在一个电位壁垒，因此空间电荷区也称为**势垒区**（potential barrier region）[1]。在图 3.2.1（c）中，用 $V_0$ 来表示势垒区的电位差（也称为**接触电位差**）。在室温下，硅材料 PN 结的接触电位差为 0.6～0.8V，锗材料 PN 结的接触电位差为 0.2～0.3V。注意，这个接触电位差不能用电压表进行测量，因为测量时会在半导体和电压表的表笔之间产生新的接触电位差，它将抵消掉 PN 结的接触电位差。

### 3.2.2 PN 结的单向导电性及电容效应

当没有外加电压时，PN 结处于平衡状态，因此，流过 PN 结的总电流为零。如果在 PN 结的两端外加不同方向的电压，PN 结原来的平衡状态将被破坏，从而呈现出单向导电性。

#### 1. 外加正向电压时的特性

当外加正向电压 $V_F$ 的正极接 P 型区，负极接 N 型区时，称 PN 结外加正向电压或**正向偏置**（forward bias，简称正偏）。此时，外加电压形成的外电场与 PN 结的内电场方向相反，内电场被削弱，PN 结的电位差降为 $V_0-V_F$，如图 3.2.2 所示。

显然，这个外电场打破了 PN 结的平衡状态，有利于多数载流子的扩散运动。于是，P 型区的多数载流子空穴和 N 型区的多数载流子自由电子都要向 PN 结移动。当载流子进入 PN 结后，其中的一部分就会和部分离子结合，使空间电荷量减少，结果空间电荷区厚度变薄（由 1—1′ 线变为 2—2′ 线）。另一部分则穿过 PN 结，在外加正向电压作用下，在回路中产生一个由多数载流子形成的扩散电流，称为**正向电流** $I_{DF}$。该电流由 P 型区流入、N 型区流出，补充半导体中移走的载流子。当外加电压 $V_F$ 升高时，PN 结内电场便进一步减弱，扩散电流继续增加。实验表明，在正常工作范围内，PN 结上外加电压只要稍有变化（如 0.1V），便能引起电流的显著变化，即电流 $I_{DF}$ 会随外加电压增加而急速上升，说明正向偏置的 PN 结表现为一个阻值很小的电阻，此时也称 **PN 结导通**。由于半导体本身的体电阻和 PN 结的电阻相比阻值很小，因此大部分外加电压都作用在 PN 结上。由于 PN 结导通后的压降只有零点几伏，因此，为防止正向电流过大而损坏 PN 结，通常在回路中串联一个限流电阻。

当 PN 结正向偏置时，对多数载流子的扩散有利，但扩散运动的载流子并不会在空间电荷区内全部复合，必然有一部分剩余的载流子会穿过（或跨越）空间电荷区。例如，空穴从 P 型区穿过空间电荷

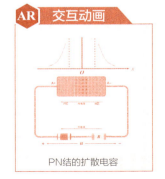

PN 结的扩散电容

---

[1] 在 PN 结空间电荷区内，电子要从 N 型区到 P 型区必须越过一个能量高坡，一般称为势垒。

进入N型区，必然在靠近空间电荷区边缘处的空穴浓度较高，离空间电荷区边缘越远的地方，其空穴浓度越低。所以，N型区内剩余空穴的浓度变化可以用图3.2.3所示的曲线$p_N$表示（总电荷量相当于曲线以下的部分）。这种在N型区剩余的空穴，可视为在PN结N型区一侧存储的电荷，就好像平板电容器的一侧电极充了电一样。

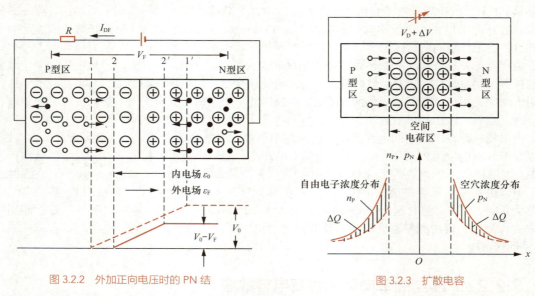

图 3.2.2　外加正向电压时的 PN 结

图 3.2.3　扩散电容

同样，N型区的自由电子向P型区扩散的情况与上述情况类似。在P型区内剩余自由电子的浓度变化可以用图3.2.3所示的曲线$n_p$表示。如果施主杂质的浓度和受主杂质的浓度不相等，则$p_N$和$n_p$两条曲线顶部位置的高低就会不一样。

若外加正向电压有一个增量$\Delta V$，则相应的空穴（自由电子）扩散运动在空间电荷区边缘的附近产生一个电荷增量$\Delta Q$，二者之比$\Delta Q / \Delta V$称为**扩散电容**（diffusion capacitance），用$C_D$表示。$C_D$的大小随外加电压变化而变化，是一种非线性电容，单位为F。

如果取微增量，则有

$$C_D = \frac{\mathrm{d}Q}{\mathrm{d}v_D}\bigg|_Q = \frac{\tau_t I_{DF}}{V_T} \tag{3.2.1}$$

式中，$\tau_t$为超量的少数载流子的平均渡越时间或寿命，表示空穴从进入N型区到被自由电子复合（或自由电子从进入P型区到被空穴复合）所用的平均时间。当P、N型区掺杂浓度不相等时，$\tau_t$为空穴和自由电子的综合等效平均渡越时间。$I_{DF}$为结型二极管正向偏置电流，$V_T$为温度电压当量，常温下约为26mV。

## 2. 外加反向电压时的特性

当外加反向电压$V_R$的正极接N型区，负极接P型区时，称PN结外加反向电压或**反向偏置**（reverse bias，简称反偏），如图3.2.4所示。此时，外加电压形成的

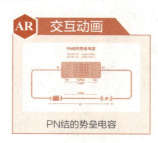

PN结的势垒电容

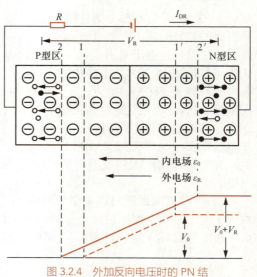

图 3.2.4　外加反向电压时的 PN 结

外电场与 PN 结的内电场方向相同，内电场被加强，PN 结的电位差增加为 $V_0+V_R$，结果使空间电荷区变宽（由 1—1′线变为 2—2′线）。多数载流子的扩散运动受到阻碍，因此扩散电流趋近于零。但是，结电场的增加使 N 型区和 P 型区中的少数载流子更容易产生漂移运动，因此在这种情况下，PN 结内的电流由起支配地位的漂移电流所决定。漂移电流的方向与扩散电流的相反，表现在外电路上有一个流入 N 型区的反向电流 $I_{DR}$，它是由少数载流子的漂移运动形成的。由于少数载流子的浓度很小，因此 $I_{DR}$ 很小，一般硅二极管为微安数量级。同时，少数载流子是由本征激发产生的，当二极管制成后，其数值取决于温度，而几乎与外加电压 $V_R$ 无关。在一定的温度下，少数载流子的数量是一定的，电流趋于恒定。这时的反向电流 $I_{DR}$ 就是反向饱和电流（reverse saturation current），用 $I_S$ 表示。

由于 $I_S$ 很小，因此 PN 结在反向偏置时，呈现出一个阻值很大的电阻（高达几百千欧姆以上），此时可认为它基本上是不导电的，称 **PN 结截止**。利用 PN 结的截止特性，可以把同一个半导体芯片中的不同器件隔离。但因 $I_S$ 易受温度的影响，在某些实际应用中，还必须予以考虑。

综上所述，PN 结正向偏置时，电阻值很小，PN 结导通，流过 PN 结的电流很大，并随外加电压的变化而显著变化；PN 结反向偏置时，电阻值很大，PN 结截止，流过 PN 结的电流极小，且不随外加电压变化。这种只允许电流往一个方向顺利流通的特性称为单向导电性。

当 PN 结反向偏置时，空间电荷区内的正负电荷会产生电容效应。当外加反向电压 $V_R$ 增加时，势垒电位增至 $V_0+V_R$，势垒区将增宽，意味着空间电荷区内电荷量增加，相当于电容充电；反之，当外加反向电压减小时，势垒区变窄，电荷量减少，相当于电容放电。这个 PN 结电容称为耗尽层电容，也称为势垒电容（potential barrier capacitance），用 $C_B$ 表示。势垒电容是非线性的，当外加反向电压不同时，等效的电容也不同。

对于非线性的势垒电容，可用微增量电容的概念来定义，即

$$C_B = \left| \frac{dQ}{dv_D} \right| \tag{3.2.2}$$

式中，$dQ$ 为势垒区每侧存储电荷的微增量；$dv_D$ 为作用于 PN 结上的电压微增量。

经理论推导，势垒电容可表示为

$$C_B = \frac{C_{B0}}{(1-V_D/V_0)^m} \tag{3.2.3}$$

式中，$C_{B0}$ 为零偏置情况下的势垒电容；$V_D$ 为 PN 结上的外加电压（在反向偏置情况下为负值）；$V_0$ 为建立势垒电位（典型值为 1V）；$m$ 为常数，其值取决于 PN 结两侧掺杂情况，当掺杂浓度差别不大时，$m=1/3$；而当掺杂浓度差别较大时，$m=1/2$。

利用 PN 结的势垒电容效应可以制作变容二极管。变容二极管可用于电子调谐振荡器。

### 3．PN 结的伏 - 安特性方程

PN 结的单向导电性可以由流过 PN 结的电流与 PN 结两端的电压关系来描述，也称为 PN 结的伏 - 安特性方程。根据半导体物理的理论分析，PN 结的伏 - 安特性方程可表示为

$$i_D = I_S(e^{v_D/nV_T} -1) \tag{3.2.4}$$

式中，$i_D$ 为流过 PN 结的电流，其方向定义为由 P 型区流向 N 型区；$v_D$ 为 PN 结两端的外加电压，其极性与正向偏置电压极性相同；$I_S$ 为反向饱和电流，对于分立器件，其范围为 $10^{-8} \sim 10^{-14}$A，集成电路中 PN 结的 $I_S$ 更小；$n$ 为发射系数，它与 PN 结的尺寸、材料及流过的电流有关，其值为 $1 \sim 2$；$V_T$ 为温度电压当量，$V_T=kT/q$，其中 $k$ 为玻尔兹曼常数（$1.38 \times 10^{-23}$J/K），$T$ 为热力学温度，即绝对温度（单位为 K，0K=−273℃），$q$ 为电子的电荷量（$1.6 \times 10^{-19}$C），当 $T$=300K 时，$V_T$=26mV；e 为自然对数的底。

注意，式（3.2.4）仅描述了 PN 结正向偏置和反向偏置两种状态，并不包括下面描述的反向击穿状态。

### 3.2.3　PN 结的反向击穿特性

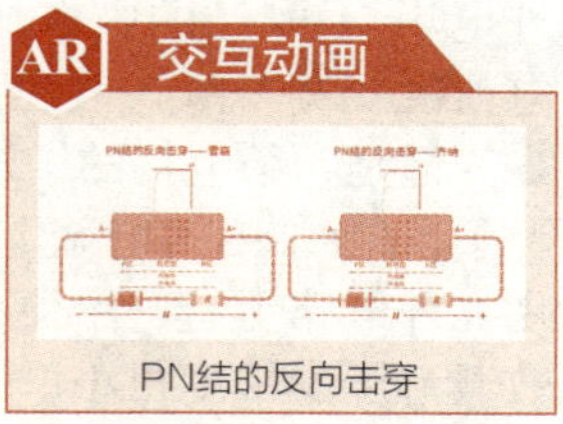

当PN结处于反向偏置时，在一定电压范围内，流过PN结的电流是很小的反向饱和电流。但是当反向电压增大到一定数值（$V_{BR}$）时，反向电流突然急剧增加，如图3.2.5所示，这个现象就称为PN结的**反向击穿**。发生击穿所需的反向电压$V_{BR}$称为**反向击穿电压**，反向击穿电压的大小与PN结的制造参数有关。反向击穿后，反向电流可以变化很大，而PN结两端的电压基本保持不变。

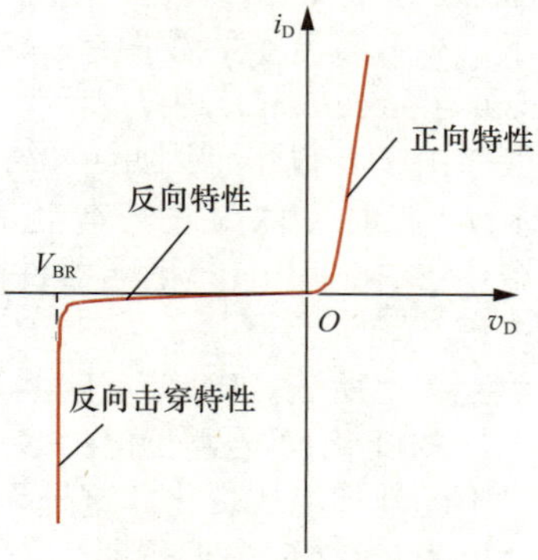

PN结的反向击穿

反向击穿有电击穿和热击穿两种形式。发生电击穿后，流过PN结的电流很大，容易使PN结发热，但只要反向电流和反向电压的乘积不超过PN结允许的耗散功率，当撤去反向电压后，PN结仍能正常工作。因此，电击穿过程是可逆的。当反向电流过大时，将导致PN结温度上升很快而热量又耗散不出去，此时会因为过热而烧毁PN结，这种现象就是**热击穿**。电击穿可为人们所利用（如稳压二极管），而热击穿是不可逆的，必须尽量避免。

电击穿有雪崩击穿和齐纳击穿两种类型。

图 3.2.5　PN 结的反向击穿

#### 1．雪崩击穿

当PN结的反向电压增加到某一数值（$V_{BR}$）时，空间电荷区的电场很强。进行漂移运动的少数载流子在通过空间电荷区时，在强电场作用下漂移速度很快，获得足够的动能，当与共价键中价电子发生碰撞时，就会使价电子摆脱共价键的束缚，形成更多的自由电子-空穴对，这种现象称为**碰撞电离**。新产生的自由电子和空穴与原有的自由电子和空穴一样，也会获得足够的能量，继续碰撞电离，再产生自由电子-空穴对，这就是载流子的**倍增效应**。载流子的倍增情况就像在陡峻的积雪山坡上发生雪崩一样，载流子增加得多而快，使反向电流急剧增大，于是PN结被击穿，这种击穿称为**雪崩击穿**（avalanche breakdown）。

#### 2．齐纳击穿

当PN结两侧的掺杂浓度较高时，其空间电荷区较窄，即使外加的反向电压不太高（一般为几伏），在PN结内也会形成很强的电场强度（约为$2×10^5$V/cm），使共价键内的价电子摆脱束缚，产生自由电子-空穴对，在电场作用下，自由电子移向N型区，空穴移向P型区，从而形成较大的反向电流，这种击穿称为**齐纳击穿**（zener breakdown）。

齐纳击穿的物理过程和雪崩击穿的完全不同。一般整流二极管掺杂浓度不是太高，其电击穿多数属于雪崩击穿。齐纳击穿多数出现在特殊的二极管中，如齐纳二极管（即稳压二极管）。

## 3.3　半导体二极管

### 3.3.1　二极管的结构

在PN结两侧加上引线和封装的外壳就构成了PN结二极管（diode）。与电阻类似，二极管有两个端口，但不同的是，电阻双向导电，而二极管只能单向导电。

二极管的类型很多，按制作二极管的材料来分，有硅二极管和锗二极管；按其结构来分，有图3.3.1（a）～图3.3.1（c）所示的几种类型。

其中，点接触型二极管由一根细金属丝和一块半导体（如锗）接触，通过很大的电流，使金属和半导体熔接在一起，形成PN结。它的结面积小，因而结电容小，适用于高频下工作，最高工作频率可达几百兆赫兹，但不能通过很大的电流，也不能承受高的反向电压，主要用于小电流的整流、检波和混频等，如2AP1是点接触型锗二极管，最大整流电流为16mA，最高工作频率为150MHz。

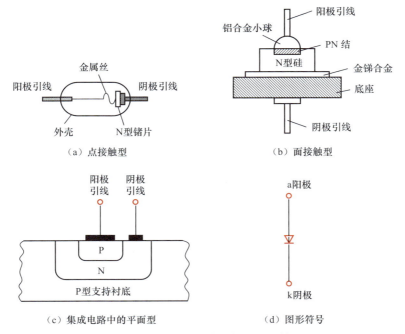

（a）点接触型　　　　　　（b）面接触型

（c）集成电路中的平面型　　　（d）图形符号

图 3.3.1　半导体二极管的结构及图形符号

在电路中，二极管的图形符号如图 3.3.1（d）所示。二极管的典型封装和极性标识如图 3.3.2 所示。

## 3.3.2　二极管的伏 - 安特性

二极管本质上就是一个 PN 结，它的伏-安特性和 PN 结的伏-安特性基本上是相同的。二极管的伏-安特性方程仍然为

$$i_D = I_S(e^{v_D/nV_T} - 1) \tag{3.3.1}$$

式中，$i_D$ 为流过二极管的电流；$v_D$ 为二极管两端的外加

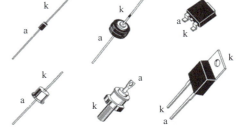

图 3.3.2　二极管的典型封装和极性标识

电压；$I_S$ 为反向饱和电流；$V_T$ 为温度的电压当量，常温下约为 26mV。

但对于实际的二极管器件，由于结构与材料的不同，考虑引线电阻、表面漏电流等因素的影响，实测的伏-安特性与 PN 结的理论特性略有差别。图 3.3.3 所示是两种不同型号二极管的伏-安特性曲线。下面分 4 个部分加以说明。

### 1. 正向特性

当二极管两端外加正向电压时，其伏-安特性曲线如图 3.3.3 中的第①段所示。在正向特性曲线的起始部分，由于正向电压较小，外电场还不足以克服 PN 结内电场对多数载流子扩散运动所产生的阻力，因而此时的正向电流几乎为零，二极管呈现的电阻较大，这个区域通常称为死区。当外加的正向电压超过一定数值 $V_{th}$ 时，内电场很快被削弱，电流迅速增大，二极管正向导通，此时，二极管呈现的电阻很小。$V_{th}$ 叫作门坎电压（或阈值电压），硅二极管的阈值电压约为 0.5V，锗二极管的阈值电压约为 0.1V。硅二极管的正向导通电压为 0.6 ～ 0.8V，锗二极管的正向导通电压为 0.1 ～ 0.3V。

### 2. 反向特性

当二极管两端外加的反向电压不太大时，其伏-安特性曲线如图 3.3.3 中的第②段所示。P 型半导体中的少数载流子（自由电子）和 N 型半导体中的少数载流子（空穴），在反向电压作用下很容易通过 PN 结，形成反向饱和电流。但由于少数载流子的数目很少，因此反向饱和电流是很

小的，且基本不变。一般硅二极管的反向饱和电流比锗二极管的小得多，小功率硅二极管的反向饱和电流在纳安数量级，小功率锗二极管的反向饱和电流在微安数量级。温度升高时，半导体受热激发，少数载流子数目增加，反向饱和电流将随之明显增加。

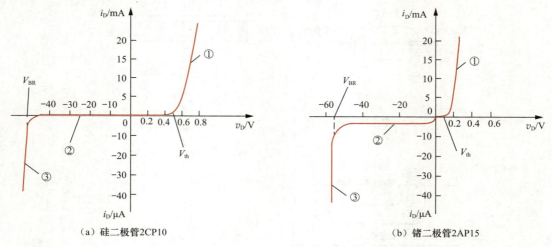

（a）硅二极管2CP10　　　　　　　　　　（b）锗二极管2AP15

图 3.3.3　二极管的伏 - 安特性曲线

### 3. 反向击穿特性

当增加反向电压时，因在一定温度条件下，少数载流子数目有限，故起始一段反向电流没有多大变化，当反向电压增加到一定大小（$V_{BR}$）时，反向电流剧增，这叫作二极管的 **反向击穿**，对应于图3.3.3中的第③段，实际上就是二极管中PN结反向击穿。

### 4. 二极管的温度特性

二极管对温度很敏感，温度升高时，半导体材料中载流子浓度迅速增加，在相同端电压作用下，二极管的正向导通电流和反向饱和电流会增大，如图3.3.4所示。

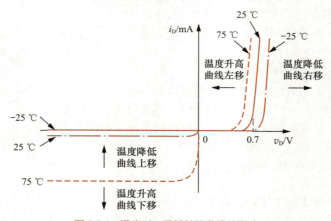

图 3.3.4　温度对二极管特性曲线的影响

对于硅二极管而言，当温度升高时，二极管正向特性曲线向左移动，反向特性曲线向下移动。实验表明，对于给定的电流，硅二极管正向压降的变化大约为$-2.5\text{mV/℃}$；反向电流在温度每升高10℃时约增大一倍。

## 3.3.3　二极管的主要参数

### 1. 最大整流电流 $I_F$

$I_F$是指二极管长期工作时，允许通过的最大正向平均电流。因为电流通过PN结要引起二极管发热，电流太大，发热量超过限度，就会使 PN 结烧坏，如 2AP1 的最大整流电流为 16mA。

### 2．最高反向工作电压 $V_R$

$V_R$ 是指二极管工作时所允许加的最高反向电压，若超过此值，二极管就有可能被反向击穿。一般半导体器件手册上给出的最高反向工作电压约为反向击穿电压 $V_{BR}$ 的 1/2，以确保二极管安全工作。例如，2AP1 的最高反向工作电压规定为 20V，而反向击穿电压实际上大于 40V。击穿时，反向电流剧增，二极管的单向导电性被破坏，甚至因过热而被烧坏。

### 3．反向电流 $I_R$

$I_R$ 是指二极管未击穿时的反向电流，其值越小，二极管的单向导电性越好。由于温度升高，反向电流会明显增加，因此在使用二极管时要注意温度的影响。

### 4．极间电容 $C_d$

在讨论 PN 结时已知，PN 结存在扩散电容 $C_D$ 和势垒电容 $C_B$，极间电容是反映二极管中 PN 结电容效应的参数，$C_d=C_D+C_B$。在高频或开关状态运用时，必须考虑极间电容的影响。

### 5．最高工作频率 $f_M$

$f_M$ 的值主要取决于 PN 结的结电容大小，结电容越大，二极管允许的工作频率越低。当通过二极管的信号频率超过 $f_M$ 时，结电容的容抗变得很小，使二极管反向偏置时的等效阻抗变得很小，于是，二极管的单向导电性将变差。

二极管参数是正确使用二极管的依据，一般半导体器件手册中都会给出不同型号二极管的参数。在使用时，应特别注意不要超过最大整流电流和最高反向工作电压，否则二极管容易损坏。

表 3.3.1 和表 3.3.2 列出了一些国产二极管参数，以供参考。

#### 表 3.3.1　2AP1 和 2AP7 型检波二极管参数

| 型号 | 参数 | | | | | | |
| --- | --- | --- | --- | --- | --- | --- | --- |
| | 最大整流电流 /mA | 最高反向工作电压（峰值）/V | 反向击穿电压（反向电流为 400μA）/V | 正向电流（正向电压为 1V）/mA | 反向电流（反向电压分别为 10V、100V）/μA | 最高工作频率 /MHz | 极间电容 /pF |
| 2AP1 | 16 | 20 | ≥40 | ≥2.5 | ≤250 | 150 | ≤1 |
| 2AP7 | 12 | 100 | ≥150 | ≥5.0 | ≤250 | 150 | ≤1 |

#### 表 3.3.2　2CZ52、2CZ54、2CZ57 系列整流二极管参数

| 型号 | 参数 | | | | | |
| --- | --- | --- | --- | --- | --- | --- |
| | 最大整流电流 /A | 最高反向工作电压（峰值）/V | 最高反向工作电压下的反向电流 /μA | | 正向压降（平均值）（25℃）/V | 最高工作频率 /kHz |
| | | | 25℃ | 125℃ | | |
| 2CZ52 A～X | 0.1 | 25、50、100、200、300、400、500、600、700、800、900、1000、1200、1400、1600、1800、2000、2200、2400、2600、2800、3000 | 5 | 100 | ≤1 | 3 |
| 2CZ54 A～X | 0.5 | | 10 | 500 | ≤1 | 3 |
| 2CZ57 A～X | 5 | | 20 | 1000 | ≤0.8 | 3 |

## 3.3.4　二极管的模型

二极管具有非线性的伏-安特性，采用非线性分析方法来分析二极管电路比较复杂。在实际工作中，往往根据不同的工作条件和要求，在满足精度要求的条件下，采用不同的模型来描述非线性器件的电特性。下面介绍几种常用的二极管模型。

## 1. 理想模型

二极管的理想模型是指将二极管的伏-安特性理想化，即认为阈值电压、导通时的正向压降和反向电流都等于零，这样的二极管称为<u>理想二极管</u>。图3.3.5（a）所示为理想二极管的伏-安特性曲线，其中的虚线表示实际二极管的伏-安特性曲线。

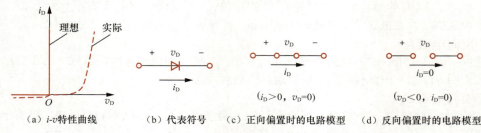

（a）$i$-$v$特性曲线    （b）代表符号    （c）正向偏置时的电路模型    （d）反向偏置时的电路模型

图 3.3.5  理想模型

理想二极管的代表符号如图3.3.5（b）所示。它在电路中相当于一个开关元件。当二极管正向偏置时，二极管导通，其管压降为0，相当于开关闭合，其电路模型如图3.3.5（c）所示；当二极管反向偏置时，二极管截止，认为它的电阻为无穷大，流过它的电流为0，相当于开关断开，其电路模型如图3.3.5（d）所示。在实际电路中，当电源电压远大于二极管的管压降时，利用此模型来近似分析是可行的。

## 2. 恒压降模型

当电源电压与二极管的管压降相差不大时，用理想模型计算将导致较大的误差，这时可以采用恒压降模型。图3.3.6（a）所示实线为恒压降模型中二极管的伏-安特性曲线。在该模型中，将反向电流视为零，将阈值电压和导通时的正向压降均视为同一个值（通常硅二极管的阈值电压取0.7V，锗二极管的阈值电压取0.3V）。在电路中，用一个理想二极管串联一个电压恒定的电压源来表示二极管，如图3.3.6（b）所示。只有当二极管的工作电流 $i_D \geqslant 1mA$ 时，才能用恒压降模型代替实际二极管。该模型比理想模型更接近实际二极管，因此应用比较广泛。

## 3. 折线模型

实际二极管的正向压降并不是恒定的，而是随着通过二极管电流的增加而增加。为了更真实地反映二极管的特性，可以采用图3.3.7（a）所示 $AB$ 和 $BC$ 两段折线（实线）来近似代替二极管的伏-安特性曲线。

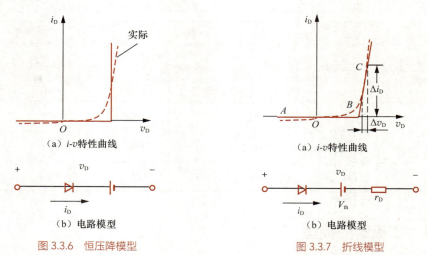

（a）$i$-$v$特性曲线    （a）$i$-$v$特性曲线

（b）电路模型    （b）电路模型

图 3.3.6  恒压降模型    图 3.3.7  折线模型

在模型中，将一个理想二极管、一个电压源和一个电阻 $r_D$ 串联表示二极管，如图3.3.7（b）所示。线段 $BC$ 的斜率为 $\dfrac{\Delta i_D}{\Delta v_D}$，斜率的倒数为 $r_D$。这个电池的电压选定为二极管的阈值电压 $V_{th}$，硅二极管约为 0.5V，锗二极管约为 0.1V。以硅二极管为例，$r_D$ 的值可以这样来确定：当二极管的导通电流为 1mA 时，管压降为 0.7V，于是 $r_D$ 的值可计算如下：

$$r_D = \frac{0.7V - 0.5V}{1mA} = 200\Omega$$

由于二极管特性的分散性，因此 $V_{th}$ 和 $r_D$ 的值不是固定不变的。

**例3.3.1** 设硅二极管电路如图 3.3.8（a）所示。对于下列两种情况，求电路的 $I_D$ 和 $V_D$ 的值：（1）$V_{DD}$=10V；（2）$V_{DD}$=1V。在每种情况下，应用理想模型、恒压降模型和折线模型求解。设折线模型中 $r_D$=0.2k$\Omega$。

**解：** 在图 3.3.8（a）所示的电路中，虚线左边为线性部分，右边为非线性部分。符号"⊥"为参考电位点，电路中任意点的电位，都是对此点而言的。这里，电路采用直流电压源 $V_{DD}$ 供电，故电路中二极管两端电压和电流全部用直流量表示。

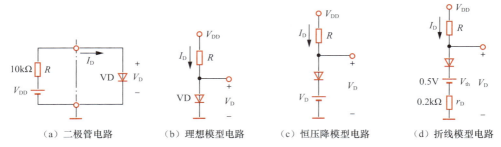

（a）二极管电路　　（b）理想模型电路　　（c）恒压降模型电路　　（d）折线模型电路

图 3.3.8　例 3.3.1 的电路

按题意，下面分两种情况求解。

（1）$V_{DD}$=10V

① 使用理想模型，得

$$V_D = 0V, \quad I_D = \frac{V_{DD}}{R} = \frac{10V}{10k\Omega} = 1mA$$

② 使用恒压降模型，得

$$V_D = 0.7V, \quad I_D = \frac{V_{DD} - V_D}{R} = \frac{10V - 0.7V}{10k\Omega} = 0.93mA$$

③ 使用折线模型，得

$$I_D = \frac{V_{DD} - V_{th}}{R + r_D} = \frac{10V - 0.5V}{10k\Omega + 0.2k\Omega} \approx 0.931mA$$

$$V_D = 0.5V + I_D r_D = 0.5V + 0.931mA \times 0.2k\Omega \approx 0.69V$$

（2）$V_{DD}$=1V

① 使用理想模型，得

$$V_D = 0V, \quad I_D = \frac{V_{DD}}{R} = \frac{1V}{10k\Omega} = 0.1mA$$

② 使用恒压降模型，得

$$V_D = 0.7V, \quad I_D = \frac{V_{DD} - V_D}{R} = \frac{1V - 0.7V}{10k\Omega} = 0.03mA$$

③ 使用折线模型，得

$$I_D \approx 0.049\text{mA}，\quad V_D \approx 0.51\text{V}$$

上例表明，在电源电压远大于二极管的管压降的情况下，恒压降模型和折线模型能得出较好的结果，但恒压降模型更简单。但当电源电压较小时，折线模型能提供较合理的结果。正确选择器件的模型，是电子电路工作者需要掌握的基本技能。

### 4．小信号模型

上面的 3 种模型描述的是当电压和电流的变化相对较大时二极管的特性，也称为**大信号模型**。接下来介绍二极管的小信号模型，它适用于二极管上的电压（或电流）仅在其特性曲线上某一固定点附近较小范围内发生变化时的线性等效情况，这时可以用曲线在该固定点的切线来替代这一小段特性曲线，此时所建立的模型称为**小信号模型**。

例如，在图 3.3.9（a）中，当二极管两端电压 $v_D$ 在 $Q$ 点附近变化（$Q'$ 和 $Q''$ 之间）时，可以用过 $Q$ 点的一条切线来近似代替 $Q'$ 到 $Q''$ 之间的指数曲线，其切线斜率的倒数就是小信号模型的微变电阻 $r_d$，由此得到小信号模型，如图 3.3.9（b）所示。

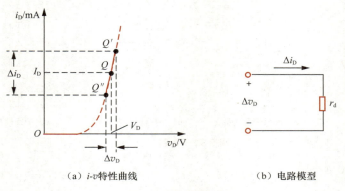

（a）$i\text{-}v$ 特性曲线　　　　（b）电路模型

图 3.3.9　小信号模型

视频3-4：
小信号模型

注意，$r_d$ 与 $Q$ 点有关，$Q$ 点位置不同，$r_d$ 的值也不同，所以 $r_d$ 也称为**动态电阻**。小信号模型主要用于二极管处于正向偏置且 $v_D \gg V_T$ 的情况下。

$r_d$ 可由式 $r_d = \Delta v_D / \Delta i_D$ 求得，也可以根据二极管的伏-安特性方程式（3.3.1）导出（取 $n=1$），取 $i_D$ 对 $v_D$ 的微分，即

$$\frac{1}{r_d} = \frac{\mathrm{d}i_D}{\mathrm{d}v_D} = \frac{\mathrm{d}}{\mathrm{d}v_D}[I_S(\mathrm{e}^{v_D/V_T} - 1)] = \frac{I_S}{V_T}\mathrm{e}^{v_D/V_T}$$

在 $Q$ 点处，$v_D \gg V_T = 26\text{mV}$，$i_D \approx I_S\mathrm{e}^{v_D/V_T}$，则

$$\frac{1}{r_d} = \frac{I_S}{V_T}\mathrm{e}^{v_D/V_T}\bigg|_Q \approx \frac{i_D}{V_T}\bigg|_Q = \frac{I_D}{V_T}$$

由此可得

$$r_d = \frac{V_T}{I_D} \tag{3.3.2}$$

在室温 300K 时，$r_d = \dfrac{26\text{mV}}{I_D}$；若此时 $I_D = 1\text{mA}$，则 $r_d = \dfrac{26\text{mV}}{1\text{mA}} = 26\Omega$。

由于 $Q$ 点对应的电压 $V_D$ 和电流 $I_D$ 都是直流量，所以此时电路的状态也称为**静态**，$Q$ 点也称为**静态工作点**。工作点由 $Q$ 点移向 $Q'$ 或 $Q''$，可以看作在 $Q$ 点基础上叠加了一个交流小信号 $v_s$，导致工作点移动。

**例3.3.2** 假设在图3.3.8（a）所示的电路中，10V的电源电压 $V_{DD}$ 会有 ±1V 的波动，试问二极管两端电压的变化量是多少？二极管两端电压 $v_D$ 的实际值是多少？

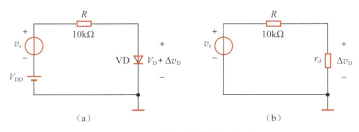

图 3.3.10　简易二极管稳压电路

**解：**（1）静态分析：在图3.3.8（a）中，二极管处于正向导通状态，使用恒压降模型，得到电路的静态工作点 $Q$ 处 $I_D$=0.93mA，$V_D$=0.7V。

（2）动态分析：当 $V_{DD}$ 有 ±1V 的波动时，相当于在 $V_{DD}$=10V 的直流电源中串联一个变化范围为 ±1V 的信号源，如图3.3.10（a）所示，该图的小信号等效电路如图3.3.10（b）所示。根据式（3.3.2），得到

$$r_d = \frac{V_T}{I_D} = \frac{26\text{mV}}{0.93\text{mA}} \approx 28\Omega$$

于是
$$\Delta v_D = \frac{r_d}{r_d + R} v_s = \frac{28\Omega}{28\Omega + 10000\Omega} \times (\pm 1\text{V}) \approx \pm 2.79\text{mV}$$

（3）综合分析：二极管两端电压的实际值
$$v_D = V_D + \Delta v_D = 700\text{mV} \pm 2.79\text{mV}$$

本例利用二极管导通后的管压降基本不变的特性，构成了低电压稳压电路。若将多只二极管串联，则可以得到较高的稳定电压输出，例如，将4只硅二极管串联，就能得到2.8V左右的稳压电路。

综上所述，在实际工程中，在分析二极管应用电路时，应根据具体电路选择合理的模型。对于直流供电电路和大信号工作电路，通常选用理想模型或恒压降模型；对于既有直流源，又有小信号源的电路，首先采用恒压降模型估算静态工作点 $Q$，然后采用小信号模型进行动态分析。

# 3.4　二极管应用电路

利用二极管的单向导电性，可以组成多种应用电路，如整流电路、限幅电路、开关电路、检波电路等。

## 3.4.1　整流电路

整流，就是利用二极管的单向导电性，将双极性电压变为单极性电压的处理过程。单极性电压也称为直流电压。

**例3.4.1** 半波整流电路如图3.4.1（a）所示，设 $v_s$ 为正弦波（其有效值为 $V_s$）。试分别利用二极管理想模型和恒压降模型，绘出二极管上电压 $v_D$ 和负载上电压 $v_L$ 的波形。

**解：**（1）当二极管采用理想模型时，在 $v_s$ 正半周，二极管正向偏置，此时二极管导通，且导

通压降为0V，所以负载$R_L$上的电压$v_L=v_s$；在$v_s$负半周，二极管反向偏置，此时二极管截止，回路中无电流，所以负载$R_L$上的电压$v_L=0V$。此时电压均加在二极管上，即$v_D=-v_s$，二极管承受的最高反向工作电压为$\sqrt{2}V_s$。二极管上电压$v_D$和负载上电压$v_L$的波形如图3.4.1（b）所示。负载上得到的平均电压

$$V_L = \frac{1}{2\pi}\int_0^\pi \sqrt{2}V_s \sin\omega t\mathrm{d}\omega t = \frac{\sqrt{2}}{\pi}V_s \approx 0.45V_s \tag{3.4.1}$$

二极管中的整流电流与负载中的平均电流相同，即

$$I_D = I_L = \frac{V_L}{R_L} = \frac{0.45V_s}{R_L} \tag{3.4.2}$$

选用二极管时，二极管的最高反向工作电压应大于等于$\sqrt{2}V_s$，最大整流电流应超过$0.45V_s/R_L$，当然，二极管的最高工作频率也应大于$v_s$的频率。

可见，在整个周期上，输入信号为正弦信号，其平均值为零；而负载上的输出信号只包含正半部分，因而其平均值为正。故该电路称为**半波整流电路**。

（2）当二极管采用恒压降模型时，设二极管为硅二极管，管压降$V_D=0.7V$，那么只有在$v_s>0.7V$时，二极管才正向导通，所以负载$R_L$上的电压$v_L=v_s-0.7V$。而在$v_s\leqslant0.7V$时，二极管处于截止状态，回路中无电流，负载$R_L$上的电压$v_L=0V$。所以$v_D$和$v_L$的波形如图3.4.1（c）所示（设$\sqrt{2}V_s>0.7V$）。

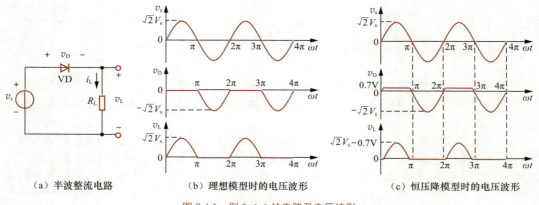

（a）半波整流电路　　　　（b）理想模型时的电压波形　　　　（c）恒压降模型时的电压波形

图 3.4.1　例 3.4.1 的电路及电压波形

显然，当$v_s$的振幅$\sqrt{2}V_s$与二极管的管压降$V_D$大小相近时，采用理想模型会带来较大的误差，而当$\sqrt{2}V_s\gg V_D$时，使用理想模型更简单，且误差也很小。模型选择的一般原则是，在满足精度要求的前提下，尽可能选择简单的模型。

## 3.4.2　限幅电路

当输入电压在一定范围内变化时，输出电压随输入电压相应变化；而当输入电压超出该范围时，输出电压保持不变，这就是**限幅电路**。通常将输出电压开始不变时的值称为**限幅电平**。现举例说明。

视频3-5：
限幅电路

**例3.4.2**　限幅电路如图3.4.2（a）所示，$R=1\text{k}\Omega$，$V_{REF}=3V$，二极管为硅二极管。当$v_I=6\sin\omega t\text{V}$时，试用恒压降模型绘出相应的输出电压$v_O$的波形。

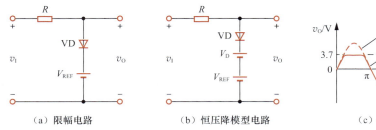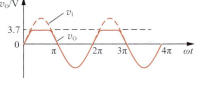

（a）限幅电路　　　　　　　（b）恒压降模型电路　　　　　　（c）恒压降模型时的$v_{\mathrm{I}}$和$v_{\mathrm{O}}$波形

图 3.4.2　例 3.4.2 的电路及电压波形

**解：** 恒压降模型电路如图 3.4.2（b）所示。硅二极管 $V_{\mathrm{D}}=0.7\mathrm{V}$。由于所加输入电压为振幅等于 6V 的正弦电压，正半周有一段幅值大于限幅电平（$V_{\mathrm{REF}}+V_{\mathrm{D}}$）。

当 $v_{\mathrm{I}}\leqslant V_{\mathrm{REF}}+V_{\mathrm{D}}$ 时，二极管截止，$v_{\mathrm{O}}=v_{\mathrm{I}}$；当 $v_{\mathrm{I}}>V_{\mathrm{REF}}+V_{\mathrm{D}}$ 时，二极管导通，$v_{\mathrm{O}}=V_{\mathrm{REF}}+V_{\mathrm{D}}=3.7\mathrm{V}$，波形如图 3.4.2（c）所示。

### 3.4.3　开关电路

在开关电路中，利用二极管的单向导电性可以接通或断开电路，这在数字电路中得到广泛的应用。在分析这种电路时，应当掌握一条基本原则，即判断电路中的二极管处于导通状态还是截止状态，可以先将二极管断开，然后观察（或经过计算）阳、阴两极间是正向电压还是反向电压，若是前者则二极管导通，否则二极管截止。现举例说明。

**例3.4.3**　设含 3 个硅二极管的电路如图 3.4.3 所示。试用恒压降模型，求电路中每个二极管静态工作点的值。

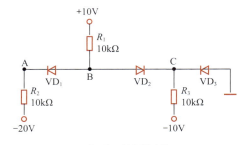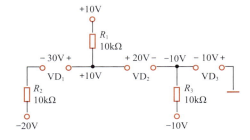

（a）含3个二极管的电路　　　　　　　　　　（b）3个二极管均截止时的电路模型

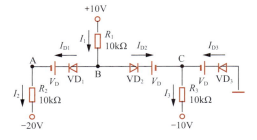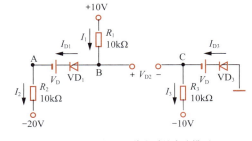

（c）3个二极管均导通时的电路模型　　　　　　（d）VD$_1$和VD$_3$导通、VD$_2$截止时的电路模型

图 3.4.3　例 3.4.3 的电路

**解：** 下面分两个步骤完成本题的计算。

（1）3 个二极管有 8 种开/关组合，如表 3.4.1 所示。首先，假设所有二极管均处于截止状态，如图3.4.3（b）所示。分析A、B、C各节点对地的电压可知，当$VD_1$、$VD_2$和$VD_3$断开时，每个二极管两端的电压差很大，一旦接入二极管，就会使二极管正向偏置并导通。因此，下面考虑所有二极管均导通时的情况。

将二极管用恒压降模型代替（硅二极管$V_D$=0.7V），得到图3.4.3（c）所示的电路模型。从右到左，节点C、B和A的电压分别为

$$V_C=-0.7V, \quad V_B=-0.7V+0.7V=0V, \quad V_A=0V-0.7V=-0.7V$$

**表 3.4.1 图 3.4.3 中二极管的可能工作状态**

| $VD_1$ | $VD_2$ | $VD_3$ | $VD_1$ | $VD_2$ | $VD_3$ |
|--------|--------|--------|--------|--------|--------|
| 截止 | 截止 | 截止 | 导通 | 截止 | 截止 |
| 截止 | 截止 | 导通 | 导通 | 截止 | 导通 |
| 截止 | 导通 | 截止 | 导通 | 导通 | 截止 |
| 截止 | 导通 | 导通 | 导通 | 导通 | 导通 |

根据节点电压，可以求出流经各电阻的电流分别为

$$I_1 = \frac{10V-V_B}{R_1} = \frac{10V-0V}{10k\Omega} = 1mA \ ,$$

$$I_2 = \frac{V_B-V_D-(-20V)}{R_2} = \frac{0V-0.7V+20V}{10k\Omega} = 1.93mA \ ,$$

$$I_3 = \frac{V_C-(-10V)}{R_3} = \frac{-0.7V+10V}{10k\Omega} = 0.93mA \tag{3.4.3}$$

根据基尔霍夫电流定律，得到

$$I_2=I_{D1}, \quad I_1=I_{D1}+I_{D2}, \quad I_3=I_{D2}+I_{D3} \tag{3.4.4}$$

根据式（3.4.3）和式（3.4.4），可以求得

$$I_{D1}=1.93mA>0, \quad I_{D2}=-0.93mA<0, \quad I_{D3}=1.86mA>0$$

结果检查：$I_{D1}$和$I_{D3}$均为正值，符合假设条件，而$I_{D2}<0$，不符合假设条件，需要重新进行计算。

（2）再次假设$VD_1$和$VD_3$导通、$VD_2$截止，得到图3.4.3（d）所示的电路模型。于是，得到

$$I_{D1} = I_1 = \frac{10V-V_D-(-20V)}{R_1+R_2} = \frac{10V-0.7V+20V}{20k\Omega} = 1.465mA >0$$

$$I_{D3} = I_3 = \frac{0V-V_D-(-10V)}{R_3} = \frac{-0.7V+10V}{10k\Omega} = 0.93mA >0$$

$VD_2$两端的压降

$$V_{D2} = 10V - I_1R_1 - (-V_D) = 10V - 1.465mA \times 10k\Omega + 0.7V = -3.95V <0$$

结果检查：$I_{D1}$、$I_{D3}$和$I_{D2}$均与假设一致。因此，电路的静态工作点$Q$处

$VD_1$：1.465mA，0.7V；

$VD_2$：0mA，-3.95V；

$VD_3$：0.93mA，0.7V。

### 3.4.4 二极管应用电路的 MultiSim 仿真

下面采用仿真法对上述部分应用电路进行分析，请读者比较不同分析方法所得的结果。

### 1. 二极管半波整流电路仿真

在MultiSim中，绘制例3.4.1中的仿真电路如图3.4.4（a）所示，其中XFG1为函数发生器，产生振幅为5V、频率为500Hz的正弦信号；XSC1为双通道示波器。运行仿真，双击XSC1图标，调出示波器界面，观察到图3.4.4（b）所示的波形（调整Channel A的移位为1格，Channel B的移位为−1格，将两个波形分开显示）。为使波形显示稳定，可以暂停仿真。可见，Channel A显示输入的正弦波，Channel B显示输出的单向脉动电压波形。移动波形显示区的两个游标（T1和T2），可以读出两个波形在游标T1和T2对应的幅值，两个波形在波峰处对应幅值的差值就是对应时刻二极管两端的正向压降。图3.4.4（b）中，正弦波的振幅为4.976V，单向脉动电压的振幅为4.369V，二极管的正向导通压降为4.976V−4.369V=0.607V。

需要注意如下两点。

（1）在放置电阻时，为了得到矩形电阻符号，可以选择主菜单Options→Global Options中的Components选项卡，在Symbol standard（符号标准）一栏将默认的ANSI Y32.2改为IEC 60617。

（2）当电路中有接地符号时，示波器上各组端子中的"−"可以不接，默认接地。

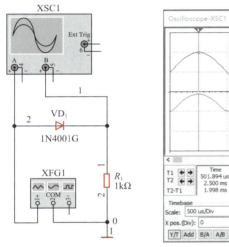

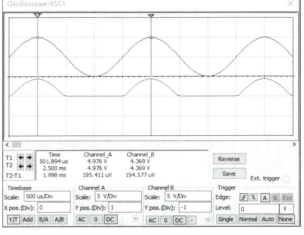

（a）仿真电路　　　　　　　　　　（b）示波器上的输入、输出波形

图 3.4.4　二极管半波整流电路仿真

### 2. 二极管限幅电路仿真

在MultiSim中，绘制例3.4.2中的仿真电路如图3.4.5（a）所示。设置交流信号源（AC_POWER）输入$V_i$的振幅为6V（即有效值为4.24V），设置直流电压源$V_{ref}$的值为3V。运行仿真，

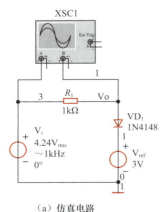

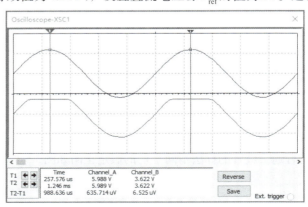

（a）仿真电路　　　　　　　　　　（b）示波器上的输入、输出波形

图 3.4.5　二极管限幅电路仿真

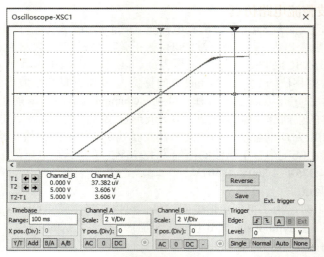

（c）电压传输特性曲线

图 3.4.5　二极管限幅电路仿真（续）

双击 XSC1 图标，调出示波器界面，观察到图 3.4.5（b）所示的波形。为使波形显示稳定，可以暂停仿真。移动游标，从通道 A 可知输入正弦波的振幅为 5.988V（或 5.989V）；从通道 B 可知输出信号的正向幅值被限制在 3.622V。单击示波器界面最下面 Timebase 区域的第 3 个按钮 B/A，将显示电路电压传输特性曲线，如图 3.4.5（c）所示。

仿真结果与图 3.4.2（c）恒压降模型的分析结果很接近。

# 3.5 特殊二极管

二极管种类很多，除前面所讨论的普通二极管外，常用的还有稳压二极管、变容二极管、肖特基二极管、光电子器件（包括光电二极管、发光二极管和激光二极管）等，下面分别介绍。

## 3.5.1 稳压二极管

### 1. 稳压管及其稳压作用

稳压二极管（简称稳压管）又称齐纳二极管（Zener diode），是一种用特殊工艺制造的面结型硅半导体二极管，它工作在反向击穿区，具有稳定电压（简称稳压）的功能。稳压管的代表符号如图 3.5.1（a）所示，伏-安特性曲线如图 3.5.1（b）所示。

稳压管的伏-安特性与普通二极管的相似，其正向特性曲线为指数曲线。在正常工作时，稳压管处于反向击穿区，反向电流在较大范围内变化（$\Delta I_Z$ 时），引起稳压管两端相应的电压变化量（$\Delta V_Z$）却很小，这说明稳压管具有很好的稳压特性。图 3.5.1（b）中，$V_Z$ 表示反向击穿电压，即稳压管的稳定电压，它是在特定的测试电流 $I_{ZT}$ 下得到的电压。$V_{Z0}$ 是过 $Q$ 点（测试工作点）的切线与横轴的交点，切线的斜率为 $1/r_Z$（$r_Z$ 为稳压管的动态电阻）。

根据稳压管的反向击穿特性，得到图 3.5.1（c）所示的模型。图中，稳压管的电压、电流参考方向与普通二极管的标法不同。$V_Z$ 的假定正向如图 3.5.1（c）所示，因此有

$$V_Z = V_{Z0} + r_Z I_Z \tag{3.5.1}$$

一般 $V_Z$ 较大时，可以忽略 $r_Z$ 的影响，即 $r_Z \approx 0$，$V_Z$ 为恒定值。

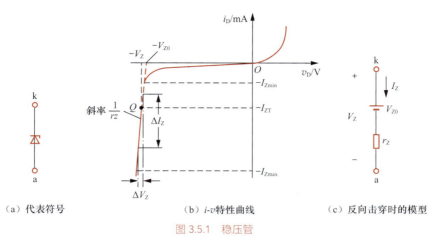

（a）代表符号　　　　　（b）$i$-$v$特性曲线　　　　　（c）反向击穿时的模型

图 3.5.1　稳压管

## 2．稳压管的主要参数

（1）稳定电压 $V_Z$：在规定电流下稳压管的反向击穿电压。由于制造工艺的分散性，即使同一型号的稳压管，$V_Z$ 值也有差别。尽管击穿电压位于负电压轴上（反向偏置），但 $V_Z$ 通常为正值。

（2）动态电阻 $r_z$：稳压管工作在稳压区时，稳压管上的电压变化量与电流变化量之比，即

$$r_z = \frac{\Delta V_Z}{\Delta I_Z} \qquad (3.5.2)$$

$r_z$ 越小，反向击穿特性曲线越陡，稳压效果越好。通常，$r_z$ 的数值为几欧姆到几十欧姆，随工作电流不同而变化，电流越大，$r_z$ 越小。

（3）稳定电流 $I_Z$：稳压管正常工作时的参考电流，器件的数据手册上给出的稳定电压和动态电阻都是指在这个电流下的值。若工作电流小于稳定电流，则 $r_z$ 增大，稳压性能较差；若工作电流大于稳定电流，则 $r_z$ 减小，稳压效果较好，但要注意稳压管的功率损耗不要超出允许值。

注意，正常稳压时，其反向电流必须在 $I_{Zmin}$ 和 $I_{Zmax}$ 的范围内。反向电流小于 $I_{Zmin}$ 时，稳压管进入反向截止状态，稳压特性消失；反向电流大于 $I_{Zmax}$ 时，稳压管可能因为过热而被烧坏。在使用稳压管时，一般会串联一个限流电阻，以确保工作电流不超过规定的数值。

（4）额定功耗 $P_Z$：稳压管的稳定电压 $V_Z$ 和允许的最大稳定电流 $I_{ZM}$ 的乘积，即

$$P_Z = V_Z I_{ZM} \qquad (3.5.3)$$

当稳压管实际工作时的功耗超过此值时，稳压管有可能因温度升高而烧坏。

（5）电压温度系数 $K$：由于温度对半导体导电性能有影响，因此温度也将影响 $V_Z$ 的值，通常用稳压管的温度变化1℃所引起 $V_Z$ 值的相对变化量来表示稳压管的温度稳定性，称为稳定电压的温度系数。一般来说，$V_Z$ 低于4V的稳压管具有负温度系数（即温度升高，$V_Z$ 下降）；$V_Z$ 高于7V的稳压管具有正温度系数（即温度升高，$V_Z$ 上升）。而在4～7V时，温度系数很小。对电源要求比较高的场合，可以将两个温度系数相反的稳压管串联起来相互补偿，使温度系数大幅度减小。

表3.5.1列出了几种典型的稳压管的主要参数。

表 3.5.1　几种典型的稳压管的主要参数

| 型　号 | 稳定电压 $V_Z$/V | 稳定电流 $I_Z$/mA | 最大稳定电流 $I_{ZM}$/mA | 耗散功率 $P_M$/W | 动态电阻 $r_z$/Ω | 电压温度系数 $K$（$10^{-4}$/℃） |
|---|---|---|---|---|---|---|
| 2CW52 | 3.2～4.5 | 10 | 55 | 0.25 | <70 | ≥−8 |
| 2CW107 | 8.5～9.5 | 5 | 100 | 1 | — | 8 |
| 2DW232* | 6.0～6.5 | 10 | 30 | 0.20 | ≤10 | ±0.05 |
| W4733 | 5.1 | — | 178 | 1 | 7 | −3～+4 |

\* 2DW232为具有温度补偿的稳压管。

稳压管在直流稳压电源中获得广泛的应用。一个简单的稳压电路如图3.5.2所示。其中，$V_I$为待稳定的直流电源电压，一般由整流滤波电路提供（见第10章）。VS为稳压管。$R$为限流电阻，它的作用是使电路有一个合适的工作状态，并限定电路的工作电流（$I_{Zmin} < I_Z < I_{Zmax}$）。负载$R_L$与稳压管两端并联，因而称为**并联式稳压电路**。下面通过一个例题来定量分析该电路的稳压特性。

**例3.5.1** 稳压电路如图3.5.2所示。设$R=180\Omega$，$V_I=10V$，$R_L=1k\Omega$，稳压管的电压$V_Z=6.8V$，$I_{ZT}=10mA$，$r_Z=20\Omega$，$I_{Zmin}=5mA$。试分析当$V_I$出现$\pm1V$的变化时，$V_O$的变化是多少？

**解：**由$V_Z=6.8V$，$I_{ZT}=10mA$，$r_Z=20\Omega$，根据式（3.5.1）得到$V_{Z0}=6.6V$。当稳压管处于正常稳压状态（反向击穿）时，将图3.5.2中的稳压管用模型替代，得到图3.5.3所示的电路模型。

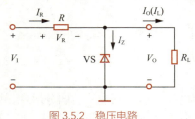

图 3.5.2　稳压电路　　　　　　　　图 3.5.3　例 3.5.1 的电路模型

由电路列出如下方程：

$$\begin{cases} I_R = I_Z + I_O \\ I_Z r_Z + V_{Z0} = I_O R_L \\ I_Z r_Z + V_{Z0} + I_R R = V_I \end{cases}$$

解得

$$I_Z = \frac{V_I R_L - V_{Z0}(R_L + R)}{R_L R + r_Z(R_L + R)}$$

由此可算出，当$V_I=10V-1V=9V$时，$I_Z \approx 5.95mA > I_{Zmin}$，能正常工作；当$V_I=10V+1V=11V$时，$I_Z \approx 15.78mA$。稳压管的电流变化

$$\Delta I_Z = 15.78mA - 5.95mA = 9.83mA$$

输出电压变化

$$\Delta V_O = \Delta V_Z = r_Z \Delta I_Z = 0.02k\Omega \times 9.83mA \approx 0.2V$$

由此可看出，输入电压$V_I$变化2V（9～11V）时，输出电压$V_O$只变化了约0.2V，稳压特性明显。

## 3.5.2　发光二极管

发光二极管（light emitting diode，LED）通常用元素周期表中ⅢA、ⅤA族元素的化合物如砷化镓、磷化镓等制成。这种二极管通过电流时将发光，这是电子与空穴直接复合而放出能量的结果。发光二极管的光谱范围是比较窄的，其波长由所使用的基本材料而定。

发光二极管的符号如图3.5.4所示。它的伏-安特性与普通二极管的相似，但正向导通电压稍大一些。几种常见发光二极管的主要参数如表3.5.2所示。发光二极管的发光亮度随流过电流的增大而增强，当正向电流较大时，亮度的增加趋缓。通常，发光二极管的典型工作电流约为10mA。

图 3.5.4　发光二极管的符号

发光二极管常用来作为显示器件，除单个使用外，也常做成七段式或矩阵式器件。例如，很多大型显示屏都是由矩阵式发光二极管构成的，用7只发光二极管排列成8字形，就构成了常见的七段数字显示器，利用七段数字显示器中不同发光段的组合，就能显示0～9这10个数字，如图3.5.5所示。

表 3.5.2　常见的发光二极管的主要参数

| 颜色 | 波长 /nm | 基本材料 | 正向电压（10mA 时）/V | 发光强度（10mA 时，张角 ±45°）/mcd* | 光功率 /μW |
|------|---------|---------|---------------------|-------------------------------|----------|
| 红外 | 900 | 砷化镓 | 1.3 ～ 1.5 | — | 100 ～ 500 |
| 红 | 655 | 磷砷化镓 | 1.6 ～ 1.8 | 0.4 ～ 1 | 1 ～ 2 |
| 鲜红 | 635 | 磷砷化镓 | 2.0 ～ 2.2 | 2 ～ 4 | 5 ～ 10 |
| 黄 | 583 | 磷砷化镓 | 2.0 ～ 2.2 | 1 ～ 3 | 3 ～ 8 |
| 绿 | 565 | 磷化镓 | 2.2 ～ 2.4 | 0.5 ～ 3 | 1.5 ～ 8 |

\* cd（坎德拉）为发光强度的单位。

（a）器件外形　　　（b）分段布局　　　　　（c）段组合

图 3.5.5　七段数字显示器发光段组合

发光二极管构成的七段显示器有两种，对应共阴极电路和共阳极电路，如图 3.5.6 所示。共阴极电路中，7 只发光二极管的阴极连在一起接低电平，需要某一段发光，就将相应二极管的阳极接高电平。共阳极电路的驱动则刚好相反。

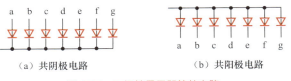

（a）共阴极电路　　　　　（b）共阳极电路

图 3.5.6　二极管显示器等效电路

### 3.5.3　变容二极管

利用 PN 结的势垒电容随外加反向电压的变化特性可以制成变容二极管（varactor diode），其符号和特性曲线如图 3.5.7 所示。不同型号的变容二极管，电容最大值不同，一般为 5 ～ 300pF。目前，变容二极管的电容最大值与最小值之比（变容比）可达 20 以上。变容二极管主要用于高频技术中。例如，彩色电视机普遍采用的电子调谐器，就是通过控制直流电压来改变二极管的结电容量，从而改变谐振频率，实现频道选择的。

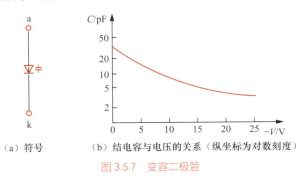

（a）符号　　　　（b）结电容与电压的关系（纵坐标为对数刻度）

图 3.5.7　变容二极管

### 3.5.4 肖特基二极管

肖特基二极管（Schottky diode）[1]是利用金属（如铝、金、钼、镍和钛等）与N型半导体接触在交界面形成势垒的二极管。因此，肖特基二极管也称为金属-半导体结二极管或表面势垒二极管。图3.5.8（a）所示为肖特基二极管的符号，阳极连接金属，阴极连接N型半导体。

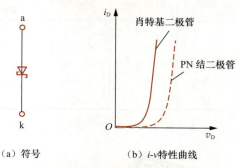

(a) 符号 　　　　　(b) $i\text{-}v$特性曲线

图 3.5.8　肖特基二极管

肖特基二极管的伏-安特性和PN结二极管的非常类似，同样满足式（3.2.4）的关系。但与一般二极管相比，肖特基二极管有以下两个重要区别。

（1）由于制作原理不同，肖特基二极管是一种多数载流子导电器件，不存在少数载流子在PN结附近积累和消散的过程，所以电容效应非常小，工作速度非常快，特别适用于高频或开关状态应用。

（2）由于肖特基二极管的空间电荷区只存在于N型半导体一侧（金属是良好导体，势垒区全部落在半导体一侧），相对较薄，故其阈值电压和正向压降都比PN结二极管的低（约低0.2V），如图3.5.8（b）所示。

但是，也由于肖特基二极管的空间电荷区较薄，所以反向击穿电压比较低，大多不高于60V，最高仅约100V，且反向漏电流比PN结二极管的大。

### 3.5.5 稳压电路的 MultiSim 仿真

在MultiSim中，绘制例3.5.1中的仿真电路如图3.5.9（a）所示。稳压管选用1N4736A（当$I_z$=37mA时，$V_z$=6.8V），设置直流电压源（DC_POWER）输入$V_i$为10V。图中，虚拟万用表XMM1设为直流电流挡，用于测量稳压管的工作电流$I_z$；XMM2设为直流电压挡，用于测量输出电压$V_o$。

视频3-7：
稳压电路仿真

改变图3.5.9（a）中$V_i$的值，运行仿真，记录两个万用表的示数于表3.5.3中。可见，当$V_i$为6V或7V时，$I_z$近似为零，稳压管反向偏置截止，$V_o$由电阻分压决定；当稳压管反向击穿后，保持负载$R_L$不变，增加$V_i$，流经稳压管的电流将显著增加，输出电压$V_o$基本保持恒定。由表3.5.3可知，当$V_i$在8～12V波动4V时，$V_o$在6.752～6.806V波动0.054V，稳压效果明显。

表 3.5.3　稳压电路的测试数据

| 参数 | 次数 | | | | | | |
|---|---|---|---|---|---|---|---|
| | 1 | 2 | 3 | 4 | 5 | 6 | 7 |
| $V_i$/V | 6 | 7 | 8 | 9 | 10 | 11 | 12 |
| $I_z$/mA | 0 | 0.00168 | 5.727 | 15.444 | 25.304 | 35.21 | 45.139 |
| $V_o$/V | 5.455 | 6.364 | 6.752 | 6.778 | 6.791 | 6.799 | 6.806 |

在MultiSim中，也可以运行直流扫描（DC Sweep）分析，观察输出电压$V_o$与输入电压$V_i$之间的关系，即电压传输特性曲线，如图3.5.9（b）所示。由图可知，当$V_i$>7.5V时，稳压管处于稳压状态，输出电压$V_o$≈6.71V；当$V_i$<7.5V时，$V_o$与$V_i$呈线性关系。

---

① 以发明人肖特基（Schottky）命名。

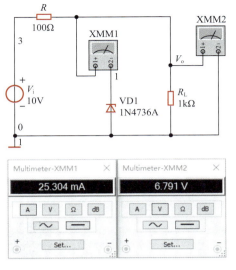

（a）仿真电路

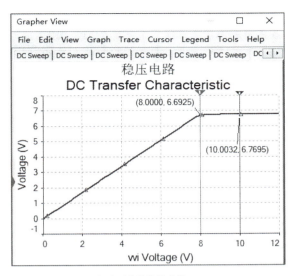

（b）电压传输特性曲线

图 3.5.9　稳压电路仿真

## 小结

- 半导体是导电能力介于导体和绝缘体之间的物质。它的导电能力随温度、光照或掺杂不同而发生显著变化。硅是应用非常广泛的半导体材料，一个硅原子最外层的轨道上有 4 个价电子，价电子数目是决定导电能力的关键。导体（如铜）只有 1 个价电子，半导体有 4 个价电子，绝缘体有 8 个价电子。
- 本征半导体就是纯净半导体。当本征半导体外加电压时，自由电子流向电池正极，空穴流向电池负极，所以，本征半导体中有两种载流子，即自由电子和空穴，它们均可参与导电，其总电流就是自由电子电流和空穴电流之和。但因为本征载流子的浓度很低，所以，它们的导电能力差。
- 掺杂使半导体的导电能力显著增强，经过掺杂的半导体称为杂质半导体。在本征半导体中，如果掺入五价（施主）元素杂质，则成为 N 型半导体，其中自由电子是多数载流子，空穴是少数载流子；如果掺入三价（受主）元素杂质，则成为 P 型半导体，其中空穴是多数载流子，自由电子是少数载流子。
- 杂质半导体的导电性能主要由多数载流子决定，多数载流子主要由掺杂产生，浓度较高且基本不受温度影响。因此，杂质半导体的导电性能较好。杂质半导体中的少数载流子由本征激发产生，其浓度随温度升高而增加，因此，温度对杂质半导体的导电性能有较大的影响。
- PN 结是半导体二极管和组成其他半导体器件的基础，它是由 P 型半导体和 N 型半导体相结合而形成的。当 PN 结正向偏置时，空间电荷区变窄，有电流流过；而反向偏置时，空间电荷区变宽，没有电流流过或电流极小，这就是半导体二极管的单向导电性，常用伏 - 安特性来描述 PN 结的性能，伏 - 安特性方程为 $i_D = I_S(e^{v_D/nV_T} - 1)$。
- 二极管的主要参数有最大整流电流、最高反向工作电压和反向击穿电压等。在高频电路中，还要注意它的结电容及最高工作频率等。
- 二极管是非线性器件，通常采用二极管的简化模型来分析、设计二极管电路。这些模型主要有理想模型、恒压降模型、折线模型、小信号模型等。在分析电路的静态或大信号

　情况时，应根据输入信号的大小，选用不同的模型；当二极管电路存在静态偏置且有信号的微小变化时，应采用小信号模型。

* 稳压二极管是一种特殊的二极管，常利用它在反向击穿状态下的恒压特性来构成简单的稳压电路，要特别注意稳压电路限流电阻的选取。稳压二极管的正向特性与普通二极管的相近。其他非线性二端器件，如发光二极管、变容二极管和肖特基二极管等均具有非线性的特点。

* 计算机仿真技术是电路分析、设计的有效辅助手段，目前已在电路分析、设计中广泛应用。

# 自我检验题

## 2.1　填空题

1. 半导体中有 _____ 和 _____ 两种载流子参与导电。

2. 通过掺杂工艺，在一块本征半导体的一边掺入微量的 _____ 价元素杂质，形成 P 型半导体；在另一边掺入微量的 _____ 价元素杂质，形成 N 型半导体，则在它们的交界面处就会形成一个很薄的特殊物理层，称为 _____。

3. PN 结外加 _____ 电压时，电阻值很小，PN 结导通；外加 _____ 电压时，电阻值很大，PN 结截止，这就是它的 _____。

4. 当 PN 结外加正向电压时，空间电荷区将会 _____。

5. 动态平衡 PN 结的空间电荷区是由 _____ 构成的。

6. PN 结的结电容为 _____ 电容和 _____ 电容之和。一般来说，当 PN 结正向偏置时，_____ 电容起主要作用；当 PN 结反向偏置时，_____ 电容起主要作用。

7. 当温度升高时，半导体材料中载流子浓度迅速增加，二极管的反向饱和电流将 _____，二极管的正向导通压降会 _____。

8. 整流电路是利用二极管的 _____ 特性，将交流电变为单向脉动的直流电。

9. 稳压管工作在 _____ 状态下，能够稳定电压。

10. 二极管的门坎电压 $V_{th}$ 也称为 _____。常温下，硅二极管 $V_{th}$ 约为 0.5V，锗二极管 $V_{th}$ 约为 _____ V。当二极管导通且正向电流 $I_F$ 较大时，硅二极管的正向导通压降约为 _____ V，锗二极管的正向导通压降约为 _____ V。

## 2.2　判断题（正确的画"√"，错误的画"×"）

1. 在本征半导体中，自由电子和空穴的浓度相等，即 $n_i = p_i$。　　　　　　　　（　　）
2. P 型半导体是在本征半导体中掺入三价元素（如硼）以后形成的杂质半导体。　（　　）
3. 因为 N 型半导体的多数载流子是自由电子，所以它带负电。　　　　　　　　（　　）
4. 温度升高时，二极管伏-安特性曲线中的反向特性曲线会下移。　　　　　　　（　　）
5. 流过二极管的正向电流长时间超过最大整流电流 $I_F$ 时，就会烧坏二极管。　（　　）
6. 只要在稳压管两端加反向电压就能起稳压作用。　　　　　　　　　　　　　（　　）
7. 变容二极管是一个非线性器件，电容量随外加反向电压的增加而减小。　　　（　　）
8. 发光二极管在正常发光时，其正向导通电压与发光二极管的颜色有关，通常大于 1V。
　　　　　　　　　　　　　　　　　　　　　　　　　　　　　　　　　　　（　　）

## 2.3　选择题

1. 当一个中性原子失去或得到一个价电子时，原子变成了 _____。
A. 共价键　　　　　　　　B. 金属　　　　　　　　C. 晶体　　　　　　　　D. 离子

2. 在杂质半导体中，多数载流子的浓度主要取决于 _____，而少数载流子的浓度则与 _____ 有很大关系。
A. 温度　　　　　　　　B. 掺杂工艺　　　　　　　C. 杂质浓度　　　　　　D. 晶体缺陷

3. 当 PN 结外加正向电压时，扩散电流 _____ 漂移电流，耗尽区 _____。当 PN 结外加反向电压时，扩散电流 _____ 漂移电流，耗尽区 _____。
A. 大于　　　　　　　　B. 小于　　　　　　　　C. 等于
D. 变宽　　　　　　　　E. 变窄　　　　　　　　F. 不变

自我检验题答案

4. 少数载流子是空穴的半导体是_____。

A. 本征半导体中掺入三价元素的 P 型半导体

B. 本征半导体中掺入三价元素的 N 型半导体

C. 本征半导体中掺入五价元素的 N 型半导体

D. 本征半导体中掺入五价元素的 P 型半导体

5. 硅二极管的反向饱和电流在 20℃时是 5nA，温度每升高 10℃，其反向饱和电流增大一倍。当温度为 40℃时，反向饱和电流为_____。

A. 10nA　　　　　　B. 15nA　　　　　　C. 20nA　　　　　　D. 40nA

## 📝 习题

### 3.1　半导体的基本知识

3.1.1　什么是本征半导体？什么是杂质半导体？各有什么特征？

3.1.2　在杂质半导体中，多数载流子与少数载流子的浓度不相等，为什么还呈现电中性？

### 3.2　PN 结的形成及特性

3.2.1　由于 PN 结中空间电荷区的存在，PN 结两端有电位差 $V_0$，那么，如果用导线将二极管两端短路，回路中会有电流吗？

3.2.2　在室温（300K）下，PN 结二极管反向饱和电流为 $2\times10^{-14}$ A，$n=1$。当 PN 结的外加电压分别为 0.7V 和 $-0.7$V 时，流过二极管的电流分别是多少？设 PN 结的指数模型 $i_D = I_S(e^{v_D/nV_T} - 1)$，其中 $V_T=26$mV。

3.2.3　在室温（300K）下，硅 PN 结反向饱和电流为 $2\times10^{-14}$ A，$n=1$。当流过 PN 结的电流是 1mA 时，PN 结二极管的正向偏置电压是多少？

### 3.3　半导体二极管

3.3.1　二极管的伏 - 安特性方程为

$$i_D = I_S(e^{v_D/nV_T} - 1)$$

当 $n=1$ 时，试推导二极管正向导通时的交流电阻

$$r_d = \frac{dv_D}{di_D} = \frac{V_T}{I_D}$$

在室温（300K）下，当正向电流分别为 0.5mA 和 2mA 时，估算其电阻 $r_d$ 的值。

3.3.2　电路如图题 3.3.2 所示。

（1）利用硅二极管恒压降模型，求电路的 $I_D$ 和 $v_O$ 的值（$V_D=0.7$V）。

（2）在室温（300K）下，利用二极管的小信号模型，求 $v_O$ 的变化范围。

3.3.3　在图题 3.3.2 的基础上，输出端外接一负载 $R_L=1$kΩ时，输出电压的变化范围是多少？

3.3.4　电路如图题 3.3.4 所示，VD 为硅二极管，$V_{DD}=2$V，$R=1$kΩ，正弦信号 $v_s=50\sin(2\pi\times50t)$mV。

（1）静态（即 $v_s=0$）时，求二极管中的静态电流和 $v_O$ 的静态电压。

（2）动态时，求二极管中的交流电流振幅和 $v_O$ 的交流电压振幅。

（3）求输出电压 $v_O$ 的总量。

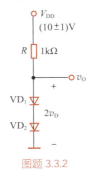

图题 3.3.2

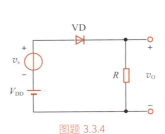

图题 3.3.4

### 3.4 二极管应用电路

3.4.1　电路如图题3.4.1所示，电源电压$v_s$=20sin$\omega t$ V，二极管的正向压降和反向电流可忽略。试分别画出输出电压$v_o$的波形，并标出幅值。

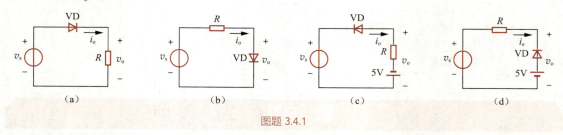

图题 3.4.1

3.4.2　电路如图题3.4.2所示，电源电压$v_s$为正弦波电压，二极管采用理想模型，试绘出负载$R_L$两端的电压波形。

3.4.3　电路如图题3.4.3所示，VD$_1$、VD$_2$为硅二极管，当$v_i$=6sin$\omega t$ V时，试用恒压降模型分析电路，绘出输出电压$v_o$的波形。

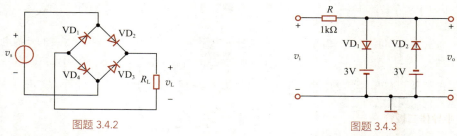

图题 3.4.2　　　　　　　　　　　　　　　图题 3.4.3

3.4.4　二极管电路如图题3.4.4（a）所示，当0<$t$<5ms时，输入电压$v_I(t)$的波形如图题3.4.4（b）所示。

（1）使用二极管的理想模型，绘出$v_O(t)$的波形。

（2）使用二极管的恒压降模型（$V_D$=0.7V），绘出$v_O(t)$的波形。

（3）使用二极管的折线模型（$V_{th}$=0.7V，$r_D$=25Ω），绘出该电路的电压传输特性曲线。

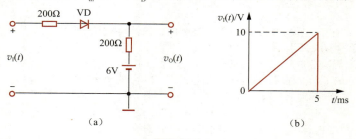

图题 3.4.4

3.4.5　二极管电路如图题3.4.5所示，试判断图中的二极管是导通还是截止，并确定各电路的输出电压$V_o$。设二极管的导通压降为0.7V。

3.4.6　电路如图3.4.5（a）所示，试利用二极管的理想模型，重新计算电路中每个二极管静态工作点的值。

### 3.5 特殊二极管

3.5.1　电路如图题3.5.1所示，设$v_i$=10sin$\omega t$ V，所有稳压管均为硅二极管，且稳定电压$V_Z$=8V，试绘出$v_{O1}$和$v_{O2}$的波形。

3.5.2　设硅稳压管VS$_1$和VS$_2$的稳定电压分别为5V和8V，正向压降均为0.7V，求图题3.5.2中各电路的输出电压$V_o$。

3.5.3　稳压电路如图题3.5.3所示。$V_I$=10V，$R$=100Ω，稳压管的电压$V_Z$=5V，$I_{Zmin}$=5mA，$I_{Zmax}$=50mA。

（1）负载$R_L$的变化范围是多少？

（2）稳压电路的最大输出功率$P_{OM}$是多少？

（3）稳压管的最大耗散功率$P_{ZM}$和限流电阻$R$上的最大耗散功率$P_{RM}$是多少？

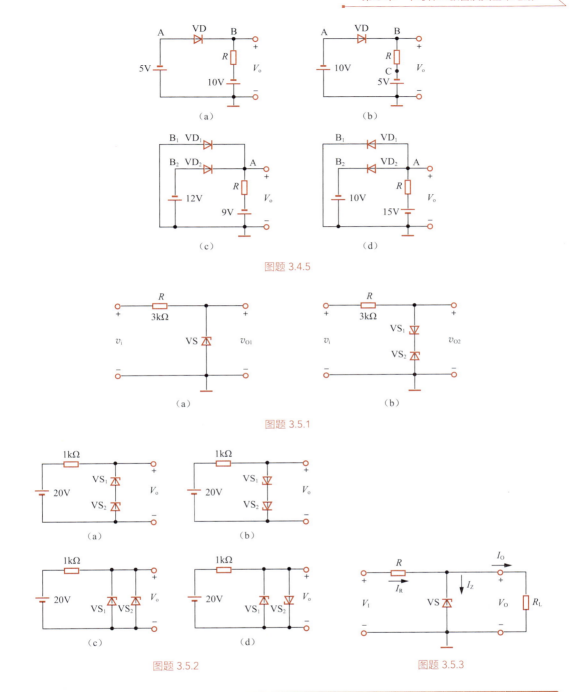

图题 3.4.5

图题 3.5.1

图题 3.5.2

图题 3.5.3

---

## 📝 实践训练

**S3.1** 利用 MultiSim 中的 IV 分析仪（IV analyzer）绘制二极管 1N4148 在 0 ~ 1V 的伏 - 安特性曲线，并给出二极管端电压分别为 0.5V、0.6V 和 0.7V 时，各自对应的电流。

**S3.2** 电路如图题 3.4.3 所示，二极管选用 1N4148。若输入电压 $v_i = 6\sin\omega t$ V，试用 MultiSim 分析电路输出电压 $v_O$ 的波形，并绘制电压传输特性曲线。

**S3.3** 稳压电路如图 3.5.2 所示。若输入直流电压 $V_I = 10$V，$R = 30\Omega$，稳压管选用 1N4733A（$V_Z = 5.1$V，$I_{Zmax} = 178$mA，$I_{ZT} = 49$mA），输出稳定电压 $V_O = 5.1$V，当负载电阻 $R_L$ 从 20Ω 到 100Ω 变化时，试用 MultiSim 中的 Parameter Sweep（参数扫描）分析输出稳定电压 $V_O$ 和流过 $R_L$ 的电流范围。

# 第 4 章

# 双极结型三极管及基本放大电路

本章知识导图

## 本章学习要求

- 能正确表述 BJT 的结构、工作原理及特性。
- 能区分 BJT 所处工作状态和不同类型 BJT 的差异。
- 能用 BJT 构成基本放大电路。
- 会分析 BJT 放大电路的静态工作点和动态性能指标。
- 能识别放大电路组态，并正确表述 3 种组态的性能特点。
- 能正确表述放大电路频率响应的基本概念和描述方法。
- 能运用上、下限频率的构成原理、增益和带宽的制约关系，选择合适的 BJT。

## 本章讨论的问题

- BJT 的基本构造是怎样的？
- 如何理解 BJT 的工作原理？
- 如何用 BJT 构成基本放大电路？
- 如何分析和设计 BJT 放大电路？
- BJT 放大电路有哪些？它们的区别与联系是什么？
- 如何分析放大电路的频率响应？
- 如何将频率响应的分析最终等效为 $RC$ 电路？
- 影响 BJT 放大电路上、下限频率的因素有哪些？
- 如何理解增益带宽积？

# 4.1 双极结型三极管

双极结型三极管（Bipolar Junction Transistor，BJT）由美国贝尔实验室的3位著名的科学家威廉·肖克莱（William Shockley）、约翰·巴丁（John Bardeen）和沃尔特·布拉坦（Walter Brattain）于1947年发明，BJT的出现标志着半导体时代的到来，3位科学家于1956年获得了诺贝尔物理学奖。

BJT因其有自由电子和空穴两种极性的载流子同时参与导电而得名。它的种类很多，按照所用的半导体材料分，有硅管和锗管；按照工作频率分，有低频管和高频管；按照功率分，有小功率管、中功率管、大功率管等。BJT的外形如图4.1.1所示。

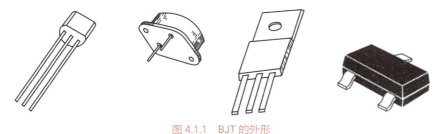

图 4.1.1　BJT 的外形

## 4.1.1　BJT 的结构

BJT的结构如图4.1.2（a）、（b）所示。在一个硅（或锗）片上生成3个杂质半导体区域：一个P型区夹在两个N型区中间，或者一个N型区夹在两个P型区中间。因此，BJT有两种结构类型，即NPN和PNP。

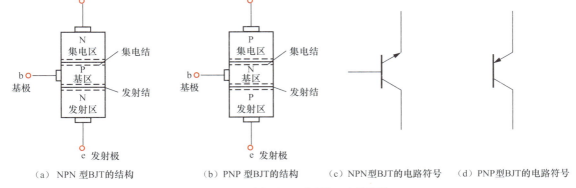

（a）NPN 型BJT的结构　　　（b）PNP 型BJT的结构　　　（c）NPN型BJT的电路符号　　　（d）PNP型BJT的电路符号

图 4.1.2　两种类型 BJT 的结构及电路符号

从3个杂质半导体区域各自引出一个电极，分别叫作发射极 e（emitter）、集电极 c（collector）、基极 b（base），它们对应的杂质半导体区域分别称为发射区、集电区和基区。3个杂质半导体区域之间形成了两个离得很近的PN结，发射区与基区间的PN结称为发射结，集电区与基区间的PN结称为集电结，因此常称BJT的结构为"三区三极两结"。

这3个区域的特点：基区很窄（微米数量级），且掺杂浓度很低；发射区和集电区是同类型的杂质半导体区域，但前者比后者掺杂浓度高很多，而集电结面积大于发射结面积，因此它们不是电气对称的。BJT的外特性与这3个区域的特点密切相关。

图4.1.2（c）、（d）所示分别是NPN型和PNP型BJT的电路符号，其中发射极上的箭头表示

发射结外加正向偏置电压时，发射极电流的实际方向。

本章主要讨论NPN型BJT及其电路，但结论对PNP型BJT同样适用，只不过两者所需的直流电源电压的极性相反，产生的电流方向也相反。

## 4.1.2 BJT 的工作原理

BJT内部含有两个背靠背、互相影响的PN结。当两个PN结正向偏置或反向偏置时，BJT将呈现不同的特性和功能，这里重点关注其放大状态。

我们知道，放大作用实质上是一种控制作用，BJT的放大作用也体现在其控制作用上，具体表现为基极电流$i_B$或发射极电流$i_E$对集电极电流$i_C$的控制作用。为实现这种控制，无论是NPN型BJT，还是PNP型BJT，它们的发射结加正向偏置电压，集电结加反向偏置电压。下面以NPN型BJT为例，分析在两组偏置电压的作用下，BJT如何实现这种控制。

### 1. BJT内部载流子的传输过程

（1）仅集电结反向偏置时

当在图4.1.3（a）所示的集电极和基极之间外加直流电压源$V_{CC}$时，集电结反向偏置。此时外电场与PN结内电场方向相同，PN结空间电荷区变宽，有利于少数载流子的漂移，即基区的少数载流子电子和集电区的少数载流子空穴产生漂移，形成集电结反向饱和电流$I_{CBO}$，此时$I_C=I_{CBO}$。由于少数载流子浓度很低，因此电流很小，类似于二极管的截止。需要特别注意，这些少数载流子是由本征激发产生的。此时，发射结的多数载流子扩散和少数载流子漂移处于平衡状态。

视频4-1: 内部载流子的传输过程

（2）集电结反向偏置和发射结正向偏置

如图4.1.3（b）所示，在基极和发射极之间外加电压源$V_{EE}$，发射结正向偏置，PN结空间电荷区变窄，有利于多数载流子的扩散。由于发射区的掺杂浓度远高于基区的，因此发射区有大量的多数载流子电子注入基区，同时也有基区的多数载流子空穴扩散到发射区，但由于基区的掺杂浓度远低于发射区的，一般忽略它们的影响。发射区扩散到基区的电子看上去与基区本征激发出的电子一样，但它们实际上有本质的差别，因为这些电子是来自发射区的多数载流子，是由掺杂引起的而非本征激发产生的，所以不受温度影响。但是集电结电场对它们产生的作用是相同的。

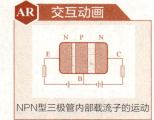

NPN型三极管内部载流子的运动

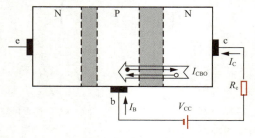

（a）仅集电结反向偏置

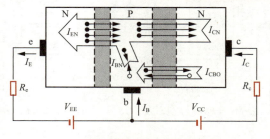

（b）集电结反向偏置和发射结正向偏置

图 4.1.3 BJT外加偏置电压时载流子的传输过程

发射区扩散到基区的电子，形成发射结扩散电流$I_{EN}$，其方向与电子扩散方向相反，忽略基区空穴的扩散电流，有$I_E=I_{EN}$。

发射区大量电子扩散到基区后，一方面，有一部分电子与基区的空穴复合，形成基区复合电流$I_{BN}$，这是基极电流$I_B$主要构成部分；另一方面，由于基区很窄，掺杂浓度又低，因此发射区注入的绝大部分电子并不能被空穴复合，而是像基区电子那样，在集电结电场作用下很容易漂移到集电区，形成电流$I_{CN}$。$I_{CN}$和$I_{CBO}$一起构成集电极电流$I_C$，即

$$I_C = I_{CN} + I_{CBO} \qquad (4.1.1)$$

由于 $I_{CN} \gg I_{CBO}$，通常忽略 $I_{CBO}$，因此有

$$I_C = I_{CN} + I_{CBO} \approx I_{CN} \qquad (4.1.2)$$

因此，发射结正向偏置、集电结反向偏置时，BJT 内部载流子的传输过程：发射区发射载流子，集电区收集载流子，基区传送和控制载流子。

### 2．控制的实现

由以上分析可知，当发射区的多数载流子没有注入基区时，集电极几乎没有电流；当发射区的多数载流子能够发射到基区并逐渐增加时，集电极电流随之增大，也就是说，集电极电流 $I_C$ 受发射极电流 $I_E$ 控制。由于基区空穴的存在，并不是发射区发射出的所有载流子都能到达集电极形成集电极电流，而是有一部分在基区被空穴复合，形成基极电流 $I_B$。根据图 4.1.3（b）有

$$I_E = I_B + I_C \qquad (4.1.3)$$

显然，发射区扩散到基区的电子在基区复合越多，到达集电区的就越少，即相同的 $I_E$ 产生的 $I_C$ 就越小，也就是说基区的复合实现了控制。为了在相同的 $I_E$ 下产生更大的 $I_C$，应该尽可能降低电子在基区的复合比例，这可以通过降低基区的掺杂浓度，减少基区空穴的数量，同时缩小基区的宽度，使发射区扩散到基区的电子能很快被集电区收集来实现，因此基区掺杂浓度与发射区掺杂浓度的差异和基区宽度决定了复合比例。换句话说，通过控制 $I_B$ 的大小，就可以控制 $I_E$ 和 $I_C$ 的大小，这也是基区的作用通常被描述为传输与控制的原因。

然而，发射区的多数载流子能否顺利发射到基区，是由施加在发射结上的正向偏置电压控制的，与正向偏置的二极管类似，该电压与流过发射结的电流满足 PN 结电压电流指数关系，即

$$i_E = I_{ES}(e^{v_{BE}/V_T} - 1) \qquad (4.1.4)$$

式中，$I_{ES}$ 为发射结的反向饱和电流，类似于二极管的反向饱和电流 $I_S$；$v_{BE}$ 为发射结上的电压。

设 $\bar{\alpha}$ 为发射极传输到集电极的电流与发射极注入电流之比，即

$$\bar{\alpha} = \frac{I_{CN}}{I_E} \qquad (4.1.5)$$

因此 $\bar{\alpha}$ 表示 $I_E$ 转化为 $I_{CN}$ 的能力。将式（4.1.2）代入式（4.1.5），得

$$I_C = \bar{\alpha} I_E \qquad (4.1.6)$$

式（4.1.6）体现了 BJT 的发射极电流 $I_E$ 对集电极电流 $I_C$ 的控制，因为这里的电流都是直流电流，所以 $\bar{\alpha}$ 称为 BJT 发射极到集电极的直流电流放大系数，它只与 BJT 的结构尺寸和掺杂浓度有关，而与外加电压无关。显然 $\bar{\alpha} < 1$，但接近于 1，一般在 0.98 以上。

将式（4.1.3）代入式（4.1.6），整理后可得集电极电流 $I_C$ 与基极电流 $I_B$ 的关系，即

$$I_C = \frac{\bar{\alpha}}{1 - \bar{\alpha}} I_B = \bar{\beta} I_B \qquad (4.1.7)$$

其中

$$\bar{\beta} = \frac{\bar{\alpha}}{1 - \bar{\alpha}} \qquad (4.1.8)$$

式（4.1.7）体现了 BJT 的基极电流 $I_B$ 对集电极电流 $I_C$ 的控制，$\bar{\beta}$ 称为 BJT 基极到集电极的直流电流放大系数。同样，一旦 BJT 制成，$\bar{\beta}$ 就确定了，也就是说 $\bar{\beta}$ 由晶体管的结构和参数决定，和外电路无关。显然 $\bar{\beta} \gg 1$，一般在几十到几百范围内。

由式（4.1.3）和式（4.1.7）可得发射极电流 $I_E$ 与基极电流 $I_B$ 的关系，即

$$I_E = I_B + I_C = (1 + \bar{\beta}) I_B \qquad (4.1.9)$$

式（4.1.9）反映了基极电流 $I_B$ 对发射极电流 $I_E$ 的控制。

需要注意，式（4.1.6）、式（4.1.7）和式（4.1.9）是在发射结施加正向偏置电压、集电结施加反向偏置电压共同作用下才成立的，此时称 BJT 工作于线性放大区。

另外，图 4.1.3 中的电流 $I_{CBO}$ 不是发射区发射载流子形成的电流，因此与控制无关，对放大没有贡献，但它受温度影响很大，会影响 BJT 的温度稳定性。

需要注意，当集电结零偏压（无反向偏置电压）时，PN 结的内电场仍然存在，它对发射区扩散到基区的电子仍会产生作用，使它们漂移到集电区。只要外部回路条件成立，就能形成集电极电流。但是在正向偏置电压使内电场变得很微弱时，这种漂移便无法继续，集电区也就无法收集到发射区发射的载流子。

### 3．BJT 的电压放大原理举例

图 4.1.4 所示为简单电压放大电路的原理图。其中，直流电源 $V_{EE}$ 使发射结正向偏置，而 $V_{CC}$ 使集电结反向偏置，因而 BJT 工作于线性放大区。将待放大的电压信号 $\Delta v_I$ 加在发射极和基极之间的输入回路，由输入回路 KVL 方程知，$v_{BE}=V_{EE}-\Delta v_I-i_eR_e$，所以发射结的外加电压 $v_{BE}$ 将随 $\Delta v_I$ 变化。依据式（4.1.4），这将引起 $i_E$ 变化，即 $\Delta v_I$ 将引起 $\Delta i_E$。又因为 $i_C=\alpha i_E$，所以 $\Delta i_E$ 将引起 $\Delta i_C$，$\Delta i_C$ 流过接在集电极上的负载电阻 $R_L$，产生一个变化的电压 $\Delta v_O$，$\Delta v_O$ 的变化规律与 $\Delta v_I$ 的相同，即 $\Delta v_I \rightarrow \Delta i_E \rightarrow \Delta i_C \rightarrow \Delta v_O$。

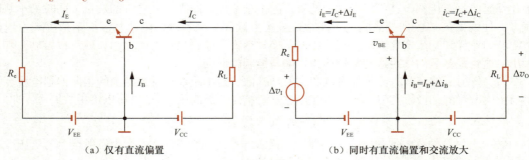

（a）仅有直流偏置　　　　　　　　　（b）同时有直流偏置和交流放大

图 4.1.4　简单电压放大电路的原理图

假设 $\Delta v_I=20\text{mV}$，引起 $\Delta i_E=-1\text{mA}$（正的 $\Delta v_I$ 将减小 $v_{BE}$ 从而减小 $i_E$）。当 $\alpha=0.98$，$R_L=1\text{k}\Omega$ 时，电压增益

$$A_v=\frac{\Delta v_O}{\Delta v_I}=\frac{-\Delta i_C R_L}{\Delta v_I}=\frac{-\alpha \Delta i_E R_L}{\Delta v_I}=\frac{-0.98\times(-1\text{mA})\times 1\text{k}\Omega}{20\text{mV}}=\frac{0.98\text{V}}{20\text{mV}}=49$$

表示输入电压信号被同相放大了 49 倍，实现了电压放大。

对于上述放大过程需要注意以下几点。

① 电压放大倍数与负载电阻 $R_L$ 有直接关系。

② BJT 的作用实际上是信号的传输和控制，核心的关系是 $i_E=I_{ES}(e^{v_{BE}/V_T}-1)$ 和 $i_C=\alpha i_E$。

③ BJT 必须首先工作于线性放大区，即发射结正向偏置、集电结反向偏置。输入信号只是在发射正向偏置电压基础上叠加了一个较小的变化量。

④ 由于 $v_{BE}$ 与 $i_E$ 呈指数关系，因此从 $\Delta v_I$ 到 $\Delta v_O$ 的放大并非完全线性，只能是近似线性，非线性失真不可避免。

### 4．BJT 放大时的 3 种连接方式

如果分别将 BJT 的基极、发射极、集电极作为输入端和输出端的共同端，就可以构成共基极（common base，CB）、共发射极（common emitter，CE）、共集电极（common collector，CC）连接方式，如图 4.1.5 所示。显然，图 4.1.4 所示的电路属于共基极放大电路。要特别注意，构成 BJT 基本放大电路时，集电极始终不能作为输入端，基极始终不能作为输出端，这是由 BJT 内部载流子的控制关系决定的。需要说明的是，无论是哪种连接方式，要使 BJT 有放大作用，必须保证发射结正向偏置、集电结反向偏置，其内部载流子的传输过程是相同的，电极间电流控制关系也是相同的。这 3 种连接方式也称为 BJT 的 3 种组态。

如果能控制输入电流 $i_E$ 或 $i_B$，就能控制输出电流 $i_C$，所以常将 BJT 称为电流控制型器件。实际上由式（4.1.4）可知，$i_E$ 也受发射结电压 $v_{BE}$ 控制，因此 $i_C$ 也可由电压 $v_{BE}$ 控制，此时 BJT 也可

看作电压控制型器件。由式（4.1.9）可知，$i_B$ 也可以控制 $i_E$，所以 $i_E$ 也可作为输出电流［见图 4.1.5（c）］。

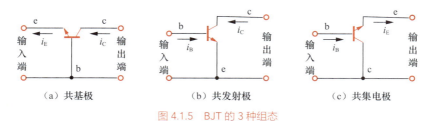

（a）共基极　　　　　　（b）共发射极　　　　　　（c）共集电极

图 4.1.5　BJT 的 3 种组态

### 4.1.3　BJT 的伏－安特性曲线

由图 4.1.5 可知，不管是哪种连接方式，都可以把 BJT 视为一个二端口网络，通常用输入和输出特性曲线来描述其端口特性。输入特性曲线描述了输入端电压和电流的关系，输出特性曲线则描述了输出端电压和电流的关系。也可以采用实验方法绘出 BJT 的伏-安特性曲线。

BJT 共发射极连接形式如图 4.1.6 所示。输入电压和输入电流分别为 $v_{BE}$ 和 $i_B$，输出电压和输出电流分别为 $v_{CE}$ 和 $i_C$。

（1）输入特性曲线

对于输入端，$v_{BE}$ 是加在发射结上的正向偏置电压，$i_B$ 是输入电流，其也是流过发射结正向电流的一小部分。同时，输出端 $v_{CE}$ 也会影响输入特性曲线，所以输入特性用函数表示为

$$i_B = f(v_{BE})\big|_{v_{CE}=常数} \qquad (4.1.10)$$

图 4.1.7 所示是 NPN 型硅双极结型三极管在共发射极连接且发射结正向偏置时的输入特性曲线。图中绘出了 $v_{CE}$ 分别为 0V、1V、10V 情况下的输入特性曲线。

图 4.1.6　共发射极连接形式　　图 4.1.7　NPN 型硅双极结型三极管共发射极连接且发射结正向偏置时的输入特性曲线

$v_{CE}$ 对曲线产生影响的原因解释如下：$v_{CE}$=0V 时，表示仅发射结正向偏置时的输入特性曲线，因为 $v_{CB} = v_{CE} - v_{BE}$，随着 $v_{CE}$ 的增加，集电结从零向偏置慢慢进入反向偏置，收集载流子能力增强，发射区注入基区的载流子在基区停留时间变短；与此同时，集电结空间电荷区也变宽，从而使基区的有效宽度减小。这两种变化都使载流子在基区的复合概率减少，结果使 $i_B$ 减小，意味着在同样的 $v_{BE}$ 下 $i_B$ 减小，输入特性曲线向右移动。实际上，由于发射区掺杂浓度一定，由发射区扩散到基区的载流子数量一定，因此当 $v_{CE}$>1V 以后，其影响已经很小。因此，对于小功率的BJT，可以用 $v_{CE}$>1V 的任何一条输入特性曲线代表其他各条输入特性曲线。

（2）输出特性曲线

共发射极连接时的输出特性曲线描述了当输入电流 $i_B$ 为某一数值（即以 $i_B$ 为参数）时，集电极电流 $i_C$ 与电压 $v_{CE}$ 的关系，用函数表示为

$$i_C = f(v_{CE})\big|_{i_B=常数} \qquad (4.1.11)$$

图 4.1.8 所示是 NPN 型硅双极结型三极管共发射极输出特性曲线。

现以 $i_B=60\mu A$ 为例解释曲线变化的原理。$i_B \neq 0$，说明发射结已有合适的正向偏置电压，对于硅管取 $v_{BE} \approx 0.7V$。而由图 4.1.6 可以看出，集电结反向偏置电压 $v_{CB}=v_{CE}-v_{BE} \approx v_{CE}-0.7V$。对于图 4.1.8，$v_{CE}=0$ 时，$v_{CB} \approx -0.7V$，即集电结的<u>正向偏置</u>电压为 0.7V，内电场的作用大大削弱，集电区已很难收集发射到基区的载流子，所以 <u>$i_C \approx 0$</u>；当 $v_{CE}$ 逐渐增大时，$v_{CB}$ 也逐渐增大，即集电结的正向偏置电压逐渐减小，内电场的作用逐渐增强，集电区收集载流子的能力逐渐变强，导致 $i_C$ 随 $v_{CE}$ 逐渐增大；当 $v_{CE}$ 增大到一定程度（如 0.3V）后，集电结的正向偏置电压已较小（$v_{CB}$ >-0.4V），内电场强度较大，集电区已收集到大部分载流子，$i_C$ 随 $v_{CE}$ 增大而增大的速度变慢；当 $v_{CE}$ 足够大时，集电结已完全反向偏置，集电区已几乎收集到所有发射到基区的载流子，$i_C$ 几乎不再随 $v_{CE}$ 增大而增大，而是基本不变，曲线趋于水平，电流 $i_C$ 趋于恒流。

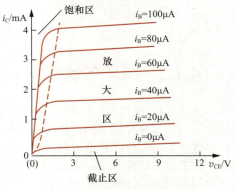

图 4.1.8　NPN 型硅双极结型三极管共发射极输出特性曲线

另一方面，当改变 $i_B$ 时，就改变了发射区注入基区的载流子数量，从而在相同的 $v_{CE}$ 下，就有不同的 $i_C$，表现为不同的 $i_B$ 对应不同的曲线。

图 4.1.8 所示的共发射极接法的输出特性曲线有 3 个工作区，即线性放大区、饱和区和截止区（图中的截止区范围有所放大，实际上对硅管而言，$i_B=0$ 那条曲线几乎与横轴重合）。

① 线性放大区

**BJT 工作在线性放大区时，发射结正向偏置，且正向偏置电压大于开启电压，而集电结反向偏置**。在该区域内，各条输出特性曲线几乎与横轴平行，说明 $i_C$ 主要受 $i_B$ 控制，且 $i_C = \bar{\beta} i_B$。实际上，曲线随着 $v_{CE}$ 的增大略微上倾，反映了 $v_{CE}$ 对 $i_C$ 略有影响，其原因是 $v_{CE}$ 增大时，集电结加厚，基区有效宽度减小，载流子在基区的复合概率减少，使电流放大系数 $\bar{\beta}$ 略有增大，导致在 $i_B$ 不变时，$i_C$ 随 $v_{CE}$ 增大而略有增大，这种影响称为**基区宽度调制效应**。

若将倾斜的各条输出特性曲线向 $v_{CE}$ 的负轴方向延伸，它们将近似地相交于该轴上的 $A$ 点，如图 4.1.9 所示。对应的电压用 $V_A$ 表示，称为**厄利（early）电压**，其典型值为 10～100V。$V_A$ 的大小反映了输出特性曲线上倾的程度，即反映了 $v_{CE}$ 对 $i_C$ 的影响程度。$V_A$ 越大，$v_{CE}$ 对 $i_C$ 的影响就越小，若 $V_A = +\infty$，表示在线性放大区，$v_{CE}$ 对 $i_C$ 没有影响，也就是 $i_C$ 为恒流，因此有时候也称 BJT 的线性放大区为恒流区。

② 饱和区

一般称 **BJT 的发射结和集电结均正向偏置的区域为饱和区**。在该区域内，有 $v_{CE} \leqslant v_{BE}$，因而集电结内电场被削弱，集电区收集载流子的能力减弱，这时即使 $i_B$ 增大，$i_C$ 也增大不明显，或者基本不变，说明 $i_C$ 不再服从 $\bar{\beta} i_B$ 的控制关系了，即 $i_C \neq \bar{\beta} i_B$，但该区域 $i_C$ 随 $v_{CE}$ 的变化明显。图 4.1.8 中虚线是饱和区与线性放大区的分界线，称为临界饱和线。饱和区内的 $v_{CE}$ 很小，称为 BJT 的饱和压降 $V_{CES}$，其实际大小与 $i_B$ 及 $i_C$ 有关。对于小功率管，认为当 $v_{CE}=v_{BE}$（即 $v_{BC}=0$）时，BJT 处于临界饱和（或临界放大）状态。

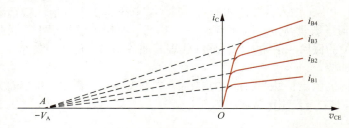

图 4.1.9　NPN 型硅双极结型三极管考虑基区宽度调制效应时的输出特性曲线

③ 截止区

截止区是指发射结集电结反向偏置，发射结上偏置电压小于 PN 结的开启电压，发射极电流 $i_E=0$ 时所对应的区域，对应于 $i_B=0$ 的那条输出特性曲线以下的区域。此时 $i_C$ 很小，通常忽略不计。

BJT 各个工作区的偏置及电流关系如表 4.1.1 所示。

表 4.1.1　BJT 各个工作区的偏置及电流关系

| 工作区 | 偏置 | | 电流关系 |
| --- | --- | --- | --- |
| | 发射结 | 集电结 | |
| 线性放大区 | 正向偏置 | 反向偏置 | $i_C=\bar{\beta} i_B$ |
| 饱和区 | 正向偏置 | 正向偏置 | $i_C<\bar{\beta} i_B$ |
| 截止区 | 反向偏置 | 反向偏置 | $i_B\approx0$，$i_C\approx0$ |

共集电极和共基极的特性曲线与共发射极的类似，此处不赘述。

## 4.2　基本共发射极放大电路

前文已经讨论了 BJT 的结构、输入和输出特性，我们知道，BJT 有放大区、饱和区和截止区这 3 个工作区，其中线性放大区可用于放大模拟小信号，而截止区和饱和区可用于开关电路中。BJT 工作于哪个区，需要通过合理的外围偏置电路来实现。

### 4.2.1　共发射极放大电路

发射结正向偏置、集电结反向偏置是 BJT 具有放大作用的外部条件，可以采用图 4.2.1（a）所示的形式实现 NPN 型 BJT 中两个 PN 结的偏置。可以看到，发射极直接接地，$V_{BB}$ 通过电阻 $R_b$ 为发射结提供正向偏置电压，并产生基极直流电流 $I_B$。$V_{CC}$ 通过电阻 $R_c$，并与 $V_{BB}$、$R_b$ 配合，为集电结提供反向偏置电压。由 $V_{BB}$、$R_b$ 和 BJT 发射极、基极构成输入回路，而由 $V_{CC}$、$R_c$ 和 BJT 集电极、发射极构成输出回路。BJT 发射极是输入、输出回路的共同端，所以电路为共发射极放大电路。

**1．静态**

采用习惯画法时，图 4.2.1（a）可表示为图 4.2.1（c）所示的形式。电路中省去了电源符号和接地电极，仅在非接地端标出电压标号。"⏚" 是电路中零电位参考点，其他各点电位实际上就是该点与地之间的电压（电位差）。为讨论方便，通常规定，以节点处为正、接地处为负作为节点电压的假定正向；$I_B$ 和 $I_C$ 以流入电极为正参考方向，$I_E$ 以流出发射极为正参考方向。

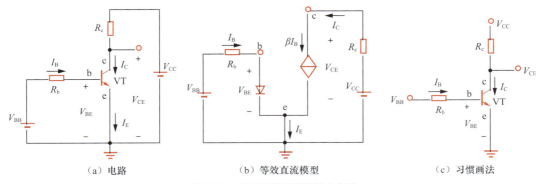

（a）电路　　　　　（b）等效直流模型　　　　　（c）习惯画法

图 4.2.1　NPN 型共发射极放大电路

由于电路中没有交流信号，因此电路的工作状态称为静态，BJT当前的 $I_B$、$I_C$、$V_{BE}$、$V_{CE}$值称为放大电路的静态工作点（为简便起见，后文中有时称为$Q$点），通常用下标加有字母$Q$的变量 $I_{BQ}$、$I_{CQ}$、$V_{BEQ}$ 和 $V_{CEQ}$ 表示，这些值在BJT输入、输出特性曲线上也表示为一个确定的点。工程上，一般用 $I_{BQ}$、$I_{CQ}$ 和 $V_{CEQ}$ 这3个量表示静态工作点。

若需要计算该电路的静态工作点，可以将电路等效为图4.2.1（b）所示的等效直流模型，图中二极管为发射结正向偏置时的等效电路模型。由二极管的知识可知，若该BJT为硅管，发射结正向偏置导通时，采用恒压降模型分析，$V_{BEQ}≈0.7V$，因此在输入回路，根据KVL方程可以得到

$$I_{BQ} = \frac{V_{BB} - V_{BEQ}}{R_b} \tag{4.2.1}$$

当直流偏置将BJT偏置于线性放大区时，$I_C=\beta I_B$，可以用电流控制电流源等效，由输出回路的KVL方程可以进一步得到发射结上的压降，因此

$$I_{CQ} = \beta I_{BQ} \tag{4.2.2}$$

$$V_{CEQ} = V_{CC} - I_{CQ}R_c \tag{4.2.3}$$

若已知BJT的$\beta$和电路中的其他参数，则可以估算出放大电路的静态工作点。

### 2．动态

将交流信号$v_s$串入输入回路，如图4.2.2（a）所示，基极电流将在$I_{BQ}$的基础上产生波动。由于BJT的电流控制关系$i_C=\beta i_B$，$i_B$的变化将引起$i_C$的变化，而在输出回路中$v_O=v_{CE}=V_{CC}-i_cR_c$，因此输出电压也将产生波动。也就是说，BJT中的电流及电极上的电压都在静态工作点的基础上随输入信号$v_s$产生相应的变化。如果$v_s$为正弦波，则$v_O$的波形如图4.2.2（b）所示，电路中其他电压、电流的波形如图4.2.2（c）所示。

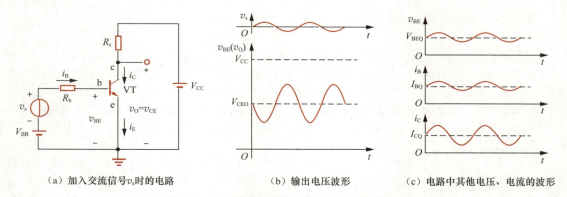

（a）加入交流信号$v_s$时的电路　　　　（b）输出电压波形　　　　（c）电路中其他电压、电流的波形

图 4.2.2　NPN 型 BJT 共发射极放大电路的信号放大

由此看到，信号的放大是在原静态的基础上产生动态变化而实现的。同时也可以看到，共发射极放大电路的输出电压与输入电压是反相的，这是因为$v_s$正半周使$i_B$增大，从而使$i_C$增大，而$i_C$增大使$R_c$上压降增大，导致$v_{CE}$减小，所以$v_s$正半周对应$v_{CE}$的负半周，这是共发射极放大电路的一个重要特点。不考虑相位时，用$v_{CE}$的振幅（不是对零电位的电压）除以$v_s$的振幅，便是放大电路的交流电压放大倍数，或者用总量$v_{CE}$减去静态值再除以$v_s$，就得到包含相位关系的电压增益，即$A_v=(v_{CE}-V_{CEQ})/v_s$。增益的大小与BJT的静态工作点，以及$\beta$、$R_c$和$R_b$有关。

### 3．静态工作点对信号放大的影响

BJT有线性放大区、饱和区、截止区这3个工作区，放大信号时，BJT必须工作在线性放大区，否则输出波形将产生严重失真。例如，当$V_{CEQ}$太小时，输出波形的底部将出现明显的非线性失真，如图4.2.3（a）所示，由于此时$V_{CEQ}$偏小，**直流时三极管接近或进入饱和区，因此称这种失真为饱和失真**。可通过增大$R_b$来减小$I_{BQ}$，或者通过减小$R_c$，将$V_{CEQ}$调整至合适的值。

当$V_{CEQ}$太大时，输出波形的顶部将出现明显的失真，如图4.2.3（b）所示，**此时$I_{BQ}$过小导**

致$V_{CEQ}$偏大，三极管接近或进入截止区，称这种失真为**截止失真**，其产生的主要原因是$I_{BQ}$过小，使$I_{CQ}$过小，导致$R_c$上压降很小，则$V_{CEQ}$过大。可通过减小$R_b$来减小$V_{CEQ}$。

如果输入信号幅值过大，即使静态工作点设置合理也会产生失真，这时可能同时出现底部失真和顶部失真，如图4.2.3（c）所示。

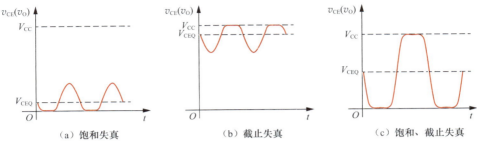

（a）饱和失真　　　　　　　　（b）截止失真　　　　　　　（c）饱和、截止失真

图 4.2.3　信号放大时的非线性失真

需要注意的是，这里仅从定性的角度粗略地讨论了放大电路的动态情况，第4.3节后将有详细的定量分析。

**例4.2.1** 设图4.2.1（a）所示电路中的$V_{BB}$=4V，$V_{CC}$=12V，$R_c$=5.1kΩ，$\beta$=80，$V_{BEQ}$=0.7V。（1）$R_b$=220kΩ。（2）$R_b$=110kΩ。

试求两种情况下该电路中的$I_{BQ}$、$I_{CQ}$、$V_{CEQ}$，并说明BJT的工作状态。

**解：**（1）若$R_b$=220kΩ，则

$$I_{BQ} = \frac{V_{BB} - V_{BEQ}}{R_b} = \frac{4V - 0.7V}{220 \times 10^3 \, \Omega} = 1.5 \times 10^{-5} \, A = 15 \mu A$$

$$I_{CQ} = \beta I_{BQ} = 80 \times 15 \mu A = 1200 \, \mu A = 1.2 mA$$

$$V_{CEQ} = V_{CC} - I_{CQ} R_c = 12V - 1.2mA \times 5.1k\Omega = 5.88V$$

因为$V_{CC}$=12V，$V_{CEQ}$=5.88V，所以$V_{CEQ}$的取值在0 ～ $V_{CC}$的中间，说明电路中的BJT工作于较合适的线性放大区。

在MultiSim中，绘制图4.2.4（a）所示的电路，其中BJT在Transistors（元件库）中，选中BJT_NPN，BJT的型号选择2N2222，将Q1的模型参数BF即$\beta$修改为80，VJE即$V_{BEQ}$修改为0.7。运行仿真，其中XMM1、XMM2、XMM3为虚拟万用表，可用于监测电路的静态工作点。分别双击电路中的3个万用表，可以看到仿真结果为$I_{BQ}$=15.321μA，$I_{CQ}$=1.287mA，$V_{CEQ}$=5.437V，和理论估算有一定的差别，但基本一致。

（2）若$R_b$=110kΩ，则

$$I_{BQ} = \frac{V_{BB} - V_{BEQ}}{R_b} = \frac{4V - 0.7V}{110 \times 10^3 \, \Omega} = 30 \mu A$$

$$I_{CQ} = \beta I_{BQ} = 80 \times 30 \mu A = 2400 \mu A = 2.4 mA$$

$$V_{CEQ} = V_{CC} - I_{CQ} R_c = 12V - 2.4mA \times 5.1k\Omega = -0.24V$$

因为$V_{CEQ}$= −0.24V，而图中三极管为NPN型BJT，$V_{CE}$的值不可能为负值，而得到负值的原因是计算得到的$I_{CQ}$偏大，也就是说，三极管此时不工作于线性放大区而工作于饱和区，$I_{CQ} = \beta I_{BQ}$是不成立的，实际上此时$I_{CQ} < \beta I_{BQ}$，且$V_{CEQ}$为三极管的饱和压降$V_{CES}$。

综上所述，用BJT放大信号时，有以下结论。

• 　必须为BJT提供合适的静态偏置，使其工作在线性放大区。

- 交流信号是叠加在静态电量的基础上并通过 BJT 的控制关系传输到输出的。
- 输出信号的幅值受输出回路电源电压的限制。
- BJT 的静态工作点设置对能否实现信号的线性放大至关重要。静态工作点设置不合适，容易出现饱和失真或截止失真。通过调整电路参数，可以将静态工作点设置在合适的位置。

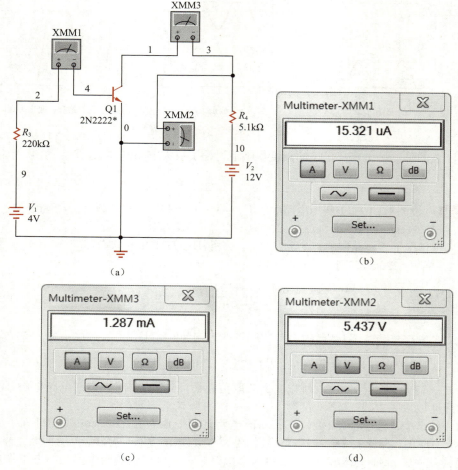

图 4.2.4　例 4.2.1 的仿真

上述电路是 NPN 型 BJT 构成的共发射极放大电路，如果改用 PNP 型 BJT，只要将 $V_{CC}$ 和 $V_{BB}$ 的极性翻转，并将 PNP 型 BJT 的 e、b、c 这 3 个电极接入相同的位置即可。当然，上述电路中所有电压波形在负电压范围。

## 4.2.2　BJT 的直流偏置电路

BJT 的直流偏置电路有多种形式，常见的主要有基极固定偏流电路和基极分压式射极偏置电路。

### 1. 基极固定偏流电路

图 4.2.1（a）所示电路称为基极固定偏流电路，电路中使用了两个直流电压源为 BJT 提供偏置。实际上可以省去一个电源，即用同一个直流电压源就可以实现 BJT 的偏置，其电路如

图 4.2.5（a）所示。此时只要将式（4.2.1）改为

$$I_{BQ} = \frac{V_{CC} - V_{BEQ}}{R_b}$$

（4.2.4）

同样可以估算出该电路的静态工作点，但是需要调整 $R_b$ 值，以保证集电结反向偏置。

图 4.2.5（b）所示是采用负电源实现的 PNP 型 BJT 偏置。需要注意，电路中电位最高点是地电位，为 0，电源线电位最低，为 $-V_{CC}$，此时电流 $I_B$、$I_C$ 和电压 $V_{BE}$、$V_{CE}$ 的实际值均为负值。$V_{BE}$ 保证发射结正向偏置，并且要求 c 点电位低于 b 点电位，以满足集电结反向偏置。实际上，PNP 型 BJT 也可以采用正电源偏置，如图 4.2.5（c）所示。由于发射极没有接地，因此 c 点电压不再是 $V_{CE}$，而是 c 点到地的电压 $V_C$。

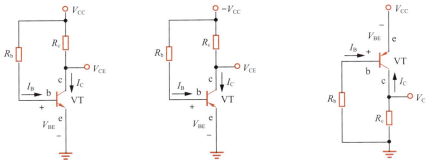

（a）NPN 型 BJT 的偏置电路　　（b）负电源下 PNP 型 BJT 的偏置电路　　（c）正电源下 PNP 型 BJT 的偏置电路

图 4.2.5　用一个电源的基极固定偏流电路

**例 4.2.2**　　对于图 4.2.5（a）所示的电路，若 $V_{CC}=12V$，选用 $\beta=100$ 的硅管，且要求 $I_{CQ}=1.5mA$，$V_{CEQ}=6V$，试确定 $R_b$ 和 $R_c$ 的值。

**解：** 由式（4.2.3）有

$$R_c = \frac{V_{CC} - V_{CEQ}}{I_{CQ}} = \frac{12V - 6V}{1.5mA} = 4k\Omega$$

因为 BJT 是硅管，取 $V_{BEQ}=0.7V$，由式（4.2.4）得

$$R_b = \frac{V_{CC} - V_{BEQ}}{I_{CQ}/\beta} = \frac{12V - 0.7V}{1.5mA/100} \approx 753k\Omega$$

由于 $V_{CC}$ 比 $V_{BE}$ 大 10 倍以上，因此计算时也可以忽略 $V_{BEQ}$。$R_c$ 和 $R_b$ 可以分别选用标称值为 3.9k$\Omega$ 和 750k$\Omega$ 的电阻。

### 2. 基极分压式发射极偏置电路

在 MultiSim 中，对图 4.2.5（a）所示的电路进行温度扫描，可以看到当温度变化时，集电极电流随温度产生较大的波动，如图 4.2.6 所示，而静态工作点波动，可能导致交流信号放大时的输出波形失真。

与基极固定偏流电路相比，温度稳定性很高且广泛使用的偏置方式是基极分压式发射极偏置电路，如图 4.2.7（a）所示。可以看出，由 $V_{CC} \to R_{b1} \to$ 发射结 $\to R_e \to$ 地形成的通路，可以为发射结提供正向偏置。通过设置合适的 $R_{b1}$、$R_{b2}$ 和 $R_e$ 的值，也可以使集电结反向偏置。如果设计电路时保证 $I_1 = 5I_B \sim 10I_B$，计算 $V_B$ 时就可以忽略基极电流 $I_B$，基极电压 $V_B$ 由 $R_{b1}$ 和 $R_{b2}$ 对 $V_{CC}$ 分压得到。对于图 4.2.7（a），可以采用以下关系估算静态工作点：

$$V_{BQ} \approx \frac{R_{b2}}{R_{b1} + R_{b2}} V_{CC}$$

（4.2.5a）

$$I_{CQ} \approx I_{EQ} = \frac{V_{BQ} - V_{BEQ}}{R_e} \tag{4.2.5b}$$

$$V_{CEQ} = V_{CC} - I_{CQ}(R_c + R_e) \tag{4.2.5c}$$

$$I_{BQ} = \frac{I_{CQ}}{\beta} \tag{4.2.5d}$$

同样，对于硅管，$V_{BEQ} \approx 0.7V$；对于锗管，$V_{BEQ} \approx 0.2V$。

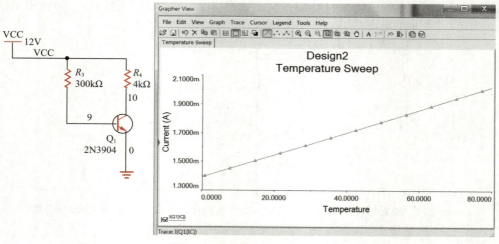

图 4.2.6　集电极电流的温度扫描

图 4.27（b）所示是 PNP 型 BJT 的偏置电路。当 PNP 型 BJT 以相同的电极位置替换 NPN 型 BJT 时，只要将电源改为负电源即可。当然，b 点电位要高于 c 点电位，才能使集电结反向偏置。另外需要注意，PNP 型 BJT 的 $V_{BEQ}$ 为负值。利用式（4.2.5）计算时，用 $-V_{CC}$ 替换 $V_{CC}$，电流、电压的计算结果均为负值。

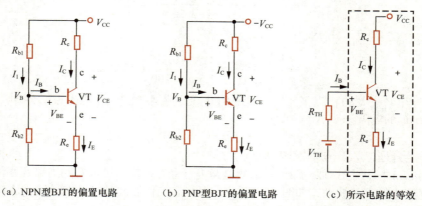

（a）NPN 型 BJT 的偏置电路　　　（b）PNP 型 BJT 的偏置电路　　　（c）所示电路的等效

图 4.2.7　基极分压式发射极偏置电路

图 4.2.7（c）所示电路是利用电路理论中的戴维南等效，对图 4.2.7（a）所示电路进行等效变换得到的。将图 4.2.7（c）中虚线框内的电路视为负载，对图 4.2.7（a）所示的电路进行戴维南等效，可以得到开路电压 $V_{OC} = V_{TH} = (R_{b2} \times V_{CC})/(R_{b1} + R_{b2})$，等效电阻 $R_{eq} = R_{TH} = R_{b1}//R_{b2}$，进而利用 KVL 可以得到静态工作点。

因为 BJT 的静态偏置与基极电阻 $R_{b1}$ 和 $R_{b2}$ 的分压，以及发射极电阻 $R_e$ 有关，所以图 4.2.7 所示电路称为基极分压式发射极偏置电路。

基极固定偏流电路和基极分压式发射极偏置电路的比较如表 4.2.1 所示。

表 4.2.1　基极固定偏流电路和基极分压式发射极偏置电路的比较

| 比较 | 电路形式 | |
|---|---|---|
| | 基极固定偏流电路 | 基极分压式发射极偏置电路 |
| 电路图 | 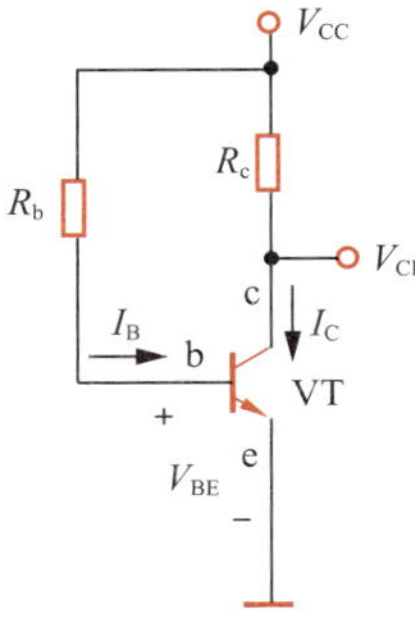 | 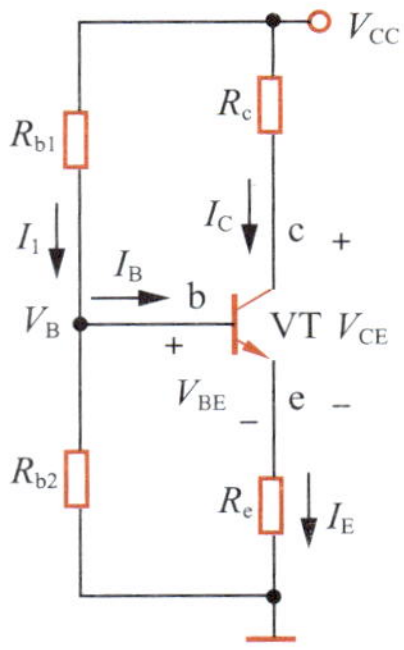 |
| $I_{BQ}$ | $I_{BQ} = \dfrac{V_{CC} - V_{BEQ}}{R_b}$ | $I_{BQ} = \dfrac{I_{CQ}}{\beta}$ |
| $I_{CQ}$ | $I_{CQ} = \beta I_{BQ}$ | $V_{BQ} \approx \dfrac{R_{b2}}{R_{b1} + R_{b2}} V_{CC}$ $I_{CQ} \approx I_{EQ} = \dfrac{V_{BQ} - V_{BEQ}}{R_e}$ |
| $V_{CEQ}$ | $V_{CEQ} = V_{CC} - I_{CQ} R_c$ | $V_{CEQ} = V_{CC} - I_{CQ}(R_c + R_e)$ |
| 特点 | 静态工作点受温度影响较大 | 温度稳定性很高 |

## 4.2.3　信号的输入和输出

4.2.2 节讨论了 BJT 的静态偏置，这是 BJT 具有放大作用的前提，本节讨论信号的输入和输出方式。信号的输入和输出主要有直接耦合、阻容耦合和变压器耦合等方式，本节主要介绍前两种耦合方式。

BJT 的 3 个电极 e、b、c 分别作为输入端、输出端的共同端时，可构成共发射极、共基极和共集电极放大电路。实际上，依据这种方法判断 3 种放大电路有时会有困难，而根据信号输入 BJT 的电极和信号输出电极来区分 3 种不同的电路有时更容易，即

- 信号由基极输入，集电极输出——共发射极放大电路；
- 信号由基极输入，发射极输出——共集电极放大电路；
- 信号由发射极输入，集电极输出——共基极放大电路。

需要特别注意，共发射极、共集电极和共基极连接方式是针对信号放大的二端口网络而言的，与 BJT 的偏置无关。

### 1．直接耦合

信号在没有阻隔直流通过的路径上传递的方式称为直接耦合。阻隔直流通过的元器件通常有隔直电容或变压器等。图 4.2.2（a）所示电路的信号输入和输出通路均是直接连接，所以它是直接耦合放大电路。不过该电路实际上并不实用，因为交流信号源没有接地端，即交流信号是叠加在直流偏置之上送入放大电路的。实际的电子电路为减小干扰常常需要"共地"连接，即直流工作电源、交流信号源都需要有一个电极接地。

需要注意的是，接入负载电阻 $R_L$ 后，如图 4.2.8（a）中虚线部分所示，将会改变 c 点的直流电压，也就是说，直接耦合放大电路的负载电阻会影响 BJT 的静态工作点。

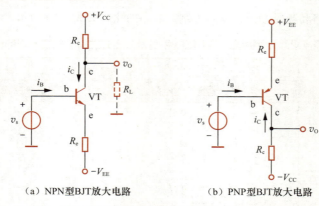

（a）NPN型BJT放大电路　　　　　（b）PNP型BJT放大电路

图 4.2.8　具有"共地"连接的双电源直接耦合共发射极放大电路

在直接耦合放大电路中，负载电阻和信号源都会影响放大电路的静态工作点，这种电路的应用受到一定的限制。此外，信号源和负载电阻中也始终有静态偏置电流流过，这在某些应用场合是不允许的。而阻容耦合方式能很好地解决这些问题。

### 2. 阻容耦合

当信号中的最低频率高到一定程度后，可以在放大电路输入端和输出端串入容量足够大的隔直电容 $C_{b1}$ 和 $C_{b2}$，如图 4.2.9 所示。两个电容将信号源和负载电阻与放大电路的直流量隔断，从而消除它们对静态工作点的影响。此时还需要增加电阻 $R_b$，为BJT基极提供直流偏置通路。该电路中的端口电阻在信号传输过程中也起作用，所以称为**阻容耦合**放大电路。由于容量在微法数量级以上的电容基本上是有极性的电解电容，因此使用时电容的正极（图 4.2.9 中标"+"的端子）应接高电位。

当交流信号 $v_s$ 的频率足够高且电容 $C_{b1}$ 和 $C_{b2}$ 的容量足够大时，信号在电容上的损耗可以忽略不计。此时，$C_{b1}$ 和 $C_{b2}$ 对交流信号 $v_s$ 可看作短路。简单地说，**电容有隔直流、通交流的作用**。

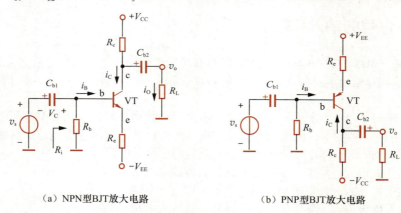

（a）NPN型BJT放大电路　　　　　（b）PNP型BJT放大电路

图 4.2.9　具有"共地"连接的阻容耦合共发射极放大电路

阻容耦合方式能很好地解决"共地"要求下信号源和负载电阻与放大电路的连接问题，使信号源和负载电阻不再影响电路的静态工作点。这种优点使阻容耦合放大电路获得广泛应用。但是，阻容耦合放大电路也有明显的局限性，就是对信号的最低频率有要求，不能用来放大直流信号。

## 4.2.4　直流通路与交流通路

我们已经知道，放大电路正常工作时，电路中既有设置静态工作点时的直流（静态）电压和电流，又有信号引起的变化（也称为交流或动态）电压和电流。将放大电路的静态和动态分开分析是放大电路较有效的分析方法之一。采用这种分析方法的前提是将放大电路分解为（等效为）直流通路和交流通路。直流通路是仅有直流电流流通的路径，交流通路是仅有交流电流流通的路径。

画直流通路时应遵循以下原则。

- 仅在直流源作用下，电路中的交流源置零，交流电压源可视为短路，交流电流源可视为开路。
- 容量较大的电容可视为开路（隔直流）。

画交流通路时应遵循以下原则。

- 由于直流电压源的内阻很小（理想电压源内阻为零），直流电流源的内阻很大（理想电流源内阻为无穷大），因此仅在交流激励源（信号源）作用下，电路中的直流电压源可视为短路，直流电流源可视为开路。
- 对一定频率范围内的交流信号，容量较大的电容可视为短路（通交流）。

**例4.2.3**　放大电路如图4.2.9（a）所示，试画出它的直流通路和交流通路。

**解：** 将$C_{b1}$和$C_{b2}$开路，信号源和负载电阻对电路已无影响，可以去掉，得到的直流通路如图4.2.10（a）所示。将$C_{b1}$和$C_{b2}$短路，直流电压源$+V_{CC}$和$-V_{EE}$对地短路，得到的交流通路如图4.2.10（b）所示。

通过直流通路，很容易求出放大电路的静态工作点，利用交流通路可以分析、计算放大电路的交流性能指标，这些将在后续各节详细讨论。

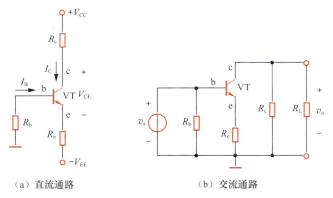

（a）直流通路　　　　　　　　　　　　（b）交流通路

图 4.2.10　电路的直流通路和交流通路

# 4.3 图解分析法

我们知道，BJT的输入特性曲线和输出特性曲线反映了其电极间电压、电流的定量关系，根据BJT外电路的特性方程，在构成这些特性曲线的坐标系中作图，便可得到定量的分析结果。现以图4.2.2（a）所示共发射极放大电路为例，介绍图解分析法。

### 1. 静态工作点的图解分析

对于图4.2.2（a）所示的共发射极放大电路，如何用图解分析法求其静态工作点？为了方便，将图4.2.2（a）所示电路改画成图4.3.1所示的形式，并用虚线将电路划分为3个部分，分别为BJT、输入回路的管外电路、输出回路的管外电路。

静态时，令$v_s = 0$，即得该电路的直流通路。在输入回路中，由虚线的左侧可列出回路方程

$$v_{BE} = V_{BB} - i_B R_b \qquad (4.3.1)$$

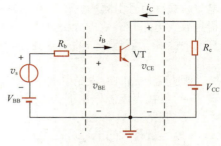

图 4.3.1　共发射极放大电路

该方程在输入特性曲线坐标系中的形式为一条直线，利用其在两坐标轴上的截距点 $(V_{BB},0)$ 和 $(0, V_{BB}/R_b)$ 作直线，如图 4.3.2（a）所示。该直线与输入特性曲线的交点 $Q$ 就是电路的静态工作点，其横坐标为 $V_{BEQ}$，纵坐标为 $I_{BQ}$。显然，该点上电压、电流既满足虚线左侧的回路方程，又满足右侧 BJT 的输入端特性。图 4.3.2（a）中的直线也称为输入直流负载线，其斜率为 $-1/R_b$。

与输入回路相似，可列出输出回路中虚线右侧的回路方程

$$v_{CE} = V_{CC} - i_C R_c \qquad (4.3.2)$$

显然，该方程在输出特性曲线坐标系中的形式也是一条直线，同样可得到其在两坐标轴上的截距点 $(V_{CC}, 0)$ 和 $(0, V_{CC}/R_c)$，作出该直线，如图 4.3.2（b）所示。可以看到，该直线与 BJT 输出特性曲线有多个交点，但在之前输入回路的作图中已经得到 $Q$ 点对应的基极静态电流 $I_{BQ}$，所以在特性曲线中只有 $i_B = I_{BQ}$ 的那条曲线是有效的，由此得到该曲线与直线交于 $Q$ 点，其对应的横坐标为 $V_{CEQ}$，纵坐标为 $I_{CQ}$。显然，该点上电压、电流既满足输出回路中虚线右侧的回路方程，又满足左侧 BJT 的输出端特性。至此，便获得了图 4.3.1 所示共发射极放大电路的静态工作点 $Q(I_{BQ}, I_{CQ}, V_{CEQ})$。图 4.3.2（b）中的直线也称为输出直流负载线，其斜率为 $-1/R_c$。

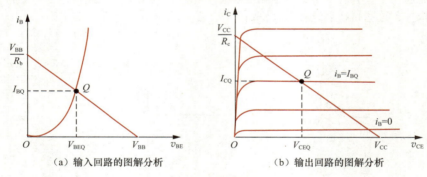

（a）输入回路的图解分析　　　　　　（b）输出回路的图解分析

图 4.3.2　静态工作点的图解分析

## 2．动态工作情况的图解分析

动态图解分析是在静态图解分析的基础上进行的，其步骤如下。

（1）根据 $v_s$ 的变化，在 BJT 输入特性曲线坐标系中作图

设图 4.3.1 中的输入信号 $v_s = V_{sm} \sin \omega t$。在 $V_{BB}$ 及 $v_s$ 共同作用下，输入回路的方程变为 $v_{BE} = V_{BB} + v_s - i_B R_b$，相应的输入直流负载线是一组斜率为 $-1/R_b$ 且随 $v_s$ 变化而平行移动的直线，如图 4.3.3（a）所示。图中虚线①、②是 $v_s = \pm V_{sm}$ 时的输入直流负载线。根据它们与输入特性曲线交点的平行移动，便可画出 $v_{BE}$ 和 $i_B$ 的波形，即 $Q'$ 对应 $i_{B1}$，$Q''$ 对应 $i_{B2}$。

（2）根据 $i_B$ 的变化，在输出特性曲线坐标系中作图

由图 4.3.3（a）可见，加上输入信号 $v_s$ 后，在静态工作点的基础上，基极电流 $i_B$ 将随 $v_s$ 的变化在 $i_{B1}$ 和 $i_{B2}$ 之间变化。而从图 4.3.1 可知，加上输入信号后，输出回路的方程仍为 $v_{CE} = V_{CC} - i_C R_c$，即输出直流负载线不变。因此，在图 4.3.3（b）所示的输出特性曲线坐标系中，由于 $i_B$ 的变化，输出特性曲线与输出直流负载线的交点发生变化。由 $i_B$ 的变化范围（$Q'$ 和 $Q''$ 之间）和输出直流负载线就可以确定 $i_C$ 和 $v_{CE}$ 的变化范围，由此可画出 $i_C$ 及 $v_{CE}$ 的波形。可见，放大电路加入动态信号时，BJT 的工作点将以静态工作点 $Q$ 为起点，沿负载线上下移动。图 4.3.3（b）中的 $V_{CES}$ 是 BJT 集电极 - 发射极饱和压降。

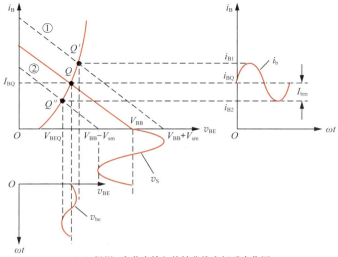

（a）根据$v_s$变化在输入特性曲线坐标系中作图

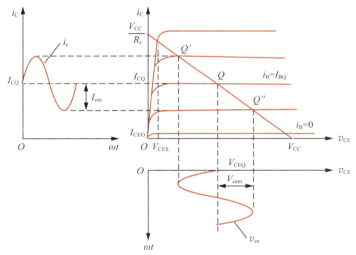

（b）根据$i_B$变化在输出特性曲线坐标系中作图

图 4.3.3　动态工作情况的图解分析

$v_{CE}$ 中的交流量 $v_{ce}$ 就是输出电压 $v_o$，它是与 $v_s$ 同频率的正弦波，但二者的相位相反，这是共发射极放大电路的一个重要特点。用 $v_{ce}$ 的幅值除以 $v_s$ 的幅值就是电路的电压放大倍数，即电压增益。

可以看出，在静态图解分析的基础上，采用动态图解分析法，可以在输入信号作用下，定量画出放大电路中各电压、电流的波形，求得电压增益，得知输出电压与输入电压的相位关系，这样可以较全面地了解电路的动态工作情况。

由以上分析可知，只要在 BJT 放大电路中设置合适的静态工作点 $Q$，并在输入回路加上一个能量较小的信号，利用发射结正向电压对各极电流的控制作用，就能将直流电源提供的能量按输入信号的变化规律转换为所需的形式供给负载。因此，放大作用实质上是放大器的控制作用，放大器是一种能量控制部件。

### 3．静态工作点对波形失真的影响

要使 BJT 放大电路能够不失真地放大输入信号，必须设置合适的静态工作点 $Q$，即在交流信号的整个周期内，BJT 的工作点都必须始终处于线性放大区。

如果 $Q$ 点过高，如图 4.3.4 所示，则 BJT 的工作点会在交流信号 $i_b$ 正半周峰值附近的部分时间内进入饱和区，引起 $i_C$、$v_{CE}$ 及 $v_{ce}$ 的波形失真。<u>这种由工作点进入饱和区引起的失真称为**饱和失真**。显然，$Q$ 点过高时，$I_{CQ}$ 较大，而 $V_{CEQ}$ 较小，BJT 动态工作时容易进入饱和区。</u>由于从 $Q$ 点移动到 $Q'$ 点的范围小于从 $Q$ 点移动到 $Q''$ 点的范围，因此最大不失真输出电压的幅值受到饱和失真的限制。

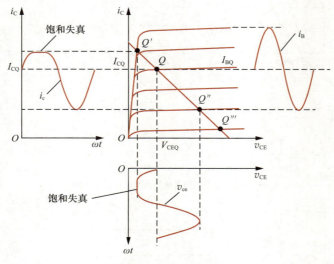

图 4.3.4 饱和失真的波形

如果 $Q$ 点过低，$I_{BQ}$ 过小，如图 4.3.5（a）所示，则 BJT 会在交流信号 $v_{be}$ 负半周峰值附近的部分时间内进入截止区，使 $i_B$ 的波形失真。同时，在输出特性曲线中，<u>由于 $Q$ 点过低，$I_{CQ}$ 较小，而 $V_{CEQ}$ 较大</u>，也会使 $i_C$、$v_{CE}$ 及 $v_{ce}$ 的波形失真，如图 4.3.5（b）所示。<u>因为 $Q$ 点偏低，所以 BJT 动态工作时容易进入截止区，由此产生的失真称为**截止失真**。</u>

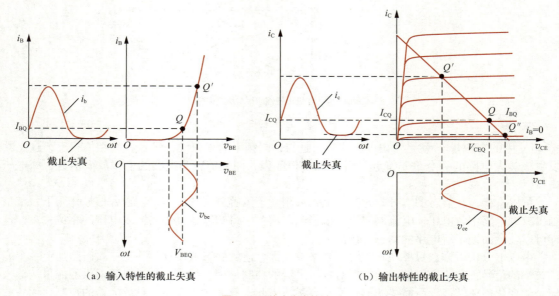

（a）输入特性的截止失真　　　　　　　　（b）输出特性的截止失真

图 4.3.5 截止失真的波形

显然，在 $Q$ 点过低时，最大不失真输出电压的幅值将受到截止失真的限制。

如果 $Q$ 点的位置设置合理，但输入信号 $v_s$ 的幅值过大，输出信号 $v_o$ 也会产生失真，此时饱和失真和截止失真可能会同时出现。

为了减小或避免 BJT 放大电路明显的非线性失真，必须合理设置 $Q$ 点。当输入信号 $v_s$ 较大时，应将 $Q$ 点设置在输出交流负载线的中点（图 4.3.4 中线段 $Q'Q'''$ 的中点），这时可得到输出电压的最大动态范围。当 $v_s$ 较小时，为了降低电路的功率损耗，在不产生截止失真和保证一定的电压增益的前提下，应尽量降低 $Q$ 点。

# 4.4　小信号模型分析法

利用图解分析法对 BJT 的输入、输出特性曲线进行分析时，无须考虑电路是否为线性电路，但它也有局限性，即图解分析法不能用来求解放大电路的输入电阻和输出电阻，也无法用来分析放大电路的频率响应等，所以实际工程中运用较少。本节将介绍工程上更加实用的放大电路动态情况分析法——小信号模型分析法。

由 BJT 的输入、输出特性曲线可知，BJT 是一个非线性器件，不能直接采用线性电路的分析方法来分析 BJT 放大电路。但在输入低频小信号的情况下，可以将 BJT 小范围内的伏-安特性曲线近似为直线，这时可以用一个线性化的小信号模型代替 BJT，从而将 BJT 放大电路当作线性电路来处理。

## 4.4.1　BJT 的 H 参数及小信号模型

视频 4-2：
H 参数
小信号模型

通常可用两种方法建立 BJT 的小信号模型，一种是由 BJT 的物理结构抽象而得；另一种是将 BJT 看成一个二端口网络，根据输入、输出端的电压、电流关系式，求出相应的网络参数，从而得到它的等效模型。本节介绍后一种方法。

图 4.4.1 所示为一个由有源器件组成的二端口网络，这个网络有输入和输出两个端口，可以通过电压 $v_i$、$v_o$ 及电流 $i_i$、$i_o$ 来研究网络的特性，选择 $v_i$、$v_o$ 及 $i_i$、$i_o$ 这 4 个变量中的两个作为自变量，其余两个作为因变量，就可以得到不同的网络参数，如 Z 参数（开路阻抗参数）、Y 参数（短路导纳参数）和 H（Hybrid）参数（混合参数）等。

图 4.4.1　二端口网络

下面讨论 BJT 的 H 参数及小信号模型。

### 1. H 参数的引出

BJT 的 3 个电极在电路中可连接成一个二端口网络。以共发射极连接为例，在图 4.4.2（a）所示的二端口网络中，分别用 $v_{BE}$、$i_B$ 和 $v_{CE}$、$i_C$ 表示输入端和输出端的电压及电流。若以 $i_B$、$v_{CE}$ 作为自变量，以 $v_{BE}$、$i_C$ 作为因变量，由 BJT 的输入、输出特性曲线可写出以下两个方程式：

$$v_{BE} = f_1(i_B, v_{CE}) \tag{4.4.1}$$

$$i_C = f_2(i_B, v_{CE}) \tag{4.4.2}$$

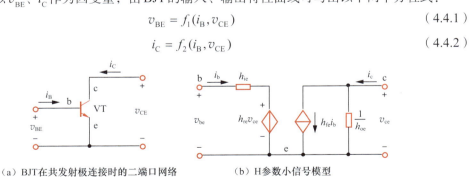

（a）BJT 在共发射极连接时的二端口网络　　（b）H 参数小信号模型

图 4.4.2　BJT 的二端口网络及 H 参数小信号模型

式中，$i_B$、$i_C$、$v_{BE}$、$v_{CE}$ 均为总量（直流分量和交流分量的叠加），而小信号模型是指 BJT 在交流低频小信号工作状态下的模型，这时要考虑的是电压、电流间的微变关系。为此，对式（4.4.1）

和式（4.4.2）求全微分，即

$$\mathrm{d}v_{\mathrm{BE}} = \left.\frac{\partial v_{\mathrm{BE}}}{\partial i_{\mathrm{B}}}\right|_{V_{\mathrm{CEQ}}} \mathrm{d}i_{\mathrm{B}} + \left.\frac{\partial v_{\mathrm{BE}}}{\partial v_{\mathrm{CE}}}\right|_{I_{\mathrm{BQ}}} \mathrm{d}v_{\mathrm{CE}} \tag{4.4.3}$$

$$\mathrm{d}i_{\mathrm{C}} = \left.\frac{\partial i_{\mathrm{C}}}{\partial i_{\mathrm{B}}}\right|_{V_{\mathrm{CEQ}}} \mathrm{d}i_{\mathrm{B}} + \left.\frac{\partial i_{\mathrm{C}}}{\partial v_{\mathrm{CE}}}\right|_{I_{\mathrm{BQ}}} \mathrm{d}v_{\mathrm{CE}} \tag{4.4.4}$$

式中，$\mathrm{d}v_{\mathrm{BE}}$ 表示 $v_{\mathrm{BE}}$ 中的变化量，若输入为低频、小幅值的正弦波信号，则 $\mathrm{d}v_{\mathrm{BE}}$ 可用 $v_{\mathrm{be}}$（发射结电压中的交流分量）表示。同理，$\mathrm{d}v_{\mathrm{CE}}$、$\mathrm{d}i_{\mathrm{B}}$、$\mathrm{d}i_{\mathrm{C}}$ 可分别用 $v_{\mathrm{ce}}$、$i_{\mathrm{b}}$、$i_{\mathrm{c}}$ 表示。于是，可将式（4.4.3）、式（4.4.4）写成下列形式：

$$v_{\mathrm{be}} = h_{\mathrm{ie}}i_{\mathrm{b}} + h_{\mathrm{re}}v_{\mathrm{ce}} \tag{4.4.5}$$

$$i_{\mathrm{c}} = h_{\mathrm{fe}}i_{\mathrm{b}} + h_{\mathrm{oe}}v_{\mathrm{ce}} \tag{4.4.6}$$

式中，$h_{\mathrm{ie}}$、$h_{\mathrm{re}}$、$h_{\mathrm{fe}}$、$h_{\mathrm{oe}}$ 称为BJT共发射极连接时的H参数[1]。具体说明如下。

$h_{\mathrm{ie}} = \left.\dfrac{\partial v_{\mathrm{BE}}}{\partial i_{\mathrm{B}}}\right|_{V_{\mathrm{CEQ}}}$ 是BJT输出端交流短路（即 $v_{\mathrm{ce}}=0$，$v_{\mathrm{CE}}=V_{\mathrm{CEQ}}$）时的输入电阻，即b-e极间的交流

电阻，单位为$\Omega$，也常用$r_{\mathrm{be}}$表示，其在输入特性曲线上的描述如图4.4.3（a）所示。

$h_{\mathrm{fe}} = \left.\dfrac{\partial i_{\mathrm{C}}}{\partial i_{\mathrm{B}}}\right|_{V_{\mathrm{CEQ}}}$ 是BJT输出端交流短路时的正向电流传输比或电流放大系数（无量纲），即 $\beta$，

其在输出特性曲线上的描述如图4.4.3（b）所示。

$h_{\mathrm{re}} = \left.\dfrac{\partial v_{\mathrm{BE}}}{\partial v_{\mathrm{CE}}}\right|_{I_{\mathrm{BQ}}}$ 是BJT输入端交流开路（即 $i_{\mathrm{b}}=0$，$i_{\mathrm{B}}=I_{\mathrm{BQ}}$）时的反向电压传输比（无量纲），它反

映了BJT输出回路电压 $v_{\mathrm{CE}}$ 对输入回路电压 $v_{\mathrm{BE}}$ 的影响程度，其在输入特性曲线上的描述如图4.4.3（c）所示。

$h_{\mathrm{oe}} = \left.\dfrac{\partial i_{\mathrm{C}}}{\partial v_{\mathrm{CE}}}\right|_{I_{\mathrm{BQ}}}$ 是BJT输入端交流开路时的输出电导，单位为S（西门子），也可用 $1/r_{\mathrm{ce}}$[2] 表示，

它反映了电压 $v_{\mathrm{CE}}$ 对电流 $i_{\mathrm{C}}$ 的影响程度，其在输出特性曲线上的描述如图4.4.3（d）所示。

由于这4个H参数的量纲各不相同，故又称为混合参数。

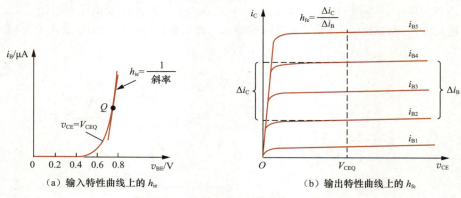

图 4.4.3 H参数在BJT特性曲线上的描述

---

① H参数的下标中的第一个字母的含义：i表示输入，r表示反向传输，f表示正向传输，o表示输出；第二个字母e表示共发射极接法。

② $r_{\mathrm{ce}}$ 是小信号作用下，c-e极间的动态电阻，称为共发射极连接时BJT的输出电阻。

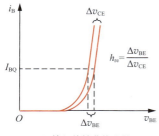

（c）输入特性曲线上的 $h_{re}$

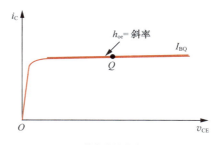

（d）输出特性曲线上的 $h_{oe}$

图 4.4.3 H 参数在 BJT 特性曲线上的描述（续）

### 2．BJT 的 H 参数小信号模型

式（4.4.5）表明，在 BJT 的输入回路中，输入电压 $v_{be}$ 等于两个电压相加，其中一个是 $h_{ie}i_b$，表示输入电流 $i_b$ 在电阻 $h_{ie}$ 上产生的电压降；另一个是 $h_{re}v_{ce}$，表示输出电压 $v_{ce}$ 对输入回路的反作用，可以用一个压控电压源来表示。式（4.4.6）表明，在输出回路中，输出电流 $i_c$ 等于两个并联支路的电流相加，一个是受基极电流 $i_b$ 控制的 $h_{fe}i_b$，可以用流控电流源表示；另一个是由于输出电压 $v_{ce}$ 加在输出电阻 $1/h_{oe}$ 上引起的电流 $h_{oe}v_{ce}$。根据式（4.4.5）和式（4.4.6），可以画出 BJT 在共发射极连接时的 H 参数小信号模型，如图 4.4.2（b）所示。

需要着重说明的是，BJT 小信号模型中的电流源 $h_{fe}i_b$ 是受 $i_b$ 控制的，当 $i_b= 0$ 时，电流源 $h_{fe}i_b$ 就不存在了，因此称其为受控电流源，它反映了 BJT 基极电流对集电极电流的控制作用。该电流源的电流方向由 $i_b$ 的方向决定，如图 4.4.2（b）所示。同理，$h_{re}v_{ce}$ 也是一个受控电源（受控电压源）。另外，小信号模型中所研究的电压、电流都是变化量，因此，不能用小信号模型来求 $Q$ 点。但 H 参数的数值大小与 $Q$ 点的位置有关，它们都是在 $Q$ 点上求得的。由于除了 $h_{ie}$ 随 $Q$ 点变化较大外，其他参数随 $Q$ 点变化都较小，因此在实际应用中常常忽略 $Q$ 点对 $h_{ie}$ 以外参数的影响。

### 3．小信号模型的简化

BJT 在共发射极连接时，其 H 参数的数量级一般为

$$[h]_e = \begin{bmatrix} h_{ie} & h_{re} \\ h_{fe} & h_{oe} \end{bmatrix} = \begin{bmatrix} 10^3\,\Omega & 10^{-3}\sim 10^{-4} \\ 10^2 & 10^{-5}\,S \end{bmatrix}$$

当 BJT 工作在线性放大区时，$v_{CE}$ 对 $v_{BE}$ 和 $i_c$ 的影响都很小。所以 $h_{re}$ 和 $h_{oe}$ 都很小，在模型中常忽略 $h_{re}$ 和 $h_{oe}$ 的影响，即将受控电压源 $h_{re}v_{ce}$ 做短路处理，输出电阻 $1/h_{oe}$ 做开路处理，由此产生的误差可忽略不计。于是，可得到 BJT 的简化小信号模型，如图 4.4.4 所示。

应当注意，如果 BJT 输出回路所接的负载电阻 $R_c$ 或 $R_L$ 与 $1/h_{oe}$（即 $r_{ce}$）在同一数量级时，则应考虑 $1/h_{oe}$ 的影响。

### 4．H 参数值的确定

当用 BJT 的 H 参数小信号模型替代放大电路中的 BJT 对电路进行交流分析时，必须首先求出 BJT 在静态工作点上的 H 参数值。H 参数值可以从 BJT 的特性曲线上求得，也可用 H 参数测试仪或晶体管特性图示仪测得。此外，$r_{be}$ 可由下式求得：

$$r_{be} = r_{bb'} + (1+\beta)(r_e + r_e') \tag{4.4.7a}$$

式中，$r_{bb'}$ 为 BJT 基区的体电阻；$r_e'$ 为 BJT 发射区的体电阻，如图 4.4.5 所示。$r_{bb'}$ 和 $r_e'$ 仅与掺杂浓度及制造工艺有关，基区掺杂浓度比发射区掺杂浓度低，所以 $r_{bb'}$ 比 $r_e'$ 大得多，对于低频、小功率的 BJT，$r_{bb'}$ 为几十至几百欧姆，工程上通常取 $r_{bb'} = 200\Omega$，而 $r_e'$ 仅为几欧姆或更小，可以忽略。$r_e$ 为发射结电阻，根据 PN 结的电流方程，可以推导出 $r_e = V_T / I_{EQ}$。常温下 $r_e = 26mV / I_{EQ}$，

图 4.4.4 BJT 的简化小信号模型

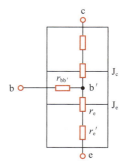

图 4.4.5 BJT 内部交流（动态）电阻

所以常温下，式（4.4.7a）可写成

$$r_{be} = 200\Omega + (1+\beta)r_e = 200\Omega + (1+\beta) \times \frac{26\text{mV}}{I_{EQ}}$$

（4.4.7b）

需要特别指出的是：

① 流过 $r_{bb'}$ 的电流是 $i_b$，流过 $r_e$ 的电流是 $i_e$，$(1+\beta)r_e$ 是 $r_e$ 折合到基极回路的等效电阻；

② $r_{be}$ 是交流（动态）电阻，只能用来计算 BJT 放大电路的交流性能指标，不能用来求静态工作点 $Q$ 的值，但它的大小与静态电流 $I_{EQ}$ 的大小有关；

③ 式（4.4.7b）的适用范围为 0.1mA$<I_{EQ}<$5mA，超出此范围时，将会产生较大的误差。

因为 H 参数小信号模型中的电压、电流不含有直流量，并不反映 BJT 中 PN 结的偏置情况，**所以对于处于正常放大状态的 NPN 型 BJT 和 PNP 型 BJT，它们的小信号模型是相同的。**

另外，尽管这里的 H 参数小信号模型是在共发射极连接方式下导出的，但它反映的是 BJT 的 3 个电极间电压、电流的关系，由 BJT 工作原理已知，这种关系并不会随 BJT 外部信号输入、输出连接方式的不同而改变，所以该模型同样可以在其他 BJT 放大电路中使用。

### 4.4.2　共发射极放大电路的小信号分析

BJT 放大电路的分析包括静态分析和动态分析两部分。4.2 节已经讨论了静态分析，这里重点讨论放大电路的动态分析。

现以图 4.4.6（a）所示固定偏流共发射极放大电路为例，用小信号模型分析法分析其动态性能指标，包括电压增益 $A_v$、输入电阻 $R_i$ 和输出电阻 $R_o$ 等，具体步骤如下。

#### 1．画出放大电路的小信号等效电路

因为动态性能指标是通过交流通路求解的，所以首先用简化模型画出 BJT 的 H 参数小信号模型，如图 4.4.6（b）所示，注意标出控制量 $i_b$ 和受控电流源 $\beta i_b$ 的参考方向；然后按照画交流通路的原则，将直流电压源 $V_{CC}$ 对地短路，将耦合电容 $C_{b1}$ 和 $C_{b2}$ 短路，分别画出与 BJT 的 3 个电极相连支路的交流通路，并标出各有关电压及电流的参考方向，得到整个放大电路的小信号等效电路，如图 4.4.6（c）所示。

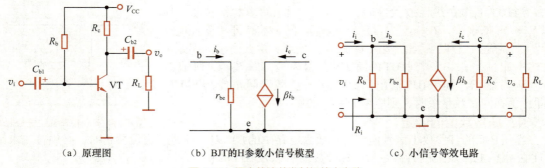

（a）原理图　　　　（b）BJT 的 H 参数小信号模型　　　　（c）小信号等效电路

图 4.4.6　固定偏流共发射极放大电路

#### 2．估算 $r_{be}$

根据式（4.2.1）～式（4.2.3），先求得静态电流 $I_{EQ}$（$\approx I_{CQ}$），再按式（4.4.7b）估算小信号模型参数 $r_{be}$。

#### 3．求电压增益 $A_v$

定义电路的电压增益为输出电压 $v_o$ 和输入电压 $v_i$ 之比，可表示为 $A_v = v_o/v_i$。

由图 4.4.6（c）可知

$$v_i = i_b r_{be}$$

$$v_o = -i_c(R_c /\!/ R_L) = -\beta i_b R_L'$$

式中，$R_L' = R_c /\!/ R_L$。根据电压增益的定义

$$A_v = \frac{v_o}{v_i} = \frac{-\beta i_b R_L'}{i_b r_{be}} = -\frac{\beta R_L'}{r_{be}} \tag{4.4.8}$$

式中，负号表示共发射极放大电路的输出电压与输入电压相位相反，即输出电压滞后输入电压 180°，同时，只要选择适当的电路参数，就可以使 $|v_o| > |v_i|$，实现反相电压放大。

### 4. 求输入电阻 $R_i$

输入电阻是放大电路输入端的电压与电流之比，即 $R_i = v_i / i_i$，所以由图 4.4.6（c）可求得电路的输入电阻

$$R_i = \frac{v_i}{i_i} = \frac{i_i(R_b /\!/ r_{be})}{i_i} = R_b /\!/ r_{be} \tag{4.4.9}$$

特别注意，当信号源包含源内阻时，求输入电阻时，不考虑源内阻的影响。

### 5. 求输出电阻 $R_o$

定量分析放大电路的输出电阻 $R_o$ 时，可采用图 4.4.7 所示的方法。在信号源短路（$v_s = 0$，但保留源内阻 $R_{si}$）和负载开路（$R_L = \infty$）的条件下，在放大电路的输出端加一个测试电压 $v_t$，相应地产生一个测试电流 $i_t$，于是可得输出电阻

$$R_o = \left. \frac{v_t}{i_t} \right|_{v_s = 0, R_L = \infty} \tag{4.4.10}$$

根据这个关系，即可求出各种放大电路的输出电阻。

为此得到求输出电阻的等效电路如图 4.4.8 所示。由图可见，$v_i = 0$ 时，基极交流电流 $i_b = 0$，使受控电流 $i_c = \beta i_b = 0$，于是输出电阻

$$R_o = \left. \frac{v_t}{i_t} \right|_{v_i = 0, R_L = \infty} \approx R_c \tag{4.4.11}$$

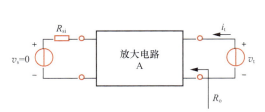

图 4.4.7　求放大电路的输出电阻

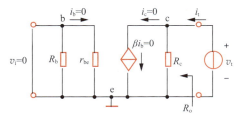

图 4.4.8　求放大电路的输出电阻的等效电路

共发射极放大电路是电压放大电路，所以，$R_i$ 越大，信号源在源内阻上产生的衰减越小，输入端得到的信号电压 $v_i$ 越大。而 $R_o$ 越小，负载电阻 $R_L$ 的变化对输出电压 $v_o$ 的影响越小，放大电路带负载的能力越强。

---

**例4.4.1**　已知图 4.4.9 所示的基极分压式发射极偏置电路中，BJT 的 $\beta = 80$，$r_{ce} = \infty$，$V_{BEQ} = 0.7V$。设电容 $C_{b1}$、$C_{b2}$ 对交流信号可视为短路。试计算 $A_v$、$R_i$、$A_{vs} = \dfrac{v_o}{v_s}$、$R_o$。

**解：** 由于小信号模型参数 $r_{be}$ 与 $Q$ 点有关，因此应首先求电路的 $Q$ 点。

（1）$Q$ 点的估算

将电容开路，得到直流通路如图 4.4.9（b）所示。根据 4.2.2 节 BJT 的直流偏置电路中的式（4.2.5），便可求出 $I_{CQ}$、$I_{BQ}$ 和 $V_{CEQ}$，即将电路参数代入

$$
\begin{cases}
V_{BQ} \approx \dfrac{R_{b2}}{R_{b1}+R_{b2}}V_{CC} \\[3mm]
I_{CQ} \approx I_{EQ} = \dfrac{V_{BQ}-V_{BEQ}}{R_e}
\end{cases}
$$

求得 $V_{BQ} \approx 4.21\text{V}$，$I_{EQ} \approx 1.76\text{mA}$。

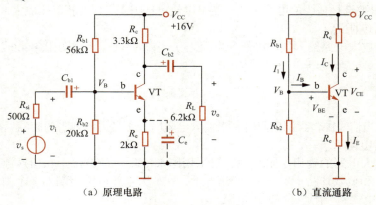

（a）原理电路　　　　　　（b）直流通路

图 4.4.9　基极分压式发射极偏置电路

（2）动态性能的分析

根据 BJT 小信号模型和交流通路，画出图 4.4.9（a）所示电路的小信号等效电路，如图 4.4.10 所示。

① 求动态参数 $r_{be}$。

将 $\beta = 80$ 和 $I_{EQ} \approx 1.76\text{mA}$ 代入式（4.4.7b），得

$$
r_{be} = 200\Omega + (1+\beta) \times \frac{26\text{mV}}{I_{EQ}} = 200\Omega + (1+80) \times \frac{26\text{mV}}{1.76\text{mA}} \approx 1.4\text{k}\Omega
$$

② 求电压增益 $A_v$。

根据图 4.4.10，有

$$
v_o = -\beta i_b (R_c // R_L)
$$

$$
v_i = i_b r_{be} + i_e R_e = i_b r_{be} + (1+\beta)i_b R_e
$$

所以

$$
A_v = \frac{v_o}{v_i} = \frac{-\beta(R_c // R_L)}{r_{be} + (1+\beta)R_e} \qquad （4.4.12）
$$

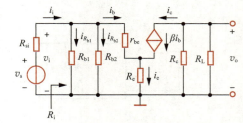

图 4.4.10　图 4.4.9（a）所示电路的小信号等效电路

将参数代入，有

$$
A_v = \frac{-\beta(R_c // R_L)}{r_{be} + (1+\beta)R_e} = \frac{-80 \times (3.3\text{k}\Omega // 6.2\text{k}\Omega)}{1.4\text{k}\Omega + 81 \times 2\text{k}\Omega} \approx -1.05
$$

③ 求输入电阻 $R_i$。

输入电阻是由放大电路输入端看进去的等效电阻，所以一定不要将信号源内阻 $R_{si}$ 包含在内。根据图 4.4.10，有

$$
v_i = i_b r_{be} + (1+\beta)i_b R_e
$$

所以

$$
i_b = \frac{v_i}{r_{be} + (1+\beta)R_e}
$$

所以输入端电流

$$
i_i = i_b + i_{R_b} = \frac{v_i}{r_{be}+(1+\beta)R_e} + \frac{v_i}{R_{b1}} + \frac{v_i}{R_{b2}}
$$

从而输入电阻

$$R_{\mathrm{i}} = \frac{v_{\mathrm{i}}}{i_{\mathrm{i}}} = \cfrac{1}{\cfrac{1}{r_{\mathrm{be}}+(1+\beta)R_{\mathrm{e}}} + \cfrac{1}{R_{\mathrm{b1}}} + \cfrac{1}{R_{\mathrm{b2}}}}$$

$$= R_{\mathrm{b1}} /\!/ R_{\mathrm{b2}} /\!/ [r_{\mathrm{be}}+(1+\beta)R_{\mathrm{e}}] \qquad (4.4.13)$$

将参数代入，有　　$R_{\mathrm{i}} = R_{\mathrm{b1}} /\!/ R_{\mathrm{b2}} /\!/ [r_{\mathrm{be}}+(1+\beta)R_{\mathrm{e}}] = 56\mathrm{k\Omega} /\!/ 20\mathrm{k\Omega} /\!/ [1.4\mathrm{k\Omega} + 81\times2\mathrm{k\Omega}] \approx 13.52\mathrm{k\Omega}$

式（4.4.13）中的 $(1+\beta)R_{\mathrm{e}}$ 是发射极支路电阻 $R_{\mathrm{e}}$ 折算到基极支路时的等效电阻，如图 4.4.11 所示。可以理解为将电阻由大电流（$i_{\mathrm{e}}$）支路折算到小电流（$i_{\mathrm{b}}$）支路时需要将电阻扩大 $(1+\beta)$ 倍，以保持电阻两端电压不变。

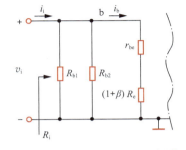

图 4.4.11　$R_{\mathrm{e}}$ 折算到基极支路时的等效电路

④ 求源电压增益 $A_{vs}$。

$$A_{vs} = \frac{v_{\mathrm{o}}}{v_{\mathrm{s}}} = \frac{v_{\mathrm{o}}}{v_{\mathrm{i}}} \cdot \frac{v_{\mathrm{i}}}{v_{\mathrm{s}}} = A_{v} \cdot \frac{R_{\mathrm{i}}}{R_{\mathrm{si}}+R_{\mathrm{i}}} = -1.05 \times \frac{13.52\mathrm{k\Omega}}{0.5\mathrm{k\Omega}+13.52\mathrm{k\Omega}}$$

$$\approx -1.01$$

⑤ 求输出电阻 $R_{\mathrm{o}}$。

$$R_{\mathrm{o}} \approx R_{\mathrm{c}} \qquad (4.4.14)$$

将参数代入，有 $R_{\mathrm{o}} = R_{\mathrm{c}} = 3.3\mathrm{k\Omega}$。

（3）讨论

需要引起注意的是，该放大电路的电压增益 $A_{v}$ 很小，只有 $-1.05$。对比式（4.4.12）和式（4.4.8）可以发现，电压增益下降的原因是发射极接入了电阻 $R_{\mathrm{e}}$。接入 $R_{\mathrm{e}}$ 可以提高静态工作点的温度稳定性，且 $R_{\mathrm{e}}$ 越大，温度稳定性越高，但 $A_{v}$ 下降越多。如何解决这个矛盾呢？通常在 $R_{\mathrm{e}}$ 两端并联一只大容量的电容 $C_{\mathrm{e}}$（称为发射极旁路电容），如图 4.4.9（a）中虚线部分。利用它通交流、隔直流的作用，可以消除 $R_{\mathrm{e}}$ 对 $A_{v}$ 的影响，但仍保持温度稳定作用（因为温度的影响可看作直流），同时也不会影响静态工作点。

在 $R_{\mathrm{e}}$ 两端并联电容 $C_{\mathrm{e}}$ 后，由于 $C_{\mathrm{e}}$ 交流短路的作用，$R_{\mathrm{e}}$ 被短路，此时小信号等效电路变为图 4.4.12 所示的电路，电压增益

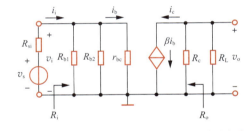

图 4.4.12　在 $R_{\mathrm{e}}$ 两端并联 $C_{\mathrm{e}}$ 后的小信号等效电路

$$A_{v} = \frac{-\beta(R_{\mathrm{c}} /\!/ R_{\mathrm{L}})}{r_{\mathrm{be}}} = -\frac{\beta R_{\mathrm{L}}'}{r_{\mathrm{be}}}$$

这与式（4.4.8）完全相同。将参数代入求得

$$A_{v} = \frac{-\beta R_{\mathrm{L}}'}{r_{\mathrm{be}}} = \frac{-80 \times (3.3\mathrm{k\Omega} /\!/ 6.2\mathrm{k\Omega})}{1.4\mathrm{k\Omega}} \approx -123.07$$

电压增益绝对值显著增大，此时输入电阻

$$R_{\mathrm{i}} = \frac{v_{\mathrm{i}}}{i_{\mathrm{i}}} = R_{\mathrm{b1}} /\!/ R_{\mathrm{b2}} /\!/ r_{\mathrm{be}} = 56\mathrm{k\Omega} /\!/ 20\mathrm{k\Omega} /\!/ 1.4\mathrm{k\Omega} \approx 1.28\mathrm{k\Omega}$$

显然，$R_{\mathrm{e}}$ 两端并联电容 $C_{\mathrm{e}}$ 后，输入电阻 $R_{\mathrm{i}}$ 减小了。

由此可见，在 $R_{\mathrm{e}}$ 两端并联大容量的电容后，较好地解决了基极分压式发射极偏置电路中稳定静态工作点与提高电压增益的矛盾，且不影响静态工作点。

通过上述对共发射极放大电路的分析，可以得到如下结论。

• 在小信号情况下，动态性能指标可以通过 BJT 的 H 参数小信号模型构成的等效电路求得。

• 输出电压与输入电压反相，因此该电路也称为反相放大电路。

- 发射极电阻 $R_e$ 对 $A_v$ 和 $R_i$ 的影响很大，通过在 $R_e$ 上并联大容量的电容 $C_e$，可以在一定频率范围内消除 $R_e$ 对 $A_v$ 的影响，但在信号频率较低甚至直流时，$C_e$ 将不再起作用。

### 4.4.3　BJT 放大电路的 MultiSim 仿真

在 MultiSim 中，绘制图 4.4.13（a）所示的仿真电路。将 $Q_1$ 的模型参数 BF 即 $\beta$ 修改为 80，VJE 即 $V_{BEQ}$ 修改为 0.7。

视频 4-3：
CE 放大电路
仿真

#### 1．直流工作点的仿真

选择 Simulate→Analysis→DC Operating Point Analysis，弹出直流工作点分析对话框，将 BJT 的基极电流、发射极电流、集电极电流及 $V_{CE}$（V(7)～V(6) 节点的电压）添加到仿真的输出量，单击 Simulate，可以得到直流工作点的仿真，如图 4.4.13（b）所示，可以看到仿真结果为 $I_{BQ}$=27.18μA，$I_{EQ}$=1.58mA，$V_{CEQ}$=7.78V。

同样，也可以在电路图中放置虚拟万用表观察直流工作点。

#### 2．时域波形的仿真

双击示波器，可看到图 4.4.13（c）所示的仿真波形。由图可看出，输出电压与输入电压的相位相反，其电压增益 $A_v$=−822.12/9.995≈−82.25。

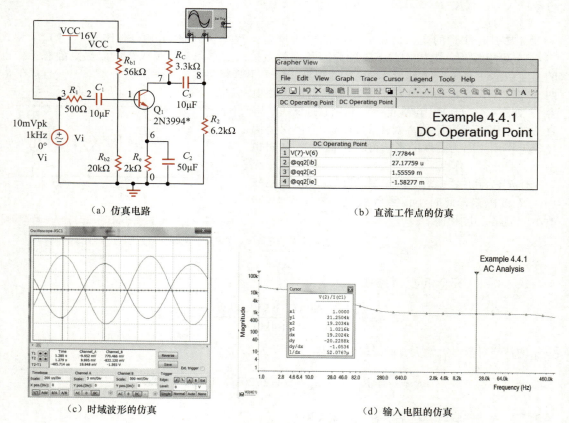

（a）仿真电路　　　　　　　　　　　　　（b）直流工作点的仿真

（c）时域波形的仿真　　　　　　　　　　（d）输入电阻的仿真

图 4.4.13　BJT 放大电路的仿真 1

#### 3．输入电阻的仿真

选择 Simulate→Analysis→AC Analysis，弹出交流扫描分析对话框，将起始频率设置为 1Hz，终止频率设置为 10GHz，扫描类型选择 10 倍频，每 10 倍频点数为 10（可增加），垂直分度为对数类型，扫描输出量选择表达式 V(2)/I(C1)，即端口电压除以端口电流，运行仿真，可以得到输入电阻的仿真结果，如图4.4.13（d）所示，利用光标可以看到，通带输入电阻$R_i$=1.0216k$\Omega$。

### 4. 输出电阻的仿真

为了仿真输出电阻，按照输出电阻的定义，需要将输入信号源置零，断开负载电阻，然后在负载电阻所在端口加测试电压，求测试电流，进而得到输出电阻，因此，需要将图4.4.13（a）所示电路改画为图4.4.14（a）所示的形式。

与输入电阻仿真的设置相同，将扫描输出量选择为表达式V(3)/I(C3)，运行仿真，可以得到输出电阻的仿真结果，如图4.4.14（b）所示，利用光标可以看到，通带输出电阻$R_O$=3.1012k$\Omega$。

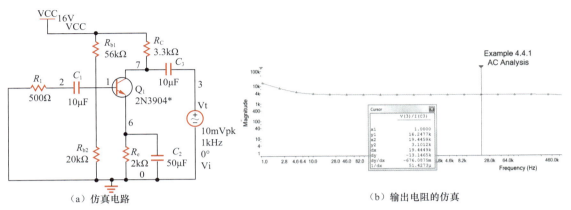

（a）仿真电路　　　　　　　　　　（b）输出电阻的仿真

图 4.4.14　BJT 放大电路的仿真 2

## 4.5　共集电极放大电路和共基极放大电路

我们知道，根据信号输入BJT的电极和信号输出电极的不同，BJT放大电路有3种基本组态，除了前面讨论的共发射极放大电路外，还有共集电极放大电路和共基极放大电路。下面讨论共集电极放大电路和共基极放大电路。

### 4.5.1　共集电极放大电路

图4.5.1（a）所示是共集电极放大电路的原理图，图4.5.1（b）、（c）所示分别是它的直流通路和交流通路。由交流通路可见，负载电阻$R_L$接在BJT的发射极上，输入电压$v_i$由基极输入，而输出电压$v_o$从发射极输出，所以电路是共集电极放大电路。因为$v_o$从发射极输出，所以共集电极放大电路又称为射极输出器或射极电压跟随器。

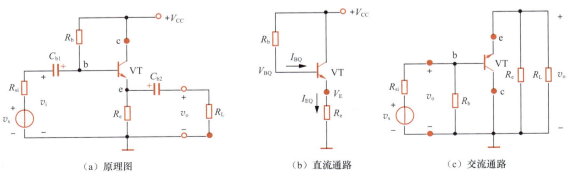

（a）原理图　　　　　　　（b）直流通路　　　　　　　（c）交流通路

图 4.5.1　共集电极放大电路

（1）静态分析

图4.5.1（b）所示电路的静态偏置实际上与固定偏流电路的类似。由直流通路可得

$$I_{BQ} = \frac{V_{CC} - V_{BEQ}}{R_b + (1+\beta)R_e} \tag{4.5.1}$$

$$I_{CQ} = \beta I_{BQ} \approx I_{EQ} \tag{4.5.2}$$

$$V_{CEQ} = V_{CC} - I_{EQ}R_e \tag{4.5.3}$$

（2）动态分析

用BJT的H参数小信号模型取代图4.5.1（c）中的BJT，即可得到共集电极放大电路的小信号等效电路，如图4.5.2所示。由此可分别写出$v_i$、$v_o$的表达式：

$$v_i = i_b r_{be} + v_o = i_b[r_{be} + (1+\beta)R_L']$$

$$v_o = (1+\beta)i_b R_L'$$

$$R_L' = R_e // R_L$$

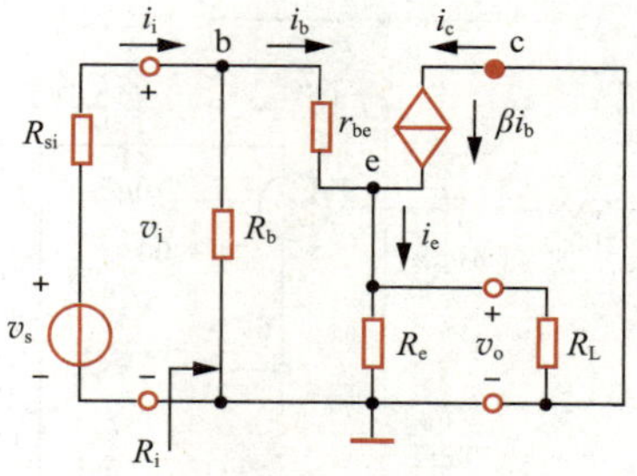

显然，$v_o$是$v_i$的一部分，则电压增益

图 4.5.2　共集电极放大电路的小信号等效电路

$$A_v = \frac{v_o}{v_i} = \frac{(1+\beta)i_b R_L'}{i_b[r_{be} + (1+\beta)R_L']} = \frac{(1+\beta)R_L'}{r_{be} + (1+\beta)R_L'} \tag{4.5.4}$$

式（4.5.4）表明，共集电极放大电路的电压增益$A_v < 1$，因此没有电压放大作用。输出电压$v_o$和输入电压$v_i$相位相同。当$(1+\beta)R_L' \gg r_{be}$时，$A_v \approx 1$，即输出电压$v_o$约等于输入电压$v_i$，因此共集电极放大电路又称为射极电压跟随器。

根据输入电阻的定义求得$R_i$的表达式：

$$R_i = \frac{v_i}{i_i} = \frac{v_i}{\dfrac{v_i}{R_b} + \dfrac{v_i}{r_{be} + (1+\beta)R_L'}} = R_b // [r_{be} + (1+\beta)R_L'] \tag{4.5.5}$$

式中，$(1+\beta)R_L'$是发射极支路等效电阻$R_L'$折算到基极支路时的等效电阻。

由式（4.5.5）可知，共集电极放大电路的输入电阻较高。在多级放大电路中，如果电路所接负载不是电阻$R_L$，而是共集电极放大电路，即后一级放大电路的负载电阻是共集电极放大电路的输入电阻，则共集电极放大电路的$R_i$就可以提高前级电压增益，达到提高整个多级放大电路电压增益的目的。

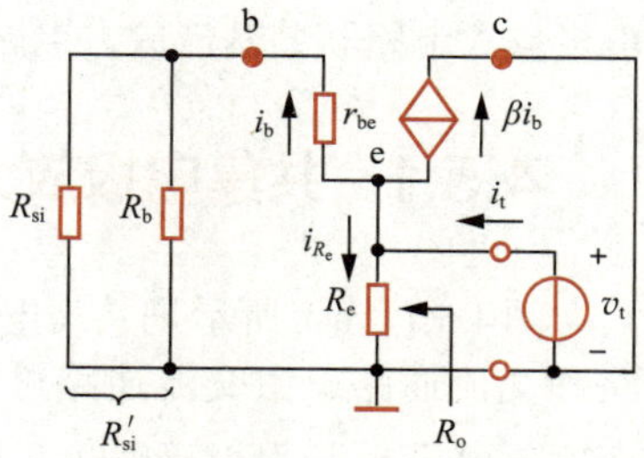

计算输出电阻$R_o$的等效电路如图4.5.3所示。

在测试电压$v_t$的作用下，测试电流

图 4.5.3　计算输出电阻 $R_o$ 的等效电路

$$i_t = i_b + \beta i_b + i_{R_e}$$

$$= v_t\left(\frac{1}{R_{si}' + r_{be}} + \beta\frac{1}{R_{si}' + r_{be}} + \frac{1}{R_e}\right)$$

式中，$R_{si}' = R_{si} // R_b$。

由此可得输出电阻

$$R_o = R_e // \frac{R_{si}' + r_{be}}{1+\beta} \tag{4.5.6a}$$

式（4.5.6a）说明，共集电极放大电路的输出电阻由发射极电阻$R_e$与电阻$(R_{si}' + r_{be})/(1+\beta)$两部分并联构成，后一部分是基极支路电阻$(R_{si}' + r_{be})$折合到发射极支路时的等效电阻。可以理解为将

电阻由小电流（$i_b$）支路折算到大电流（$i_e$）支路时需要将电阻除以 $(1+\beta)$，以保持电阻两端电压不变。通常有

$$R_e \gg \frac{R'_{si} + r_{be}}{1+\beta}$$

所以

$$R_o \approx \frac{R'_{si} + r_{be}}{1+\beta} \tag{4.5.6b}$$

由此可知，共集电极放大电路的输出电阻与信号源内阻 $R_{si}$ 有关。如果电路的输入信号来自前一级放大电路的输出，即前一级放大电路的输出电阻相当于信号源内阻，则共集电极放大电路的输出电阻就与前一级放大电路的输出电阻有关。

通常情况下，由于信号源内阻 $R_{si}$ 很小，且 $R'_{si} < R_{si}$，$r_{be}$ 一般在几百欧姆至几千欧姆范围内，而 $\beta$ 较大，因此共集电极放大电路的输出电阻很小，一般在几十欧姆至几百欧姆范围内。为降低输出电阻，可选用 $\beta$ 较大的BJT。

由以上分析可知，共集电极放大电路的特点如下。

- 电压增益小于1而接近于1，输出电压与输入电压同相，即共集电极放大电路没有电压放大作用，只有电压跟随作用。
- 输入电阻高，输出电阻低。

正是因为这些特点，使得共集电极放大电路在电子电路中应用极为广泛。例如，利用它输入电阻高、从信号源吸取电流小的特点，可将它作为多级放大电路的输入级；利用它输出电阻低、带负载能力强的特点，可将它作为多级放大电路的输出级；同时利用它输入电阻高、输出电阻低的特点，可将它作为多级放大电路的中间级，这样可以隔离前后级之间的相互影响，在电路中起阻抗变换的作用，这时可称其为缓冲级。

---

**例4.5.1**　双电源直接耦合共集电极放大电路如图4.5.4所示，已知 $V_{CC}=V_{EE}=12\text{V}$，$R_e=4.7\text{k}\Omega$，BJT的 $\beta=50$，$V_{BEQ}=0.7\text{V}$。试求：（1）该电路的静态工作点 $Q$；（2）$A_v$、$R_i$、$R_o$。

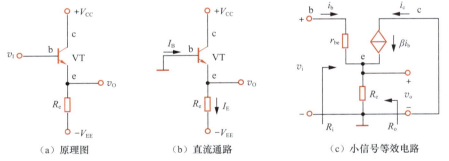

|（a）原理图|（b）直流通路|（c）小信号等效电路|

图 4.5.4　双电源直接耦合共集电极放大电路

**解**：该电路的直流通路（$v_I=0$）如图4.5.4（b）所示。由直流通路可知：

$$I_{CQ} \approx I_{EQ} = \frac{V_{EE} - V_{BEQ}}{R_e} \approx \frac{12\text{V} - 0.7\text{V}}{4.7\text{k}\Omega} \approx 2.4\text{mA}$$

$$I_{BQ} = \frac{I_{CQ}}{\beta} = \frac{2.4\text{mA}}{50} = 48\mu\text{A}$$

$$V_{CEQ} = V_{CC} - V_{EQ} = V_{CC} - (0 - V_{BEQ}) = 12\text{V} + 0.7\text{V} = 12.7\text{V}$$

$$r_{be} = 200\Omega + (1+\beta)\frac{26\text{mV}}{I_{EQ}} = 200\Omega + 51 \times \frac{26\text{mV}}{2.4\text{mA}} \approx 753\Omega = 0.753\text{k}\Omega$$

小信号等效电路如图4.5.4（c）所示，由图有

$$v_o = (1+\beta)i_b R_e$$
$$v_i = i_b r_{be} + (1+\beta)i_b R_e$$

所以

$$A_v = \frac{v_o}{v_i} = \frac{(1+\beta)R_e}{r_{be} + (1+\beta)R_e} = \frac{51 \times 4.7\text{k}\Omega}{0.753\text{k}\Omega + 51 \times 4.7\text{k}\Omega} \approx 0.997$$

将$R_e$折算到基极支路，得到输入电阻

$$R_i = r_{be} + (1+\beta)R_e = 0.753\text{k}\Omega + 51 \times 4.7\text{k}\Omega \approx 240.45\text{k}\Omega$$

输入信号置零（$v_i$短路）后，将$r_{be}$折算到发射极支路，得到输出电阻

$$R_o = R_e // \frac{r_{be}}{1+\beta} \approx \frac{r_{be}}{1+\beta} = \frac{0.753\ \text{k}\Omega}{51} \approx 14.8\Omega$$

由以上结果可看出，$A_v \approx 1$，$R_i$很大，达到240kΩ，$R_o$很小，只有约15Ω。工程上，共集电极放大电路的电压增益通常按$A_v = 1$计算。

对于共集电极放大电路，有以下结论。

- $A_v \approx 1$，输出电压与输入电压同相，电路也称为射极电压跟随器或射极输出器。
- $R_i$很大，$R_o$很小，且$R_i$与负载电阻$R_L$有关，$R_o$与信号源内阻$R_{si}$有关。
- 基极支路电阻折算到发射极支路时除以$(1+\beta)$。
- 应用广泛，可以作为多级放大电路的输入级、输出级和缓冲级。

## 4.5.2 共基极放大电路

图4.5.5（a）所示是阻容耦合共基极放大电路的原理图。可以看出，信号$v_i$由基极输入，输出信号$v_o$由集电极输出，所以电路是共基极放大电路。图4.5.5（b）所示是它的交流通路。

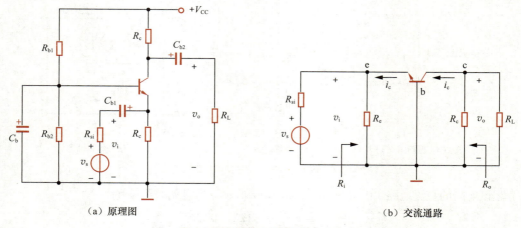

（a）原理图　　　　　　　　　　　（b）交流通路

图 4.5.5　阻容耦合共基极放大电路

（1）静态分析

将电容开路后，得到图4.5.6所示的直流通路。显然，它是基极分压式发射极偏置电路，根据4.2.2节的式（4.2.5），便可求得$Q$点。

（2）动态分析

将图4.5.5（b）中的BJT用其简化的H参数小信号模型替代，得到共基极放大电路的小信号

等效电路，如图 4.5.7 所示。

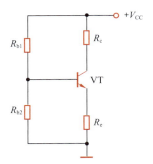

图 4.5.6　共基极放大电路的直流通路

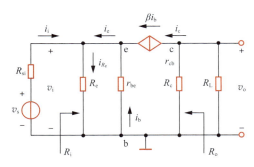

图 4.5.7　共基极放大电路的小信号等效电路

① 电压增益

由图 4.5.7 可知

$$v_o = -\beta i_b R'_L$$

$$v_i = -i_b r_{be}$$

于是

$$A_v = \frac{v_o}{v_i} = \frac{\beta R'_L}{r_{be}} \tag{4.5.7}$$

式中，$R'_L = R_c // R_L$。同样用式（4.4.7b）估算 $r_{be}$。
式（4.5.7）说明，只要电路参数选择适当，共基极放大电路也具有电压放大作用，而且输出电压和输入电压相位相同。

② 输入电阻 $R_i$

在图 4.5.7 中有

$$\begin{cases} i_i = i_{R_e} - i_e \\ i_e = (1+\beta)i_b \\ i_{R_e} = v_i / R_e \\ i_b = -v_i / r_{be} \end{cases}$$

所以

$$R_i = \frac{v_i}{i_i} = v_i \left/ \left[ \frac{v_i}{R_e} - (1+\beta)\frac{-v_i}{r_{be}} \right] \right. = R_e // \frac{r_{be}}{1+\beta} \tag{4.5.8}$$

式中，$r_{be}/(1+\beta)$ 是基极支路电阻 $r_{be}$ 折算到发射极支路的等效电阻，因此，共基极放大电路的输入电阻远小于共发射极放大电路和共集电极放大电路的输入电阻。

此时对信号源的电压增益

$$A_{vs} = \frac{v_o}{v_s} = \frac{v_i}{v_s} \cdot \frac{v_o}{v_i} = \frac{R_i}{R_{si} + R_i} \cdot A_v = \frac{R_i}{R_{si} + R_i} \cdot \frac{\beta R'_L}{r_{be}} \tag{4.5.9}$$

由于 $R_i$ 小于共发射极放大电路的输入电阻，因此 $R_i/(R_{si}+R_i)$ 较小，表明共基极放大电路对信号源电压的放大倍数小于共发射极放大电路的放大倍数。但是，当输入信号为电流信号源时，输入电阻小的特点反而是共基极放大电路的优点。

③ 输出电阻 $R_o$

图 4.5.8 所示是计算共基极放大电路 $R_o$ 的等效电路（图中 BJT 的输出电阻 $r_{ce} = \infty$）。由此可写出发射极的节点电流方程

$$i_{R_{si}} + i_{R_e} + i_b + \beta i_b = 0$$

即

$$\frac{v_{be}}{R_{si}} + \frac{v_{be}}{R_e} + \frac{v_{be}}{r_{be}} + \frac{\beta v_{be}}{r_{be}} = 0$$

这说明 $v_{be}=0$，也就意味着 $i_b=0$，受控电流源 $\beta i_b=0$，所以输出电阻

$$R_o = \frac{v_t}{i_t} \approx R_c \qquad (4.5.10)$$

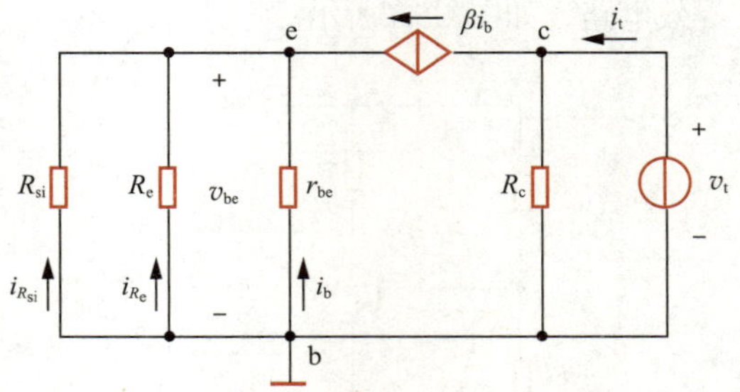

式（4.5.10）说明共基极放大电路的输出电阻与共发射极放大电路的输出电阻相同，近似等于集电极电阻 $R_c$。

图 4.5.8　计算共基极放大电路 $R_o$ 的等效电路

**例 4.5.2**　在图 4.5.9 所示电路中，$V_{CC}=V_{EE}=12\text{V}$，BJT 的 $\beta=100$，$V_{BEQ}=0.7\text{V}$。（1）该电路是何种组态放大电路？（2）求电路的静态工作点 $Q$。（3）求电路的 $A_v$、$R_i$、$A_{vs}$ 和 $R_o$。

**解：**（1）由图 4.5.9（a）可看出，输入信号送入发射极，输出信号由集电极输出，所以电路是共基极放大电路。

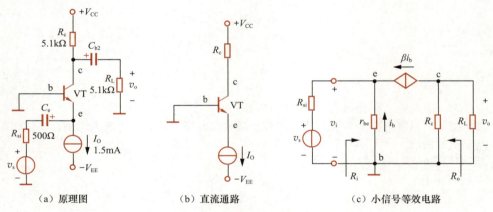

（a）原理图　　　　　（b）直流通路　　　　　（c）小信号等效电路

图 4.5.9　例 4.5.2 的放大电路

（2）求 $Q$ 点。

将电容开路，得到图 4.5.9（b）所示的直流通路。电路为电流源偏置，可求得

$$I_{EQ} \approx I_{CQ} = I_O = 1.5\text{mA}$$

$$I_{BQ} = \frac{I_{CQ}}{\beta} = \frac{1.5\text{mA}}{100} = 15\mu\text{A}$$

$$V_{CEQ} = V_{CQ} - V_{EQ} = V_{CC} - I_{CQ}R_c - (-V_{BEQ}) = 12\text{V} - 1.5\text{mA} \times 5.1\text{k}\Omega + 0.7\text{V} = 5.05\text{V}$$

（3）求 $A_v$、$R_i$、$A_{vs}$ 和 $R_o$。

将电容短路，直流电压源对地短路，直流电流源开路，并将 BJT 用简化小信号模型替代，得到图 4.5.9（c）所示的小信号等效电路。除缺少 $R_e$ 外，该电路与图 4.5.7 所示的电路相同，所以可以利用上述结果。

$$r_{be} = 200\Omega + (1+\beta)\frac{26\text{mV}}{I_{EQ}} = 200\Omega + 101 \times \frac{26\text{mV}}{1.5\text{mA}} \approx 1.95\text{k}\Omega$$

由式（4.5.7）得

$$A_v = \frac{\beta R_L'}{r_{be}} = \frac{\beta(R_c // R_L)}{r_{be}} = \frac{100 \times (5.1\text{k}\Omega // 5.1\text{k}\Omega)}{1.95\text{k}\Omega} \approx 130.8$$

利用式（4.5.8），但此处 $R_e = \infty$，得

$$R_i = \frac{r_{be}}{1+\beta} = \frac{1.95\text{k}\Omega}{1+100} \approx 19\Omega$$

由式（4.5.9）得

$$A_{vs} = \frac{R_i}{R_{si}+R_i} \cdot \frac{\beta R_L'}{r_{be}} = \frac{19\Omega}{500\Omega+19\Omega} \times 130.8 \approx 4.8$$

由此可看出，电路的端口增益为130.8倍，但对信号源电压的增益仅为4.8倍，表明共基极放大电路并不适合用来直接放大电压信号。换句话说，在多级放大电路中它不适合作为第一级用来放大电压信号，因为它的输入电阻太小。

由式（4.5.10）得 $\qquad R_o = R_c = 5.1\text{k}\Omega$

对于共基极放大电路，有以下结论。

- 与其他两种组态相比，虽然电路偏置形式不同，但动态性能指标 $A_v$、$R_i$ 和 $R_o$ 的形式相同或类似。
- 对端口的电压增益与共发射极放大电路的相同，但输出电压与输入电压同相。
- $R_i$ 很小，$R_o$ 与共发射极放大电路的相同，比较适合用来放大电流信号。

## 4.5.3 BJT 放大电路 3 种组态的比较

BJT 放大电路3种组态的比较如表4.5.1所示。

**表 4.5.1 BJT 放大电路 3 种组态的比较**

| 比较 | 共发射极放大电路 | 共集电极放大电路 | 共基极放大电路 |
|---|---|---|---|
| 典型电路图 | | | |
| 电压增益 | $A_v = -\dfrac{\beta R_L'}{r_{be}+(1+\beta)R_e}$ <br> $(R_L' = R_c // R_L)$ | $A_v = \dfrac{(1+\beta)R_L'}{r_{be}+(1+\beta)R_L'}$ <br> $(R_L' = R_e // R_L)$ | $A_v = \dfrac{\beta R_L'}{r_{be}}$ <br> $(R_L' = R_c // R_L)$ |
| 输出电压与输入电压的相位关系 | 反相 | 同相 | 同相 |
| 最大电流增益 $A_i$ | $A_i \approx \beta$ | $A_i \approx 1+\beta$ | $A_i \approx \alpha$ |
| 输入电阻 | $R_i = R_{b1} // R_{b2} // [r_{be}+(1+\beta)R_e]$ | $R_i = R_b // [r_{be}+(1+\beta)R_L']$ | $R_i = R_e // \dfrac{r_{be}}{1+\beta}$ |
| 输出电阻 | $R_o \approx R_c$ | $R_o = \dfrac{r_{be}+R_{si}'}{1+\beta} // R_e$ $(R_{si}' = R_{si} // R_b)$ | $R_o \approx R_c$ |

续表

| 比较 | 共发射极放大电路 | 共集电极放大电路 | 共基极放大电路 |
|---|---|---|---|
| 特点 | 既有电压放大作用，又有电流放大作用，输出电压与输入电压相位相反。输入电阻在3种组态中居中，输出电阻较大 | 电压增益小于1而接近于1，输出电压与输入电压相位相同，即只有电压跟随作用，但有电流放大作用。在3种组态中，共集电极放大电路的输入电阻最大，输出电阻最小 | 有电压放大作用，且输出电压与输入电压相位相同，没有电流放大，但有电流跟随作用。在3种组态中，其输入电阻最小，输出电阻较大 |
| 用途 | 多级放大电路的中间级 | 输入级、中间级、输出级 | 高频或宽频带电路 |

# 4.6 多级放大电路

在实际应用中，当单级放大电路不能满足电路对增益、输入电阻和输出电阻等性能指标的综合要求时，往往把单级放大电路3种组态中的两种或两种以上进行适当的组合，充分利用它们各自的优点，以便获得更好的性能。这就是接下来要介绍的多级放大电路，如共射–共基放大电路、共集–共集放大电路等。三级放大电路如图4.6.1所示。

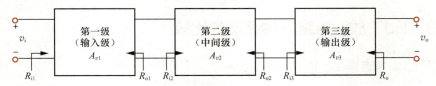

图 4.6.1　三级放大电路

从图4.6.1可以看出，前级的输出电压就是后级的输入电压，即 $v_{o1} = v_{i2}$，由此可推导出电压增益的表达式为 $A_v = v_o/v_i = (v_{o1}/v_i) \cdot (v_{o2}/v_{i2}) \cdot (v_o/v_{i3}) = A_{v1}A_{v2}A_{v3}$。

即多级放大电路的电压增益等于单级放大电路的电压增益的乘积，但是在求解每个单级放大电路的电压增益时，需要考虑后级对前级的影响，也就是负载效应的问题，即后级的输入电阻为前级的负载电阻 $R_{L1} = R_{i2}$，同理，前级的输出电压为后级的输入电压，因此前级的输出电阻为后级的源内阻 $R_{o1} = R_{s2}$。

## 4.6.1 共射－共基放大电路

图4.6.2（a）所示是共射–共基放大电路的原理图，其中 $VT_1$ 为共发射极组态，$VT_2$ 为共基极组态。由于 $VT_1$ 与 $VT_2$ 是串联的，因此电路又称为串接或级联放大电路。图4.6.2（b）所示电路是图4.6.2（a）所示电路的交流通路。

由交流通路可见，第一级的输出电压就是第二级的输入电压，即 $v_{o1} = v_{i2}$，由此可推导出电压增益的表达式为

$$A_v = \frac{v_o}{v_i} = \frac{v_{o1}}{v_i} \cdot \frac{v_o}{v_{o1}} = A_{v1}A_{v2} \tag{4.6.1a}$$

其中 $A_{v1}$ 是第一级的电压增益，由于多级放大电路前级的负载电阻为后级的输入电阻，即 $R_{L1} = R_{i2}$，因此

$$A_{v1} = -\frac{\beta_1 R'_{L1}}{r_{be1}} = -\frac{\beta_1 r_{be2}}{r_{be1}(1 + \beta_2)}$$

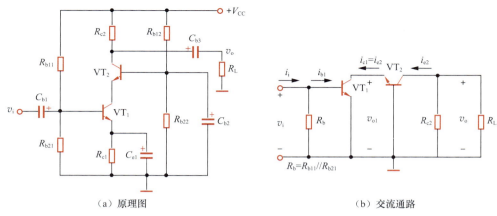

（a）原理图　　　　　　　　　　　（b）交流通路

图 4.6.2　共射 - 共基放大电路

$A_{v2}$ 是第二级的电压增益，即

$$A_{v2} = \frac{\beta_2 R'_{L2}}{r_{be2}} = \frac{\beta_2 (R_{c2} // R_L)}{r_{be2}}$$

所以

$$A_v = -\frac{\beta_1 r_{be2}}{(1+\beta_2) r_{be1}} \cdot \frac{\beta_2 (R_{c2} // R_L)}{r_{be2}}$$

$\beta_2 \gg 1$，因此

$$A_v = \frac{-\beta_1 (R_{c2} // R_L)}{r_{be1}} \tag{4.6.1b}$$

由式（4.6.1b）可看出，共射–共基放大电路的电压增益与单管共发射极放大电路的电压增益接近。但是，该电路在性能改善方面表现在放大电路的频带上，即共射–共基放大电路的带宽比单级共发射极放大电路的带宽要宽。

根据输入电阻 $R_i$ 的概念，共射–共基放大电路的输入电阻

$$R_i = \frac{v_i}{i_i} = R_b // r_{be1} = R_{b11} // R_{b21} // r_{be1} \tag{4.6.2}$$

式（4.6.2）说明，级联放大电路的输入电阻 $R_i$ 等于第一级的输入电阻 $R_{i1}$。这个结论可推广至其他多级放大电路。

根据输出电阻 $R_o$ 的概念，共射–共基放大电路的输出电阻

$$R_o \approx R_{c2} \tag{4.6.3}$$

式（4.6.3）说明，级联放大电路的输出电阻 $R_o$ 等于第三级的输出电阻。这个结论也可推广至其他多级放大电路。

---

**例4.6.1**　　共射–共基放大电路如图4.6.3所示，已知两只BJT的$\beta=100$，$V_{BEQ}=0.7V$，$r_{ce}=\infty$，其他参数如图所示。（1）当 $I_{CQ2}=0.5mA$，$V_{CEQ1}=V_{CEQ2}=4V$，$R_1+R_2+R_3=100k\Omega$ 时，求 $R_c$、$R_1$、$R_2$ 和 $R_3$ 的值。（2）求该电路的总电压增益 $A_v$。（3）求该电路的输入电阻 $R_i$ 和输出电阻 $R_o$。

**解：**（1）由图可知，$I_{EQ1} \approx I_{CQ1} = I_{EQ2} \approx I_{CQ2} = 0.5mA$。因BJT的$\beta=100$，故两个晶体管基极的静态电流很小，计算时可以忽略。

$$V_{EQ1} = I_{EQ1} R_e \approx I_{CQ1} R_e = 0.5mA \times 0.5k\Omega = 0.25V$$
$$V_{BQ1} = V_{BEQ} + V_{EQ1} = 0.7V + 0.25V = 0.95V$$
$$V_{CQ2} = V_{EQ1} + 2V_{CEQ1} = 0.25V + 2 \times 4V = 8.25V$$

$$R_c = \frac{V_{CC} - V_{CQ2}}{I_{CQ2}} = \frac{12V - 8.25V}{0.5mA} = 7.5k\Omega$$

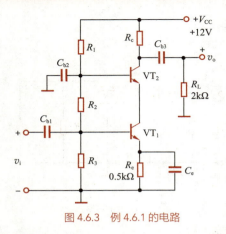

图 4.6.3　例 4.6.1 的电路

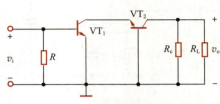

图 4.6.4　图 4.6.3 所示电路的交流通路

忽略基极静态电流的情况下，可认为流过 $R_1$、$R_2$、$R_3$ 的直流电流相等，为 $V_{CC}/(R_1+R_2+R_3)$，于是

$$R_3 = \frac{V_{BQ1}}{\dfrac{V_{CC}}{R_1+R_2+R_3}} = \frac{0.95\text{V} \times 100\text{k}\Omega}{12\text{V}} \approx 7.9\text{k}\Omega$$

$$R_2 = \frac{V_{BQ2}-V_{BQ1}}{\dfrac{V_{CC}}{R_1+R_2+R_3}} = \frac{(4.95\text{V}-0.95\text{V}) \times 100\text{k}\Omega}{12\text{V}} \approx 33.3\text{k}\Omega$$

$$R_1 = \frac{V_{CC}-V_{BQ2}}{\dfrac{V_{CC}}{R_1+R_2+R_3}} = \frac{(12\text{V}-4.95\text{V}) \times 100\text{k}\Omega}{12\text{V}} \approx 58.8\text{k}\Omega$$

（2）图 4.6.4 所示电路是图 4.6.3 所示电路的交流通路，其中 $R=R_2//R_3$。BJT 的输入电阻

$$r_{be1}=r_{be2}=r_{bb'}+(1+\beta)\frac{26\text{mV}}{I_{CQ}} = \left[200+(1+100)\frac{26\text{mV}}{0.5\text{mA}}\right]\Omega \approx 5.45\text{k}\Omega$$

$$A_v = \frac{v_o}{v_i} = A_{v1}A_{v2} = -\frac{\beta\dfrac{r_{be2}}{1+\beta}}{r_{be1}} \cdot \frac{\beta(R_c//R_L)}{r_{be2}} \approx -\frac{\beta(R_c//R_L)}{r_{be1}} = -\frac{100 \times (7.5\text{k}\Omega//2\text{k}\Omega)}{5.45\text{k}\Omega} \approx -29$$

（3）该电路的输入电阻为第一级的输入电阻

$$R_i = R//r_{be1} = 33.3\text{k}\Omega//7.9\text{k}\Omega//5.45\text{k}\Omega \approx 3\text{k}\Omega$$

输出电阻为第二级的输出电阻

$$R_o \approx R_c = 7.5\text{k}\Omega$$

## 4.6.2　共集－共集放大电路

图 4.6.5（a）所示是共集－共集放大电路的原理图，其中 $VT_1$ 和 $VT_2$ 一起组成复合管，即把两只或 3 只 BJT 按一定原则连接起来所组成的三端器件，又称为达林顿（Darlington）管。图 4.6.5（b）所示电路是图 4.6.5（a）所示电路的交流通路。

对图 4.6.5 所示电路进行静态和动态分析时，首先要了解由 $VT_1$、$VT_2$ 组成的复合管的特性，求得它的相关参数，然后求 $Q$ 点及 $A_v$、$R_i$ 和 $R_o$。

## 1. 复合管的主要特性

（1）复合管的组成及类型

复合管的组成原则如下。①同一种导电类型（NPN或PNP）的BJT组成复合管时，应将$VT_1$的发射极接至$VT_2$的基极；不同导电类型的BJT组成复合管时，应将$VT_1$的集电极接至$VT_2$的基极，以实现两次电流放大。②必须保证两只BJT均工作在放大状态。图4.6.6所示是按上述原则组成的复合管（图中所标电流方向为实际电流方向）。其中图4.6.6（a）和4.6.6（b）所示为同类型的两只BJT组成的复合管，而图4.6.6（c）和4.6.6（d）所示为不同类型的BJT组成的复合管。由各图中所标电流的实际方向可以确定，两管复合后可等效为一只BJT，其导电类型与前管$VT_1$的相同。

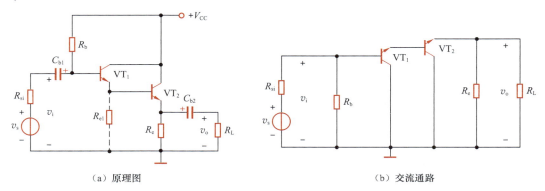

（a）原理图　　　　　　　　　　　　　　　　（b）交流通路

图 4.6.5　共集 - 共集放大电路

（2）复合管的主要参数

下面以BJT复合管为例，讨论复合管的主要参数。

① 电流放大系数$\beta$

以图4.6.5（a）为例，由图可知，复合管的集电极电流

$$i_C=i_{C1}+i_{C2}=\beta_1 i_{B1}+\beta_2 i_{B2}=\beta_1 i_B+\beta_2(1+\beta_1)\,i_B$$

所以复合管的电流放大系数

$$\beta=\beta_1+\beta_2+\beta_1\beta_2$$

一般有$\beta_1 \gg 1$，$\beta_2 \gg 1$，$\beta_1\beta_2 \gg \beta_1+\beta_2$，所以

$$\beta \approx \beta_1\beta_2 \tag{4.6.4}$$

即复合管的电流放大系数近似等于各组成管电流放大系数的乘积。这个结论同样适用于其他类型的复合管。

② 输入电阻$r_{be}$

对于图4.6.6（a）、图4.6.6（b）中同类型的两只BJT组成的复合管而言，其输入电阻

$$r_{be}=r_{be1}+(1+\beta_1)r_{be2} \tag{4.6.5a}$$

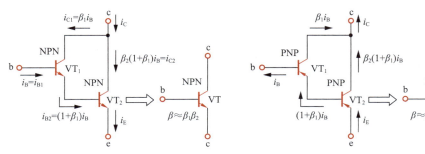

（a）两只 NPN 型BJT组成的复合管　　　　　（b）两只 PNP 型 BJT组成的复合管

图 4.6.6　复合管

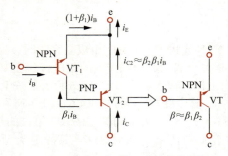

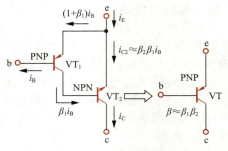

（c）NPN 与 PNP 型 BJT 组成的复合管　　　　（d）PNP 与 NPN 型 BJT 组成的复合管

图 4.6.6　复合管（续）

对于图4.6.6（c）、4.6.6（d）中不同类型的两只BJT组成的复合管而言，其输入电阻

$$r_{be}=r_{be1} \tag{4.6.5b}$$

式（4.6.5a）、式（4.6.5b）说明，复合管的输入电阻与$VT_1$、$VT_2$的接法有关。

综上所述，BJT复合管具有很高的电流放大系数，同时，若用同类型的BJT组成复合管，其输入电阻会增加。因而，与单管共集电极放大电路相比，图4.6.5所示的共集–共集放大电路的动态性能会更好。

**2．共集–共集放大电路的$A_v$、$R_i$、$R_o$**

$$A_v=\frac{v_o}{v_i}=\frac{(1+\beta)R'_L}{r_{be}+(1+\beta)R'_L} \tag{4.6.6}$$

式中，$\beta \approx \beta_1\beta_2$，$r_{be}=r_{be1}+(1+\beta_1)r_{be2}$，$R'_L=R_e//R_L$。

$$R_i=R_b//[r_{be}+(1+\beta)R'_L] \tag{4.6.7}$$

$$R_o=R_e//\frac{R_{si}//R_b+r_{be}}{1+\beta} \tag{4.6.8}$$

上述表达式表明，由于采用了复合管，共集–共集放大电路比单管共集电极放大电路的电压跟随特性更好，即$A_v$更接近于1，输入电阻$R_i$更大，而输出电阻$R_o$更小。

值得注意的是，在图4.6.5（a）中，由于$VT_1$、$VT_2$两管的工作电流不同，即有$I_{C2}>>I_{C1}$（$I_{C2}=\beta_2I_{B2}$，$I_{B2}=I_{E1}\approx\beta_1I_{B1}$），意味着$VT_1$的$I_{C1}$较小，可能导致$\beta_1$较小。为了弥补这一缺陷，可在$VT_1$的发射极与地之间接入一个数十千欧姆以上的电阻$R_{e1}$，如图4.6.5（a）中的虚线所示。由于$R_{e1}$的分流作用，$VT_1$的静态电流$I_{C1}\approx I_{E1}=I_{Re1}+I_{B2}$。这样，在保证$VT_2$的$I_{B2}$不变的情况下，就需要增大$VT_1$的$I_{C1}$，从而使$VT_1$的$\beta_1$变大。

为了减小$R_{e1}$对电路动态性能指标的影响，$R_{e1}$的阻值应远大于与之并联的由$VT_2$基极看进去的交流等效电阻的阻值。在集成电路中常用电流源代替电阻$R_{e1}$。

## 4.7　放大电路的频率响应

在前面放大电路的分析中，都假定输入信号为单一频率的正弦波，而且电路中所有耦合电容和旁路电容对交流信号都视为短路，BJT的极间电容视为开路。而实际的输入信号大多含有许多频率成分，占有一定的带宽，如广播中音乐信号的频率范围为20Hz～20kHz，基带视频信号的频率范围为0Hz～4.5MHz等。

由于放大电路中存在电抗性元件，如耦合电容、旁路电容及晶体管的极间电容，它们的电抗随信号频率变化而变化，因此，放大电路对不同频率的信号具有不同的放大能力，其增益的大小和相移均会随频率变化而变化，即增益是频率的函数。这种函数关系称为放大电路的频率响应或频率特性。本节将分析放大电路的频率响应，确定电路的带宽及影响带宽的因素。

图4.7.1所示是某一阻容耦合单级共发射极放大电路的频率响应曲线，其中图4.7.1（a）所示是幅频响应曲线，图4.7.1（b）所示是相频响应曲线。通常，电路中的每个电容只对频谱的一段影响大，因此，在分析放大电路的频率响应时，可将信号频率划分为3个区域，即低频区、中频区和高频区。

在 $f_L \sim f_H$ 的中频区，耦合电容和旁路电容可视为对交流信号短路，而BJT的极间电容和电路中的分布电容可视为开路，此时的增益基本上为常数，输出信号与输入信号间的相移也为常数。

在 $f < f_L$ 的低频区，耦合电容和旁路电容不能被视为对交流信号短路，此时的增益随信号频率的降低而减小，相移减小。

在 $f > f_H$ 的高频区，BJT的极间电容和电路中的分布电容不能被视为对交流信号开路，此时的增益随信号频率的增加而减小，相移增大。在 $f=f_L$ 和 $f=f_H$ 处，增益下降为中频增益的0.707倍，即比中频增益下降了3dB。

由上文可知，利用3个频段的等效电路和近似技术便可得到放大电路的频率响应，从而避免利用一个包含所有电容的完整电路求解复杂的传递函数。利用PSpice、MultiSim等计算机仿真软件分析包含所有电容的频率响应，会得到更精确的结果。

为了便于理解和分析实际放大电路的频率响应，下面首先对简单 $RC$ 电路的频率响应加以分析。

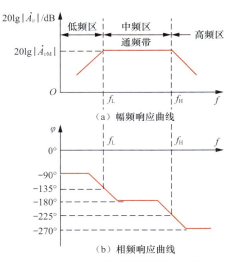

图 4.7.1 阻容耦合单级共发射极放大电路的频率响应

## 4.7.1 单时间常数 $RC$ 电路的频率响应

单时间常数 $RC$ 电路是指由一个电阻和一个电容组成，或者最终可以简化成一个等效电阻和一个等效电容组成的电路。它有两种类型，即 $RC$ 高通电路和 $RC$ 低通电路，它们的频率响应可分别用来模拟放大电路的低频响应和高频响应。

### 1. $RC$ 高通电路的频率响应

图4.7.2所示为单时间常数 $RC$ 高通电路。设其电压增益为 $\dot{A}_{vL}$ ，由图可得

$$\dot{A}_{vL} = \frac{\dot{V}_o}{\dot{V}_i} = \frac{R}{R + \frac{1}{j\omega C}} = \frac{1}{1 + \frac{1}{j\omega RC}} \qquad (4.7.1)$$

式中，$\omega$ 为输入信号的角频率且 $\omega = 2\pi f$，$f$ 为频率。令

$$f_L = \frac{1}{2\pi RC} \qquad (4.7.2)$$

则式（4.7.1）变为

$$\dot{A}_{vL} = \frac{\dot{V}_o}{\dot{V}_i} = \frac{1}{1 - j(f_L/f)} \qquad (4.7.3)$$

将 $\dot{A}_{vL}$ 分别表示为幅值（模）和相角，即

$$|\dot{A}_{vL}| = \frac{1}{\sqrt{1+(f_L/f)^2}} \qquad (4.7.4)$$

$$\varphi_L = \arctan(f_L/f) \qquad (4.7.5)$$

式（4.7.4）称为幅频响应，描述了电压增益的幅值随频率的变化。

式（4.7.5）称为相频响应，表明输出信号与输入信号间的相位差随频率的变化。

（1）幅频响应

由式（4.7.4）可近似画出图4.7.2所示电路的幅频响应曲线。

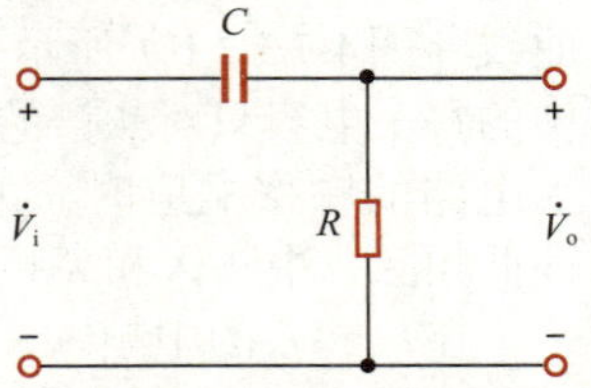

① 当 $f \gg f_L$ 时，$(f_L/f)^2 \ll 1$，得

$$|\dot{A}_{vL}| = \frac{1}{\sqrt{1+(f_L/f)^2}} \approx 1$$

用分贝（dB）表示有

$$20\lg|\dot{A}_{vL}| \approx 20\lg 1 = 0\text{dB}$$

这是一条与横轴平行的零分贝线。

② 当 $f \ll f_L$ 时，$(f_L/f)^2 \gg 1$，得

$$|\dot{A}_{vL}| = \frac{1}{\sqrt{1+(f_L/f)^2}} \approx \frac{f}{f_L}$$

用分贝表示，有

$$20\lg|\dot{A}_{vL}| \approx 20\lg\frac{f}{f_L}$$

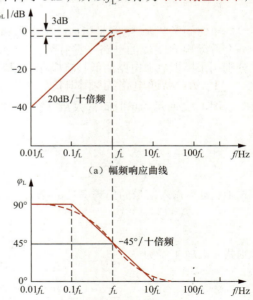

图 4.7.2 *RC* 高通电路

当 $f=10f_L$ 时，$20\lg|\dot{A}_{vL}|=20$dB；当 $f=100f_L$ 时，$20\lg|\dot{A}_{vL}|=40$dB。也就是说，频率每增加10倍，对数增益提升20dB，所以这是一条斜率为20dB/十倍频的直线，与零分贝线在 $f=f_L$ 处相交。由以上两条直线构成的折线，就是近似的幅频响应曲线，如图4.7.3（a）所示。$f_L$ 对应于两条直线的交点，所以 $f_L$ 称为**转折频率**。由式（4.7.4）可知，当 $f=f_L$ 时，$|\dot{A}_{vL}|=1/\sqrt{2} \approx 0.707$，即在 $f_L$ 处，电压增益下降为中频值的0.707倍，采用分贝表示时，下降了3dB，所以 $f_L$ 又称为**下限截止频率**，简称**下限频率**。

这种用折线近似表示实际幅频响应曲线（见图4.7.3（a）中的虚线所示）的方法大大简化了响应曲线的绘制，在工程上非常实用。但它存在一定的误差，当 $f=f_L$ 时误差最大，为3dB。

（2）相频响应

根据式（4.7.5）可作出相频响应曲线，它可用3条直线来近似描述。

① 当 $f \gg f_L$ 时，$\varphi_L \rightarrow 0°$，得到一条 $\varphi_L = 0°$ 的直线。

② 当 $f \ll f_L$ 时，$\varphi_L \rightarrow +90°$，得到一条 $\varphi_L = +90°$ 的直线。

③ 当 $f=f_L$ 时，$\varphi_L = +45°$。

由于当 $f/f_L=0.1$ 和 $f/f_L=10$ 时，$\varphi_L$ 分别接近 $+90°$ 和 $0°$，而当 $f=f_L$ 时，$\varphi_L = +45°$，故在 $0.1f_L$ 和 $10f_L$ 之间可用一条斜率为 $-45°$/十倍频的直线来表示，于是可画出相频响应曲线，如

（a）幅频响应曲线

（b）相频响应曲线

图 4.7.3 *RC* 高通电路的波特图

图4.7.3（b）所示。图中虚线表示实际的相频响应曲线。它们之间也存在误差，最大相位误差为5.7°，出现在$f=0.1f_L$和$f=10f_L$处。这种用折线绘制出的频率响应曲线称为伯德图（Bode plot），又称为波特图，在工程上应用广泛。

由上述分析可知，当输入信号的频率高于$f_L$时，电路电压增益的幅值$|\dot{A}_{vL}|$最大，始终为1，而且与频率无关，即高频信号通过$RC$电路不会衰减，也不会产生明显的相移，所以称该电路为**$RC$高通电路**。当$f=f_L$时，$|\dot{A}_{vL}|$下降3dB，且产生$+45°$的相移（这里的正号表示输出电压超前于输入电压）。当信号频率低于$f_L$时，随着$f$的下降，$|\dot{A}_{vL}|$按一定的规律衰减，且相移增大，最终趋于$+90°$。

可见，*$RC$高通电路主要用来分析电路低频区的响应，可以确定通带电压增益和下限频率$f_L$。换言之，$RC$高通电路会导致低频信号的衰减。*

在图4.7.2所示的电路中，电容$C$为连接在输入信号和输出信号之间的耦合电容，根据电容隔直流、通交流的特性可知，当输入信号频率很低或者为直流时，输出信号为零，随着输入信号频率的增加，电容的容抗减小，输出信号变大，当输入信号频率近似无穷大时，电容的容抗近似为零，此时输出信号近似等于输入信号，电压增益取得最大值1，定性分析也可以得到电路为高通网络。

### 2．$RC$低通电路的频率响应

图4.7.4所示为单时间常数$RC$低通电路。设其电压增益为$\dot{A}_{vH}$，由图可得

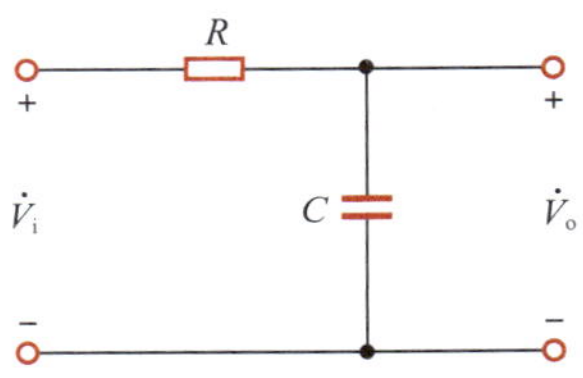

$$\dot{A}_{vH} = \frac{\dot{V}_o}{\dot{V}_i} = \frac{\dfrac{1}{j\omega C}}{R + \dfrac{1}{j\omega C}} = \frac{1}{1 + j\omega RC} \qquad (4.7.6)$$

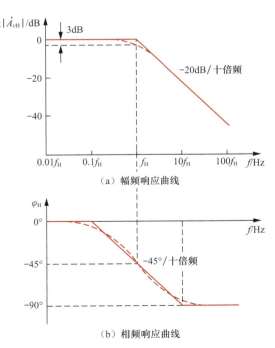

图 4.7.4　$RC$ 低通电路

令

$$f_H = \frac{1}{2\pi RC} \qquad (4.7.7)$$

则式（4.7.6）变为

$$\dot{A}_{vH} = \frac{\dot{V}_o}{\dot{V}_i} = \frac{1}{1 + j(f/f_H)} \qquad (4.7.8)$$

其幅频响应和相频响应分别为

$$|\dot{A}_{vH}| = \frac{1}{\sqrt{1 + (f/f_H)^2}} \qquad (4.7.9)$$

$$\varphi_H = -\arctan(f/f_H) \qquad (4.7.10)$$

式中，$f_H$是$RC$低通电路的上限截止频率，简称上限频率，也称为转折频率。

仿照$RC$高通电路波特图的绘制方法，由式（4.7.9）和式（4.7.10），同样可近似画出$RC$低通电路的波特图，如图4.7.5所示。

由此波特图可知，当输入信号的频率低于$f_H$时，电压增益的幅值$|\dot{A}_{vH}|$最大，始终为1，且不随信号频率变化，即低频信号通过$RC$电路不会衰减，也不会产生明显的相移，所以称该电路为**$RC$低通电路**。当$f=f_H$时，

（a）幅频响应曲线

（b）相频响应曲线

图 4.7.5　$RC$ 低通电路的波特图

$|\dot{A}_{vH}|$ 降低3dB，且产生 $-45°$ 的相移（这里的负号表示输出电压滞后于输入电压）。当信号频率高于 $f_H$ 时，随着 $f$ 的增加，$|\dot{A}_{vH}|$ 按一定的规律衰减，且相移增大，最终趋于 $-90°$。

可见，$RC$ 低通电路主要用来分析电路高频区的响应，可以确定通带电压增益和上限频率 $f_H$。换句话说，$RC$ 低通电路会导致高频信号的衰减。

通过对单时间常数 $RC$ 高通和低通电路频率响应的分析，可以得到下列结论。

（1）分析电路的频率响应时，先要简化电路，得到电路的等效 $RC$ 电路。

（2）写出其增益的频率响应（幅频响应和相频响应）表达式。

（3）电路的截止频率取决于相关电容所在回路的时间常数 $\tau = R_{eq}C$，$R_{eq}$ 表示从电容端口看进去的戴维南等效电阻。

（4）当输入信号的频率等于上限频率 $f_H$ 或下限频率 $f_L$ 时，电路的电压增益比通带电压增益下降3dB，或下降为通带电压增益的0.707倍，且在通带相移的基础上产生 $\pm 45°$ 的相移。

（5）工程上常用折线化波特图表示电路的频率响应。

工程上，为了得到折线化波特图，一阶 $RC$ 电路只需要得到两个关键要素，即通带电压增益和转折频率，通带电压增益就是不考虑电容影响时的最大电压增益，而转折频率由 $RC$ 决定。也就是说，工程上无须求解传递函数，就可以直接画出近似的折线化波特图，因此，折线化波特图应用十分广泛。

## 4.7.2　BJT 的高频小信号模型及频率参数

影响高频性能的主要因素之一是BJT的极间电容。下面讨论BJT的高频小信号模型，并利用这一模型分析BJT的频率特性和频率参数。

### 1．BJT 的高频小信号模型

在4.4.1节中根据BJT的特性方程，导出了它在线性放大区的H参数低频小信号模型，但在高频小信号条件下，必须考虑BJT的发射结电容和集电结电容的影响，由此可得到BJT的高频小信号模型，如图4.7.6所示。现就此模型中的各元件参数做简要说明。

图中b′为方便分析而虚拟的基区内的等效点，$r_{bb'}$ 表示基区体电阻。不同类型的BJT，$r_{bb'}$ 的值相差很大，器件的数据手册中给出 $r_{bb'}$ 的典型值，在几十欧姆至几百欧姆范围内。

$r_{b'e}$ 是发射结正向偏置电阻 $r_e$ 折算到基极回路的等效电阻，即 $r_{b'e} = (1+\beta)r_e = (1+\beta)\dfrac{V_T}{I_{EQ}}$。$C_{b'e}$ 是发射结电容，对于小功率管，$C_{b'e}$ 在几十皮法至几百皮法范围内。

集电结电阻 $r_{b'c}$ 和电容 $C_{b'c}$ 在线性放大区集

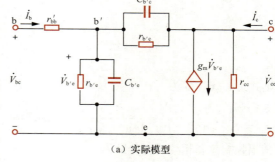

（a）实际模型

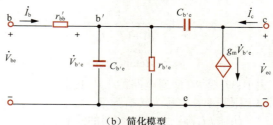

（b）简化模型

图 4.7.6　BJT 的高频小信号模型

电结为反向偏置，因此 $r_{b'c}$ 的值很大，一般在 $100k\Omega \sim 10M\Omega$ 范围内，$C_{b'c}$ 在 $2pF \sim 10pF$ 范围内。

由图4.7.6（a）可见，由于结电容的影响，BJT中受控电流源不再完全受控于基极电流 $\dot{I}_b$，因而不能再用 $\beta\dot{I}_b$ 表示，改用 $g_m\dot{V}_{b'e}$ 表示，即受控电流源受控于发射结上所加的电压 $\dot{V}_{b'e}$，这里的 $g_m$ 称为互导或跨导，它表明发射结电压对受控电流的控制能力，定义为

$$g_m = \left.\frac{\partial i_C}{\partial v_{B'E}}\right|_{V_{CE}} = \left.\frac{\Delta i_C}{\Delta v_{B'E}}\right|_{V_{CE}} \tag{4.7.11}$$

$g_m$ 的单位为西，符号为 S，对于高频小功率管，其值为几十毫西。

由上述各元件的参数可知，$r_{b'c}$ 的值很大，在高频时远大于 $1/\omega C_{b'c}$，其与 $C_{b'c}$ 并联可视为开路；另外，$r_{ce}$ 与负载电阻 $R_L$ 相比，一般有 $r_{ce}>>R_L$，因此 $r_{ce}$ 也可视为开路，这样便可得到图 4.7.6（b）所示的简化模型。由于其形状像 Π，各元件参数具有不同的量纲，故其又称为混合 Π 型高频小信号模型（简称混合 Π 型模型）。

### 2．BJT 高频小信号模型中元件参数值的获得

由于 BJT 高频小信号模型中电阻等元件的参数值在很宽的频率范围（$f<f_T/3$，$f_T$ 是 BJT 的特征频率，稍后再详述）内与频率无关，而且在低频情况下，电容 $C_{b'e}$ 和 $C_{b'c}$ 可视为开路，于是图 4.7.6（b）所示的简化模型可变为图 4.7.7（a）所示的形式，它与图 4.7.7（b）所示的 H 参数低频小信号模型一样，所以可以由 H 参数低频小信号模型获得混合 Π 型模型中的一些参数值。

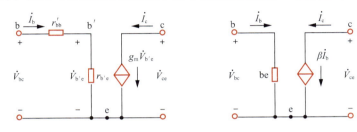

（a）混合 Π 型模型在低频时的形式　　　（b）BJT 的 H 参数低频小信号模型

图 4.7.7　BJT 两种模型在低频时的比较

比较图 4.7.7 所示的两种模型，可得以下关系。

输入回路有
$$r_{be}=r_{bb'}+r_{b'e}$$

$$\dot{V}_{b'e}=\dot{I}_b r_{b'e}$$

而
$$r_{b'e}=(1+\beta_0)\frac{V_T}{I_{EQ}} \tag{4.7.12}$$

需要说明的是，上式中的 $\beta_0$ 是指低频情况下的电流放大系数，通常器件手册中所给的 $\beta$ 就是 $\beta_0$。

输出回路有
$$g_m\dot{V}_{b'e}=\beta_0\dot{I}_b$$

即
$$g_m\dot{I}_b r_{b'e}=\beta_0\dot{I}_b$$

故有
$$g_m=\frac{\beta_0}{r_{b'e}}=\frac{\beta_0}{(1+\beta_0)\dfrac{V_T}{I_{EQ}}}\approx\frac{I_{EQ}}{V_T} \tag{4.7.13}$$

由式（4.7.12）、式（4.7.13）可知，BJT 高频小信号模型中也要采用 Q 点上的参数。

高频小信号模型中的电容 $C_{b'c}$ 一般在 2pF ～ 10pF 范围内，在近似估算时，可用器件手册中提供的 $C_{ob}$ 代替。$C_{ob}$ 是 BJT 接成共基极形式且发射极开路时，集电极–基极间的结电容。而电容 $C_{b'e}$ 可由下式计算得到。

$$C_{b'e}\approx\frac{g_m}{2\pi f_T} \tag{4.7.14}$$

式（4.7.14）中特征频率 $f_T$ 可查器件手册得到。在稍后的分析中可以得知它的由来。

### 3．BJT 的频率参数

由图 4.7.6 所示的 BJT 混合 Π 型模型可以看出，电容 $C_{b'e}$ 和 $C_{b'c}$ 会对 BJT 的电流放大功能即电

流放大系数 $\dot{\beta}$ 产生频率效应。在高频情况下，若流入基极的交流电流 $\dot{I}_b$ 的大小不变，则随着信号频率的增加，b′–e间的阻抗将减小，电压 $\dot{V}_{b'e}$ 的幅值将减小，相移将增大，从而引起集电极电流 $\dot{I}_c$ 的大小随 $|\dot{V}_{b'e}|$ 而线性下降，并产生相同的相移。由此可知，BJT的电流放大系数 $\dot{\beta}$ 是频率的函数。

由4.3.2节可知

$$h_{fe}=\left.\frac{\partial i_C}{\partial i_B}\right|_{V_{CE}}$$

可写成

$$\dot{\beta}=\left.\frac{\dot{I}_c}{\dot{I}_b}\right|_{\dot{V}_{ce}=0} \tag{4.7.15}$$

根据式（4.7.15），将混合Π型模型中c、e输出端短路，得到图4.7.8所示的模型。由此图可见，集电极短路电流

$$\dot{I}_c=(g_m-j\omega C_{b'c})\dot{V}_{b'e} \tag{4.7.16}$$

基极电流

$$\begin{aligned}\dot{I}_b&=\frac{\dot{V}_{b'e}}{r_{b'e}}+j\omega C_{b'e}\dot{V}_{b'e}+j\omega C_{b'c}\dot{V}_{b'e}\\&=\left(\frac{1}{r_{b'e}}+j\omega C_{b'e}+j\omega C_{b'c}\right)\dot{V}_{b'e}\end{aligned} \tag{4.7.17}$$

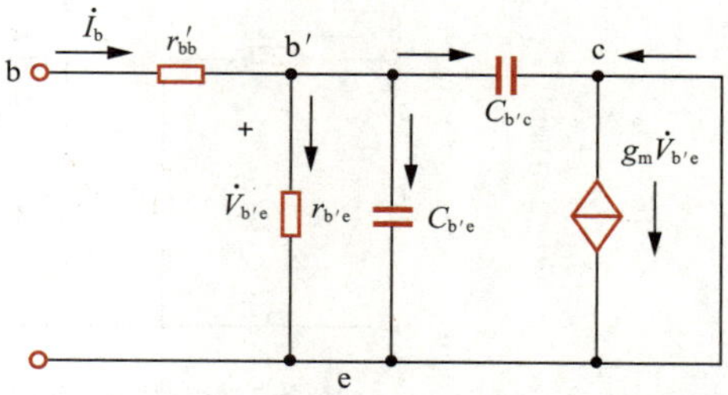


图4.7.8　计算 $\dot{\beta}=\dot{I}_c/\dot{I}_b$ 的模型

由式（4.7.16）和式（4.7.17）可得 $\dot{\beta}$ 的表达式为

$$\dot{\beta}=\frac{\dot{I}_c}{\dot{I}_b}=\frac{g_m-j\omega C_{b'c}}{\frac{1}{r_{b'e}}+j\omega\left(C_{b'e}+C_{b'c}\right)}$$

在图4.7.8所示模型的有效频率范围内，$g_m>>\omega C_{b'c}$，忽略后者的影响有

$$\dot{\beta}\approx\frac{g_m r_{b'e}}{1+j\omega(C_{b'e}+C_{b'c})r_{b'e}}$$

由式（4.7.13）中 $g_m r_{b'e}=\beta_0$ 的关系，得

$$\dot{\beta}=\frac{\beta_0}{1+j\omega(C_{b'e}+C_{b'c})r_{b'e}}=\frac{\beta_0}{1+j\frac{f}{f_\beta}} \tag{4.7.18}$$

其幅频响应和相频响应的表达式为

$$|\dot{\beta}|=\frac{\beta_0}{\sqrt{1+(f/f_\beta)^2}} \tag{4.7.19a}$$

$$\varphi=-\arctan\frac{f}{f_\beta} \tag{4.7.19b}$$

$$f_\beta=\frac{1}{2\pi(C_{b'e}+C_{b'c})r_{b'e}} \tag{4.7.20}$$

其中，$f_\beta$ 称为BJT的共发射极截止频率，是使 $|\dot{\beta}|$ 下降为 $0.707\beta_0$ 时的信号频率，其值主要取决于晶体管的结构。

图 4.7.9 所示是 $\dot{\beta}$ 的波特图。图中 $f_{\mathrm{T}}$ 称为 BJT 的**特征频率**，是使 $|\dot{\beta}|$ 下降到 0dB（即 $|\dot{\beta}|=1$）时的信号频率。$f_{\mathrm{T}}$ 与 BJT 的制造工艺有关，其值在器件手册中可以查到，一般为 300MHz ～ 1000MHz。采用先进制造工艺，目前 $f_{\mathrm{T}}$ 可高达几吉赫兹。

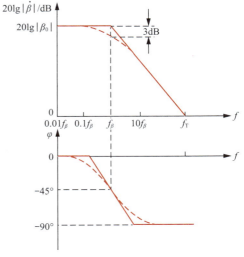

图 4.7.9　$\dot{\beta}$ 的波特图

令式（4.7.19a）等于 1，则可得

$$f_{\mathrm{T}} \approx \beta_0 f_\beta \qquad (4.7.21a)$$

将 $\beta_0 = g_{\mathrm{m}} r_{\mathrm{b'e}}$ 及式（4.7.20）代入式（4.7.21a），则

$$f_{\mathrm{T}} \approx \frac{g_{\mathrm{m}}}{2\pi(C_{\mathrm{b'e}} + C_{\mathrm{b'c}})} \qquad (4.7.21b)$$

一般有 $C_{\mathrm{b'e}} \gg C_{\mathrm{b'c}}$，故

$$f_{\mathrm{T}} \approx \frac{g_{\mathrm{m}}}{2\pi C_{\mathrm{b'e}}} \qquad (4.7.21c)$$

值得注意的是，当频率高于 $5f_\beta$ 或 $10f_\beta$ 时，混合 Π 型模型中的电阻 $r_{\mathrm{b'e}}$ 可以忽略，因而模型中的 $r_{\mathrm{bb'}}$ 成为唯一的电阻，它对晶体管的高频响应有较大的影响。

利用式（4.7.18）及 $\dot{\alpha}$ 与 $\dot{\beta}$ 的关系，可以求出 BJT 的**共基极截止频率 $f_\alpha$**。

$$\dot{\alpha} = \frac{\dot{\beta}}{1+\dot{\beta}} = \frac{\dfrac{\beta_0}{1+\mathrm{j}\dfrac{f}{f_\beta}}}{1+\dfrac{\beta_0}{1+\mathrm{j}\dfrac{f}{f_\beta}}} = \frac{\beta_0}{1+\beta_0+\mathrm{j}\dfrac{f}{f_\beta}} = \frac{\dfrac{\beta_0}{1+\beta_0}}{1+\mathrm{j}\dfrac{f}{(1+\beta_0)f_\beta}} = \frac{\alpha_0}{1+\mathrm{j}\dfrac{f}{f_\alpha}} \qquad (4.7.22)$$

式中，$f_\alpha$ 是 $\dot{\alpha}$ 下降为 $0.707\alpha_0$ 时的频率，即 BJT 的共基极截止频率。

由式（4.7.22）和式（4.7.21a）可得

$$f_\alpha = (1+\beta_0)f_\beta \approx f_\beta + f_{\mathrm{T}} \qquad (4.7.23)$$

式（4.7.23）说明，BJT 的共基极截止频率 $f_\alpha$ 远大于共发射极截止频率 $f_\beta$，且比特征频率 $f_{\mathrm{T}}$ 还大，即 BJT 的 3 个频率参数的数量关系为 $f_\beta \ll f_{\mathrm{T}} < f_\alpha$。这 3 个频率参数在评价 BJT 的高频性能上是等价的，但用得最多的是 $f_{\mathrm{T}}$。$f_{\mathrm{T}}$ **越大，表明 BJT 的高频性能越好，由它构成的放大电路的上限频率就越大**。

### 4.7.3　单级共发射极放大电路的频率响应

现以图 4.7.10（a）所示电路为例，分析其频率响应。

**1．高频响应**

在高频范围内，放大电路中的耦合电容、旁路电容的容抗很小，可视为对交流信号短路，于是可画出图 4.7.10（a）所示电路的高频小信号等效电路，如图 4.7.10（b）所示。

现按以下步骤进行分析。

（1）密勒等效电容

由于电容 $C_{\mathrm{b'c}}$ 跨接在输入和输出回路之间，引起了反馈，使电路分析较为复杂，方便起见，可将 $C_{\mathrm{b'c}}$ 进行单向化处理，即将 $C_{\mathrm{b'c}}$ 等效折算到输入回路（b'-e 之间）和输出回路（c-e 之间）中，如图 4.7.10（c）所示。其变换过程如下。

在图 4.7.10（b）所示电路中，设 $\dot{A}_v' = \dot{V}_{\mathrm{o}}/\dot{V}_{\mathrm{b'e}}$，则由 b' 点流入电容 $C_{\mathrm{b'c}}$ 的电流

$$\dot{I}_{C_{b'c}} = \frac{\dot{V}_{b'e} - \dot{V}_o}{\dfrac{1}{j\omega C_{b'c}}} = \frac{(1 - \dot{A}'_v)\dot{V}_{b'e}}{\dfrac{1}{j\omega C_{b'c}}} = \frac{\dot{V}_{b'e}}{\dfrac{1}{j\omega C_{b'c}(1 - \dot{A}'_v)}} = \frac{\dot{V}_{b'e}}{\dfrac{1}{j\omega C_{M1}}} \qquad (4.7.24a)$$

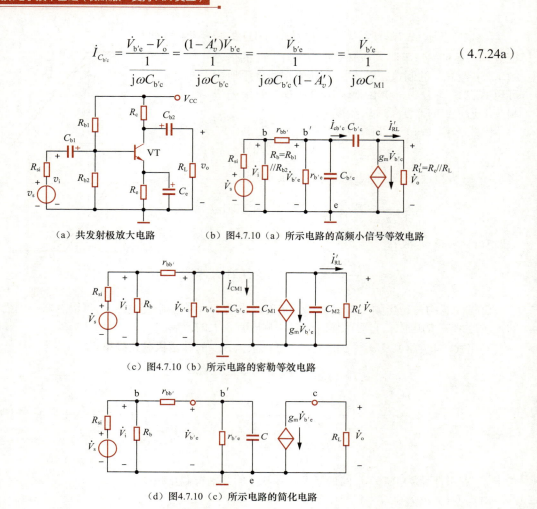

（a）共发射极放大电路　　　　（b）图4.7.10（a）所示电路的高频小信号等效电路

（c）图4.7.10（b）所示电路的密勒等效电路

（d）图4.7.10（c）所示电路的简化电路

图 4.7.10　共发射极放大电路及其高频小信号等效电路

由式（4.7.24a）可知，只要令图4.7.10（c）所示电路中输入回路的电容

$$C_{M1} = (1 - \dot{A}'_v)C_{b'c} \qquad (4.7.24b)$$

使 $\dot{I}_{CM1} = \dot{I}_{C_{b'c}}$，则电容 $C_{b'c}$ 对输入回路的影响与电容 $C_{M1}$ 的相同。同理，在图4.7.10（b）所示电路的输出回路中，由c点流入 $C_{b'c}$ 的电流

$$\dot{I}'_{C_{b'c}} = \frac{\dot{V}_o - \dot{V}_{b'e}}{\dfrac{1}{j\omega C_{b'c}}} = \frac{\dot{V}_o\left(1 - \dfrac{1}{\dot{A}'_v}\right)}{\dfrac{1}{j\omega C_{b'c}}} = \frac{\dot{V}_o}{\dfrac{1}{j\omega C_{b'c}\left(1 - \dfrac{1}{\dot{A}'_v}\right)}} = \frac{\dot{V}_o}{\dfrac{1}{j\omega C_{M2}}} \qquad (4.7.25a)$$

令

$$C_{M2} = \left(1 - \frac{1}{\dot{A}'_v}\right)C_{b'c} \qquad (4.7.25b)$$

使 $\dot{I}_{CM2} = \dot{I}'_{C_{b'c}}$，则电容 $C_{b'c}$ 对输出回路的影响与电容 $C_{M2}$ 的相同。

上述各式中的 $\dot{A}'_v$ 是图4.7.10（b）所示电路的 $\dot{V}_o$ 对 $\dot{V}_{b'e}$ 的增益，因为电路为共发射极组态，

一般有 $\left|\dot{A}_v'\right| \gg 1$，所以可求得 $\dot{A}_v'$ 的表达式为

$$\dot{A}_v' = \frac{\dot{V}_o}{\dot{V}_{b'e}} = \frac{(\dot{I}_{C_{b'c}} - g_m\dot{V}_{b'e})R_L'}{\dot{V}_{b'e}} = \frac{\left[j\omega C_{b'c}(1 - \dot{A}_v')\dot{V}_{b'e} - g_m\dot{V}_{b'e}\right]R_L'}{\dot{V}_{b'e}} \approx -j\omega C_{b'c}\dot{A}_v'R_L' - g_mR_L'$$

即

$$\dot{A}_v' = \frac{-g_mR_L'}{1 + j\omega C_{b'c}R_L'} \tag{4.7.26a}$$

因为 $C_{b'c}$ 很小，通常有 $R_L' \ll \dfrac{1}{\omega C_{b'c}}$，所以得

$$\dot{A}_v' \approx -g_mR_L' \tag{4.7.26b}$$

将式（4.7.26b）代入式（4.7.24b）和式（4.7.25b），即可得 $C_{b'c}$ 的密勒等效电容 $C_{M1}$ 和 $C_{M2}$。显然有 $C_{M1} \gg C_{b'c}$，$C_{M2} \approx C_{b'c}$，$C_{M2}$ 的影响可以忽略，于是图4.7.10（c）所示电路可简化为图4.7.10（d）所示的形式，电路中只包含一个等效电容 $C$，且 $C = C_{b'e} + C_{M1} = C_{b'e} + (1 + g_mR_L')C_{b'c}$。

（2）高频响应和上限频率

为了得到类似图4.7.4所示的单时间常数 $RC$ 低通电路，需要利用戴维南定理将图4.7.10（d）所示的电路进一步变换为图4.7.11所示的形式，其中 $\dot{V}_s' = \dfrac{r_{b'e}}{r_{bb'} + r_{b'e}}\dot{V}_i$

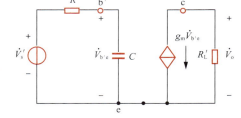

图 4.7.11　图 4.7.10（d）所示电路的等效电路

$= \dfrac{r_{b'e}}{r_{be}} \cdot \dfrac{R_b // r_{be}}{R_s + R_b // r_{be}}\dot{V}_s$，$R = r_{b'e} // (r_{bb'} + R_b // R_s)$。这时只有输入回路含有电容。由此图及 $\dot{V}_s'$ 与 $\dot{V}_s$ 的关系，可得图4.7.10（a）所示放大电路的高频源电压增益的表达式为

$$\dot{A}_{VSH} = \frac{\dot{V}_o}{\dot{V}_s} = \frac{\dot{V}_o}{\dot{V}_{b'e}} \cdot \frac{\dot{V}_{b'e}}{\dot{V}_s'} \cdot \frac{\dot{V}_s'}{\dot{V}_s} = \frac{-g_m\dot{V}_{b'e}R_L'}{\dot{V}_{b'e}} \cdot \frac{\dfrac{1}{j\omega C}}{R + \dfrac{1}{j\omega C}} \cdot \frac{r_{b'e}}{r_{be}} \cdot \frac{R_b // r_{be}}{R_s + R_b // r_{be}} \tag{4.7.27}$$

$$\approx \dot{A}_{VSM} \cdot \frac{1}{1 + j\omega RC} = \frac{\dot{A}_{VSM}}{1 + j\dfrac{f}{f_H}}$$

$$\dot{A}_{VSM} = -g_mR_L' \cdot \frac{r_{b'e}}{r_{be}} \cdot \frac{R_b // r_{be}}{R_s + R_b // r_{be}} = -\frac{\beta_0}{r_{b'e}}R_L' \cdot \frac{r_{b'e}}{r_{be}} \cdot \frac{R_b // r_{be}}{R_s + R_b // r_{be}}$$

$$= -\frac{\beta_0 R_L'}{r_{be}} \cdot \frac{R_b // r_{be}}{R_s + R_b // r_{be}} \quad \text{（中频源电压增益）} \tag{4.7.28}$$

$$f_H = \frac{1}{2\pi RC} \quad \text{（上限频率）} \tag{4.7.29}$$

$\dot{A}_{VSH}$ 的对数幅频特性和相频特性的表达式为

$$20\lg\left|\dot{A}_{VSH}\right| = 20\lg\left|\dot{A}_{VSM}\right| - 20\lg\sqrt{1 + (f/f_H)^2} \tag{4.7.30a}$$

$$\varphi = -180° - \arctan(f/f_H) \tag{4.7.30b}$$

式（4.7.30b）中的 $-180°$ 表示中频范围内共发射极放大电路的 $\dot{V}_o$ 与 $\dot{V}_s$ 反相，而 $-\arctan(f/f_H)$ 是等效电容 $C$ 在高频范围内引起的相移，称为附加相移，一般用 $\Delta\varphi$ 表示，这里的最大附加相移为 $-90°$，当 $f = f_H$ 时，附加相移为 $-45°$。

由式（4.7.30a）和式（4.7.30b）可画出图4.7.10（a）所示电路的高频响应波特图，如图4.7.12所示。

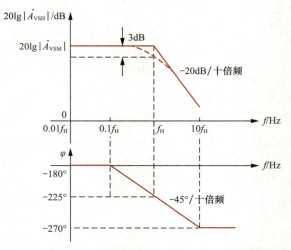

图 4.7.12　图 4.7.10（a）所示电路的高频响应波特图

**例 4.7.1**　设图4.7.10（a）所示电路在室温（300K）下运行，且BJT的 $V_{BEQ}=0.6V$，$r_{bb'}=100\Omega$，$\beta_0=100$，$C_{b'c}=0.5pF$，$f_T=400MHz$，$V_{CC}=12V$，$R_{b1}=100k\Omega$，$R_{b2}=16k\Omega$，$R_e=1k\Omega$，$R_c=R_L=5.1k\Omega$，$R_s=1k\Omega$，试计算该电路的中频源电压增益及上限频率。

**解：** 由电路元件参数求得静态电流

$$I_{CQ}\approx I_{EQ}=\frac{V_{BQ}-V_{BEQ}}{R_e}=\frac{\dfrac{R_{b2}}{R_{b1}+R_{b2}}V_{CC}-V_{BEQ}}{R_e}\approx 1mA$$

由式（4.7.13）求得

$$g_m=\frac{I_{EQ}}{V_T}=\frac{1mA}{26mV}\approx 0.038S$$

由式（4.7.12）求得

$$r_{b'e}=(1+\beta_o)\frac{V_T}{I_{EQ}}=(1+100)\times\frac{26mV}{1mA}\approx 2.63k\Omega$$

$$r_{be}=r_{bb'}+r_{b'e}=100\Omega+2.63k\Omega=2.73k\Omega$$

由式（4.7.14）求得

$$C_{b'e}\approx\frac{g_m}{2\pi f_T}=\frac{0.038S}{2\times 3.14\times 400\times 10^6 Hz}\approx 15.1pF$$

由式（4.7.24b）及式（4.7.26b）求得密勒等效电容

$$C_{M1}=(1+g_mR'_L)C_{b'c}=(1+0.038S\times 5.1k\Omega//5.1k\Omega)\times 0.5\times 10^{-12}F\approx 49pF$$

由式（4.7.28）求得中频源电压增益

$$\dot{A}_{VSM}=-\frac{\beta_0 R'_L}{r_{be}}\cdot\frac{R_b//r_{be}}{R_s+R_b//r_{be}}=-\frac{100\times 2.55k\Omega}{2.73k\Omega}\times\frac{100k\Omega//16k\Omega//2.73k\Omega}{1k\Omega+100k\Omega//16k\Omega//2.73k\Omega}\approx -65$$

在图4.7.11所示等效电路中，输入回路的等效电阻和等效电容分别为

$$R=r_{b'e}//(r_{bb'}+R_b//R_s)=2.63k\Omega//(0.1k\Omega+100k\Omega//16k\Omega//1k\Omega)\approx 0.72k\Omega$$

$$C=C_{b'e}+C_{M1}=15.1pF+49pF=64.1pF$$

由式（4.7.29）求得上限频率

$$f_{\text{H}} = \frac{1}{2\pi RC} = \frac{1}{2 \times 3.14 \times 0.72 \times 10^3\,\Omega \times 64.1 \times 10^{-12}\,\text{F}} \approx 3.45\text{MHz}$$

（3）增益带宽积

由上述分析可以看出，影响共发射极放大电路上限频率的主要元件及参数是 $R_{\text{s}}$、$r_{\text{bb'}}$、$C_{\text{b'e}}$ 和 $C_{\text{M1}} = (1 + g_{\text{m}}R'_{\text{L}})C_{\text{b'c}}$。因此要提高 $f_{\text{H}}$，需选择 $r_{\text{bb'}}$、$C_{\text{b'e}}$ 小而 $f_{\text{T}}$ 高的 BJT，同时应选用内阻 $R_{\text{s}}$ 小的信号源。此外，还必须减小 $g_{\text{m}}R'_{\text{L}}$，以减小 $C_{\text{b'c}}$ 的密勒效应。然而，由式（4.7.28）可知，减小 $g_{\text{m}}R'_{\text{L}}$ 必然会使 $\dot{A}_{V\text{SM}}$ 减小。可见，$f_{\text{H}}$ 的提高与 $\dot{A}_{V\text{SM}}$ 的增大是相互矛盾的。对于大多数放大电路而言，都有 $f_{\text{H}} \gg f_{\text{L}}$，即通频带 BW$= f_{\text{H}} - f_{\text{L}} \approx f_{\text{H}}$，因此可以说带宽与增益是互相制约的。为综合考虑这两方面的性能，引出增益-带宽积这一参数，定义为中频增益与带宽的乘积。对于图 4.7.10（a）所示电路，其增益-带宽积可由式（4.7.28）和式（4.7.29）相乘获得，即

$$\left| \dot{A}_{V\text{SM}} \cdot f_{\text{H}} \right| = g_{\text{m}}R'_{\text{L}} \cdot \frac{r_{\text{b'e}}}{r_{\text{be}}} \cdot \frac{R_{\text{b}}//r_{\text{be}}}{R_{\text{s}} + R_{\text{b}}//r_{\text{be}}} \cdot \frac{1}{2\pi[r_{\text{b'e}}//(r_{\text{bb'}} + R_{\text{b}}//R_{\text{s}})][C_{\text{b'e}} + (1 + g_{\text{m}}R'_{\text{L}})C_{\text{b'c}}]}$$

当 $R_{\text{b}} \gg R_{\text{s}}$ 及 $R_{\text{b}} \gg r_{\text{be}}$ 时，有

$$\left| \dot{A}_{V\text{SM}} \cdot f_{\text{H}} \right| \approx \frac{g_{\text{m}}R'_{\text{L}}}{2\pi(r_{\text{bb'}} + R_{\text{s}})[C_{\text{b'e}} + (1 + g_{\text{m}}R'_{\text{L}})C_{\text{b'c}}]} \tag{4.7.31}$$

当 BJT 电路参数如例 4.7.1 所设时，图 4.7.10（a）所示电路的 $\left| \dot{A}_{V\text{SM}} \cdot f_{\text{H}} \right| = 65 \times 3.45\text{MHz} \approx 224.25\text{MHz}$。式（4.7.31）说明，在 BJT 及电路参数都选定后，增益-带宽积基本上是常数，即通带增益要增大多少倍，其带宽就要变窄多少倍。因而选择电路参数时（如负载电阻 $R_{\text{L}}$），必须兼顾 $\left| \dot{A}_{V\text{SM}} \right|$ 和 $f_{\text{H}}$ 的要求。

### 2. 低频响应

在低频范围内，BJT 的极间电容可视为开路，而电路中的耦合电容、旁路电容的电抗增大，不能再视为短路。据此可画出图 4.7.10（a）所示电路的低频小信号等效电路，如图 4.7.13（a）所示。由此等效电路直接求低频区的电压增益表达式比较麻烦，因此需要做一些合理的近似。首先，假设 $R_{\text{b}} = R_{\text{b1}}//R_{\text{b2}}$ 远大于此放大电路的输入阻抗，以致 $R_{\text{b}}$ 的影响可以忽略；其次，假设 $C_{\text{e}}$ 的值足够大，以致在低频范围内，它的容抗 $X_{C_{\text{e}}}$ 远小于 $R_{\text{e}}$ 的值，即[1]

$$\frac{1}{\omega C_{\text{e}}} \ll R_{\text{e}} \ \text{或} \ \omega C_{\text{e}}R_{\text{e}} \gg 1 \tag{4.7.32}$$

于是得到图 4.7.13（b）所示的简化等效电路。然后将电容 $C_{\text{e}}$ 折合到基极回路，用 $C'_{\text{e}}$ 表示，其容抗

$$X_{C'_{\text{e}}} = \frac{1}{\omega C'_{\text{e}}} = (1 + \beta)\frac{1}{\omega C_{\text{e}}}$$

则折算后的电容

$$C'_{\text{e}} = \frac{C_{\text{e}}}{1 + \beta}$$

它与耦合电容 $C_{\text{b1}}$ 串联，所以基极回路的总电容

$$C_1 = \frac{C_{\text{b1}}C_{\text{e}}}{(1 + \beta)C_{\text{b1}} + C_{\text{e}}} \tag{4.7.33}$$

$C_{\text{e}}$ 对输出回路基本上不存在折算问题，因为 $\dot{I}_{\text{e}} \approx \dot{I}_{\text{c}}$，而且一般有 $C_{\text{e}} \gg C_{\text{b2}}$，因而 $C_{\text{e}}$ 对输出回路的作用可忽略（做短路处理），这样就可得到图 4.7.13（c）所示的简化电路，图中还把受控电流源

---

[1] 这里所提出的两条假设是一种简化分析的方法，对于低频信号一般都能成立。

$\beta \dot{I}_b$ 与 $R_c$ 的并联回路转换成等效的电压源形式。

图 4.7.13（c）所示电路的输入回路和输出回路都与图 4.7.2 所示的 $RC$ 高通电路相似。由图 4.7.13（c）可得

$$\dot{V}_o = -\frac{R_L}{R_c + R_L + \dfrac{1}{j\omega C_{b2}}}\beta \dot{I}_b R_c = -\frac{\beta R_L' \dot{I}_b}{1 - j/\omega C_{b2}(R_c + R_L)}$$

$$\dot{V}_s = (R_s + r_{be} - j/\omega C_1)\dot{I}_b = (R_s + r_{be})[1 - j/\omega C_1(R_s + r_{be})]\dot{I}_b$$

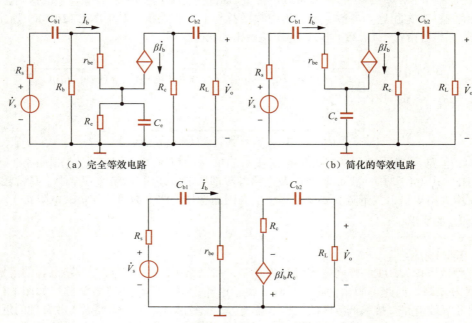

（a）完全等效电路　　　　　　　　　　　　　（b）简化的等效电路

（c）图 4.7.13（b）所示电路的等效电路

图 4.7.13　图 4.7.10（a）所示电路的低频小信号等效电路

则低频源电压增益

$$\dot{A}_{VSL} = \frac{\dot{V}_o}{\dot{V}_s} = -\frac{\beta R_L'}{R_s + r_{be}} \cdot \frac{1}{1 - j/\omega C_1(R_s + r_{be})} \cdot \frac{1}{1 - j/\omega C_{b2}(R_c + R_L)}$$

$$= \dot{A}_{VSM} \cdot \frac{1}{1 - j(f_{L1}/f)} \cdot \frac{1}{1 - j(f_{L2}/f)} \tag{4.7.34}$$

式中，$\dot{A}_{VSM} = -\dfrac{\beta R_L'}{R_s + r_{be}}$ 是忽略基极偏置电阻 $R_b$ 时的中频（即通带）源电压增益。

$$f_{L1} = \frac{1}{2\pi C_1(R_s + r_{be})} \tag{4.7.35}$$

$$f_{L2} = \frac{1}{2\pi C_{b2}(R_c + R_L)} \tag{4.7.36}$$

由此可见，图 4.7.10（a）所示的 $RC$ 耦合单级共发射极放大电路在满足式（4.7.32）的条件下，它的低频响应具有 $f_{L1}$ 和 $f_{L2}$ 两个转折频率，如果二者间的比值在 4 倍以上，则取值大的那个作为放大电路的下限频率。

需要指出的是，由于 $C_e$ 在发射极电路里，流过它的电流 $\dot{I}_e$ 是基极电流 $\dot{I}_b$ 的 $(1+\beta)$ 倍，它的大小对电压增益的影响较大，因此 $C_e$ 是影响低频响应的主要因素。

当 $C_{b2}$ 很大时，可只考虑 $C_{b1}$、$C_e$ 对低频特性的影响，此时式（4.7.34）可简化为

$$\dot{A}_{VSL} = \dot{A}_{VSM} \cdot \frac{1}{1-\mathrm{j}(f_{L1}/f)} \qquad (4.7.37)$$

其对数幅频特性和相频特性的表达式为

$$20\lg\left|\dot{A}_{VSL}\right| = 20\lg\left|\dot{A}_{VSM}\right| - 20\lg\sqrt{1+(f_{L1}/f)^2} \qquad (4.7.38a)$$

$$\varphi = -180°-\arctan(-f_{L1}/f) = -180+\arctan(f_{L1}/f) \qquad (4.7.38b)$$

式（4.7.38b）中 $+\arctan(f_{L1}/f)$ 是输入回路中等效电容 $C_1$ 在低频范围内引起的附加相移 $\Delta\varphi$，其最大值为 $+90°$，当 $f=f_{L1}$ 时，$\Delta\varphi=+45°$。

由式（4.7.38a）和式（4.7.38b）可画出图4.7.10（a）所示电路在只考虑电容 $C_{b1}$ 和 $C_e$ 影响时的低频响应波特图，如图4.7.14所示。

将图4.7.14与图4.7.12组合在一起即可得图4.7.10（a）所示电路的完整的频率响应波特图，其形式与图4.7.1相似。

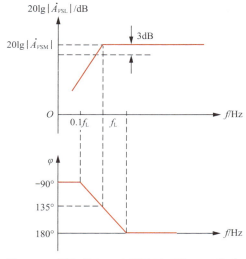

图 4.7.14　只考虑 $C_{b1}$、$C_e$ 影响时，图 4.7.10（a）所示电路的低频响应波特图

**例4.7.2**　　在图4.7.10（a）所示电路中，设BJT的 $\beta=80$，$r_{be}\approx1.5\mathrm{k}\Omega$，$V_{CC}=15\mathrm{V}$，$R_s=50\Omega$，$R_{b1}=110\mathrm{k}\Omega$，$R_{b2}=33\mathrm{k}\Omega$，$R_c=4\mathrm{k}\Omega$，$R_L=2.7\mathrm{k}\Omega$，$R_e=1.8\mathrm{k}\Omega$，$C_{b1}=30\mu\mathrm{F}$，$C_{b2}=1\mu\mathrm{F}$，$C_e=50\mu\mathrm{F}$，试估算该电路的下限频率。

**解：**由式（4.7.33）求得输入回路等效电容

$$C_1 = \frac{C_{b1}C_e}{(1+\beta)C_{b1}+C_e} \approx 0.6\mu\mathrm{F}$$

由式（4.7.35）和式（4.7.36）分别求得

$$f_{L1} = \frac{1}{2\pi C_1(R_s+r_{be})} = \frac{1}{2\times3.14\times0.6\times10^{-6}\times(50+1500)}\mathrm{Hz} \approx 171.2\mathrm{Hz}$$

$$f_{L2} = \frac{1}{2\pi C_{b2}(R_c+R_L)} = \frac{1}{2\times3.14\times1\times10^{-6}\times(4+2.7)\times10^3}\mathrm{Hz} \approx 23.8\mathrm{Hz}$$

$f_{L1}$ 与 $f_{L2}$ 的比值大于4，因此下限频率为 $f_L\approx f_{L1}\approx171.2\mathrm{Hz}$。

在以上的讨论中，曾假设 $1/\omega C_e\ll R_e$，如果这个条件不满足，则 $C_e$ 对低频响应的影响将存在较大误差。更精确的分析，可以利用PSpice或MultiSim仿真软件实现。

由上文可知，为了改善放大电路的低频特性，需要加大耦合电容及其相应回路的等效电阻，以增大回路时间常数，从而降低下限频率。但这种改善是很有限的，因此在信号频率很低的使用场合，可考虑用直接耦合方式。

由上述分析可得出以下结论。

（1）在低频区，增益下降是耦合电容和旁路电容导致的。

（2）在高频区，增益下降是晶体管的极间电容导致的。

（3）在中频区，耦合电容和旁路电容可视为短路，极间电容可视为开路，得到和频率无关的中频区增益，即通带增益。

共发射极放大电路的带宽由于密勒效应的影响而较窄。可见，要增加带宽，就必须减小或消除密勒效应。共基极放大电路和共集电极放大电路满足这样的要求，具体分析过程不赘述，读者可参阅相关资料自行分析。

### 4.7.4 多级放大电路的频率响应

由 4.6 节的分析可知，多级放大电路的电压增益 $A_v$ 为各级放大电路的电压增益的乘积。各级放大电路的电压增益是频率的函数，因而，多级放大电路的电压增益 $A_v$ 也必然是频率的函数。为了简明，假设有一个两级放大电路，由两个通带电压增益相同、频率响应相同的单管共发射极放大电路构成，图 4.7.15（a）所示是它的结构示意，级间采用 RC 耦合方式，由于耦合环节具有隔离直流、传送交流的作用，两级的静态工作情况互不影响，而信号则可顺利通过。

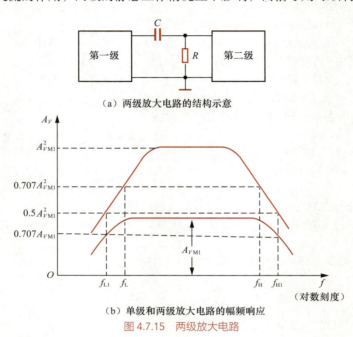

（a）两级放大电路的结构示意

（b）单级和两级放大电路的幅频响应

图 4.7.15 两级放大电路

下面来定性分析图 4.7.15（a）所示电路的幅频响应，研究它与所含单级放大电路的频率响应的关系。设每级的通带电压增益为 $A_{vM1}$，则每级的上限频率 $f_{H1}$ 和下限频率 $f_{L1}$ 处对应的电压增益为 $0.707A_{vM1}$，两级放大电路的通带电压增益为 $A_{vM1}^2$。显然，这个两级放大电路的上、下限频率不可能是 $f_{H1}$ 和 $f_{L1}$，因为对应于这两个频率的电压增益是 $(0.707A_{vM1})^2 = 0.5A_{vM1}^2$，如图 4.7.15（b）所示。根据放大电路通频带的定义，当该电路的电压增益为 $0.707\ A_{vM1}^2$ 时，对应的低端频率为下限频率 $f_L$，高端频率为上限频率 $f_H$，如图 4.7.15（b）所示。

显然，$f_L > f_{L1}$，$f_H < f_{H1}$，即两级放大电路的通频带变窄了。依此推广到 $n$ 级放大电路，其总电压增益为各单级放大电路的电压增益的乘积，即

$$A_V(\text{j}\omega) = \frac{V_{o1}(\text{j}\omega)}{V_{i1}(\text{j}\omega)} \cdot \frac{V_{o2}(\text{j}\omega)}{V_{02}(\text{j}\omega)} \cdot \ \cdots \cdot \frac{V_{on}(\text{j}\omega)}{V_{o(n-1)}(\text{j}\omega)}$$

或

$$\dot{A}_V = \dot{A}_{V1} \cdot \dot{A}_{V2} \cdot \cdots \cdot \dot{A}_{Vn} \tag{4.7.39}$$

应当注意的是，在计算各级的电压增益时，前级的开路电压是后级的信号源电压；前级的输出阻抗是后级的信号源阻抗，而后级的输入阻抗是前级的负载。

从图 4.7.15（b）所示的两级放大电路的通频带可推知，多级放大电路的通频带一定比它的任何一级都窄，级数越多，则 $f_L$ 越高而 $f_H$ 越低，通频带越窄。这就是说，将几级放大电路串联后，总电压增益虽然提高了，但通频带变窄了，这是多级放大电路中一个重要的概念。

# 小结

- BJT 是由 3 个杂质半导体区域、两个 PN 结组成的三端有源器件，有 NPN 和 PNP 两种类型。它的 3 个电极分别称为发射极 e、基极 b 和集电极 c。它有两种载流子参与导电，故称为双极型器件。由于硅材料的热稳定性好，因而硅 BJT 得到广泛应用。

- 在 BJT 的两个 PN 结上外加不同极性的偏置电压时，BJT 可有 3 种不同的工作模式，即放大、饱和、截止。本章主要讨论 BJT 的放大作用，故偏置电压应使发射结正向偏置、集电结反向偏置。

- 通常用输入和输出特性表征 BJT 各电极间电压与各电极电流之间的关系，称为伏-安特性。BJT 输入特性的电流（$i_B$ 或 $i_E$）与发射结正向偏置电压 $v_{BE}$ 间近似呈指数关系；输出特性的集电极电流 $i_C$ 与 $i_B$ 或 $i_E$ 间近似呈线性关系。因此，既可以称 BJT 为电压控制器件，也可以称 BJT 为电流控制器件，国内习惯采用后一种说法。

- 电流放大系数是 BJT 的主要参数之一，按电路组态的不同，分别有共发射极电流放大系数 $\beta$ 和共基极电流放大系数 $\alpha$。另外，在使用 BJT 时还需特别注意它的极限参数，如集电极最大允许电流 $I_{CM}$、集电极最大允许耗散功率 $P_{CM}$ 和几个反向击穿电压等。为了保证安全运行，电路中 BJT 的工作电流、电压和耗散功率不能超过这些极限参数规定的值。

- BJT 构成放大电路时，需解决两个问题：一是 BJT 的静态偏置，即静态工作点设置；二是信号的输入和输出方式。

- 静态偏置的方法有多种，其目的是使 BJT 的发射结正向偏置、集电结反向偏置，为放大电路设置一个合适的 $Q$ 点，使其工作在线性放大区。$Q$ 点设置不合适，容易出现饱和失真或截止失真。

- 直接耦合和阻容耦合是信号接入放大电路和由放大电路取出的两种主要方式，它们各有特点。直接耦合放大电路对信号的最低频率没有要求，可以放大直流信号，但负载电阻和信号源有时会影响放大电路的静态工作点；而阻容耦合放大电路则弥补了直接耦合放大电路的缺陷，但对信号的最低频率有要求，不能放大直流信号。集成运放中大多采用直接耦合方式。

- 根据信号输入 BJT 的电极和信号输出电极的不同，BJT 放大电路有共发射极、共集电极和共基极 3 种组态，它们的性能指标各有特点，分别适用于不同场合。组态的划分与信号的输入输出连接电极有关，与 BJT 的偏置无关。根据 3 种组态电路的输出量与输入量之间的大小和相位关系，又可分别将它们称为反相电压放大器、电压跟随器和电流跟随器。

- 小信号模型分析法也是小信号情况下分析 BJT 放大电路较有效的方法之一。

- 在实际应用中，常将反相电压放大器、电压跟随器和电流跟随器这 3 种放大电路进行适当的组合，构成性能更佳的多级放大电路。

- 放大电路的频率响应用来衡量电路对不同频率信号的放大功能。表征频率响应的 3 个参数是中频电压增益 $A_{VM}$、下限频率 $f_L$ 和上限频率 $f_H$。BJT 的极间电容及电路中的分布电容、负载电容使放大电路的高频电压增益下降，且产生滞后的相移。电路中的耦合电容和旁路电容使放大电路的低频电压增益下降，且产生超前的相移。

- 手动分析放大电路的频率响应时，常用不含任何电容的中频小信号等效电路分析中频响应，用含负载电容、分布电容及 BJT 极间电容的高频小信号等效电路分析高频响应，用含耦合电容和旁路电容的低频小信号等效电路分析低频响应。但在集成放大电路中不使用旁路电容，且各级间直接耦合，因此其增益在低频段不受衰减。放大电路的高、低频响应可分别用 $RC$ 低、高通电路的频率响应来模拟。

- 研究放大电路的高频响应时，要用到 BJT 的高频小信号模型。特征频率 $f_T$ 是 BJT 的电流增益等于1时的信号频率，是反映晶体管高频放大能力的一个重要指标。

- 共发射极放大电路受密勒效应的影响最大，所以这种电路的带宽最窄。共集电极放大电路受密勒效应的影响很小，所以这种电路的带宽比共发射极放大电路的带宽大得多。共基极放大电路中不存在密勒效应，所以这种电路的带宽较大。
- 多级放大电路的通频带一定比它的任何一级放大电路的通频带都窄，级数越多，则$f_L$越高而$f_H$越低，通频带越窄，附加相移也越大。
- 放大电路频率响应的精确计算可借助计算机辅助分析工具完成，如PSpice或MultiSim等。

## 自我检验题

### 4.1　填空题

1. BJT具有放大作用的内部条件：发射区掺杂浓度_____，基区杂质浓度_____发射区杂质浓度，基区宽度_____，集电区面积比发射区面积_____。
2. BJT工作在线性放大区时，发射结_____偏置，集电结_____偏置；工作在饱和区时，发射结_____偏置，集电结_____偏置；工作在截止区时，基极电流_____。
3. NPN型BJT工作在线性放大区时，其3个电极电压的关系是_____电压最高，_____电压最低；而PNP型BJT的3个电极电压的关系是_____电压最高，_____电压最低。
4. BJT处于放大状态时，$i_C=$_____$i_B$，$i_C=$_____$i_E$，$i_E=$_____$i_B$。
5. BJT处于放大状态时，硅管的b-e间压差约为_____V，锗管的b-e间压差约为_____V。
6. 在画放大电路的直流通路时，耦合电容和旁路电容应_____，电压信号源应_____，电流信号源应_____，信号源内阻应_____；在画交流通路时，耦合电容和旁路电容应_____，直流电压源应_____，直流电流源应_____。
7. 最初的H参数小信号模型有_____个参数，简化模型有_____个参数，它们是_____和_____。
8. 共发射极放大电路的电压增益$|A_v|$_____1，输入电压与输出电压的相位_____；共集电极放大电路的电压增益$|A_v|$_____1，输入电压与输出电压的相位_____；共基极放大电路的电压增益$|A_v|$_____1，输入电压与输出电压的相位_____。
9. 在共发射极放大电路中，信号由BJT的_____输入，由BJT的_____输出；在共集电极放大电路中，信号由BJT的_____输入，由BJT的_____输出；在共基极放大电路中，信号由BJT的_____输入，由BJT的_____输出。
10. 多级放大电路的通频带一定比它的任何一级放大电路的通频带都_____，级数越多，则$f_H$越高而$f_L$越低，通频带越_____，附加相移也越_____。

### 4.2　判断题（正确的画"√"，错误的画"×"）

1. 正常工作时，不能将BJT的发射极和集电极交换使用。　　　　　　　　　（　　）
2. NPN型BJT只能在正电源电压下工作，而PNP型BJT只能在负电源电压下工作。（　　）
3. 同一只BJT，无论在什么情况下，它的$\beta$值始终不变。　　　　　　　（　　）
4. BJT放大电路在不失真地放大动态信号时，其3个电极的实际电流方向始终不变。（　　）
5. 在阻容耦合放大电路中，信号源和负载电阻会影响电路的静态工作点。　（　　）
6. 直接耦合放大电路可以放大频率很低的信号甚至直流信号。　　　　　　（　　）
7. BJT的小信号模型只能用于分析放大电路的动态情况，不能用来分析静态工作点。（　　）
8. 可以用万用表的"Ω"挡测量出BJT的H参数$r_{be}$。　　　　　　　　（　　）
9. BJT组成复合管时最重要的特性是极大地提高了电流放大倍数。　　　　（　　）

### 4.3　选择题

1. BJT具有放大作用是由于_____。
A. BJT的输入电流对输出电流的控制作用　　B. BJT能将能量放大
C. BJT的发射极和集电极不对称　　　　　　D. BJT内部有两个PN结
2. 三极管$VT_1$、$VT_2$各电极的对地电位如图题4.1所示，则$VT_1$处于_____状态，$VT_2$处于状态。

  A. 放大      B. 饱和      C. 截止      C. 倒置

  3. 测得某放大电路中的BJT两个电极电流如图题4.2所示，则另一个电极的电流大小为_____，方向为_____。

  A. 0.03mA     B. 0.03μA     C. 2.43mA     D. 流入电极    E. 流出电极

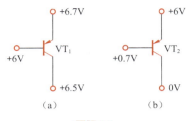

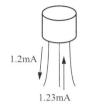

     图题 4.1              图题 4.2

  4. BJT的3个电极中只能作为输入的电极是_____，只能作为输出的电极是_____。

  A. 发射极      B. 基极      C. 集电极      D. 都可以

  5. 当NPN型共发射极放大电路的输出电压时域波形顶部出现失真时，是出现了_____失真；而PNP型共发射极放大电路的输出电压波形顶部出现失真时，是出现了_____失真。

  A. 截止      B. 饱和      C. 双向      D. 线性

  6. 下列放大电路中，既有较大的电压放大倍数，又有较大的电流放大倍数的是_____。

  A. 共发射极放大电路        B. 共集电极放大电路

  C. 共基极放大电路         D. 场效应管共漏极放大电路

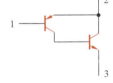

  7. 电压放大倍数$A_v$=100的两个放大电路Ⅰ和Ⅱ分别对同一个具有内阻的电压信号源进行放大，得到输出开路时的电压振幅分别为4V和5V，由此可知放大电路Ⅱ的_____。

  A. 放大倍数大    B. 输出电阻小    C. 输入电阻大

  8. 复合管如图题4.3所示，等效为一个BJT时，2端是_____，3端是_____。

  A. 基极      B. 集电极      C. 发射极      D. 公共端      图题 4.3

## 📝 习题

### 4.1　BJT

  4.1.1　测得某放大电路中BJT的3个电极A、B、C的对地电压分别为$V_A$=−9V，$V_B$=−6V，$V_C$=−6.2V，试分析A、B、C中哪个是基极、发射极、集电极，并说明此BJT是NPN晶体管还是PNP晶体管。

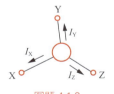

  4.1.2　某放大电路中BJT的3个电极X、Y、Z的电流如图题4.1.2所示，用万用表直流电流挡测得$I_X$=−2mA，$I_Y$=−0.04mA，$I_Z$=+2.04mA，试分析X、Y、Z中哪个是基极、发射极、集电极，并说明此BJT是NPN晶体管还是PNP晶体管，它的$\bar{\beta}$值为多少？

                               图题 4.1.2

  4.1.3　某BJT的极限参数$I_{CM}$=100mA，$P_{CM}$=150mW，$V_{(BR)CEO}$=30V，若它的工作电压$V_{CE}$=10V，则工作电流$I_C$不得超过多少？若工作电流$I_C$=1mA，则工作电压的极限值应为多少？

  4.1.4　设某BJT处于放大状态。（1）若基极电流$i_B$=6μA，集电极电流$i_C$=510μA，试求$\beta$、$\alpha$及$i_E$；（2）如果$i_B$=50μA，$i_C$=2.65mA，试求$\beta$、$\alpha$。

### 4.2　基本共发射极放大电路

  4.2.1　试分析图题4.2.1所示各电路对正弦交流信号有无放大作用，并简述理由（设各电容的容抗可忽略）。

  4.2.2　试分析图题4.2.2所示各电路对正弦交流信号有无放大作用，并简述理由（设各电容的容抗可忽略）。

  4.2.3　说明图题4.2.2（b）、（d）、（e）所示电路各是什么组态的放大电路，并简述理由。

  4.2.4　说明图题4.2.4所示各电路分别是什么组态的放大电路，并简述理由。

  4.2.5　试分别画出图题4.2.2（b）和（d）所示电路的直流通路和交流通路。

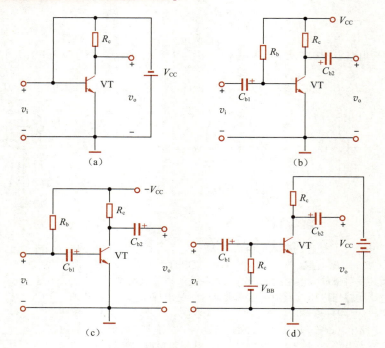

图题 4.2.1

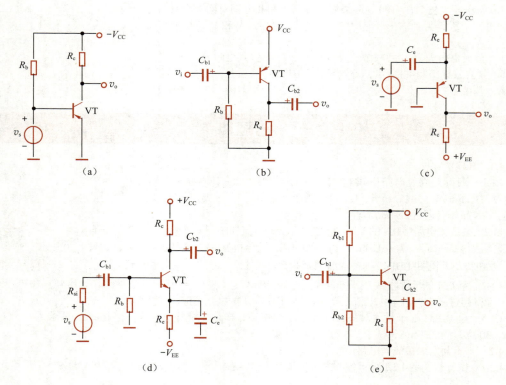

图题 4.2.2

4.2.6　试分别画出图题 4.2.4（a）、（b）和（c）所示电路的直流通路和交流通路。

4.2.7　在图题 4.2.2（b）所示电路中，设 $V_{CC}=12\text{V}$，$R_c=2\text{k}\Omega$，$R_b=300\text{k}\Omega$，BJT 为锗管，且 $\beta=100$。试求电路中的 $I_{BQ}$、$I_{CQ}$ 和 $V_{CEQ}$ 的值。

4.2.8　在图题 4.2.4（b）所示电路中，设 $V_{CC}=12\text{V}$，$R_c=4\text{k}\Omega$，$R_e=1\text{k}\Omega$，$R_{b1}=50\text{k}\Omega$，$R_{b2}=10\text{k}\Omega$，BJT 的

$\beta=100$，$V_{BEQ}=0.7V$。试求电路中的 $I_{BQ}$、$I_{CQ}$ 和 $V_{CEQ}$ 的值。

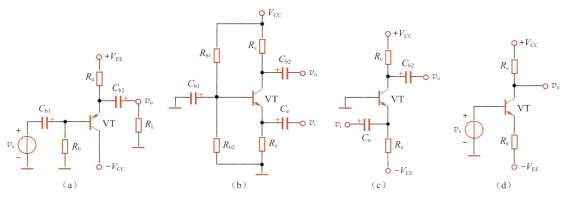

图题 4.2.4

4.2.9　放大电路如图题4.2.9所示。设BJT的 $\beta=100$，$V_{BEQ}=0.7V$，$V_{CC}=12V$，$R_c=4.3k\Omega$，$I_1=10I_B$。要求电路的 $I_{CQ}=1mA$，$V_{CEQ}=5V$。试求电阻 $R_e$、$R_{b1}$ 和 $R_{b2}$ 的值。

### 4.3　图解分析法
4.3.1　BJT的输出特性曲线如图题4.3.1所示。求该器件的 $\beta$ 值。

4.3.2　将输出特性曲线如图题4.3.1所示的BJT接入图题4.3.2所示的电路，图中 $V_{CC}=15V$，$R_c=1.5k\Omega$，$i_B=20\mu A$，求此时BJT的 $i_C$ 和 $v_{CE}$。

### 4.4　小信号模型分析法
4.4.1　试分别画出图题4.4.1所示电路的小信号等效电路，设电路中各电容对交流信号均可视为短路，并注意标注相应的电压和电流。

4.4.2　试分别画出图题4.2.4（a）和（c）所示电路的小信号等效电路，设电路中各电容对交流信号均可看作短路，并注意标注相应的电压和电流。

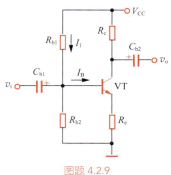

图题 4.2.9

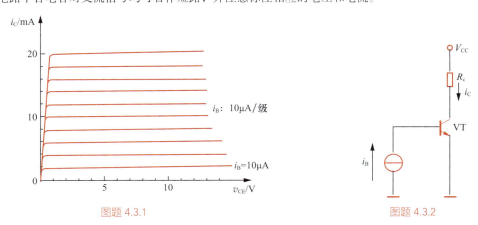

图题 4.3.1

图题 4.3.2

4.4.3　试画出图题4.4.3所示电路的小信号等效电路，设电路中电容对交流信号可看作短路，并注意标注相应的电压和电流。

4.4.4　单管放大电路如图题4.4.4所示，已知BJT的电流放大系数 $\beta=50$。（1）估算 $I_{CQ}$。（2）画出H参数小信号等效电路。（3）估算BJT的输入电阻 $r_{be}$。（4）输出端接入4kΩ的负载电阻时，计算 $A_v=v_o/v_i$ 及 $A_{vs}=v_o/v_s$。（5）试用软件仿真解决（1）和（4）。

4.4.5　放大电路如图题4.4.5所示，已知 $V_{CC}=12V$，BJT硅管的 $\beta=40$。若要求 $|A_v|\geqslant200$，$I_{CQ}=1mA$，试确定 $R_b$、$R_c$ 的值，并计算 $V_{CEQ}$。

4.4.6　电路如图题4.4.6所示，已知 $\beta=60$。（1）求 $I_{CQ}$。（2）画出H参数小信号等效电路。（3）求 $r_{be}$、$A_v$、$R_i$ 和 $R_o$。（电容对交流信号可视为短路）

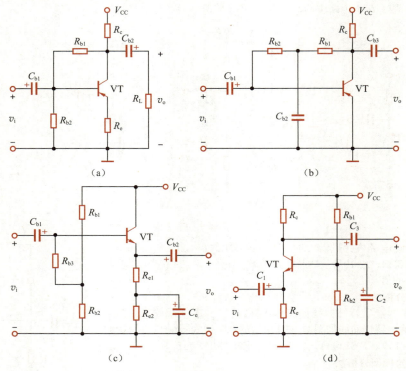

图题 4.4.1

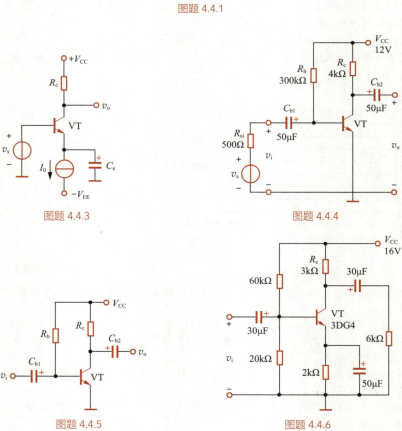

图题 4.4.3

图题 4.4.4

图题 4.4.5

图题 4.4.6

4.4.7　电路如图题 4.4.7 所示，设 BJT 的 $\beta=100$，$V_{BEQ}=0.7V$。（1）估算 $Q$ 点。（2）求电压增益 $A_v$、输入电阻 $R_i$ 和输出电阻 $R_o$。

### 4.5　共集电极放大电路和共基极放大电路

4.5.1　在图题 4.5.1 所示的电路中，已知 $R_b=260k\Omega$，$R_e=R_L=5.1k\Omega$，$R_{si}=500\Omega$，$V_{EE}=12V$，$\beta=50$。（1）求电路的 $I_{CQ}$。（2）求电压增益 $A_v$、输入电阻 $R_i$ 及输出电阻 $R_o$。（3）若 $v_s=200mV$，求 $v_o$。

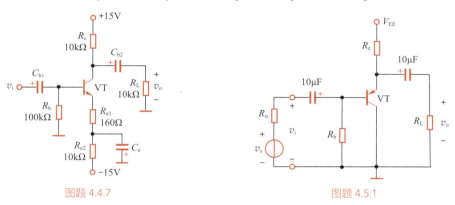

图题 4.4.7　　　　　　　　　　　　　图题 4.5.1

4.5.2　电路如图题 4.5.2 所示，设 $\beta=100$，$R_{si}=2k\Omega$。（1）求 $Q$ 点。（2）求电压增益 $A_{vs1}=v_{o1}/v_s$ 和 $A_{vs2}=v_{o2}/v_s$。（3）求输入电阻 $R_i$。（4）求输出电阻 $R_{o1}$ 和 $R_{o2}$。设电容对交流信号可视为短路。

4.5.3　共基极放大电路如图 4.5.3 所示。发射极回路里接入一直流电流源，设 $\beta=100$，$R_{si}=0$，$R_L=\infty$。试确定电路的电压增益 $A_v$、输入电阻 $R_i$ 和输出电阻 $R_o$。设电容对交流信号可视为短路。

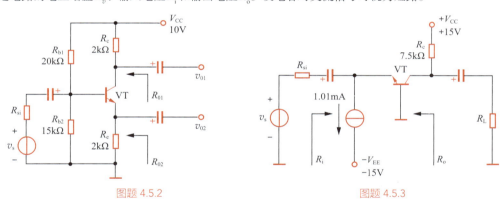

图题 4.5.2　　　　　　　　　　　　　图题 4.5.3

### 4.6　多级放大电路

4.6.1　设图题 4.6.1 所示电路已设置了合适的静态工作点，各电容对交流信号均可视为短路。试写出该电路的电压增益 $A_v$、输入电阻 $R_i$ 及输出电阻 $R_o$ 的表达式。

4.6.2　电路如图题 4.6.2 所示，设两管的 $\beta=100$，$V_{BEQ}=0.7V$。（1）求 $I_{CQ1}$、$V_{CEQ1}$、$I_{CQ2}$、$V_{CEQ2}$。（2）$VT_1$、$VT_2$ 各组成何种组态？（3）试画出该电路的交流通路，并求 $A_{v1}$、$A_{v2}$、$A_v$、$R_i$ 和 $R_o$。

### 4.7　放大电路的频率响应

4.7.1　某放大电路中 $\dot{A}_V$ 的对数幅频特性如图题 4.7.1 所示。（1）试求该电路的中频电压增益 $|\dot{A}_{VM}|$、上限频率 $f_H$、下限频率 $f_L$。（2）当输入信号的频率 $f=f_L$ 或 $f=f_H$ 时，该电路实际增益是多少分贝？

4.7.2　电路如图题 4.7.2 所示，设 BJT 的 $\beta_0=40$，$C_{b'c}=3pF$，$C_{b'e}=100pF$，$r_{bb'}=100\Omega$，$r_{b'e}=418\Omega$。试求该电路的通带源电压增益 $A_{VSM}$ 和上限频率 $f_H$。

4.7.3　某高频 BJT，在 $I_{CQ}=1.5mA$ 时，测出其低频 H 参数为 $r_{be}=1.1k\Omega$，$\beta_0=50$，特征频率 $f_T=100MHz$，$C_{b'c}=3pF$，试求混合 Π 型模型的参数 $g_m$、$r_{b'e}$、$r_{bb'}$、$C_{b'e}$ 和 $f_\beta$。

4.7.4　在图题 4.7.4 所示电路中，设信号源内阻 $R_{si}=5k\Omega$，$R_{b1}=33k\Omega$，$R_{b2}=22k\Omega$，$R_c=4.7k\Omega$，$R_L=5.1k\Omega$，$I_{EQ}\approx0.33mA$，$\beta_0=120$，$r_{bb'}=50\Omega$，$f_T=700MHz$ 及 $C_{b'c}=1pF$。（1）求该电路的通带电压增益 $A_{VM}$ 及源电压增益 $A_{VSM}$。（2）求源电压增益的上限频率 $f_H$。

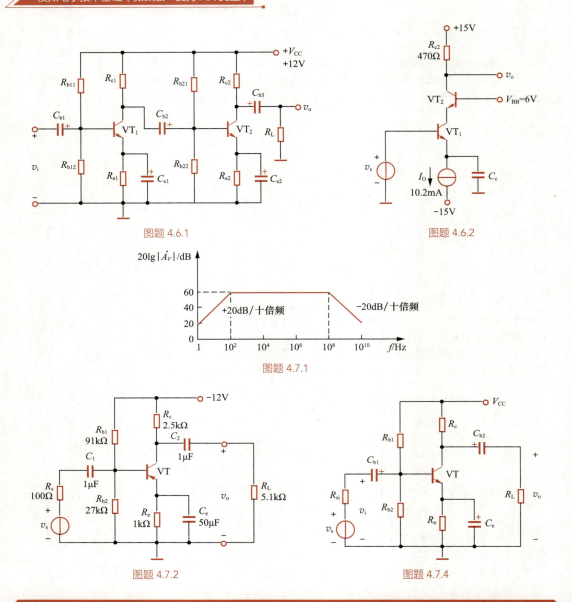

图题 4.6.1

图题 4.6.2

图题 4.7.1

图题 4.7.2

图题 4.7.4

## 📝 实践训练

**S4.1** 电路如图 S4.1 所示，BJT 为 NPN 型硅管，型号为 2N3904，$\beta$=50。电路参数：$R_c$= 3.3kΩ，$R_e$=

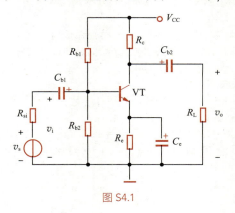

图 S4.1

$1.3\text{k}\Omega$，$R_{b1}=33\text{k}\Omega$，$R_{b2}=10\text{k}\Omega$，$R_L=5.1\text{k}\Omega$，$C_{b1}=C_{b2}=10\mu\text{F}$，$C_e=50\mu\text{F}$（$R_e$ 的旁路电容），$V_{CC}=12\text{V}$。设信号源内阻 $R_s=0$。试用 MultiSim 做如下分析：（1）当正弦电压信号源 $v_s$ 的频率为 1kHz、振幅为 10mV 时，求输入、输出电压波形；（2）求电压增益的幅频响应和相频响应；（3）求电路的输入电阻 $R_i$ 和输出电阻 $R_o$。

**S4.2**　电路如图 S4.1 所示，设信号源内阻 $R_s=0$，BJT 的型号为 2N3904，$\beta=80$，$r_{bb'}$（$r_b$）$= 100\Omega$，其他参数与 S4.1 相同。试用 MultiSim 做如下分析：（1）求电压增益的幅频响应和相频响应；（2）求 $f_L$ 和 $f_H$。

**S4.3**　电路如图 S4.1 所示，设 BJT 的型号为 2N3904，$\beta=50$，$r_{bb'}$（$r_b$）$=100\Omega$，其他参数与 S4.1 相同。试用 MultiSim 分析 $C_e$ 在 $1\mu\text{F} \sim 100\mu\text{F}$ 变化时，下限频率 $f_L$ 的变化范围（$C_e$ 为与 $R_e$ 并联的电容）。

# 第 **5** 章

# 场效应管及放大电路

本章知识导图

## 本章学习要求

- 理解场效应管的结构、工作原理，掌握它们的特性、模型和主要参数。
- 理解场效应管基本放大电路的组成、工作原理及性能特点。
- 掌握放大电路的静态工作点和动态参数（$A_v$、$R_i$、$R_o$ 和 $V_{om}$）的分析方法。

## 本章讨论的问题

- 场效应管有什么特点？为什么说场效应管为单极型器件？
- 什么是增强型 MOSFET? 耗尽型 MOSFET 与增强型 MOSFET 有何不同？
- 什么是阈值电压？各种 MOSFET 的阈值电压有何不同？
- MOSFET 的小信号模型是在什么条件下建立起来的？
- MOSFET 放大电路有哪几种组态？如何判断放大电路的基本组态？
- 为什么可以称共漏极放大电路为源极输出器？
- 为什么 JFET 的栅极电阻比 MOSFET 的低？

## 5.1 ◁ 金属－氧化物－半导体场效应晶体管

场效应晶体管（Field Effect Transistor，FET）简称场效应管，是一种利用电场效应来控制其电流大小的半导体器件。根据结构不同，场效应管有两大类：金属－氧化物－半导体场效应管（Metal-Oxide-Semiconductor Field Effect Transistor，MOSFET）和结型场效应管（Junction Field Effect Transistor，JFET）。由于 MOSFET 可以制作得非常小，在芯片上占据很小的面积，所以 MOSFET 已成为现代集成电路中的主要器件。而 JFET 则主要应用于集成运放和射频电路的设计中。MOSFET 是工业上应用非常成功的固态器件，它比 JFET 重要得多。

早在 1925 年，尤利乌斯·利林菲尔德（Julius Edgar Lilienfeld）就申请了一个器件的专利，即今天大家知道的场效应管，在那时由于制造困难，因此他没能让这个器件工作。过了大约 35 年，直到 1960 年，美国贝尔实验室的姜大元（Dawon Kahng）和约翰·阿塔拉（John Atalla）才展示了第一个 MOSFET 器件[①]。随着制造工艺的进步，到 20 世纪 80 年代中期，MOSFET 器件才得到广泛的应用。早期，该器件是在硅材料上沉积一个 $SiO_2$ 的氧化层之后，再沉积一层金属层作为栅极。如今，较为流行的制造工艺是用一个导电的多晶硅层代替金属层，虽然 MOSFET 这个名称与其结构不再严格相符，但一般仍用这个名称来表示结构为硅-氧化物-硅的晶体管。

在 MOSFET 中，电流由加在半导体上的电场控制，这个电场和半导体表面及电流的方向垂直，这种控制半导体内电流的现象称为场效应。也就是说，这种器件是利用半导体表面的电场效应进行工作的，也称为表面场效应器件。在 MOSFET 中，从导电载流子的带电极性来看，有 N（电子型）沟道 MOSFET（简称 NMOSFET）和 P（空穴型）沟道 MOSFET（简称 PMOSFET）；按照导电沟道形成机理的不同，NMOSFET 和 PMOSFET 又各有增强型（简称 E 型）和耗尽型（简称 D 型）两种[②]。因此，MOSFET 有 4 种类型：N 沟道增强型 MOSFET、N 沟道耗尽型 MOSFET、P 沟道增强型型 MOSFET、P 沟道耗尽型 MOSFET。

下面以 N 沟道增强型 MOSFET 为例，重点讨论场效应管的结构、工作原理和特性曲线；然后对 N 沟道耗尽型 MOSFET 和 P 沟道 MOSFET 进行简要介绍。

### 5.1.1 N 沟道增强型 MOSFET

#### 1．结构及电路符号

N 沟道增强型 MOSFET 的结构如图 5.1.1（a）所示。它以一块掺杂浓度较低、电阻率较高的 P 型硅半导体薄片作为衬底，利用扩散的方法在 P 型硅中形成两个高掺杂的 $N^+$ 型区。然后在 P 型硅表面生长一层很薄的二氧化硅（$SiO_2$），二氧化硅和玻璃一样是绝缘体，在二氧化硅的表面及 $N^+$ 型区的表面分别安置 3 个电极——栅极 g、源极 s 和漏极 d[③]，就形成了 N 沟道增强型 MOSFET，由于栅极与源极、漏极均无电接触，故称绝缘栅极。源区和漏区之间的半导体区域称为沟道区，沟道区位于栅极的正下方。图 5.1.1 中还标出了两个重要尺寸，沟道长度 $L$（一般为 0.5 ～ 1.0μm）和宽度 $W$（一般为 0.5 ～ 50μm），$L$ 的典型值小于 1μm，这说明 MOSFET 是一个很小的器件。而氧化物的厚度 $t_{ox}$ 的典型值在 400Å（$0.4×10^{-7}$m）数量级以内。

图 5.1.1（b）和（c）所示分别是 N 沟道增强型 MOSFET 的截面图和电路符号，由于衬底也引出一个电极 B，因此 N 沟道增强型 MOSFET 是一个四端器件。通常将衬底与源极接在一起使用。电路符号中的箭头方向表示由 P（衬底）指向 N（沟道），在未加栅极电压之前，漏极与源极之间不存在导电沟道，电路符号中的短画线反映了沟道是断开的特点。

---

① 塞尔吉欧·佛朗哥. 模拟电路设计：分立与集成 [M]. 雷鑑铭，余国义，邹志革，等译. 北京：机械工业出版社，2017.
② E 型是 Enhancement-Mode 的缩写，D 型是 Depletion-Mode 的缩写。
③ 栅极、源极和漏极的英文全称分别为 grid、source terminal 和 drain terminal。

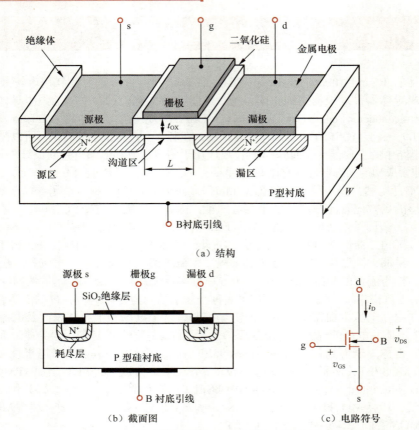

视频5-1：
MOSFET结构

（a）结构

（b）截面图　　　　（c）电路符号

图 5.1.1　N 沟道增强型 MOSFET 的结构、截面图及电路符号

## 2．工作原理

（1）$v_{GS}=0$，没有导电沟道

当栅极和源极短接（即栅源电压 $v_{GS}=0$）时 [ 见图5.1.2（a）]，源区（$N^+$型区）和漏区（$N^+$型区）被P型衬底区域隔开，它们之间形成两个背靠背的PN结二极管，如图5.1.2（c）所示。因此，在漏极和源极之间加上电压 $v_{DS}$，无论其极性如何，其中总有一个PN结是反向偏置的。在这种情况下，漏极和源极之间没有电流。也就是说，漏区、源区之间的电阻值很大，可高达 $10^{12}\Omega$ 数量级，漏极、源极之间没有形成导电沟道，因此，$i_D=0$，MOSFET处于截止状态。

（2）$v_{GS}\geq V_{TN}$ 时，出现N沟道

N沟道增强型MOSFET通常的偏置极性如图5.1.2（b）所示。当栅极和源极之间加上正向电压（栅极接正、源极接负）时，才有可能获得电流。此时，栅极和P型衬底各相当于一个极板，中间以二氧化硅为介质，相当于一个平板电容器。在正的栅源电压 $v_{GS}$ 作用下，介质中便产生了一个垂直于半导体表面的、由栅极指向衬底的电场（由于绝缘层很薄，即使只有几伏的栅源电压 $v_{GS}$，也能产生高达 $10^5 \sim 10^6 V/cm$ 数量级的强电场），这个电场是排斥空穴而吸引电子的，因此，在栅极下面的P型衬底中的空穴被排斥，留下不能移动的受主离子（负离子），形成耗尽层，同时P型衬底中的少数载流子（电子）被吸引到栅极下的衬底表面。当正的栅源电压达到一定数值时，这些电子在栅极下面的衬底表面便形成了一个N型薄层，称为<u>反型层</u>，这个反型层实际上就组成了源区、漏区之间的N型导电沟道。衬底表面反型层形成时所加的栅源电压称为<u>阈值电压</u> $V_{TN}$[①]，它是场效应管的一个重要参数。由于沟道中的载流子为电子，所以这种器件被称为N沟道MOSFET。

---

① 阈值电压 $V_{TN}$ 的下标T为Threshold（阈值）的缩写，下标N代表N沟道器件。对于图5.1.2所示的B与源极s连在一起，即 $v_{BS}=0$ 时的阈值电压称为零衬偏阈值电压，也常用 $V_{TN0}$ 表示，以示区别。另外，有的教材称此电压为开启电压，并用 $V_{GS}(th)$ 表示。

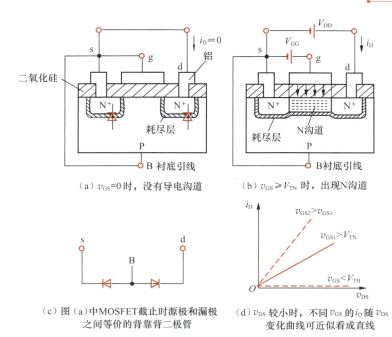

视频5-2：
MOSFET
工作原理

（a）$v_{GS}=0$ 时，没有导电沟道

（b）$v_{GS} \geqslant V_{TN}$ 时，出现N沟道

（c）图（a）中MOSFET截止时源极和漏极
之间等价的背靠背二极管

（d）$v_{DS}$ 较小时，不同 $v_{GS}$ 的 $i_D$ 随 $v_{DS}$
变化曲线可近似看成直线

绝缘栅型场效应管
导电沟道的形成

图 5.1.2　N 沟道增强型 MOSFET 的工作原理

因为导电沟道是栅源正电压感应产生的，所以也称为**感生沟道**。显然，栅源电压 $v_{GS}$ 的值越大，作用于半导体表面的电场就越强，吸引到P型硅衬底表面的电子就越多，导电沟道将越厚，沟道电阻的阻值将越小。这种在 $v_{GS}=0$ 时没有导电沟道，而必须依靠栅源电压的作用才形成导电沟道的MOSFET称为**增强型 MOSFET**。

（3）可变电阻区的形成机制

一旦出现了导电沟道，原来被P型衬底隔开的两个 $N^+$ 型区就被导电沟道连通了。此时，在漏极和源极之间加上正电压 $v_{DS}$，沟道反型层中的电子在电场作用下很容易从源极流到漏极，漏极电流 $i_D$ 就产生了。注意，电流的正方向和沟道中电子运动的方向相反，所以，N沟道增强型MOSFET中 $i_D$ 的方向是从漏极流入，经过沟道区，最后从源极流出。另外，正的 $v_{DS}$ 使沟道和衬底之间的PN结（耗尽层）反向偏置，所以基本上没有电流流过衬底。

当 $v_{DS}$ 较小时，$i_D$ 相对于 $v_{DS}$ 的特性曲线如图5.1.2（d）所示，此时不同 $v_{GS}$ 的 $i_D$ 随 $v_{DS}$ 的变化曲线可近似看成直线，直线的斜率就是沟道的电导（即沟道电阻的倒数）。当 $v_{GS}<V_{TN}$ 时，$i_D=0$，N沟道增强型MOSFET截止。当 $v_{GS}>V_{TN}$ 时，$i_D$ 随 $v_{DS}$ 增加而增加，且 $i_D$ 是 $v_{GS}$ 的函数。显然，$v_{GS}$ 越大，导电沟道将越厚，衬底表面的电子数量越多，在同样的 $v_{DS}$ 下，$i_D$ 将越大。此时，MOSFET等效为一个线性电阻，其阻值随 $v_{GS}$ 增大而减小。所以，将 $v_{DS}$ 较小且 $i_D$ 随 $v_{GS}$ 的大小近似成线性变化的这个区域称为**可变电阻区（也称非饱和区）**。

（4）恒流区的形成机制

当 $v_{GS}$ 为一个大于 $V_{TN}$ 的直流电压 $V_{GS}$ 时，随着 $v_{DS}$ 由0开始逐渐增大 [见图5.1.2（d）]，漏极电流 $i_D$ 将随之迅速增大，对应于图5.1.3（c）所示曲线的 $OA$ 段，其斜率较大。$i_D$ 流过沟道时，由于沟道电阻的存在，沿沟道长度方向从源极到漏极的电位会逐渐升高，而栅极电位是固定不变的，结果导致栅极与沟道之间的电位差在源端最大、在漏端最小，导电沟道的厚度不再均匀，靠近源端厚，靠近漏端薄，即沟道呈楔形。

当 $v_{DS}$ 继续增大，使得栅极与漏极之间的电压差正好等于阈值电压，即 $v_{GD}=v_{GS}-v_{DS}=V_{TN}$ 时，靠近漏端的反型层将会消失，意味着漏端的沟道开始夹断；若 $v_{DS}$ 继续增大，夹断点会向源极方向靠近，夹断区略有延长，沟道略有缩短，如图5.1.3（b）所示。值得注意的是，虽然沟道夹断，但由于夹断区长度比沟道长度（一般小于1μm）短得多，而夹断处电场强度很大，仍能将电子拉过夹断区（耗尽层）形成漏极电流。当 $v_{DS}$ 继续增大时，由于夹断区的电阻远大于沟道其余部分（没有夹断）的电阻，因此 $v_{DS}$ 的电压增量主要降落在夹断区，沟道其余部分的电压并未增大，因而 $v_{DS}$ 增大，$i_D$ 基本不变，趋于恒定（也称为饱和），这时输出特性曲线的斜率近似变为 0，曲线中的这个区域称为 **恒流区**［也称饱和区，见图 5.1.3（c）中的 $AB$ 段］。夹断点是可变电阻区与恒流区的分界点，也是可变电阻区中 $v_{DS}$ 的最大值，此时，$v_{DS(sat)} = v_{GS} - V_{TN}$，式中下标 sat 是 saturation（饱和）的缩写。

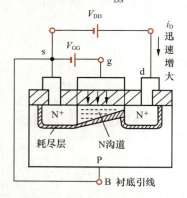

（a）当 $v_{GS} > V_{TN}$ 时，工作在可变电阻区的 N 沟道增强型 MOSFET

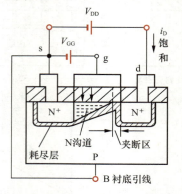

（b）当 $v_{GS} > V_{TN}$ 时，工作在恒流区的 N 沟道增强型 MOSFET

视频 5-3：可变电阻区的形成机制

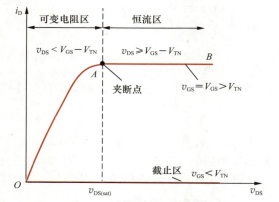

（c）可变电阻区和恒流区的输出特性曲线

图 5.1.3 可变电阻区和恒流区的形成机制

绝缘栅型场效应管漏源电压对导电沟道的控制

### 3．伏-安特性曲线及特性方程

（1）输出特性及特性方程

MOSFET 的输出特性是指在栅源电压 $v_{GS}$ 一定的情况下，漏极电流 $i_D$ 与漏源电压 $v_{DS}$ 之间的关系，即

$$i_D = f(v_{DS}) \Big|_{v_{GS} = 常数}$$

图 5.1.4 所示为 N 沟道增强型 MOSFET 的输出特性曲线。因为 $v_{DS} = v_{GS} - V_{TN}$ 是夹断点的条件，据此可在输出特性曲线上画出夹断点的轨迹，如图 5.1.4 中左边的虚线所示。显然，该虚线也是可变电阻区和恒流区的分界线。现分别对 3 个区域进行讨论。

① 截止区

当 $v_{GS} < V_{TN}$ 时，导电沟道尚未形成，$i_D = 0$，MOSFET 为截止工作状态，即工作在截止区。

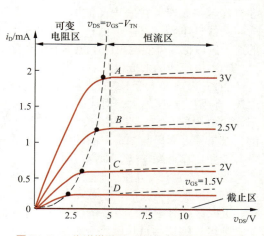

图 5.1.4 N 沟道增强型 MOSFET 的输出特性曲线

② 可变电阻区

当 $v_{GS} > V_{TN}$ 且 $v_{DS} < v_{GS} - V_{TN}$ 时，MOSFET 工作在可变电阻区。在这一区域内，$v_{DS}$ 较小，但随着 $v_{DS}$ 的增大，$i_D$ 基本上呈线性上升，呈现电阻特性；栅源电压越大，曲线越陡，意味着电阻越小。其伏 - 安特性可近似表示为

$$i_D = K_n \left[ 2(v_{GS} - V_{TN}) v_{DS} - v_{DS}^2 \right] \tag{5.1.1}$$

其中

$$K_n = \frac{K_n'}{2} \cdot \frac{W}{L} = \frac{\mu_n C_{ox}}{2} \cdot \frac{W}{L} \tag{5.1.2}$$

式中：本征导电因子 $K_n' = \mu_n C_{ox}$（通常情况下为常量）；$\mu_n$ 是反型层中电子迁移率；$C_{ox}$ 为栅极（与衬底间）氧化层单位面积电容[①]；$K_n$ 为电导常数，$mA/V^2$。

在输出特性曲线原点附近，因为 $v_{DS}$ 很小，可以忽略 $v_{DS}^2$，所以式（5.1.1）可近似为

$$i_D \approx 2K_n (v_{GS} - V_{TN}) v_{DS} \tag{5.1.3}$$

由此可以求出当 $v_{GS}$ 一定时，在可变电阻区内，原点附近的输出电阻

$$r_{dso} = \left. \frac{dv_{DS}}{di_D} \right|_{v_{GS} = 常数} = \frac{1}{2K_n (v_{GS} - V_{TN})} \tag{5.1.4}$$

表明 $r_{dso}$ 是一个受 $v_{GS}$ 控制的可变电阻。

③ 恒流区

当 $v_{GS} \geq V_{TN}$ 且 $v_{DS} \geq v_{GS} - V_{TN}$ 时，靠近漏极处的沟道已经被夹断，MOSFET 工作在恒流区。将夹断点条件 $v_{DS} = v_{GS} - V_{TN}$ 代入式（5.1.1）中，便得到夹断点处漏极电流的表达式为

$$i_D = K_n (v_{GS} - V_{TN})^2 = K_n V_{TN}^2 \left( \frac{v_{GS}}{V_{TN}} - 1 \right)^2 = I_{DO} \left( \frac{v_{GS}}{V_{TN}} - 1 \right)^2 \tag{5.1.5}$$

式中：$I_{DO} = K_n V_{TN}^2$，它是 $v_{GS} = 2V_{TN}$ 时的 $i_D$。

在恒流区内，$i_D$ 几乎不随 $v_{DS}$ 的改变而变化。因此，恒流区的伏 - 安特性也可以用式（5.1.5）来表示。由该式可知，给定一个 $v_{GS}$ 就有一个对应的 $i_D$，此时可将漏极电流 $i_D$ 看成受栅源电压 $v_{GS}$ 控制的电流源。

由于实际 MOSFET 恒流区的输出特性曲线会稍微向上倾斜，所以在某些情况下，需要在式（5.1.5）中加入乘积因子以反映曲线斜率的变化，这样恒流区的伏 - 安特性方程为

$$i_D = K_n (v_{GS} - V_{TN})^2 (1 + \lambda v_{DS}) = I_{DO} \left( \frac{v_{GS}}{V_{TN}} - 1 \right)^2 (1 + \lambda v_{DS}) \tag{5.1.6}$$

式中：$\lambda$ 为沟道长度的调整因子。对于典型器件，$\lambda$ 的值可近似表示为

$$\lambda \approx \frac{0.1}{L} V^{-1} \tag{5.1.7}$$

式（5.1.6）说明 $v_{GS}$ 固定时，随着 $v_{DS}$ 增大，漏极电流略有增大。这是因为漏端的沟道夹断后，$v_{DS}$ 再增大时，沟道夹断区从漏极向源极略有延长，使得沟道的有效长度 $L$ 略有缩短，对某一给定电压 $V_{GS}$，缩短的沟道内电流会有所增大，所以，输出特性曲线会向上倾斜（见图5.1.4中的虚线所示），这称为沟道的 长度调制效应。

（2）转移特性

FET 是电压控制器件，除了可以用输出特性及一些参数来描述其性能外，由于栅极输入端基本上没有电流，因此讨论它的输入特性是没有意义的。转移特性是指在漏源电压 $v_{DS}$ 一定的条件下，栅源电压 $v_{GS}$ 对漏极电流 $i_D$ 的控制特性，即

---

[①] $C_{ox}$=氧化物介电常数 $\varepsilon_{ox}$/ 氧化物的厚度 $t_{ox}$。对于硅器件，$\varepsilon_{ox} \approx 34.52 \times 10^{-14} F/cm$。

$$i_D = f(v_{GS})\Big|_{v_{DS}=常数}$$

由于输出特性与转移特性反映的是 FET 工作的同一物理过程，因此转移特性可以根据输出特性用作图法求出。例如，在图 5.1.4 所示的输出特性曲线的恒流区，作 $v_{DS}=5V$ 的一条垂直线，此垂直线与各条输出特性曲线的交点分别为 $A$、$B$、$C$、$D$，将上述各点相应的 $i_D$ 及 $v_{GS}$ 值画在 $i_D$-$v_{GS}$ 的直角坐标系中，就可得到转移特性 $i_D = f(v_{GS})\Big|_{v_{DS}=5V}$，如图 5.1.5 所示。

由于恒流区内，$i_D$ 受 $v_{DS}$ 的影响很小，因此，在恒流区内不同 $v_{DS}$ 下的转移特性曲线基本重合。

此外，转移特性曲线也可由式（5.1.5）画出，它是一条二次曲线。

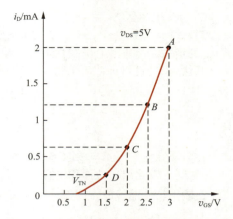

图 5.1.5　由图 5.1.4 作出的恒流区转移特性曲线

**例 5.1.1**　设 N 沟道增强型 MOSFET 的 $V_{TN}$ 为 2V，当 $V_{GS}=4V$、$V_{DS}=5V$ 时，MOSFET 的漏极电流 $I_D=9mA$。按照图 5.1.6 所示方式给该 MOSFET 接入直流偏置电压，当 $R_d$ 分别为 $5.1k\Omega$ 和 $2.2k\Omega$ 时，试问电路中的 MOSFET 分别工作在输出特性曲线的哪个区域？

**解：** 先求电导常数 $K_n$。由于 $v_{GS}=2V_{TN}=4V$ 时，$I_D=9mA$。根据式（5.1.5），得

$$K_n = \frac{I_{DO}}{V_{TN}^2} = \frac{9}{2^2}\,mA/V^2 = 2.25mA/V^2$$

当 $R_d$ 分别为 $5.1k\Omega$ 和 $2.2k\Omega$ 时，分别求出 $I_D$ 和 $V_{DS}$，判断 MOSFET 的工作区。

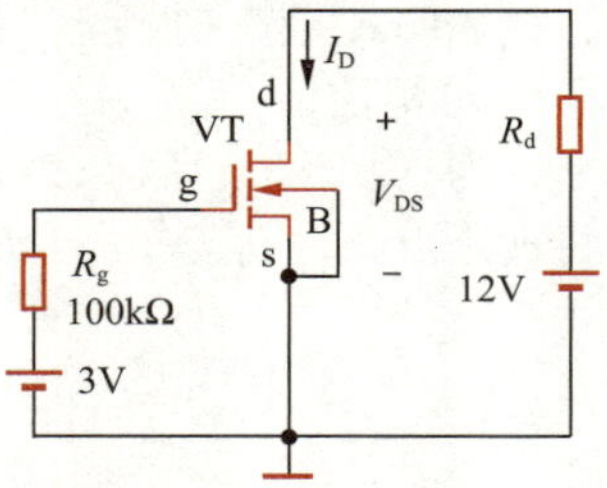

图 5.1.6　例 5.1.1 的电路

由于栅极电阻中流过的电流近似为 0，因此 $V_{GS}=3V$，大于阈值电压 $V_{TN}$，MOSFET 可能工作在恒流区或者可变电阻区。这两个区域的分界点电压

$$v_{DS(sat)} = v_{GS} - V_{TN} = 3V - 2V = 1V$$

假设 MOSFET 工作在恒流区，根据式（5.1.5），得

$$I_D = K_n(V_{GS} - V_{TN})^2 = 2.25mA/V^2 \times (3V - 2V)^2 = 2.25mA$$

列出输出回路方程，得到

$$V_{DS} = 12 - I_D \cdot R_d \tag{5.1.8}$$

当 $R_d=5.1k\Omega$ 时，代入式（5.1.8），得 $V_{DS}\approx 0.5V < v_{DS(sat)}$，这说明 MOSFET 工作在可变电阻区。当 $R_d=2.2k\Omega$ 时，代入式（5.1.8），得 $V_{DS}\approx 7V > v_{DS(sat)}$，这说明 MOSFET 工作在恒流区。

## 5.1.2　N 沟道耗尽型 MOSFET

### 1．结构和工作原理

N 沟道耗尽型 MOSFET 的结构与 N 沟道增强型 MOSFET 的基本相同。由前面讨论可知，对于 N 沟道增强型 MOSFET，必须在 $v_{GS}>V_{TN}$ 的情况下从源极到漏极才有导电沟道，但 N 沟道耗尽型 MOSFET 则不同。这种 MOS 在制造时，在二氧化硅绝缘层中掺入大量的正离子，即使 $v_{GS}=0$，在正离子的作用下，也能在栅极下面的 P 型衬底上感应出较多的负电荷（电子），形成 N 沟道，将源区和漏区连通起来，此时只要在漏极和源极之间加上正电压 $v_{DS}$，就会产生较大的漏极电流 $i_D$，如图 5.1.7（a）所示。这种在 $v_{GS}=0$ 时就存在导电沟道的 MOSFET 称为**耗尽型 MOSFET**。

图5.1.7（b）所示是其电路符号（注意与N沟道增强型MOSFET的电路符号的差别，表示沟道的不再是短画线，而是一条连通的直线）。

当外加的$v_{GS}>0$时，由于绝缘层的存在，并不会产生栅极电流$i_G$，而是在沟道中感应出更多的负电荷，使沟道变厚。在同样的$v_{DS}$作用下，$i_D$将增大。

当外加的$v_{GS}<0$时，则沟道中感应的负电荷（电子）减少，使沟道变薄。在同样的$v_{DS}$作用下，$i_D$将减小。而当$v_{GS}$为某一负值（等于阈值电压）时，感应的负电荷（电子）消失，耗尽区扩展到整个沟道，沟道完全被夹断。将此时加在耗尽型MOSFET上的栅源电压也称为阈值电压$V_{TN}$[①]。沟道被夹断后，即使加上漏源电压$v_{DS}$，也不会有漏极电流$i_D$。

显然，N沟道耗尽型MOSFET的阈值电压$V_{TN}<0$。这类MOSFET可以在正或负的栅源电压下工作，而且栅极电流基本上为零，这是耗尽型MOSFET的重要特点之一。

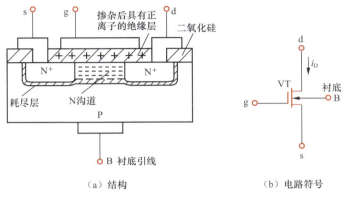

（a）结构　　　　　　　　　（b）电路符号

图 5.1.7　N 沟道耗尽型 MOSFET

### 2．伏-安特性曲线及特性方程

N沟道耗尽型MOSFET的输出特性曲线和转移特性曲线分别如图5.1.8（a）、图5.1.8（b）所示。

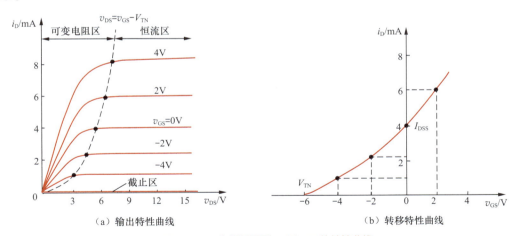

（a）输出特性曲线　　　　　　　　　（b）转移特性曲线

图 5.1.8　N 沟道耗尽型 MOSFET 的特性曲线

N沟道耗尽型MOSFET的工作区域同样可以分为截止区、可变电阻区和恒流区。所不同的是N沟道耗尽型MOSFET的阈值电压$V_{TN}$为负值，而N沟道增强型MOSFET的阈值电压$V_{TN}$为正值。

N沟道耗尽型MOSFET的特性方程与式（5.1.1）、式（5.1.3）和式（5.1.5）相同。

在恒流区（$v_{DS}\geqslant v_{GS}-V_{TN}$），当$v_{GS}=0$时，由式（5.1.5）可得

---

① 在有些教材中，称此时的栅源电压为夹断电压（截止电压），并用参数$V_{GS(off)}$表示。

$$i_D \approx K_n V_{TN}^2 = I_{DSS} \tag{5.1.9}$$

式中，$I_{DSS}$ 为零栅压的漏极电流，称为**饱和漏极电流**。$I_{DSS}$ 下标中的第二个 S 表示栅极、源极间短路。可以得到恒流区中 $i_D$ 的近似表达式为

$$i_D \approx I_{DSS}\left(1 - \frac{v_{GS}}{V_{TN}}\right)^2 \tag{5.1.10}$$

**例5.1.2**　设 N 沟道耗尽型 MOSFET 的参数为 $V_{TN}$=−3V，$I_{DSS}$=6mA，MOSFET 工作在恒流区。当 $V_{GS}$ 的取值分别为 −2V、−1V、0V、+1V 和 +2V 时，试分别求出场效应管的工作电流 $I_D$。

**解：** 由式（5.1.10）的平方关系，当 $V_{GS}$=−2V 时，得

$$I_D = I_{DSS}\left(1 - \frac{v_{GS}}{V_{TN}}\right)^2 = 6\text{mA} \times \left(1 - \frac{-2\text{V}}{-3\text{V}}\right)^2 \approx 0.667\text{mA}$$

同理可得

$$V_{GS}=−1\text{V 时}，I_D \approx 2.67\text{mA}；$$

$$V_{GS}=0\text{V 时}，I_D=6\text{mA}；$$

$$V_{GS}=+1\text{V 时}，I_D \approx 10.7\text{mA}；$$

$$V_{GS}=+2\text{V 时}，I_D \approx 16.7\text{mA}。$$

### 5.1.3　P 沟道 MOSFET

P 沟道 MOSFET 也有增强型和耗尽型两种，它们的结构和工作原理与 N 沟道 MOSFET 的相似，此处不赘述。所不同的是，P 沟道 MOSFET 的衬底为 N 型，沟道为 P 型，这意味着正常工作时电极上所加电压极性正好与 N 沟道 MOSFET 的相反，而且电流 $i_D$ 的实际方向为流出漏极，也与 N 沟道 MOSFET 的相反，即增强型 P 沟道 MOSFET 外加的 $v_{DS}$ 必须是负值，开启电压 $V_{TP}$ 也是负值，而且电流 $i_D$ 的实际方向为流出漏极，也与 N 沟道 MOSFET 相反。

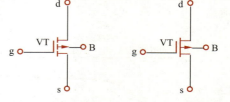

（a）增强型的电路符号　　　（b）耗尽型的电路符号

图 5.1.9　P 沟道 MOSFET 的电路符号

P 沟道 MOSFET 的电路符号如图 5.1.9 所示，代表衬底 B 的箭头方向向外。如果仍然假定 $i_D$ 流入漏极为正方向，则增强型 P 沟道 MOSFET 的输出特性曲线和转移特性曲线如图 5.1.10 所示。由图 5.1.10 可见，它的 $v_{GS}$、$V_{TP}$、$i_D$ 等都是负值。

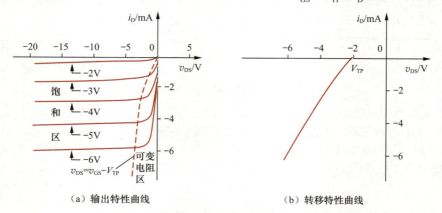

（a）输出特性曲线　　　　　　（b）转移特性曲线

图 5.1.10　增强型 P 沟道 MOSFET 的特性曲线

增强型 P 沟道 MOSFET 沟道产生的条件为

$$v_{GS} \leq V_{TP} \tag{5.1.11}$$

可变电阻区与饱和区的界线为

$$v_{DS(sat)} = v_{GS} - V_{TP} \tag{5.1.12}$$

在可变电阻区内：$v_{GS} \leq V_{TP}$，$v_{DS} \geq (v_{GS} - V_{TP})$，电流的假定正向为流入漏极时，则

$$i_D = -K_P[2(v_{GS} - V_{TP})v_{DS} - v_{DS}^2] \tag{5.1.13}$$

在饱和区内：$v_{GS} \leq V_{TP}$，$v_{DS} \leq (v_{GS} - V_{TP})$，电流

$$i_D = -K_P(v_{GS} - V_{TP})^2 = -I_{DO}\left(\frac{v_{GS}}{V_{TP}} - 1\right)^2 \tag{5.1.14}$$

式中，$I_{DO} = K_P V_{TP}^2$；$K_P$ 表示 P 沟道器件的电导参数，可表示为

$$K_p = \frac{K_p'}{2} \cdot \frac{W}{L} = \frac{\mu_p C_{ox}}{2}\left(\frac{W}{L}\right) \tag{5.1.15}$$

式中，$K_p'$ 表示本征导电因子，$K_p' = \mu_p C_{ox}$，通常情况下为常量；$W$、$L$、$C_{ox}$ 分别表示沟道的宽度、沟道的长度、栅极氧化物单位面积上的电容；$\mu_p$ 表示空穴反型层中空穴的迁移率，在通常情况下，空穴反型层中空穴的迁移率比电子反型层中电子迁移率要小，$\mu_p \approx \mu_n/2$。

为了帮助读者学习，现将各类 MOSFET 的特性列于表 5.1.1 中。注意，表中 P 沟道 MOSFET 的电流 $i_D$ 为实际方向，它是流出漏极的。

表 5.1.1　各类 MOSFET 的特性

| 比较 | N 沟道 | | P 沟道 | |
|---|---|---|---|---|
| | 增强型 MOSFET | 耗尽型 MOSFET | 增强型 MOSFET | 耗尽型 MOSFET |
| 电路符号 | | | | |
| $V_{TN}$或$V_{TP}$ | + | − | − | + |
| $K_n$或$K_p$ | $K_n = \frac{1}{2}\mu_n C_{ox}(W/L) = \frac{1}{2}K_n'(W/L)$ | | $K_p = \frac{1}{2}\mu_p C_{ox}(W/L) = \frac{1}{2}K_n'(W/L)$ | |
| 输出特性[1] | | | | |
| 转移特性 | | | | |

[1] 注意 $i_D$ 的假定正向：N 沟道为流进漏极，P 沟道为流出漏极，如表 5.1.1 中的电路符号所示，这是实际的电流方向。

## 5.1.4  MOSFET 的主要参数

### 1．直流参数

（1）阈值电压 $V_{TN}$ 和 $V_{TP}$

$V_{TN}$ 是 N 沟道 MOSFET 的参数。其定义为当 $v_{DS}$ 为某一固定值（如 10V），使 $i_D$ 等于一微小电流（如 50μA）时的栅源电压。$v_{GS}>V_{TN}$ 时，漏极、源极间可导电。增强型的 $V_{TN}>0$，耗尽型的 $V_{TN}<0$。

注意，$V_{TP}$ 是 P 沟道 MOSFET 的阈值电压。$v_{GS}<V_{TP}$ 时，漏极、源极间可导电。增强型的 $V_{TP}<0$，耗尽型的 $V_{TP}>0$。

（2）饱和漏极电流 $I_{DSS}$

$I_{DSS}$ 是耗尽型 MOSFET 的参数。其定义为 MOSFET 工作在恒流区时，对应 $v_{GS}=0$ 时的漏极电流，也称为 **饱和漏极电流**。其通常在 $|v_{DS}|$ =10V 时测得。

（3）直流输入电阻 $R_{GS}$

在漏源之间短路的条件下，栅源之间加一定电压时的栅源直流电阻就是 $R_{GS}$。MOSFET 的 $R_{GS}$ 可达 $10^9\Omega$ ～ $10^{15}\Omega$。由于 MOSFET 栅极绝缘层很薄（ $t_{ox}\approx40nm$ ），为防止栅极聚集的静电荷将其击穿，MOSFET 内部常接有栅源过电压保护稳压管，这时 $R_{GS}$ 会受稳压管反向截止电阻的影响。

### 2．交流参数

（1）输出电阻 $r_{ds}$

交流的输出电阻定义为输出端口的电压变化量与电流变化量之比，即

$$r_{ds} = \frac{\partial v_{DS}}{\partial i_D}\bigg|_{V_{GS}} \tag{5.1.16}$$

输出电阻 $r_{ds}$ 说明了 $v_{DS}$ 对 $i_D$ 的影响，是输出特性曲线某一点上切线斜率的倒数。理想情况下，恒流区输出特性曲线的斜率为零，$r_{ds}\to\infty$。实际上，$r_{ds}$ 是一个有限值，一般在几十千欧姆到几百千欧姆之间。

（2）低频互导 $g_m$

在 $v_{DS}$ 等于常数时，输出端口漏极电流的微变量和引起这一变化的输入端栅源电压的微变量之比称为 **互导**，即

$$g_m = \frac{\partial i_D}{\partial v_{GS}}\bigg|_{V_{DS}} \tag{5.1.17}$$

互导反映了栅源电压对漏极电流的控制能力，它相当于转移特性曲线上工作点的斜率。互导 $g_m$ 是表征 FET 放大能力的一个重要参数，单位为 mS 或 μS。$g_m$ 一般在零点几毫西门子至几毫西门子的范围内，特殊的可达 100mS，甚至更高。值得注意的是，互导随 FET 的工作点不同而变化，它是 FET 小信号建模的重要参数之一。

以 N 沟道增强型 MOSFET 为例，如果没有 FET 的特性曲线，则可利用式（5.1.5）和式（5.1.17）近似估算 $g_m$，即

$$g_m = \frac{\partial i_D}{\partial v_{GS}}\bigg|_{V_{DS}} = \frac{\partial [K_n(v_{GS}-V_{TN})]^2}{\partial v_{GS}}\bigg|_{V_{DS}} = 2K_n(v_{GS}-V_{TN}) \tag{5.1.18}$$

考虑到 $i_D = K_n(v_{GS}-V_{TN})^2$ 和 $I_{DO}=K_nV_{TN}^2$，式（5.1.18）又可改写为

$$g_m = 2\sqrt{K_n i_D} = \frac{2}{V_{TN}}\sqrt{I_{DO}i_D} \tag{5.1.19}$$

式（5.1.14）说明，$i_D$ 越大，$g_m$ 也越大。考虑到 $K_n = \frac{\mu_n C_{ox}}{2}\cdot\frac{W}{L}$，所以沟道宽长比 $W/L$ 越大，

$g_{\mathrm{m}}$ 也越大。

### 3. 极限参数

（1）最大漏极电流 $I_{\mathrm{DM}}$

$I_{\mathrm{DM}}$ 是 MOSFET 正常工作时漏极电流允许的上限值。

（2）最大漏源电压 $V_{\mathrm{(BR)DS}}$

$V_{\mathrm{(BR)DS}}$ 是指 MOSFET 漏极和源极之间发生击穿、$i_{\mathrm{D}}$ 开始急剧上升时的 $v_{\mathrm{DS}}$ 值。

（3）最大栅源电压 $V_{\mathrm{(BR)GS}}$

$V_{\mathrm{(BR)GS}}$ 是指栅极、源极间反向电流开始急剧增加时的 $v_{\mathrm{GS}}$ 值。

（4）最大耗散功率 $P_{\mathrm{DM}}$

MOSFET 的耗散功率等于 $v_{\mathrm{DS}}$ 和 $i_{\mathrm{D}}$ 的乘积，即 $P_{\mathrm{DM}} = v_{\mathrm{DS}} i_{\mathrm{D}}$，这些耗散在 MOSFET 中的功率将变为热能，使晶体管的温度升高。为了使它的温度不要升得太高，就要限制它的耗散功率不能超过最大数值 $P_{\mathrm{DM}}$。显然，$P_{\mathrm{DM}}$ 受晶体管最高工作温度的限制。

对于确定型号的 MOSFET，$P_{\mathrm{DM}}$ 是一个确定值，可以在 MOSFET 的输出特性曲线上画出允许的耗散功率曲线，如图 5.1.11 所示。MOSFET 的 $P_{\mathrm{DM}}$、$I_{\mathrm{DM}}$ 和 $V_{\mathrm{(BR)DS}}$ 同时满足器件的允许值，管子的工作才是安全的。

除以上参数外，还有极间电容、开关时间等其他参数。选用 MOSFET 时，需查阅相关器件数据手册。

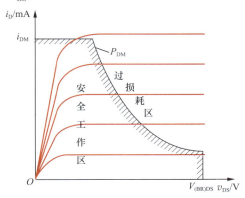

图 5.1.11　MOSFET 的耗散功率曲线

## 5.2　金属 - 氧化物 - 半导体场效应三极管放大电路

### 5.2.1　MOSFET 放大电路的直流偏置

视频5-4：
MOSFET DC
分析

与 BJT 放大电路类似，由 FET 构成的放大电路有共源极、共漏极和共栅极 3 种组态。因为共栅极放大电路应用较少，所以本节主要讨论前两种组态。

为了放大输入信号，必须建立合适的静态工作点，使晶体管在信号作用下始终工作在恒流区，这样电路才能正常放大。所不同的是，FET 是电压控制器件，因此需要在栅极和源极加上合适的电压。对于增强型 FET，常采用分压器偏置，而耗尽型 FET 则可以采用分压器偏置或者栅极自偏压电路。现在以 N 沟道增强型 MOSFET 为例说明如下。

（1）简单的共源极放大电路

图 5.2.1（a）所示是用 N 沟道增强型 MOSFET 构成的共源极放大电路。直流时耦合电容 $C_{\mathrm{b1}}$、$C_{\mathrm{b2}}$ 视为开路，交流时 $C_{\mathrm{b1}}$ 将输入电压信号耦合到 MOSFET 的栅极，而通过 $C_{\mathrm{b2}}$ 的隔离和耦合将放大后的交流信号输出。

图 5.2.1（a）所示电路的直流通路如图 5.2.1（b）所示。由图可知，栅源电压 $V_{\mathrm{GSQ}}$ 由 $R_{\mathrm{g1}}$、$R_{\mathrm{g2}}$ 组成的分压式偏置电路提供。因此有

$$V_{\mathrm{GSQ}} = \frac{R_{\mathrm{g2}}}{R_{\mathrm{g1}} + R_{\mathrm{g2}}} V_{\mathrm{DD}} \tag{5.2.1}$$

假设场效应管 VT 的阈值电压为 $V_{\mathrm{TN}}$，该 MOSFET 工作于恒流区，则漏极电流

$$I_{\mathrm{DQ}} = K_{\mathrm{n}} (V_{\mathrm{GSQ}} - V_{\mathrm{TN}})^2 \tag{5.2.2}$$

漏源电压

$$V_{DSQ} = V_{DD} - I_{DQ}R_d \tag{5.2.3}$$

若计算出来的 $V_{DSQ} > V_{GSQ} - V_{TN}$，则说明 MOSFET 的确工作在恒流区，前面的分析正确。若 $V_{DSQ} < V_{GSQ} - V_{TN}$，说明 MOSFET 工作在可变电阻区，并且漏极电流由式（5.1.1）确定。

**例 5.2.1**　电路如图 5.2.1（b）所示，设 $R_{g1} = 300\text{k}\Omega$，$R_{g2} = 200\text{k}\Omega$，$R_d = 5\text{k}\Omega$，$V_{DD} = 5\text{V}$，$V_{TN} = 1\text{V}$，$K_n = 0.5\text{mA} / \text{V}^2$。试计算电路的静态漏极电流 $I_{DQ}$ 和漏源电压 $V_{DSQ}$。

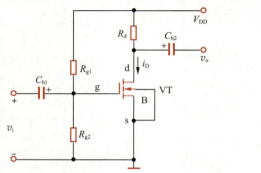

（a）共源极放大电路　　　　　　　（b）图5.2.1（a）所示电路的直流通路

图 5.2.1　N 沟道增强型 MOSFET 构成的共源极放大电路

**解：**由图 5.2.1（b）和式（5.2.1）可得

$$V_{GSQ} = \frac{R_{g2}}{R_{g1} + R_{g2}}V_{DD} = \frac{200\text{k}\Omega}{300\text{k}\Omega + 200\text{k}\Omega} \times 5\text{V} = 2\text{V}$$

假设 MOSFET 工作在恒流区，其漏极电流由式（5.2.2）决定，即

$$I_{DQ} = K_n(V_{GSQ} - V_{TN})^2 = 0.5\text{mA/V}^2 \times (2\text{V} - 1\text{V})^2 = 0.5\text{mA}$$

漏源电压

$$V_{DSQ} = V_{DD} - I_{DQ}R_d = 5\text{V} - 0.5\text{mA} \times 5\text{k}\Omega = 2.5\text{V}$$

由于 $V_{DSQ} > V_{GSQ} - V_{TN} = 1\text{V}$，说明 MOSFET 的确工作在恒流区，上面的分析是正确的。

综上分析，对于 N 沟道增强型 MOSFET 放大电路的直流计算，可以采取下列步骤。
① 假设 MOSFET 工作在恒流区，则有 $V_{GSQ} > V_{TN}$，$I_{DQ} > 0$，$V_{DSQ} > V_{GSQ} - V_{TN}$。
② 利用恒流区的伏-安特性曲线分析电路。
③ 如果出现 $V_{GSQ} < V_{TN}$，则 MOSFET 可能工作在截止区，如果 $V_{DSQ} < V_{GSQ} - V_{TN}$，则 MOSFET 可能工作在可变电阻区。
④ 如果初始假设被证明是错误的，则必须做出新的假设，并重新分析电路。
P 沟道 MOSFET 放大电路的分析与 N 沟道的类似，但要注意其电源极性与电流方向的不同。
（2）带源极电阻的 N 沟道增强型 MOSFET 共源极放大电路
带源极电阻的 N 沟道增强型 MOSFET 共源极放大电路如图 5.2.2 所示。此时栅源电压

$$V_{GSQ} = V_G - V_S = \left[\frac{R_{g2}}{R_{g1} + R_{g2}}(V^+ - V^-) + V^-\right] - (I_{DQ}R_s + V^-) \tag{5.2.4}$$

当 MOSFET 工作在恒流区时，其漏极电流

$$I_{DQ} = K_n(V_{GSQ} - V_{TN})^2 \tag{5.2.5}$$

漏源电压

$$V_{DSQ} = (V^+ - V^-) - I_{DQ}(R_d + R_s) \tag{5.2.6}$$

**例5.2.2** 电路如图5.2.2所示，设MOSFET的参数为 $V_{TN} = 1V$ ， $K_n = 500\mu A / V^2$ ；电路参数为 $V^+ = 5V$ ， $V^- = -5V$ ， $R_d = 10k\Omega$ ， $R_s = 0.5k\Omega$ ， $I_{DQ} = 0.5mA$ 。若流过 $R_{g1}$ 、 $R_{g2}$ 的电流是 $I_{DQ}$ 的1/10，试确定 $R_{g1}$ 和 $R_{g2}$ 的值。

**解：** 设MOSFET工作于恒流区，则有

$$I_{DQ} = K_n(V_{GSQ} - V_{TN})^2$$

即

$$0.5 = 0.5(V_{GSQ} - 1)^2$$

由此可得

$$V_{GSQ} = 2V$$

流过 $R_{g1}$ 、 $R_{g2}$ 的电流约为0.05mA，即有

$$R_{g1} + R_{g2} = \frac{10}{0.05}k\Omega = 200\ k\Omega$$

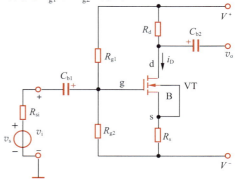

图 5.2.2 带源极电阻的 MOSFET 共源极放大电路

$$V_{GSQ} = V_G - V_S = \left[\frac{R_{g2}}{R_{g1} + R_{g2}}(V^+ - V^-) + V^-\right] - (I_{DQ}R_s + V^-)$$

$$2V = \frac{R_{g2}}{200k\Omega} \times 10V - 0.5mA \times 0.5k\Omega$$

于是可得

$$R_{g2} = 45k\Omega \ , \quad R_{g1} = 155k\Omega$$

取标准电阻值为 $R_{g2} = 47k\Omega$ ， $R_{g1} = 150k\Omega$ 。

考虑到 $V_{DSQ} = (V^+ - V^-) - I_{DQ}(R_d + R_s) = 4.75V$ ，有 $V_{DSQ} > V_{GSQ} - V_{TN} = 1V$ ，说明MOSFET的确工作在恒流区，与最初假设一致，上述分析正确。

还应指出的是，与在BJT放大电路中接入发射极电阻类似，在MOSFET放大电路中接入源极电阻，也具有稳定静态工作点的作用。

## 5.2.2 MOSFET 的小信号模型分析

视频5-5：
MOSFET
小信号模型分析

FET是非线性器件，不能直接采用线性电路的分析方法来对其进行分析、计算。但在输入信号电压幅值比较小的条件下，可以把FET在静态工作点附近小范围内的特性曲线近似地用直线代替，从而将由FET组成的放大电路当成线性电路来处理，这就是小信号模型分析法。

通常FET用于放大可将其看成一个双口网络，栅极与源极看成输入入口，漏极与源极看成输出出口。以N沟道增强型MOSFET为例，由于栅极与源极、漏极之间是绝缘的，栅极电流为零，栅极、源极之间只有电压 $v_{GS}$ 存在，当MOSFET工作在恒流区时，可以认为 $i_D$ 基本上不随 $v_{DS}$ 变化，此时的漏极电流由式（5.1.5）确定，即

$$\begin{aligned}
i_D &= K_n(v_{GS} - V_{TN})^2 \\
&= K_n(V_{GSQ} + v_{gs} - V_{TN})^2 \\
&= K_n[(V_{GSQ} - V_{TN}) + v_{gs}]^2 \\
&= K_n(V_{GSQ} - V_{TN})^2 + 2K_n(V_{GSQ} - V_{TN})v_{gs} + K_n v_{gs}^2
\end{aligned}$$

（5.2.7）

式中第一项为直流或静态工作电流， $I_{DQ} = K_n(V_{GSQ} - V_{TN})^2$ ；第二项是漏极信号电流，

$i_d = 2K_n(V_{GSQ} - V_{TN})v_{gs}$，它与 $v_{gs}$ 存在线性关系。考虑到在 $Q$ 点处有 $v_{GS} = V_{GSQ}$，同时根据式（5.1.18），$g_m = 2K_n(V_{GSQ} - V_{TN})$，因此有

$$i_d = 2K_n(V_{GSQ} - V_{TN})v_{gs} = g_m v_{gs} \qquad (5.2.8)$$

第三项与输入电压的平方成正比，当 $v_i = v_{gs}$，输入电压为正弦电压时，平方项会使输出电压产生谐波或非线性失真。为了减小这些谐波，需要

$$v_{gs} \ll 2(V_{GSQ} - V_{TN}) \qquad (5.2.9)$$

这意味着，上式中的第三项必须远远小于第二项。这就是线性放大电路中小信号必须满足的条件。

忽略式（5.2.7）中的第三项，可得

$$i_D \approx K_n(V_{GSQ} - V_{TN})^2 + 2K_n(V_{GSQ} - V_{TN})v_{gs} \qquad (5.2.10)$$
$$= I_{DQ} + g_m v_{gs} = I_{DQ} + i_d$$

在转移特性曲线上，这一线性化过程可看作用 $Q$ 点的切线代替原本 $Q$ 点附近一段曲线的过程，如图 5.2.3 所示。

考虑到 N 沟道增强型 MOSFET 的 $i_G = 0$，栅极、源极间的电阻很大，可看成开路，而 $i_d = g_m v_{gs}$，因此，可画出图 5.2.4（a）所示的共源极 N 沟道增强型 MOSFET 的理想的低频小信号模型，如图 5.2.4（b）所示。对于实际的 MOSFET，其输出电阻 $r_{ds}$ 为有限值（通常为 50kΩ 以上），其低频小信号模型如图 5.2.4（c）所示（图中 $i_d$、$v_{gs}$、$v_{ds}$ 也可用相量表示）。

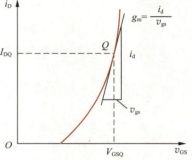

图 5.2.3　在转移特性曲线上求 $g_m$ 和 $i_d$

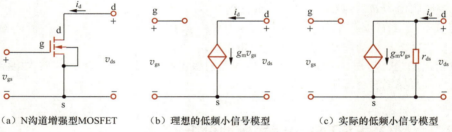

（a）N 沟道增强型 MOSFET　　　（b）理想的低频小信号模型　　　（c）实际的低频小信号模型

图 5.2.4　共源极 N 沟道增强型 MOSFET 的低频小信号模型

特别需要指出的是，小信号模型中的电流源 $g_m v_{gs}$ 是受 $v_{gs}$ 控制的，当 $v_{gs} = 0$ 时，电流源 $g_m v_{gs}$ 就不存在了，因此称其为受控电流源，它代表 FET 的栅源电压 $v_{gs}$ 对漏极电流的控制作用。电流源的流向由 $v_{gs}$ 的极性决定，如图 5.2.4（b）、（c）所示。另外，小信号模型中所研究的电压、电流都是变化量，因此，不能用小信号模型来求 $Q$ 点，但模型中的参数与 $Q$ 点的位置及稳定性密切相关。$Q$ 点不同，参数值也不同。

### 5.2.3　共源极放大电路的小信号模型分析

视频 5-6：
CS 放大电路
分析方法

用小信号模型分析放大电路的大致步骤：先确定静态工作点及静态工作点附近的动态参数（$g_m$、$r_{ds}$ 等），再画放大电路的小信号等效电路，然后按线性电路处理，求出 $A_v$、$R_i$ 和 $R_o$ 等。

下面通过一个实例来说明。

例 5.2.3　　电路如图 5.2.5 所示，设 MOSFET 的参数为 $V_{TN} = 1V$，$K_n = 1mA/V^2$，忽略

$r_{ds}$ 对放大电路的影响；电路参数为 $V_{DD} = 12\text{V}$，$R_d = 2.5\text{k}\Omega$，$R_{g1} = 498\text{k}\Omega$，$R_{g2} = 125\text{k}\Omega$。当 MOSFET 工作在恒流区时，试确定电路的静态值、小信号电压增益 $A_v$、$R_i$ 和 $R_o$。

**解：**（1）求静态值

$$V_{GSQ} = \frac{R_{g2}V_{DD}}{R_{g1} + R_{g2}} = \frac{125\text{k}\Omega}{498\text{k}\Omega + 125\text{k}\Omega} \times 12\text{V} \approx 2.41\text{V}$$

$$I_{DQ} \approx K_n(V_{GSQ} - V_{TN})^2 = 1\text{mA}/\text{V}^2 \times (2.41\text{V} - 1\text{V})^2 \approx 1.99\text{mA}$$

$$V_{DSQ} = V_{DD} - I_{DQ}R_d = 12\text{V} - 1.99\text{mA} \times 2.5\text{k}\Omega \approx 7.03\text{V}$$

而 $V_{GSQ} - V_{TN} \approx 1\text{V} < V_{DSQ}$，说明 MOSFET 确实工作在恒流区，满足线性放大器的电路要求。

（2）求 FET 的互导

根据式（5.1.18），可求出

$$g_m = 2K_n(V_{GSQ} - V_{TN}) = 2 \times 1\text{mA}/\text{V}^2 \times (2.41\text{V} - 1\text{V}) = 2.82\text{mS}$$

（3）求电压增益

根据图 5.2.4（b）所示 MOSFET 的低频小信号模型，可以画出电路的小信号等效电路，如图 5.2.6 所示。

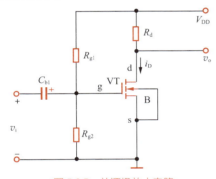

图 5.2.5　共源极放大电路

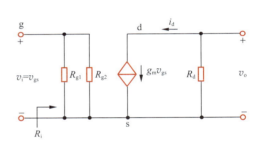

图 5.2.6　共源极放大电路的小信号等效电路

根据图 5.2.6，有

$$v_o = -g_m v_{gs} R_d$$

故电压增益

$$A_v = \frac{v_o}{v_i} = -g_m R_d = -7.05$$

由于 FET 的 $g_m$ 较低，MOSFET 放大电路的电压增益也较低，上式中 $A_v$ 带负号表明，若输入电压为正弦电压，则输出电压 $v_o$ 与输入电压 $v_i$ 的相位相差 180°。共源极放大电路属于反相电压放大电路。

（4）求放大电路的输入电阻 $R_i$

根据放大电路输入电阻的概念，可求出图 5.2.6 所示电路的输入电阻

$$R_i = \frac{v_i}{i_i} = R_{g1}//R_{g2} = 498\text{k}\Omega//125\text{k}\Omega \approx 100\text{k}\Omega$$

（5）求放大电路的输出电阻 $R_o$

利用外加测试电压 $v_t$ 求输出电阻的方法，可画出求输出电阻的电路，如图 5.2.7 所示。根据 $R_o$ 的定义，可得

$$R_o = \frac{v_t}{i_t}\bigg|_{v_i = 0, R_L = \infty}$$

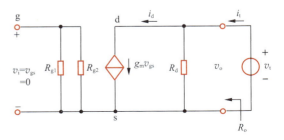

图 5.2.7　求图 5.2.5 所示电路的输出电阻

而 $i_t = v_t / R_d$，故 $R_o = R_d = 2.5\text{k}\Omega$。

对于共源极放大电路（电压放大）而言，$R_i$ 越大，放大电路从信号源吸取的电流越小，输入端得到的电压 $v_i$ 越大。当外接负载电阻 $R_L$ 时，$R_o$ 越小，$R_L$ 的变化对输出电压 $v_o$ 的影响越小，放大电路带电压负载的能力越强。

---

**例5.2.4** 电路如图 5.2.8（a）所示，设 MOSFET 的参数为 $V_{TN} = 0.8\text{V}$，$K_n = 1\text{mA/V}^2$，忽略 $r_{ds}$ 对放大电路的影响。试确定静态工作点，求出电路的动态性能指标。

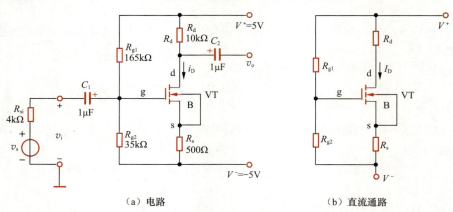

（a）电路　　　　　　　　　（b）直流通路

图 5.2.8　带源极电阻的共源极放大电路

**解：**（1）静态工作点计算

设 MOSFET 工作于恒流区，则有

$$
\begin{aligned}
I_{DQ} &= K_n (V_{GSQ} - V_{TN})^2 \\
&= [1 \times (V_{GSQ} - 0.8)^2]\text{mA}
\end{aligned}
\tag{5.2.11}
$$

由式（5.2.4）有

$$
\begin{aligned}
V_{GSQ} &= V_G - V_S = \left[ \frac{R_{g2}}{R_{g1} + R_{g2}}(V^+ - V^-) + V^- \right] - (I_{DQ}R_s + V^-) \\
&= (1.75 - 0.5 I_{DQ})\text{V}
\end{aligned}
\tag{5.2.12}
$$

将式（5.2.11）和式（5.2.12）联合求得

$$
I_{DQ} = \frac{1.95 \pm 1.7}{0.5}\text{mA}
$$

显然合理的值只有（因为另一值将使 $V_{GSQ} < V_{TN}$，显然不合理）

$$
I_{DQ} = \frac{1.95 - 1.7}{0.5}\text{mA} = 0.5\text{mA}
$$

将 $I_{DQ}$ 值代入式（5.2.12）可得

$$
V_{GSQ} = (1.75 - 0.5 I_{DQ})\text{V} = 1.50\text{V}
$$

而漏源电压

$$
\begin{aligned}
V_{DSQ} &= (V^+ - V^-) - I_{DQ}(R_d + R_s) \\
&= [10 - 0.5 \times (10 + 0.5)]\text{V} = 4.75\text{V}
\end{aligned}
\tag{5.2.13}
$$

考虑到 $V_{DSQ} = 4.75\text{V} > V_{GSQ} - V_{TN} = 0.7\text{V}$，说明 MOSFET 的确工作在恒流区，与最初假设一致。

（2）动态性能指标计算

根据前面分析，已知 $V_{GSQ} = 1.50\text{V}$，故小信号互导

$$g_m = 2K_n(V_{GSQ} - V_{TN}) = 2 \times 1\text{mA/V}^2 \times (1.50\text{V} - 0.8\text{V}) = 1.4\text{mS}$$

画出图5.2.8（a）所示电路的小信号等效电路，如图5.2.9所示。由此图可求得电压增益 $A_v$、输入电阻 $R_i$、输出电阻 $R_o$ 和源电压增益 $A_{vs}$。

因为

$$v_o = -g_m v_{gs} R_d$$

而 $\quad v_i = v_{gs} + (g_m v_{gs})R_s = v_{gs}(1 + g_m R_s)$

电压增益

$$A_v = \frac{v_o}{v_i} = -\frac{g_m R_d}{1 + g_m R_s} = -\frac{1.4 \times 10}{1 + 1.4 \times 0.5} \approx -8.24 \qquad （5.2.14）$$

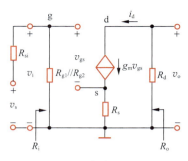

图 5.2.9　图 5.2.8（a）所示电路的小信号等效电路

输入电阻

$$R_i = R_{g1} // R_{g2} = 28.875\text{k}\Omega$$

输出电阻

$$R_o = R_d = 10\text{k}\Omega$$

源电压增益

$$A_{vs} = \frac{v_o}{v_s} = \frac{v_o}{v_i} \cdot \frac{v_i}{v_s} = A_v \cdot \frac{R_i}{R_i + R_{si}} \qquad （5.2.15）$$

所以

$$A_{vs} = -8.24 \times \frac{28.875}{28.875 + 4} \approx -7.24$$

由于接入源极电阻$R_s$，虽有稳定静态工作点的作用，但由式（5.2.14）可看出，电压增益$A_v$下降了。如何使$R_s$既有利于稳定静态工作点，又不影响电压增益呢？实际上，可在带源极电阻的共源极放大电路中加上一个源极旁路电容$C_s$，利用电容对交流信号的短路作用，便可消除$R_s$对动态电压增益的影响。

## 5.2.4　共漏极放大电路的小信号模型分析

图5.2.10（a）所示是共漏极放大电路的原理图。由于$R_s$对静态工作点的自动调节（负反馈）作用，该电路的静态工作点基本稳定。假设MOSFET工作在恒流区，则其静态工作点可由下式进行估算：

$$\begin{cases} I_{DQ} = K_n(V_{GSQ} - V_{TN})^2 \\ V_{GSQ} = V_G - V_S = \dfrac{R_{g2}}{R_{g1} + R_{g2}} V_{DD} - I_{DQ}R_s \\ V_{DSQ} = V_{DD} - I_{DQ}R_s \end{cases} \qquad （5.2.16）$$

图5.2.10（b）所示是共漏极放大电路的交流通路。由交流通路可见，输出电压$v_o$接在源极与地之间，输入电压$v_i$加在栅极与地之间，而漏极对于交流来说是接地的，所以漏极是输入、输出回路的共同端。由于$v_o$从源极输出，因此共漏极放大电路又称为**源极跟随器**。

图5.2.10（c）所示是共漏极放大电路的小信号等效电路。根据图中的输出回路，有

$$v_o = g_m v_{gs}(r_{ds} // R_s // R_L) \qquad （5.2.17）$$

根据输入回路，有

$$v_i = v_{gs} + v_o = v_{gs} + g_m v_{gs}(r_{ds}//R_s//R_L) \tag{5.2.18}$$

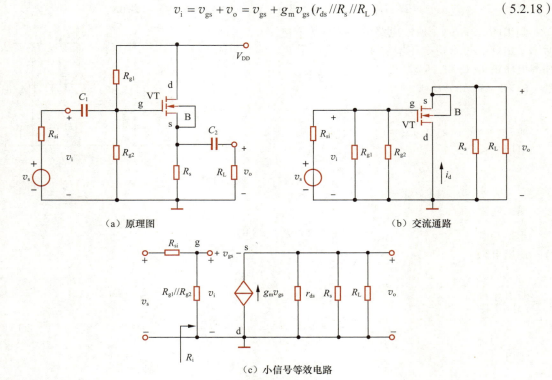

(a) 原理图　　　　　　　　　　　(b) 交流通路

(c) 小信号等效电路

图 5.2.10　共漏极放大电路

因此，电压增益

$$A_v = \frac{v_o}{v_i} = \frac{g_m v_{gs}(r_{ds}//R_s//R_L)}{v_{gs} + g_m v_{gs}(r_{ds}//R_s//R_L)}$$

$$= \frac{g_m(r_{ds}//R_s//R_L)}{1 + g_m(r_{ds}//R_s//R_L)} = \frac{r_{ds}//R_s//R_L}{\dfrac{1}{g_m} + r_{ds}//R_s//R_L} \tag{5.2.19}$$

输入电阻

$$R_i = R_{g1}//R_{g2}$$

又因为

$$v_i = \frac{R_i}{R_{si} + R_i} v_s$$

所以，源电压增益

$$A_{vs} = \frac{v_o}{v_s} = \frac{v_o}{v_i} \cdot \frac{v_i}{v_s} = \frac{r_{ds}//R_s//R_L}{\dfrac{1}{g_m} + r_{ds}//R_s//R_L} \left( \frac{R_i}{R_i + R_{si}} \right) \tag{5.2.20}$$

　　式（5.2.19）和式（5.2.20）表明，共漏极放大电路的电压增益小于1但接近1，输出电压与输入电压同相。

　　接下来求输出电阻。在图5.2.10（c）所示电路中，令 $v_s = 0$，保留其内阻 $R_{si}$（若有 $R_L$，应将 $R_L$ 开路），然后在输出端加一测试电压 $v_t$，由此可画出求共漏极放大电路的输出电阻 $R_o$ 的电路，如图5.2.11所示。

由图有

$$i_{\mathrm{t}} = i_{R} + i_{r} - g_{\mathrm{m}} v_{\mathrm{gs}} = \frac{v_{\mathrm{t}}}{R_{\mathrm{s}}} + \frac{v_{\mathrm{t}}}{r_{\mathrm{ds}}} - g_{\mathrm{m}} v_{\mathrm{gs}}$$

而 $$v_{\mathrm{gs}} = -v_{\mathrm{t}}$$

于是

$$i_{\mathrm{t}} = v_{\mathrm{t}} \left( \frac{1}{R_{\mathrm{s}}} + \frac{1}{r_{\mathrm{ds}}} + g_{\mathrm{m}} \right)$$

故

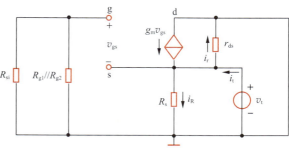

图 5.2.11 求共漏极放大电路的输出电阻 $R_{\mathrm{o}}$

$$R_{\mathrm{o}} = \frac{v_{\mathrm{t}}}{i_{\mathrm{t}}} = \frac{1}{\dfrac{1}{R_{\mathrm{s}}} + \dfrac{1}{r_{\mathrm{ds}}} + g_{\mathrm{m}}} = R_{\mathrm{s}} /\!/ r_{\mathrm{ds}} /\!/ \frac{1}{g_{\mathrm{m}}} \qquad (5.2.21)$$

即共漏极放大电路的输出电阻 $R_{\mathrm{o}}$ 等于源极电阻 $R_{\mathrm{s}}$、MOSFET 输出电阻 $r_{\mathrm{ds}}$ 和互导的倒数 $1/g_{\mathrm{m}}$ 并联，所以 $R_{\mathrm{o}}$ 较小。

式（5.2.21）再一次说明，当源极电阻 $R_{\mathrm{s}} = \infty$ 时，从源极看入的等效电阻 $R_{\mathrm{o}}$ 为 $\left( r_{\mathrm{ds}} /\!/ \dfrac{1}{g_{\mathrm{m}}} \right)$（当忽略 $r_{\mathrm{ds}}$ 时，这个电阻为 $1/g_{\mathrm{m}}$）。

## 5.2.5 MOSFET 放大电路的 MultiSim 仿真

在 MultiSim 中，选用 2N7000N 沟道增强型 MOSFET（采用默认参数），构建图 5.2.12 所示的仿真共源极放大电路。输入频率为 1kHz、幅值为 10mV 的正弦信号，运行仿真，从直流电压表可知，$V_{\mathrm{GS}} = 2.533\mathrm{V}$，$V_{\mathrm{DS}} = 9.024\mathrm{V}$，$I_{\mathrm{D}} = 0.504\mathrm{mA}$。

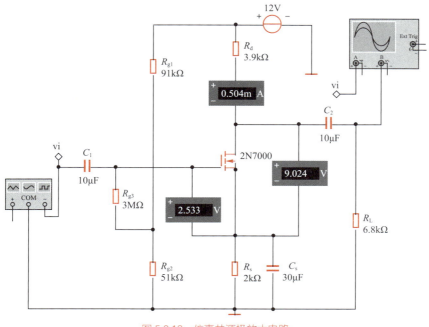

图 5.2.12 仿真共源极放大电路

双击示波器，可看到图 5.2.13 所示的仿真波形。由图可看出，输出电压与输入信号的相位相反，其电压增益 $A_v = -806.596/19.878 \approx -40.6$。

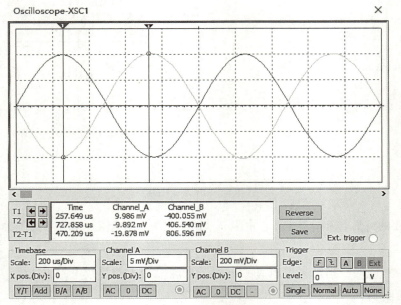

视频5-7：
MOSFET电路
MultiSim仿真

图 5.2.13　共源极放大电路的仿真波形

## *5.3 共源 – 共漏放大电路

在大多数实际应用中，单管MOSFET组成的放大电路往往不能满足特定的增益、输入电阻、输出电阻的要求，为此，常把3种组态中的两种（或两种以上）进行适当的组合，以便发挥各自的优点，获得更好的性能。这种电路常称为**组合放大电路**或者**多级放大电路，**它的总电压增益不是各单级放大电路电压增益的简单乘积，在一般情况下要考虑负载效应（前一级的输出电压是后一级的输入电压，后一级的输入电阻是前一级的负载电阻 $R_L$）。

图5.3.1所示是共源-共漏放大电路，其中 $VT_1$ 组成共源组态，$VT_2$ 组成共漏组态。由于两管是串联的，故电路又称为**串接放大电路**。下面通过一道例题对它进行静态分析和动态分析。

视频5-8：
CS-CD放大
电路分析

**例5.3.1**　电路如图5.3.1所示，设FET的参数为 $K_{n1} = 0.5\text{mA/V}^2$，$K_{n2} = 0.2\text{mA/V}^2$，$V_{TN1} = V_{TN2} = 1.2\text{V}$，忽略 $r_{ds}$ 对放大电路的影响；电路参数为 $R_{d1} = 16\text{k}\Omega$，$R_{s1} = 3.9\text{k}\Omega$，$R_{g1} = 390\text{k}\Omega$，$R_{g2} = 140\text{k}\Omega$，$R_{si} = 5\text{k}\Omega$，$R_{s2} = 8.2\text{k}\Omega$，$R_L = 4\text{k}\Omega$，$V^+ = 5\text{V}$，$V^- = -5\text{V}$。试分析图5.3.1所示电路的静态和动态工作情况。

**解：**

**1．静态工作点计算**

此时 $v_i = 0$，电路处于直流工作状态，$C_{b1}$、$C_{b2}$、$C_{s1}$ 可看成开路。对于 $VT_1$，有

$$V_{GSQ1} = V_{G1} - V_{S1} = \frac{R_{g2}}{R_{g1} + R_{g2}}(V^+ - V^-) - I_{DQ1}R_{s1}$$

$$= \left(\frac{140}{390 + 140} \times 10 - 3.9I_{DQ1}\right)\text{V} \approx (2.64 - 3.9I_{DQ1})\text{V}$$

$$(5.3.1)$$

设 $VT_1$ 工作在恒流区，则有

$$I_{DQ1} = K_{n1}(V_{GSQ1} - V_{TN1})^2 = [0.5 \times (V_{GSQ1} - 1.2)^2] \text{mA} \qquad (5.3.2)$$

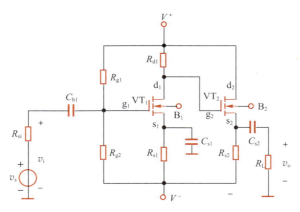

图 5.3.1 共源 - 共漏放大电路

将式（5.3.2）代入式（5.3.1），得

$$V_{GSQ1} \approx [2.64 - 3.9 \times 0.5 \times (V_{GSQ1} - 1.2)^2] \text{V} \qquad (5.3.3)$$

整理后，有

$$V_{GSQ1} \approx \frac{3.69 \pm \sqrt{3.68^2 - 4 \times 1.95 \times 0.168}}{2 \times 1.95} \text{V} \approx \frac{3.68 \pm 3.497}{3.9} \text{V}$$

只有 $V_{GSQ1} \approx 1.84\text{V}$ 合理，故

$$I_{DQ1} = [0.5(V_{GSQ1} - V_{TN1})^2] \text{mA} \approx 0.2 \text{mA}$$

$$V_{DSQ1} = V^+ - V^- - I_{DQ1}(R_{d1} + R_{s1}) = 6.02 \text{V}$$

对于 $VT_2$，因为

$$V_{G2} = V_{D1} = V_{DD} - I_{DQ1}R_{d1} = (5 - 0.2 \times 16)\text{V} = 1.8\text{V}$$

故有

$$V_{GSQ2} = V_{G2} - V_{S2} = 1.8\text{V} - I_{DQ2}R_{s2} + V_{SS} \qquad (5.3.4)$$

$$\begin{aligned}
I_{DQ2} &= K_{n2}(V_{GSQ2} - V_{TN2})^2 \\
&= [0.2 \times (1.8 - I_{DQ2} \times 8.2 + 5 - 1.2)^2] \text{mA} \qquad (5.3.5) \\
&= [0.2 \times (5.6 - 8.2 I_{DQ2})^2] \text{mA}
\end{aligned}$$

经整理后，得

$$I_{DQ2}^2 - 1.44 I_{DQ2} + 0.466 = 0$$

所以

$$I_{DQ2} = \frac{1.44 \pm \sqrt{1.44^2 - 4 \times 0.466}}{2} \text{mA} = \frac{1.44 \pm 0.458}{2} \text{mA}$$

只有 $I_{DQ2} = (1.44 - 0.458)/2 \approx 0.49\text{mA}$ 合理（因为另一值将使 $V_{GSQ2} < V_{TN2}$ 导致无沟道产生）。故由式（5.3.4）有

$$V_{GSQ2} = 1.8\text{V} + 5\text{V} - (0.49 \times 8.2)\text{V}$$

$$\approx 2.78\text{V}$$

$$V_{DSQ2} = V^+ - V^- - I_{DQ2}R_{s2} = 10\text{V} - (0.49 \times 8.2)\text{V} \approx 5.98\text{V}$$

上述分析表明，$VT_1$、$VT_2$ 都工作在恒流区。

### 2．动态性能指标计算

图 5.3.1 所示电路的小信号等效电路如图 5.3.2 所示。

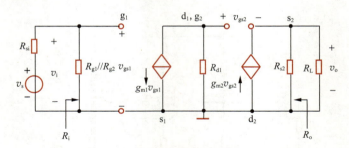

图 5.3.2　图 5.3.1 所示电路的小信号等效电路

（1）电压增益

由图 5.3.2可得输出电压

$$v_o = g_{m2}v_{gs2}(R_{s2}//R_L) \tag{5.3.6}$$

和

$$v_{gs2} + v_o = -g_{m1}v_{gs1}R_{d1} \tag{5.3.7}$$

将式（5.3.7）中的 $v_{gs2}$ 代入式（5.3.6），并整理可得

$$v_o[1 + g_{m2}(R_{s2}//R_L)] = -g_{m1}g_{m2}R_{ds1}v_{gs1}(R_{s2}//R_L) \tag{5.3.8}$$

则有

$$A_v = \frac{v_o}{v_i} = \frac{v_o}{v_{gs1}} = -\frac{g_{m1}g_{m2}R_{d1}(R_{s2}//R_L)}{1 + g_{m2}(R_{s2}//R_L)} \tag{5.3.9}$$

（2）输入电阻和输出电阻

多级放大电路的输入电阻就是第一级放大电路的输入电阻，由图5.3.2有

$$R_i = R_{g1}//R_{g2} = 390\text{k}\Omega//140\text{k}\Omega = 103.02\text{k}\Omega \tag{5.3.10}$$

而放大电路的输出电阻等于最后一级（输出级）的输出电阻，考虑到最后一级为共漏极放大电路，由图5.3.2并参见5.2.4节中的式（5.2.21）可得

$$R_o = R_{s2}//r_{ds2}//\frac{1}{g_{m2}}$$
$$= R_{s2}//\frac{1}{g_{m2}} \tag{5.3.11}$$

考虑到

$$g_{m1} = 2K_{n1}(V_{GSQ1} - V_{TN1}) = [2 \times 0.5 \times (1.84 - 1.2)]\text{mA/V} = 0.64\text{mA/V}$$

$$g_{m2} = 2K_{n2}(V_{GSQ2} - V_{TN2}) = [2 \times 0.2 \times (2.78 - 1.2)]\text{mA/V} = 0.632\text{mA/V}$$

故

$$R_o = R_{s2}//\frac{1}{g_{m2}} = 8.2\text{k}\Omega//1.58\text{k}\Omega = 1.32\text{k}\Omega$$

（3）源电压增益

由式（5.3.9），有

$$A_v = \frac{-g_{m1}g_{m2}R_{d1}(R_{s2}//R_L)}{1 + g_{m2}(R_{s2}//R_L)} = \frac{-0.64 \times 0.632 \times 16 \times (8.2//4)}{1 + 0.632 \times (8.2//4)} = \frac{-17.4}{27} = -6.44$$

考虑到 $v_{\mathrm{i}} = v_{\mathrm{gs1}} = \dfrac{R_{\mathrm{i}}}{R_{\mathrm{i}} + R_{\mathrm{si}}} \cdot v_{\mathrm{s}}$，故

$$A_{vs} = \frac{v_{\mathrm{o}}}{v_{\mathrm{s}}} = \frac{v_{\mathrm{o}}}{v_{\mathrm{i}}} \cdot \frac{v_{\mathrm{i}}}{v_{\mathrm{s}}} = A_v \cdot \frac{R_{\mathrm{i}}}{R_{\mathrm{i}} + R_{\mathrm{si}}}$$

$$= -6.44 \times \frac{103.02}{103.02 + 5} = -6.14$$

（5.3.12）

上述分析表明，由于共漏极放大电路的电压增益略小于 1，因此共源 - 共漏放大电路的电压增益主要取决于第一级（共源极放大电路）的电压增益。但由于输出级为共漏极放大电路，其输出电阻较小，因此具有较好的带负载能力。

## 5.4　结型场效应管及其放大电路

结型场效应管（JFET）是利用半导体内的电场效应进行工作的，也称为**体内场效应器件**。JFET 在 20 世纪 60 年代早期就已被应用，它的输入阻抗通常高达数十兆欧姆，且具有低噪声特点，主要用于制作高输入阻抗的集成运放。JFET 的高频性能较 BJT 的差，它的应用不像 BJT 和 MOSFET 那样广泛，因此，本节内容可供自学。

### 5.4.1　JFET 的结构和工作原理

#### 1. 结构

JFET 的结构如图 5.4.1（a）所示。在一块 N 型半导体材料两边扩散高浓度的 P 型区（用 P⁺ 表示），形成两个 PN 结，两边 P⁺ 型区引出两个欧姆接触电极并连在一起称为**栅极 g**，在 N 型半导体材料的两端各引出一个欧姆接触电极，分别称为**源极 s** 和**漏极 d**，两个 PN 结中间的 N 型区称为**导电沟道**，这种结构称为 **N 沟道 JFET**，图 5.4.1（b）所示是它的代表符号，其中箭头的方向表示栅结正向偏置时，栅极电流的方向是由 P 指向 N 的，故从符号上就可识别 d、s 之间是 N 沟道。

按照类似的方法，可以制成 P 沟道 JFET，如图 5.4.2 所示。

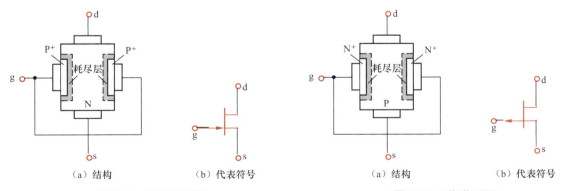

图 5.4.1　N 沟道 JFET　　　　　　　　图 5.4.2　P 沟道 JFET

#### 2. 工作原理

下面以 N 沟道 JFET 为例，分析 JFET 的工作原理。

N 沟道 JFET 工作时，在栅极与源极间需加负向电压（$v_{\mathrm{GS}} < 0$），使栅极、沟道间的 PN 结反向偏置，栅极电流 $i_{\mathrm{G}} \approx 0$，场效应管呈现高达 $10^7\Omega$ 以上的输入电阻。在漏极与源极间加正向电压（$v_{\mathrm{DS}} > 0$），使 N 沟道中的多数载流子（电子）在电场作用下由源极向漏极运动，形成电流 $i_{\mathrm{D}}$。$i_{\mathrm{D}}$ 的大小受 $v_{\mathrm{GS}}$ 控制。因此，讨论 JFET 的工作原理就要讨论 $v_{\mathrm{GS}}$ 对导电沟道及 $i_{\mathrm{D}}$ 的控制作用

和 $v_{DS}$ 对 $i_D$ 的影响。

（1）$v_{GS}$ 对导电沟道及 $i_D$ 的控制作用

为了讨论方便，先假设 $v_{DS}$ =0。当 $v_{GS}$ 由零往负向增大时，在反向偏置电压 $v_{GS}$ 的作用下，两个 PN 结的耗尽层（即耗尽区）将加宽，使导电沟道变窄，沟道电阻增大，如图 5.4.3（a）、（b）所示（由于 N 型区掺杂浓度小于 P$^+$ 型区掺杂浓度，即 P$^+$ 型区的耗尽层宽度较小，图中只画出了 N 型区的耗尽层）。当 $|v_{GS}|$ 进一步增大到某一定值 $|V_P|$ 时，两侧耗尽层在中间合拢，沟道全部被夹断［见图 5.4.3（c）］，沟道电阻趋于无穷大，称此时的栅源电压 $v_{GS}$ 为 **夹断电压 $V_P$** [1]。

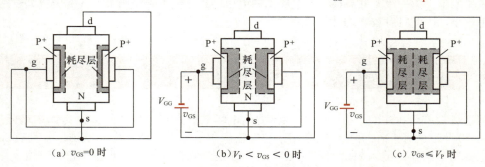

（a）$v_{GS}$=0 时　　　　　　（b）$V_P < v_{GS} < 0$ 时　　　　　　（c）$v_{GS} \leq V_P$ 时

图 5.4.3　$v_{DS}$=0 时，栅源电压 $v_{GS}$ 改变对导电沟道的影响

上述分析表明，改变 $v_{GS}$ 的大小，可以有效地控制沟道电阻的大小。若在漏极与源极之间加上固定的正向电压 $v_{DS}$，则由漏极流向源极的电流 $i_D$ 将受 $v_{GS}$ 的控制，$|v_{GS}|$ 增大时，沟道电阻增大，$i_D$ 减小。

（2）$v_{DS}$ 对 $i_D$ 的影响

简明起见，首先从 $v_{GS}$=0 开始讨论。

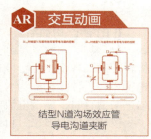

结型 N 道沟场效应管
导电沟道夹断

此时有导电沟道［见图 5.4.3（a）］存在，如果 $v_{DS}$=0，则沟道中的多数载流子不会产生定向移动，因而漏极电流 $i_D$=0，这比较容易理解。但是如果在漏极与源极之间加上正向电压 $v_{DS}$，并逐渐增大［见图 5.4.4（a）］，则沟道内的电场强度随之加大，于是漏极电流 $i_D$ 也会增大；由于 N 沟道本质上相当于一个电阻，电流 $i_D$ 从漏极流向源极时，就会在导电沟道中产生一个电位梯度。若源极电位为零，漏极电位为 $+v_{DS}$，沟道区的电位差则从靠近源端的零逐渐升高到靠近漏端的 $v_{DS}$。由于 N 沟道的电位从源端到漏端是逐渐升高的，因此在从源端到漏端的不同位置上，栅极与沟道之间的电位差是不相等的，离源极越远，电位差越大，加到该处 PN 结的反向电压也越大，耗尽层也越向 N 型半导体中心扩展，使靠近漏端处的导电沟道比靠近源极的要窄，导电沟道呈楔形。所以从这方面来说，增大 $v_{DS}$，又产生了阻碍漏极电流 $i_D$ 增大的因素。但在 $v_{DS}$ 较小时，导电沟道靠近漏端区域仍较宽，这时阻碍的因素是次要的，故 $i_D$ 随 $v_{DS}$ 增大几乎成正比地增大，构成图 5.4.5（a）所示输出特性曲线的上升段。

当 $v_{DS}$ 继续增大，使漏极、栅极间的电位差加大，靠近漏端电位差最大，耗尽层也最宽。当两耗尽层在 A 点相遇时［见图 5.4.4（b）］，称为 **预夹断**，此时，A 点耗尽层两边的电位差用 **夹断电压 $V_P$** 来描述。由于 $v_{GS}$=0，因此有 $v_{GD}=-v_{DS}=V_P$，对应图 5.4.5（a）所示曲线的预夹断点。

当 $v_{GS} \neq 0$ 时，在预夹断点 A 处 $V_P$ 与 $v_{GS}$、$v_{DS}$ 有如下关系：

$$v_{GD}=v_{GS}-v_{DS}=V_P \tag{5.4.1}$$

沟道一旦在 A 点预夹断后，随着 $v_{DS}$ 增大，夹断长度会增加，即 A 点将向源极方向延伸。但由于夹断处电场强度也增大，仍能将电子拉过夹断区（即耗尽层）形成漏极电流，这与增强型 MOSFET 在漏端夹断时仍能把导电沟道中的电子拉向漏极是相似的。在从源极到夹断处的沟道

---

[1] 在有些教材中，夹断电压用参数 $V_{GS(off)}$ 表示。

上，沟道内电场基本上不随 $v_{DS}$ 改变而改变。所以，$i_D$ 基本上不随 $v_{DS}$ 增大而增大，漏极电流趋于饱和，即 $i_D$ 达到饱和漏极电流 $I_{DSS}$，对应图 5.4.5（a）所示曲线的水平段。

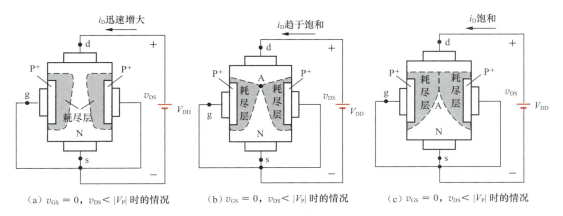

（a）$v_{GS}=0$，$v_{DS}<|V_P|$ 时的情况　　（b）$v_{GS}=0$，$v_{DS}<|V_P|$ 时的情况　　（c）$v_{GS}=0$，$v_{DS}<|V_P|$ 时的情况

图 5.4.4　改变 $v_{DS}$ 时 JFET 导电沟道的变化

如果在 JFET 栅极与源极间接一个可调负电源，由于栅源电压越负，耗尽层越宽，沟道电阻就越大，相应的 $i_D$ 就越小。因此，改变栅源电压 $v_{GS}$ 可得输出特性曲线，如图 5.4.5（b）所示。由于每个晶体管的 $V_P$ 为一定值，因此，从式（5.4.1）可知，预夹断临界点随 $v_{GS}$ 改变而改变，它在输出特性曲线上的轨迹如图 5.4.5（b）中左边虚线所示。

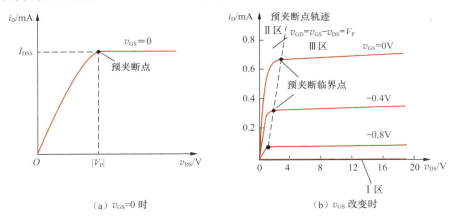

（a）$v_{GS}=0$ 时　　　　　　　　　　（b）$v_{GS}$ 改变时

图 5.4.5　N 沟道 JFET 的输出特性曲线

综上分析，可得下述结论。

① JFET 栅极、沟道之间的 PN 结是反向偏置的，因此，其 $i_G≈0$，输入电阻的阻值很高。

② JFET 是电压控制电流器件，其 $i_D$ 受 $v_{GS}$ 控制。

③ 预夹断前，$i_D$ 与 $v_{DS}$ 呈近似线性关系；预夹断后，$i_D$ 趋于饱和。

P 沟道 JFET 工作时，其电源极性与 N 沟道 JFET 的电源极性相反。

## 5.4.2　JFET 的特性曲线

### 1．输出特性曲线

图 5.4.5（b）所示为 N 沟道 JFET 的输出特性曲线。晶体管的工作区域仍可分为 3 个区域，现分别加以讨论。

① Ⅰ 区为截止区（夹断区）

此时，$v_{GS}<V_P$，$i_D=0$。

② Ⅱ区为可变电阻区

当 $V_P < v_{GS} \leq 0$，$v_{DS} \leq v_{GS} - V_P$ 时，N 沟道 JFET 工作在可变电阻区，其伏-安特性可表示为

$$i_D = K_n[2(v_{GS} - V_P)v_{DS} - v_{DS}^2]　　　　　（5.4.2）$$

③ Ⅲ区为恒流区（线性放大区）

当 $V_P < v_{GS} \leq 0$，$v_{DS} > v_{GS} - V_P$ 时，N 沟道 JFET 工作在恒流区，此时

$$i_D = K_n(v_{GS} - V_P)^2 = I_{DSS}\left(1 - \frac{v_{GS}}{V_P}\right)^2　　　　　（5.4.3）$$

式中，$K_n = I_{DSS}/V_P^2$。

### 2. 转移特性曲线

JFET 的转移特性曲线同样可以根据输出特性曲线得出。

图 5.4.6 所示为 N 沟道 JFET 的转移特性曲线。由图可以看出，当 $v_{DS}$ 大于某一定的数值（如 5V）后，不同 $v_{DS}$ 的转移特性曲线是很接近的，这时可认为转移特性曲线重合为一条曲线，使分析得到简化。

此外，只要已知 $I_{DSS}$ 和 $V_P$，转移特性曲线也可由式（5.4.3）绘出。转移特性曲线的斜率就是耗尽型 JFET 的互导 $g_m$（输出端口漏极电流的微变量和引起这一变化的输入端栅源电压的微变量之比），即

$$g_m = \left.\frac{\partial i_D}{\partial v_{GS}}\right|_{V_{DS}}$$

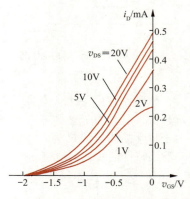

图 5.4.6　N 沟道 JFET 的转移特性曲线

根据式（5.4.3），有

$$g_m = \left.\frac{\partial i_D}{\partial v_{GS}}\right|_{V_{DS}} = \frac{-2I_{DSS}}{V_P}\left(1 - \frac{v_{GS}}{V_P}\right)　　　　　（5.4.4）$$

## 5.4.3　JFET 放大电路的小信号模型分析

双端口器件 JFET［见图 5.4.7（a）］的低频小信号模型如图 5.4.7（b）所示。由于 JFET 为电压控制器件，其栅极、源极间的电阻 $r_{gs}$ 的阻值很大，因此图 5.4.7（b）中将栅极、源极间近似看成开路，可见，它与图 5.2.4（c）是一样的。

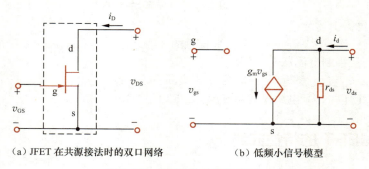

（a）JFET 在共源接法时的双口网络　　　　　（b）低频小信号模型

图 5.4.7　JFET 的小信号模型

现在，应用小信号等效电路来分析图 5.4.8（a）所示的共源极放大电路。它的小信号等效电路如图 5.4.8（b）所示，图中 $r_{ds}$ 通常在几百千欧姆的数量级，远大于负载电阻（$R_L$ 和 $R_d$），故此时可以近似认为 $r_{ds}$ 开路。

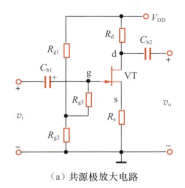

（a）共源极放大电路

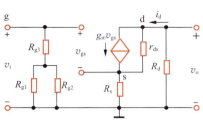

（b）图5.4.8（a）所示电路的小信号等效电路

图 5.4.8 共源极放大电路及其小信号等效电路

（1）电压增益

$$v_i = v_{gs} + g_m v_{gs} R_s = v_{gs}(1 + g_m R_s)$$

$$v_o = -g_m v_{gs} R_d$$

$$A_v = -\frac{g_m R_d}{1 + g_m R_s} \tag{5.4.5}$$

式中的负号表示 $v_o$ 与 $v_i$ 反相，共源极放大电路属于反相电压放大电路。

（2）输入电阻

$$R_i \approx R_{g3} + R_{g2} /\!/ R_{g1} \tag{5.4.6}$$

由此可看出 $R_{g3}$ 的接入并不影响静态工作点的设置，但能有效提高输入电阻的阻值。

（3）输出电阻

$$R_o \approx R_d \tag{5.4.7}$$

**例5.4.1** 电路如图5.4.8（a）所示，设 $R_{g3} = 10\text{M}\Omega$，$R_{g1} = 2\text{M}\Omega$，$R_{g2} = 47\text{k}\Omega$，$R_d = 30\text{k}\Omega$，$R_s = 2\text{k}\Omega$，$V_{DD} = 18\text{V}$，JFET 的 $V_P = -1\text{V}$，$I_{DSS} = 0.5\text{mA}$。试确定 $Q$ 点和 $A_v$。

**解**：由于 $i_G = 0$，在静态时无电流流过 $R_{g3}$，$V_G$ 的大小仅取决于 $R_{g2}$、$R_{g1}$ 对 $V_{DD}$ 的分压，而与 $R_{g3}$ 无关，因此有

$$V_{GSQ} = V_G - V_S = \frac{R_{g2}}{R_{g1} + R_{g2}} V_{DD} - I_{DQ} R_s$$

即

$$V_{GSQ} = \left( \frac{47 \times 18}{2000 + 47} - 2I_{DQ} \right) \text{V} \tag{5.4.8}$$

假设 JFET 工作在恒流区，则根据式（5.4.3），有

$$I_{DQ} = I_{DSS} \left( 1 - \frac{v_{GS}}{V_P} \right)^2 = \left[ 0.5 \times \left( 1 + \frac{V_{GSQ}}{1} \right)^2 \right] \text{mA} \tag{5.4.9}$$

将式（5.4.8）中 $V_{GSQ}$ 的表达式代入式（5.4.9），得

$$I_{DQ} = [0.5 \times (1 + 0.4 - 2I_{DQ})^2] \text{mA}$$

解出 $I_{DQ} = (0.95 \pm 0.64) \text{ mA}$，而 $I_{DSS} = 0.5\text{mA}$，$I_{DQ}$ 不应大于 $I_{DSS}$，所以 $I_{DQ} = 0.31\text{mA}$，$V_{GSQ} = (0.4 - 2I_{DQ})\text{V} = -0.22\text{V}$，$V_{DSQ} = V_{DD} - I_{DQ}(R_d + R_s) = 8.1\text{V}$。

计算结果表明，$V_{DSQ} = 8.1\text{V} > V_{GSQ} - V_P = -0.22\text{V} - (-1\text{V}) = 0.78\text{V}$，JFET 的确工作在恒流区，

与假设一致。因此前面的计算正确。

根据式（5.4.4），$Q$点处

$$g_\mathrm{m} = \frac{-2I_\mathrm{DSS}}{V_\mathrm{P}}\left(1 - \frac{V_\mathrm{GSQ}}{V_\mathrm{P}}\right) = \left[\frac{-2 \times 0.5}{-1} \times \left(1 - \frac{0.22}{1}\right)\right] \mathrm{mS} = 0.78\mathrm{mS}$$

根据式（5.4.5），有

$$A_v = -\frac{g_\mathrm{m}R_\mathrm{d}}{1 + g_\mathrm{m}R_\mathrm{s}} = -\frac{0.78 \times 30}{1 + 0.78 \times 2} \approx -9.14$$

与MOSFET类似，JFET也可以构成共漏极放大电路和共栅极放大电路，此处不赘述。

### 5.4.4　JFET 放大电路的 MultiSim 仿真

在MultiSim中，选用2SK117型JFET，构建图5.4.9所示的自偏压共源极放大电路。输入频率为1kHz、峰峰值为100mV的正弦信号，双击示波器，运行仿真，可看到图5.4.10所示的仿真波形。由图可以看出，输出电压与输入信号的相位相反，取T2游标的测量值，计算得到电压增益 $A_v = -480.221/49.549 \approx -9.7$。

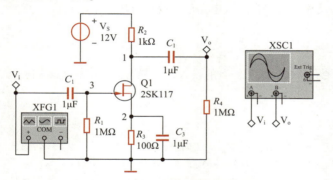

视频5-9：
JFET放大
电路仿真

图 5.4.9　自偏压共源极放大电路的仿真

再将仿真分析类型改为直流工作点分析，运行仿真，得到电路的静态工作点，如图5.4.11所示。可知，$I_\mathrm{D} = 1.50550\mathrm{mA}$，$V_\mathrm{GS} = V(3) - V(2) \approx -148.53$ mV，$V_\mathrm{DS} = V(1) - V(2) \approx 10.34\mathrm{V}$。

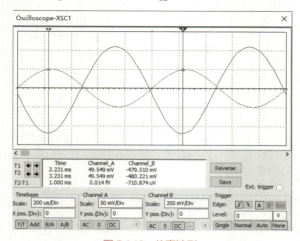

图 5.4.10　仿真波形

JFET_共源极放大电路
## DC Operating Point Analysis

| | Variable | Operating point value |
|---|---|---|
| 1 | I(JQ1[ID]) | 1.50550 m |
| 2 | I(JQ1[IG]) | -2.00925 n |
| 3 | I(JQ1[IS]) | -1.50550 m |
| 4 | V(1) | 10.49461 |
| 5 | V(2) | 150.53926 m |
| 6 | V(3) | 2.00925 m |

图 5.4.11　共源极放大电路的静态工作点

## 小结

- 场效应管是电压控制电流器件，只依靠一种载流子（电子或空穴）导电，因而属于单极型器件。场效应管分为MOSFET和JFET，而MOSFET又分为增强型和耗尽型两种类型，每一种类型又有N沟道和P沟道之分；JFET也有N沟道和P沟道之分。
- MOSFET的漏极电流$i_D$受栅源电压$v_{gs}$的控制。在可变电阻区，漏极电流是漏源电压的函数；而在恒流区，漏极电流基本上与漏源电压无关。漏极电流直接和MOSFET的宽长比成比例，所以宽长比是MOSFET电路设计的主要参数。
- 按三端有源器件3个电极的不同连接方式，MOSFET和JFET可以组成3种组态的电路，即共源极放大电路、共漏极放大电路和共栅极放大电路。JFET放大电路相对应用较少，因此本章将它放到后面进行讲解。
- 在FET放大电路中，$V_{DS}$的极性取决于沟道性质，N（沟道）为正，P（沟道）为负。为了建立合适的偏置电压$V_{GS}$，不同类型的FET对偏置电压的极性有不同的要求：增强型MOSFET的$V_{GS}$与$V_{DS}$同极性，耗尽型MOSFET的$V_{GS}$可正、可负或为零，JFET的$V_{GS}$与$V_{DS}$极性相反。
- 当$v_i = 0$时，放大电路的工作状态称为静态或直流工作状态，此时FET漏极的直流及各电极间的直流电压$I_{DQ}$、$V_{GSQ}$和$V_{DSQ}$可用输出特性曲线上一个确定点表示，称为静态工作点。
- 分析放大电路的交流参数（电压增益或电流增益、输入电阻和输出电阻等），一般先画出交流通路（交流电流流通的路径），再画出小信号等效电路。画交流通路的原则：对交流信号，电路中内阻很小的直流电源（如$V_{DD}$等）可视为短路，内阻很大的电流源或恒流可视为开路。对一定频率范围内的交流信号，容量较大的电容可视为短路。

## 自我检验题

### 5.1　选择填空题

自我检测题答案

1. 场效应管利用外加电压产生的_____（a. 电流；b. 电场）来控制漏极电流的大小，因此它是_____（a. 电流；b. 电压）控制器件。

2. JFET在放大电路中利用栅极、源极间所加的_____（a. 正向；b. 反向）电压来改变导电沟道的宽度，它的输入电阻_____（a. 大于；b. 小于）MOSFET的输入电阻。

3. P沟道增强型MOSFET的阈值电压为_____（a. 正值；b. 负值），N沟道增强型MOSFET的阈值电压为_____（a. 正值；b. 负值）。

4. 测量某MOSFET电路，得到漏源电压、栅源电压值如下：其中$V_{TN}$、$V_{TP}$为已知值，试判断该晶体管工作在什么区域（恒流区、可变电阻区、夹断点或截止区），将答案填写在每小题后面的横线上。

（1）$V_{DS}=3V$，$V_{GS}=2V$，$V_{TN}=1V$ _____

（2）$V_{DS}=1V$，$V_{GS}=2V$，$V_{TN}=1V$ _____

（3）$V_{DS}=3V$，$V_{GS}=1V$，$V_{TN}=1.5V$ _____

（4）$V_{DS}=3V$，$V_{GS}=-1V$，$V_{TN}=-2V$ _____

（5）$V_{DS}=-3V$，$V_{GS}=-2V$，$V_{TP}=-1V$ _____

（6）$V_{DS}=3V$，$V_{GS}=-2V$，$V_{TP}=-1V$ _____

（7）$V_{DS}=-3V$，$V_{GS}=-1V$，$V_{TP}=-1.5V$ _____

5. 当$v_{GS}=0$时，_____（a. 耗尽型；b. 增强型）MOSFET存在导电沟道，在$+v_{DS}$作用下，将会有较大的漏极电流$i_D$由漏极流向源极。

6. N沟道增强型MOSFET工作在恒流区的条件是_____（a. $v_{DS} \geqslant v_{GS}-V_{TN}$，$v_{GS} \geqslant V_{TN}$；b. $v_{DS} \leqslant v_{GS}-V_{TP}$，$v_{GS} \leqslant V_{TP}$），P沟道耗尽型MOSFET工作在恒流区的条件是_____（a. $v_{DS} \geqslant v_{GS}-V_{TN}$，$v_{GS} \geqslant V_{TN}$；b.

$v_{DS} \leqslant v_{GS} - V_{TP}$，$v_{GS} \leqslant V_{TP}$）。

7. JFET 的漏极电流由_____（a. 少数载流子；b. 多数载流子；c. 两种载流子）的漂移运动形成。N 沟道 JFET 的漏极电流由_____（a. 电子；b. 空穴；c. 电子和空穴）的漂移运动形成。

8. 共漏极放大电路的输出电压与输入电压的相位_____（a. 相同；b. 相反），电压增益近似为1，输入电阻_____（a. 大；b. 小），输出电阻_____（a. 大；b. 小）。

### 5.2　判断题（正确的画"√"，错误的画"×"）

1. 增强型 MOSFET 工作在恒流区（线性放大区）时，其栅源电压必须大于零。 （　　）
2. FET 仅靠一种载流子导电。 （　　）
3. 作为放大器件工作时，N 沟道耗尽型 MOSFET 的栅源电压能用正向偏置。 （　　）
4. 低频跨导 $g_m$ 是一个常数。 （　　）
5. 当 $v_{GS} = 0$ 时，耗尽型 MOSFET 能够工作在恒流区。 （　　）
6. 小信号模型中所研究的电压、电流都是变化量，因此，不能用小信号模型来求静态工作点，其参数大小也与静态工作点位置无关。 （　　）
7. 在 MOSFET 组成的共源极、共漏极和共栅极放大电路中，只有共源极放大电路有功率放大作用。 （　　）
8. JFET 作为放大器件工作时，栅极与沟道间的 PN 结可以正向偏置。 （　　）
9. 放大电路的输出电阻只与放大电路的负载相关，而与输入信号源的内阻无关。 （　　）

## 📝 习题

### 5.1　MOSFET

5.1.1　设 N 沟道增强型 MOSFET 的 $V_{TN} = 1.2V$，在栅极和源极之间所加的电压为 $v_{GS} = 2V$，当 $v_{DS}$ 分别为 0.4V、1V 和 5V 时，试问 MOSFET 分别工作在哪个区域？

5.1.2　设 N 沟道增强型 MOSFET 的参数为 $V_{TN} = 0.4V$，$W = 10\mu m$，$L = 0.8\mu m$，$K'_n = 120\mu A/V^2$。

（1）当所加的漏源电压 $V_{DS} = 0.1V$，所加的栅源电压 $V_{GS}$ 分别为 0、1V、2V 和 3V 时，计算此时 N 沟道增强型 MOSFET 的漏极电流 $I_D$。

（2）当所加的漏源电压 $V_{DS} = 4V$ 时，重复计算（1）中的 $I_D$。

5.1.3　一个 MOSFET 的转移特性曲线如图题 5.1.3 所示（其中漏极电流 $i_D$ 的假定正向是它的实际方向），试问：

（1）该 MOSFET 是耗尽型还是增强型的？

（2）该 MOSFET 是 N 沟道还是 P 沟道的？

（3）该 MOSFET 的阈值电压为多少？

图题 5.1.3

### 5.2　MOSFET 放大电路

5.2.1　试分析图题 5.2.1 所示各电路对正弦交流信号有无放大作用，并简述理由（设各电容对正弦交流信号的容抗可忽略）。

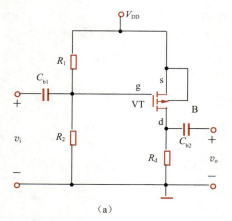

（a）

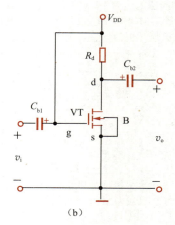

（b）

图题 5.2.1

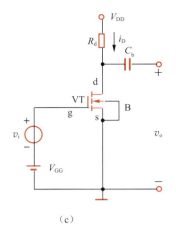

（c）

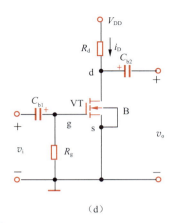

（d）

图题 5.2.1（续）

5.2.2 电路如图题 5.2.2 所示，设 $R_1=R_2=100\text{k}\Omega$，$V_{DD}=5\text{V}$，$R_d=7.5\text{k}\Omega$，$V_{TP}=-1\text{V}$，$K_p=0.2\text{mA/V}^2$。试计算图题 5.2.2 所示 P 沟道增强型 MOSFET 共源极放大电路的漏极电流 $I_{DQ}$ 和漏源电压 $V_{DSQ}$。

5.2.3 电路如图 5.2.1（a）所示。设 MOSFET 的参数为 $V_{TN}=0.4\text{V}$，$K_n=0.5\text{mA/V}^2$，忽略 $r_{ds}$ 对放大电路的影响；电路参数为 $V_{DD}=3.3\text{V}$，$R_d=10\text{k}\Omega$，$R_{g1}=140\text{k}\Omega$，$R_{g2}=60\text{k}\Omega$。当 MOSFET 工作在恒流区时，试确定电路的静态值、小信号电压增益 $A_v$、$R_i$ 和 $R_o$。

5.2.4 电路如图 5.2.8（a）所示，设 MOSFET 的参数为 $V_{TN}=1\text{V}$，$K_n=0.5\text{mA/V}^2$，忽略 $r_{ds}$ 对放大电路的影响；电路参数为 $V^+=5\text{V}$，$V^-=-5\text{V}$，$R_d=10\text{k}\Omega$，$R_s=0.5\text{k}\Omega$，$R_s=4\text{k}\Omega$，$R_{g1}=150\text{k}\Omega$，$R_{g2}=47\text{k}\Omega$。试确定静态工作点、小信号电压增益 $A_v=\dfrac{v_o}{v_{oi}}$、源电压增益 $A_{vs}=\dfrac{v_o}{v_s}$、输入电阻 $R_i$ 和输出电阻 $R_o$。

5.2.5 已知电路参数如图题 5.2.5 所示，FET 工作点上的互导 $g_m=1\text{mA/V}$，设 $r_{ds}\gg R_d$。

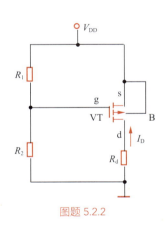

图题 5.2.2

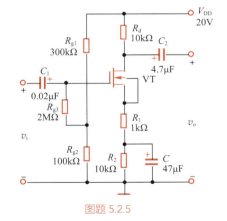

图题 5.2.5

（1）画出电路的小信号等效电路。

（2）求电压增益 $A_v$。

（3）求电路的输入电阻 $R_i$ 和输出电阻 $R_o$。

5.2.6 共漏极放大电路如图 5.2.10 所示。设 $R_{si}=0.75\text{k}\Omega$，$R_{g1}=R_{g2}=240\text{k}\Omega$，$R_s=4\text{k}\Omega$，$R_L=6.8\text{k}\Omega$。FET 的 $g_m=11.3\text{mA/V}$，$r_{ds}=50\text{k}\Omega$。试求共漏极放大电路的源电压增益 $A_{vs}=v_o/v_s$、输入电阻 $R_i$ 和输出电阻 $R_o$。

**\*5.3 共源 - 共漏极放大电路**

5.3.1 电路如图 5.3.1 所示，设 FET 的参数 $K_{n1}=K_{n2}=1\text{mA/V}^2$，$V_{TN1}=V_{TN2}=1.5\text{V}$，忽略 $r_{ds1}$ 和 $r_{ds2}$ 对放大电路的影响；电路参数为 $R_L=5\text{k}\Omega$，$R_{d1}=3.3\text{k}\Omega$，$R_{si}=20\text{k}\Omega$，$R_{s2}=5\text{k}\Omega$，$R_{g1}=500\text{k}\Omega$，$R_{g2}=300\text{k}\Omega$，$I_{DQ1}=I_{DQ2}=1.5\text{mA}$，$V_{GSQ1}=V_{GSQ2}=3\text{V}$。

（1）求输入电阻和输出电阻。

（2）求源电压增益 $A_{vs}$。

5.3.2　电路如图5.3.1所示，FET的参数为$K_{n2}=K_{n1}=1\text{mA/V}^2$，$V_{TN1}=V_{TN2}=2\text{V}$，忽略$r_{ds1}$和$r_{ds2}$对放大电路的影响；电路参数为$V^+=10\text{V}$，$V^-=-10\text{V}$，$R_L=4\text{k}\Omega$，$R_{s1}=1.7\text{k}\Omega$，$R_{s2}=5\text{k}\Omega$，$R_{si}=10\text{k}\Omega$，$R_{d1}=3.3\text{k}\Omega$，$R_{g1}=560\text{k}\Omega$，$R_{g2}=300\text{k}\Omega$。

（1）求静态工作点。

（2）求输入电阻和输出电阻。

（3）求源电压增益。

### 5.4　JFET及其放大电路

5.4.1　一个JFET的转移特性曲线如图题5.4.1所示，试问：

（1）该JFET是N沟道还是P沟道的？

（2）该JFET的夹断电压$V_p$和饱和漏极电流$I_{DSS}$各是多少？

5.4.2　共源极放大电路如图题5.4.2所示，已知JFET的参数为$V_p=-1\text{V}$，$I_{DSS}=5\text{mA}$，试计算$Q$点和$A_v$。

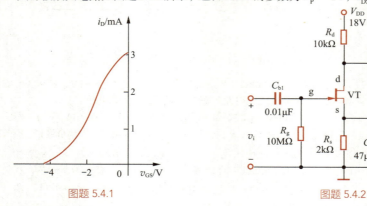

图题5.4.1　　　　　　　　　图题5.4.2

5.4.3　共源极放大电路如图题5.4.3所示，已知FET工作点上的互导$g_m=0.9\text{mS}$，其他参数如图中所示，求电压增益$A_v$、输入电阻$R_i$和输出电阻$R_o$。

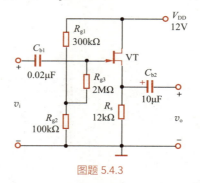

图题5.4.3

## 实践训练

**S5.1**　共源极放大电路及其参数如图题5.2.5所示。设MOSFET的参数为$V_{TN}=1\text{V}$，$K_n=1\text{mA/V}^2$。试运用MultiSim进行如下分析、计算：（1）求电路的静态工作点；（2）设输入信号$v_i$为$f=1\text{kHz}$、幅值$V_{im}=10\text{mV}$的正弦电压，试观察$v_i$、$v_o$的波形。

**S5.2**　带源极电阻的共源极放大电路如图5.2.8所示。设MOSFET的参数为$V_{TN}=0.8\text{V}$，$K_n=1\text{mA/V}^2$。电路参数为$V^+=5\text{V}$，$V^-=-5\text{V}$，$R_d=10\text{k}\Omega$，$R_s=0.5\text{k}\Omega$，$R_{si}=4\text{k}\Omega$，$R_{g1}=165\text{k}\Omega$，$R_{g2}=35\text{k}\Omega$。试运用MultiSim进行如下分析、计算：（1）求电路的静态工作点；（2）输入$v_i$频率为1kHz、幅值为10mV的正弦信号，观察$v_i$及$v_o$的波形。

**S5.3**　FET共漏极放大电路及其参数如图题5.4.3所示，其中JFET选用2SK117。试运用MultiSim进行如下分析、计算：（1）求电路的静态工作点；（2）输入电压频率为1kHz、幅值为10mV的正弦信号，观察$v_i$及$v_o$的波形；（3）求电压增益$A_v$、输入电阻$R_i$和输出电阻$R_o$。

# 第 6 章

# 模拟集成电路

本章知识导图

## 本章学习要求

- 理解零点漂移产生的原因及其对直接耦合放大电路的影响。
- 掌握差模信号、共模信号的基本概念。
- 理解差分放大电路放大差模信号和抑制共模信号的原理。
- 掌握基本差分放大电路的分析方法，会计算差模电压增益、共模电压增益及共模抑制比。
- 理解直流电流源的工作原理及特性。
- 了解差分放大电路大信号工作情况。
- 了解集成运算放大器的电路构成及特点。
- 理解集成运算放大器主要技术指标的含义。
- 掌握模拟乘法器在运算电路中的应用。

## 本章讨论的问题

- 在模拟集成电路中，为什么要采用直接耦合放大电路？
- 为什么直接耦合电路存在零点漂移现象？零点漂移产生的原因是什么？
- 通用型集成运算放大器的第一级通常采用什么电路？有什么优点？
- 为什么差分放大电路要追求尽可能高的共模抑制比？
- 电流源电路有什么特点？在模拟集成电路中，为什么要采用电流源来实现直流偏置？
- 集成运算放大器由哪几部分组成？各部分的作用是什么？
- 集成运算放大器有哪些主要技术指标？
- 模拟乘法器可实现何种功能？什么是单象限乘法器、双象限乘法器和四象限乘法器？

# 6.1 引言

自1958年出现第一块半导体集成电路以来，微电子技术在越来越多的领域获得了广泛的应用。集成电路具有成本低、体积小、质量轻、耗电少、可靠性高等许多优点。按照功能来分，集成电路可分为模拟集成电路、数字集成电路，以及模拟与数字混合的集成电路。本书只涉及模拟集成电路。模拟集成电路可分为运算放大器、电压比较器、功率放大器、模拟乘法器、模拟锁相环、电源管理芯片和音像设备中常用的其他模拟集成电路等。

本章的重点内容是集成运算放大器（integrated operational amplifier），简称集成运放或运放，首先介绍模拟集成电路的特点及集成运算放大器的一般结构，接着讨论模拟集成电路的主要单元电路——差分放大电路、电流源电路，然后分析两种典型的集成运算放大器，并介绍集成运算放大器的技术参数，最后简要介绍变跨导式模拟乘法器在信号处理方面的应用。

## 6.1.1 模拟集成电路的特点

由于制造工艺上的原因，模拟集成电路与分立元件电路相比有以下特点。

### 1. 电阻和电容的值不宜太大，电路结构上采用直接耦合方式

在集成电路中，要避免使用50kΩ以上的电阻，因为大电阻会占据很大的芯片面积，还会引入寄生效应。此外，电路中不会使用耦合电容和旁路电容。这些电容同样会占据很大的芯片面积，为了频率补偿目的而引入的反馈电容，其电容值通常小于50pF。所以，在集成电路中，多级放大电路之间采用直接相连（也称为直接耦合）的方式来传递信号。

### 2. 为了克服直接耦合电路的温度漂移，常采用差分放大电路

在集成电路中，所有元件同处在一块硅片上，相互距离非常近，且在同一工艺条件下被制造，虽然各元件参数的绝对误差较大，但相邻元件的参数具有相同的偏差，同类元件的特性（包括温度特性）比较一致。因此，常采用差分放大电路，即利用两个晶体管参数的对称性来抑制温度漂移。

### 3. 尽量采用 BJT 或 MOSFET 代替电阻、电容和二极管等元件

在集成电路中，制造有源器件（BJT或MOSFET）比制造大电阻占用的面积小，因此，常用有源器件构成电流源作为偏置电路或有源负载。另外，也常用晶体管代替二极管。

### 4. 同一类元器件的温度特性基本一致

单个元器件的精度不易控制，但在同一硅片上用相同工艺制造出来的元器件性能比较一致，对称性好，相邻元器件的温度差别小，因而同一类元器件的温度特性也基本一致。

## 6.1.2 集成运算放大器的组成

集成运算放大器是应用较广泛的模拟集成电路之一，它是一个具有高增益、高输入电阻和低输出电阻的直接耦合多级放大电路。集成运算放大器通常由输入级差分放大、中间级电压放大、输出级功率放大和偏置电路共4部分组成，如图6.1.1所示，它有两个输入端和一个输出端，图中所标$v_P$、$v_N$和$v_O$均以地为公共端。

### 1. 输入级

输入级由差分放大电路组成，利用差分放大电路参数的对称性来抑制零点漂移和干扰信号，以便提高整个电路的性能；同时，它也是集成运算放大器的第一增益级，一般采用电流源作为偏置电路或者有源负载。输入级的好坏直接决定着整个电路性能指标的优劣。

### 2. 中间级

中间级的主要作用是提供足够的电压增益，又称为电压放大级，它可由一级或多级放大电路

组成。

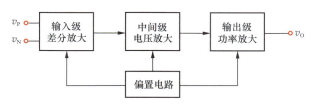

图 6.1.1　集成运算放大器的组成

### 3．输出级

输出级的作用是为负载提供一定的功率，通常由互补对称功率放大电路组成。另外，它还具有过电流、过电压、过热保护等辅助电路。

### 4．偏置电路

偏置电路一般由各种电流源电路组成，以便为各级电路提供合适的偏置电流，确定各级电路的静态工作点。偏置电路有时还作为放大器的有源负载。

## 6.1.3　直接耦合多级放大电路的零点漂移

在模拟集成电路中，由于制造大电容（电容值大于几百皮法）比较困难，因此多级放大电路采用直接耦合的方式。直接耦合放大电路低频性能好，能够放大变化缓慢的信号，方便集成化；但电路前后级之间的静态工作点互相联系，同时又由于半导体器件本身的某些参数易受温度影响而变化，所以直接耦合放大电路中存在零点漂移现象。

视频6-1：
直接耦合多级
放大电路的
零点漂移

**零点漂移**（简称零漂），是指当放大电路的输入端发生短路时，输出端仍有缓慢变化的电压产生，即输出电压偏离原来的起始点而上下波动。在直接耦合多级放大电路中，当第一级放大电路的静态工作点由于某种原因（如温度变化、电源电压波动、器件老化或参数变化等）而稍有偏移时，第一级的输出电压将发生微小的变化，这种缓慢的微小变化会被逐级放大，致使放大电路的输出端产生较大的漂移电压。可见，输入级的零点漂移对输出的影响最大，而且级数越多，增益越大，零点漂移越严重。当输出漂移电压的大小可以和放大的有效信号电压相比时，就无法分辨是有效信号电压还是漂移电压，严重时漂移电压甚至将"淹没"有效信号电压，使放大电路无法正常工作。所以选择漂移小的单元电路作为输入级是非常重要的。

由于温度变化引起的半导体器件参数的变化是放大电路产生零点漂移的主要原因，为了表示由温度变化引起的漂移，常把温度每升高1℃产生的输出漂移电压 $\Delta V_o$ 折合到输入端作为温度漂移指标，即用 $\Delta V_o$ 除以放大电路的总电压增益 $A_v$，得到输入端的等效输入漂移电压，即

$$\Delta V_i = \frac{\Delta V_o}{A_v \cdot \Delta T} \tag{6.1.1}$$

为了抑制零点漂移，可以采取多种补偿措施：引入直流负反馈以稳定静态工作点来减小零点漂移；利用温敏元件补偿晶体管的零点漂移；采用差分放大电路作为输入级。

---

**例6.1.1**　有两个直接耦合的放大电路 A 和 B，假设电路 A 的电压增益为1000，电路 B 的电压增益为200，它们在相同的环境温度下工作，其输出端的零点漂移均为1V，试问哪个电路的零点漂移会更严重？

**解：**因为两个电路工作的环境温度相同，所以只需要将输出漂移电压折合到输入端，等效输入漂移电压大的电路，其零点漂移会更严重。

对于电路 A，有

$$\Delta V_{iA} = \frac{\Delta V_o}{A_v \cdot \Delta T} = \frac{1000\text{mV}}{1000 \cdot \Delta T} = 1\text{mV} / \Delta T$$

对于电路B，有

$$\Delta V_{iB} = \frac{\Delta V_o}{A_v \cdot \Delta T} = \frac{1000\text{mV}}{200 \cdot \Delta T} = 5\text{mV} / \Delta T$$

可见，在相同的环境温度下工作时，电路B的零点漂移会更严重。

## 6.2　差分放大电路

差分放大电路（differential amplification circuit）的功能是放大两个输入信号之差，它是集成运放的重要组成单元。

### 6.2.1　差分放大电路的组成

基本差分放大电路如图 6.2.1 所示。它由两个对称的共发射极放大电路通过一个共发射极电阻 $R_e$ 相耦合而组成，因此该电路也称为发射极耦合差分放大电路。虽然它有两个输入电压（$v_{i1}$ 和 $v_{i2}$）和两个集电极输出电压（$v_{O1}$ 和 $v_{O2}$），但整个电路仍然作为一级来考虑。因为没有耦合电容和旁路电路，所以该电路可以放大直流信号。

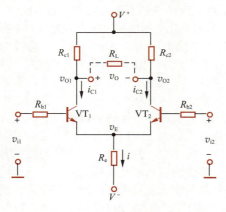

视频6-2：
差分放大电路的
组成及输入和
输出方式

图 6.2.1　基本差分放大电路

为了设置合适的静态工作点，电路一般采用正、负双电源供电，且 $V^+ = |V^-|$，以便 $VT_1$ 和 $VT_2$ 的发射结正向偏置，集电结反向偏置，确保 $VT_1$ 和 $VT_2$ 工作在线性区。由于电路中发射极电阻像一个尾巴，该电路常称为长尾式差分放大电路。

对理想差分放大电路的要求：$VT_1$ 和 $VT_2$ 特性相同（如 $\beta_1 = \beta_2$、$r_{be1} = r_{be2}$），两个半边电路及其参数完全匹配（$R_{c1} = R_{c2} = R_c$，$R_{b1} = R_{b2} = R_b$）。接在基极的电阻 $R_{b1}$、$R_{b2}$ 用来表示电压信号源的内阻（其阻值很小）。如果用一对 MOSFET 或者 JFET 取代图中的 BJT，就可以得到场效应管差分放大电路。限于篇幅，这里主要介绍 BJT 差分放大电路。

### 6.2.2　差分放大电路的输入和输出方式

由于电路有两个输入端和两个输出端，因此根据输入信号加入方式和输出信号获取方式的不同，差分放大电路就有 4 种不同的连接方式：双端输入、双端输出；双端输入、单端输出；单端输入、双端输出；单端输入、单端输出。注意，在规定的正方向条件下，输出信号 $v_O$ 与输入信号 $v_{i1}$

的极性相反、与输入信号 $v_{i2}$ 的极性相同，故称 $v_{i1}$ 为反相输入端、$v_{i2}$ 为同相输入端。

双端输入、双端输出差分放大电路如图 6.2.1 所示，其余 3 种输入和输出方式如图 6.2.2 所示。

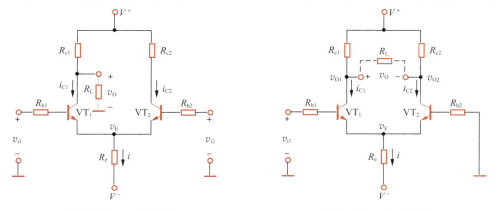

（a）双端输入、单端输出　　　　　　　　　（b）单端输入、双端输出

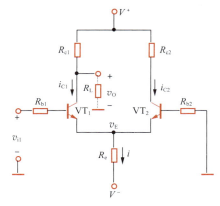

（c）单端输入、单端输出

图 6.2.2　差分放大电路的输入和输出方式

## 6.2.3　差模信号和共模信号

差模信号和共模信号一般是用电压信号来描述的。我们将两个输入电压的差值定义为差模输入电压，并用 $v_{id}$ 来表示，即

$$v_{id} = v_{i1} - v_{i2} \qquad (6.2.1)$$

将两个输入电压的算术平均值定义为共模输入电压，并用 $v_{ic}$ 来表示，即

$$v_{ic} = \frac{v_{i1} + v_{i2}}{2} \qquad (6.2.2)$$

在上述定义下，可以将 $v_{i1}$ 和 $v_{i2}$ 用差模输入电压和共模输入电压来表示，则有

$$v_{i1} = v_{ic} + \frac{v_{id}}{2} \qquad (6.2.3)$$

$$v_{i2} = v_{ic} - \frac{v_{id}}{2} \qquad (6.2.4)$$

由式（6.2.3）和式（6.2.4）可知，两个输入端中的共模输入电压 $v_{ic}$ 是大小相等、极性相同的信号；而两个输入端中的差模输入电压分别为 $+v_{id}/2$ 和 $-v_{id}/2$，即它们的大小相等而极性相反。

在分析差分放大电路时，可以分别考虑差模输入电压分量和共模输入电压分量对电路的单独作用，最后用叠加定理计算出电路总的输出电压。

当仅考虑差模输入电压的作用时，定义此时的输出电压与差模输入电压的比值为差模电压增益，即

$$A_{vd} = \frac{v_o'}{v_{id}} = \frac{v_o'}{v_{i1} - v_{i2}} \tag{6.2.5}$$

当仅考虑共模输入电压的作用时，定义此时的输出电压与共模输入电压的比值为共模电压增益，即

$$A_{vc} = \frac{v_o''}{v_{ic}} \tag{6.2.6}$$

在差模输入电压和共模输入电压同时存在的情况下，对于线性放大电路来说，可利用叠加定理来求出总的输出电压，即

$$v_o = v_o' + v_o'' = A_{vd}v_{id} + A_{vc}v_{ic} \tag{6.2.7}$$

视频6-3：差分放大电路的静态分析和动态分析

### 6.2.4 差分放大电路的静态分析

若输入电压为零，即$v_{i1}=v_{i2}=0$，放大电路处于静态，其直流通路如图6.2.3所示，电路参数均采用直流量表示。由于$VT_1$和$VT_2$两管特性相同，电路参数完全对称，因此两管的直流工作状态完全相同，即$V_{BE1}=V_{BE2}=V_{BE}$，$I_{B1}=I_{B2}=I_B$，$I_{C1}=I_{C2}=I_C$，$I_{E1}=I_{E2}=I_E=I/2$。又由于$VT_1$和$VT_2$工作在线性区，因此两管的发射极电压$V_E$为$-0.7V$左右。

此时，电路的输出电压$v_O=v_{O1}-v_{O2}=V_{C1}-V_{C2}=(V^+-R_{c1}I_{C1})-(V^+-R_{c2}I_{C2})=0$，所以，在双端输出的直流通路中将$R_L$当作∞处理（单端输出时，静态工作点的分析见例6.2.1）。可见，电路对称时，输入电压为零，输出电压$v_O$也为零。

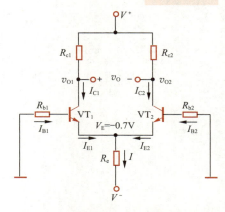

图 6.2.3 长尾式差分放大电路的直流通路

下面分析电路的静态工作点。首先，列输入回路的电压方程，有

$$0 - V = I_{B1}R_{b1} + V_{BE1} + (I_{E1}+I_{E2})R_e$$

即

$$-V = I_B R_b + V_{BE} + 2I_E R_e$$

在设计电路时，$R_b$的数值较小（甚至取值为0），并且BJT基极电流$I_B$（微安数量级）远小于发射极电流$I_E$（毫安数量级），故忽略上式中的$I_B R_b$，得

$$I_E \approx \frac{-V^- - V_{BE}}{2R_e} \tag{6.2.8}$$

由式（6.2.8）可知，$VT_1$、$VT_2$的发射极电流主要取决于$V^-$和$R_e$，只要$V^-$和$R_e$参数稳定，每个BJT的静态工作点就比较稳定。当温度变化引起BJT的参数变化时，由于$I_{C1}=I_{C2}\approx I_E$，集电极电流的变化量不会太大，又由于电路的对称性，两晶体管集电极电流的变化量总是相等的。因此，输出电压总为零，即参数对称时，双端输出差分放大电路的温度漂移等于零。

每个晶体管静态工作点为

$$\begin{cases} I_{B1} = I_{B2} = I_B = \dfrac{I_E}{1+\beta} \\ I_{C1} = I_{C2} = I_C \approx I_E \\ V_{CE1} = V_{CE2} = V_{CE} = V^+ - I_C R_c + 0.7V \end{cases} \tag{6.2.9}$$

接下来，分析电路在差模信号和共模信号单独作用时，电路的电压增益、输入电阻等性能指标。

### 6.2.5　差分放大电路的动态分析

下面重点讨论双端输入方式。本节最后会简要介绍单端输入方式。

**1. 差模输入与差模特性**

差分放大电路的两个输入电压 $v_{i1}$ 和 $v_{i2}$ 可以等效为差模信号和共模信号的叠加，即 $v_{i1}=v_{ic}+\dfrac{v_{id}}{2}$，$v_{i2}=v_{ic}-\dfrac{v_{id}}{2}$。如果电路仅有差模信号输入，也就是在两个输入端加入大小相等、极性相反的纯差模输入电压，即 $v_{i1}=v_{id}/2$，$v_{i2}=-v_{id}/2$，此时的输出电压用 $v_{od}$ 表示。假设差模输入为正弦电压，则包含两个正弦差模输入电压的交流等效电路如图6.2.4（a）所示。为了便于理解，图中还画出了电路相关节点电压变化和支路电流变化的示意波形。

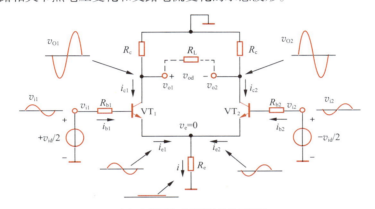

（a）交流通路及差模信号作用情况

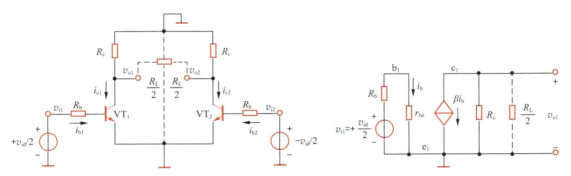

（b）发射极公共支路等效后的交流通路　　　　（c）左半边的差模小信号等效电路

图 6.2.4　差模信号作用下的情况

由于 $v_{i1}$ 和 $v_{i2}$ 的相位相差180°，当VT$_1$的基极电压进入正半周时，流过VT$_1$的发射极电流 $i_{e1}$ 将会增大；与此同时，VT$_2$的基极电压进入负半周，流过VT$_2$的射极电流 $i_{e2}$ 将会减小，且在某一时刻，$i_{e1}$ 的增大量和 $i_{e2}$ 的减小量总是相等的，于是流过 $R_e$ 的总电流（即 $i=0$）不变，$\Delta v_E=v_e=0$，故对差模输入而言，e点的交流电位可视为地，也就是说，$R_e$ 可被视为交流短路。

对两个输出端来说，由于 $v_{o1}=-v_{o2}=v_{id}/2$，若 $v_{id}$ 增加（即 $v_{i1}$ 增加、$v_{i2}$ 减小），则 $v_{o1}$ 将会减小；同时，$v_{o2}$ 必定会等量增大，即负载电阻 $R_L$ 两端的电压变化量大小相同、方向相反，因此 $R_L$ 中间点可视为地。将 $R_L$ 分为相等的两部分，相当于左半边电路和右半边电路的负载各取 $\dfrac{R_L}{2}$。于是，在差模信号作用下，电路的交流通路可简化成图6.2.4（b）所示的形式。由图可知，$VT_1$、$VT_2$构成对称的共发射极放大电路，左半边的差模小信号等效电路，如图6.2.4（c）所示。

下面分析输入差模信号时电路的性能指标。

（1）差模电压增益 $A_{vd}$

当输出电压从两晶体管的集电极输出时，称为双端输出。由于电路左右对称，当 $v_{i1}=-v_{i2}$ 时，有 $v_{o1}=-v_{o2}$。此时，差模输出电压 $v_{od}$ 与差模输入电压 $v_{id}$ 之比就是双端输出、双端输入的差模电压增益 $A_{vd}$，即

$$A_{vd} = \frac{v_{od}}{v_{id}} = \frac{v_{o1}-v_{o2}}{v_{i1}-v_{i2}} = \frac{2v_{o1}}{2v_{i1}}$$

$$= -\frac{\beta\left(R_c // \dfrac{R_L}{2}\right)}{R_b+r_{be}}$$

（6.2.10）

由上式可知，当 $R_L=\infty$ 时，差分放大电路在双端输入、双端输出时的差模电压增益等于半边等效电路（即单管共发射极放大电路）的电压增益。增加了几乎成倍的元器件并没有增加信号的增益，目的是提高电路抑制共模信号的能力。

当输出电压取自其中某晶体管的集电极时，则称为单端输出。此时，$VT_1$ 或 $VT_2$ 的集电极和地之间接负载电阻 $R_L$，单端输出电压 $v_{o1}$（或 $v_{o2}$）与差模输入电压 $v_{id}$ 之比就是单端输出、双端输入的差模电压增益。

当信号由 $v_{o1}$ 单端输出时，差模电压增益

$$A_{vd1} = \frac{v_{o1}}{v_{id}} = \frac{v_{o1}}{v_{i1}-v_{i2}} = \frac{v_{o1}}{2v_{i1}} = -\frac{\beta(R_c // R_L)}{2(R_b+r_{be})}$$

（6.2.11a）

当信号由 $v_{o2}$ 单端输出时，差模电压增益

$$A_{vd2} = \frac{v_{o2}}{v_{id}} = \frac{v_{o2}}{v_{i1}-v_{i2}} = \frac{-v_{o1}}{v_{i1}-v_{i2}} = -A_{vd1} = \frac{\beta(R_c // R_L)}{2(R_b+r_{be})}$$

（6.2.11b）

可见，输出电压 $v_{o1}$ 的相位与 $v_{id}$ 的相位相反，而 $v_{o2}$ 的相位与 $v_{id}$ 的相位相同，且当 $R_L=\infty$ 时，单端输出的差模电压增益只有双端输出时的一半。这种接法常用于将双端输入信号转换为单端输出信号，集成运放的中间级有时就采用这种接法。

（2）差模输入电阻 $R_{id}$

差模输入电阻是从 $VT_1$ 和 $VT_2$ 两个输入端看进去的交流等效电阻。根据图6.2.4（b），差模输入电阻为两个半边等效电路的输入电阻之和，即

$$R_{id} = \frac{v_{id}}{i_{id}} = \frac{v_{i1}-v_{i2}}{i_{b1}} = \frac{2v_{i1}}{i_{b1}} = 2(R_b+r_{be})$$

（6.2.12）

（3）输出电阻 $R_o$

无论是差模信号的放大还是共模信号的放大，图6.2.4（a）所示的差分放大电路都可以等效为左右对称的共发射极放大电路，输出电阻也与共发射极放大电路类似，所以统一用输出电阻表示，不再加以区分。

双端输出时，输出电阻是从两个输出端看进去的交流等效电阻。由图6.2.4（a）可知，两个集电极电阻形成串联结构，所以双端输出时的输出电阻

$$R_o=R_{c1}+R_{c2}=2R_c$$

（6.2.13）

单端输出时，输出电阻就相当于共发射极放大电路的输出电阻，即

$$R_o=R_c$$

（6.2.14）

## 2. 共模输入与共模抑制比

如果电路仅有共模信号输入，也就是在电路的两个输入端加上大小相等、极性相同的纯共模

输入电压，即 $v_{i1}=v_{i2}=v_{ic}$，此时的输出电压用 $v_{oc}$ 表示。通常，共模信号都是无用信号。

图 6.2.5（a）给出了加共模正弦输入信号的差分放大电路的交流等效电路。由于 $v_{i1}$ 和 $v_{i2}$ 完全相同，在电路对称时，它们使 $i_{b1}$ 和 $i_{b2}$ 的大小相等，相位也相同。由于 $i_c=\beta i_b$，因此 $i_{c1}=i_{c2}$，便有 $i_{e1}=i_{e2}$。此时 $i=i_{e1}+i_{e2}=2i_{e1}$，发射极电压 $v_e=2i_{e1}R_e\neq0$，$R_e$ 对共模信号不能视为短路。如果将 $R_e$ 折算到 VT$_1$ 和 VT$_2$ 各自的发射极支路上，在保持各管发射极电压 $v_e$ 不变时，就要在每只晶体管的发射极各自连接 $2R_e$ 的电阻，得到图 6.2.5（b）的等效电路。对比图 6.2.5（b）和图 6.2.4（b）可知，电阻 $R_e$ 对差模信号与共模信号表现出不同的特性。正是这个差异，导致了电路的差模电压增益与共模电压增益是不同的。

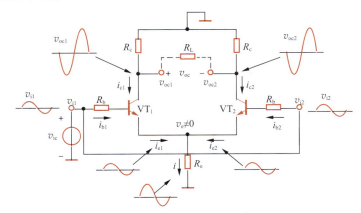

（a）交流通路及共模信号作用情况

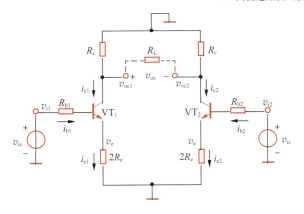

（b）发射极公共支路等效后的交流通路

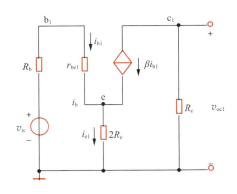

（c）左半边的共模小信号等效电路

图 6.2.5 共模信号作用下的情况

对输出端来说，因为 $v_{i1}=v_{i2}=v_{ic}$ 且电路对称，所以由 $v_{ic}$ 引起的两晶体管集电极电压变化总是相等的（即 $v_{oc1}=v_{oc2}$），因此，负载电阻 $R_L$ 中的共模信号电流为零，从而 $R_L$ 可以看成开路。于是，可以画出左半边的共模小信号等效电路，如图 6.2.5（c）所示。

下面分析输入共模信号时电路的性能指标。

（1）共模电压增益 $A_{vc}$

双端输出时，因为电路对称，有 $v_{oc1}=v_{oc2}$，所以共模电压增益

$$A_{vc}=\frac{v_{oc}}{v_{ic}}=\frac{v_{oc1}-v_{oc2}}{v_{ic}}=0 \tag{6.2.15}$$

单端输出时，负载电阻 $R_L$ 接在某晶体管的集电极和地之间，整个电路的共模电压增益就是单边共发射极放大电路的电压增益。但由于发射极上接有电阻 $2R_e$，因此

$$A_{vc1} = A_{vc2} = \frac{v_{oc1}}{v_{ic}} = \frac{v_{oc2}}{v_{ic}} = -\frac{\beta(R_c // R_L)}{R_b + r_{be} + (1+\beta)(2R_e)} \qquad (6.2.16)$$

一般情况下，有 $\beta >> 1$，$(1+\beta)(2R_e) >> (R_b + r_{be})$，故式（6.2.16）可简化为

$$A_{vc1} \approx -\frac{R_c // R_L}{2R_e} \qquad (6.2.17)$$

在实际电路中，$2R_e > (R_c // R_L)$，故 $A_{vc1} < 1$。这说明单端输出时，差分放大电路对共模信号没有放大而是起抑制作用。$R_e$ 越大，$A_{vc1}$ 越小，对共模信号的抑制作用就越强。

环境温度变化或电源电压波动都将引起 VT$_1$ 和 VT$_2$ 集电极电流的变化，从而引起集电极电压的变化，即产生漂移电压。但是，当电路对称时，$i_{c1}$ 和 $i_{c2}$ 的变化是大小相等、相位相同的，它们等效到输入端就相当于输入端的共模信号 $v_{ic}$。而由上述分析可知，无论是双端输出还是单端输出，差分放大电路抑制共模信号的能力都非常强，因此也就抑制了温度变化或电源电压波动等带来的零点漂移。

（2）共模输入电阻 $R_{ic}$

由图6.2.5（a）可知，对共模输入信号而言，两个输入端是并联的，所以共模输入电阻

$$R_{ic} = \frac{v_{ic}}{i_{ic}} = \frac{v_{i1}}{i_{b1} + i_{b2}} = \frac{v_{i1}}{2i_{b1}} = \frac{1}{2}[R_b + r_{be} + (1+\beta)(2R_e)] \qquad (6.2.18)$$

通常，$R_e$ 在几千欧姆以上，故共模输入电阻比差模输入电阻大得多。

（3）共模抑制比 $K_{CMR}$

差分放大电路的实际输入信号一般如图6.2.6所示，它既含有差模信号，又含有共模信号。为了说明差分放大电路对差模信号的放大能力及对共模信号的抑制能力，定义了共模抑制比这一项技术指标。

在差分放大电路中，电路完全对称，若采用双端输出，则共模电压增益 $A_{vc} = 0$，其共模抑制比

$$K_{CMR} = \left|\frac{A_{vd}}{A_{vc}}\right| \to \infty \qquad (6.2.19a)$$

若采用单端输出，则根据式（6.2.11a）和式（6.2.16），可得共模抑制比的表达式为

$$K_{CMR} = \left|\frac{A_{vd1}}{A_{vc1}}\right| \approx \frac{\beta R_e}{R_b + r_{be}} \qquad (6.2.19b)$$

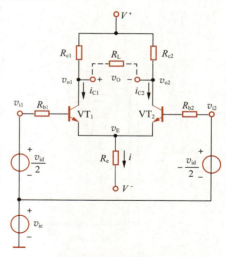

图 6.2.6　差分放大电路的实际输入信号

由上式可知，为了提高电路对共模信号的抑制能力，选用的 $R_e$ 阻值要大，因此，在实际电路中，常采用直流电阻小、交流电阻大的电流源来代替 $R_e$。

**3．单端输入特性**

在实际应用中，有时需要采用单端输入方式（也称为不对称输入），若 $v_{i1} = v_s$，$v_{i2} = 0$，便得到图6.2.7（a）所示的电路。

为了便于理解单端输入电路的特点，可以将输入信号变换成下列形式：

$$v_{i1} = \frac{v_s}{2} + \frac{v_s}{2} \qquad (6.2.20)$$

$$v_{i2} = \frac{v_s}{2} - \frac{v_s}{2} \qquad (6.2.21)$$

根据上面两式，可将采用单端输入方式的电路改画成采用双端输入方式的等效电路，如图6.2.7（b）所示。可见，两个输入端各有 $\frac{v_s}{2}$ 的共模输入电压，且同时有一对差模电压（$\pm\frac{v_s}{2}$）

分别作用于两个输入端。这说明单端输入时电路的工作情况与双端输入时的基本一致，因此双端输入的各种计算公式都适用于单端输入。

所不同的是，在双端输入电路中，$R_e$ 对差模信号相当于短路，发射极的信号电压 $v_e=0$；而在单端输入电路中，发射极的信号电压 $v_e$ 随输入电压变化，即 $v_e=v_s/2$，它不为零。也就是说，单端输入方式在输入差模信号的同时，必定伴随共模信号的输入。

总之，无论是单端输入还是双端输入，由于输入信号中含有差模信号和共模信号两种分量，根据式（6.2.7）可知，输出信号就是两种分量分别放大后的叠加，即 $v_o = A_{vd}v_{id} + A_{vc}v_{ic}$。

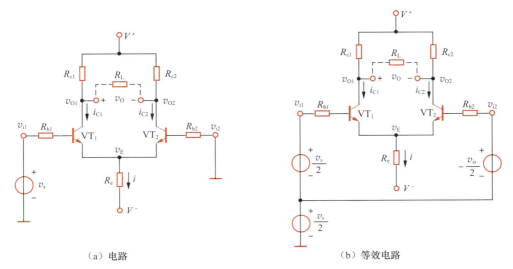

（a）电路　　　　　　　　　　　　（b）等效电路

图 6.2.7　单端输入特性

**例 6.2.1**　　在图 6.2.1 所示的基本差分放大电路中，已知 $V^+=10\text{V}$，$V^-=-10\text{V}$，$VT_1$ 和 $VT_2$ 的 $\beta=200$，$V_{BE}=0.7\text{V}$，$r_{bb}=200\Omega$，$R_{b1}=R_{b2}=0$，$R_{c1}=R_{c2}=10\text{k}\Omega$，$R_e=10\text{k}\Omega$，$R_L=20\text{k}\Omega$。

（1）求电路的静态工作点。

（2）求双端输出时的 $A_{vd}$、$R_{id}$ 和 $R_o$ 的值。

（3）当 $R_L=20\text{k}\Omega$ 接在 $VT_1$ 的集电极和地之间时，求电路的静态工作点及单端输出时的 $A_{vd1}$、$A_{vc1}$ 和 $K_{CMR}$ 的值。

（4）当输入信号为直流电压，即 $v_{i1}=20\text{mV}$、$v_{i2}=10\text{mV}$ 时，求在第（3）问条件下的单端输出总电压 $v_{O1}$。

**解：**（1）根据式（6.2.8）和式（6.2.9）来估算静态工作点。

$$I_C \approx I_E \approx \frac{-V^- - V_{BE}}{2R_e} = \frac{10\text{V} - 0.7\text{V}}{2 \times 10\text{k}\Omega} = 0.465\text{mA}$$

$$I_B = \frac{I_E}{1+\beta} = \frac{0.465\text{mA}}{1+200} \approx 2.31\mu\text{A}$$

$$V_{CE} = V^+ - I_C R_c + V_{BE} = 10\text{V} - 0.465\text{mA} \times 10\text{k}\Omega + 0.7\text{V} = 6.05\text{V}$$

（2）根据式（6.2.10），求双端输出时的 $A_{vd}$。

$$r_{be} = r_{bb'} + (1+\beta)\frac{26\text{mV}}{I_E} = 200\Omega + (1+200) \times \frac{26\text{mV}}{0.465\text{mA}} \approx 11.44\text{k}\Omega$$

$$A_{vd} = -\frac{\beta\left(R_c // \dfrac{R_L}{2}\right)}{R_b + r_{be}} = -\frac{200 \times (10\text{k}\Omega / 10\text{k}\Omega)}{11.44\text{k}\Omega} \approx -87.4$$

根据式（6.2.12）和式（6.2.13），得
$$R_{id}=2(R_b+r_{be})=22.88k\Omega$$
$$R_o=2R_c=20k\Omega$$

（3）当 $R_L$=20kΩ 接在 $VT_1$ 的集电极和地之间单端输出时，直流通路如图 6.2.8 所示。

列基极回路电压方程，求得

$$I_{C1}=I_{C2}\approx I_E \approx \frac{-V^--V_{BE}}{2R_e} = \frac{10V-0.7V}{2\times 10k\Omega} = 0.465mA$$

$$I_{B1}=I_{B2}=I_B= \frac{I_E}{1+\beta} \approx 2.31\mu A$$

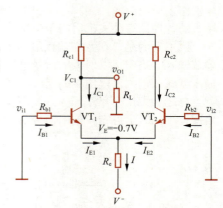

图 6.2.8　单端输出时的直流通路

对于 $VT_1$，列集电极节点电流方程，得到

$$\frac{V^+-V_{C1}}{R_{c1}} = I_{C1} + \frac{V_{C1}}{R_L}$$

代入已知数值，求得 $V_{C1}$=3.57V。所以
$$V_{CE1}=V_{C1}-V_{E1}=3.57V-(-0.7V)=4.27V$$

对于 $VT_2$，有
$$V_{C2}=V^+-I_{C2}R_{c2}=10V-0.465mA\times 10k\Omega=5.35V$$

所以
$$V_{CE2}=V_{C2}-V_{E2}=5.35V-(-0.7V)=6.05V$$

$$r_{be} = r_{bb'} + (1+\beta)\frac{26mV}{I_E} \approx 11.44k\Omega$$

根据式（6.2.11a），求单端输出时的 $A_{vd1}$，即

$$A_{vd1} = \frac{v_{o1}}{v_{id}} = -\frac{\beta(R_c//R_L)}{2(R_b+r_{be})} = -\frac{200\times(10k\Omega//20k\Omega)}{2\times 11.44k\Omega} \approx -58.28$$

根据式（6.2.16），求单端输出时的 $A_{vc1}$，即

$$A_{vc1} = \frac{v_{oc1}}{v_{ic}} = -\frac{\beta(R_c//R_L)}{R_b+r_{be}+(1+\beta)(2R_e)} = -\frac{200\times(10k\Omega//20k\Omega)}{11.44k\Omega+201\times 2\times 15k\Omega} \approx -0.22$$

根据式（6.2.19b），求单端输出时的 $K_{CMR}$，即

$$K_{CMR}=\left|\frac{A_{vd1}}{A_{vc1}}\right| = \left|\frac{-58.28}{-0.22}\right| \approx 264.9$$

用分贝表示
$$20lg264.9\approx 48.46dB$$

（4）当 $v_{i1}$=20mV、$v_{i2}$=10mV 时，电路的差模输入电压和共模输入电压分别为
$$v_{id}=v_{i1}-v_{i2}=10mV$$
$$v_{ic}=(v_{i1}+v_{i2})/2=15mV$$

信号的总输出电压
$$v_{o1}=v_{id}A_{vd1}+v_{ic}A_{vc1}=10mV\times(-58.28)+15mV\times(-0.22)=-586.1mV$$

由于静态时，$V_{C1}$=3.57V，因此单端输出总电压中含有直流分量，于是
$$v_{O1}=V_{C1}+v_{o1}=3.57V-0.5861V\approx 2.98V$$

## 6.2.6　具有电流源的差分放大电路

在长尾式差分放大电路中，$R_e$ 对共模信号有较强的抑制能力，且 $R_e$ 越大，抑制能力越强。但 $R_e$ 增大，在其上产生的直流压降也会增大，这样就需要增大负电源 $V^-$ 的数值，以保证电路有合适的静态工作点。为此，就希望有这样一种器件：交流电阻大，而直流电阻较小。电流源正好具有这样的特性，于是出现了具有电流源的差分放大电路，如图6.2.9（a）所示。其中，$r_o$ 是电流源的交流内阻，对于理想电流源，$r_o$ 的值为无穷大。

图6.2.9（b）所示是实际的电流源差分放大电路之一。由于实际电路参数很难完全匹配，为此在两晶体管发射极之间接入电位器 $R_p$，调节电位器滑动端的位置可使电路在 $v_{i1}=v_{i2}=0$ 时 $v_O=0$，所以常称 $R_p$ 为调零电位器。

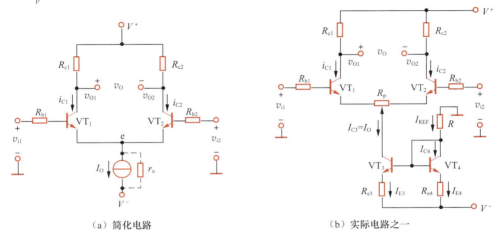

（a）简化电路　　　　　　　　　　　（b）实际电路之一

图 6.2.9　具有电流源的差分放大电路

下面分析该电路的静态工作点。

其思路是从电流源电路入手求出 $I_O$（电路对称时，可以认为 $R_p$ 的滑动端位于正中间）。由 $VT_3$、$VT_4$、$R$、$R_{e3}$、$R_{e4}$ 和 $V^-$ 组成电流源电路，$VT_4$ 的基极和发射极连在一起，构成等效的二极管，电路的基准电流

$$I_{E4} \approx I_{REF} = \frac{-V^- - V_{BE4}}{R + R_{e4}} \qquad (6.2.22)$$

由于 $VT_3$、$VT_4$ 相同，两晶体管基极又连在一起，并且工作的环境温度相同，因此 $V_{BE3} \approx V_{BE4}$ 成立，于是有 $I_{E3} R_{e3} = I_{E4} R_{e4}$。电流源的电流

$$I_O \approx I_{E3} = \frac{R_{e4}}{R_{e3}} I_{E4} \qquad (6.2.23)$$

式（6.2.23）表明，改变 $R_{e3}$ 和 $R_{e4}$ 的比值，就能改变 $I_{E3}$ 和 $I_{REF}$ 的比例关系，因此称该电流源为比例电流源，而电流源的动态电阻很大，对共模信号有很强的抑制功能，大幅度提高了共模抑制比。关于电流源的进一步讨论见6.3节。

对于差分对晶体管 $VT_1$、$VT_2$ 组成的对称电路，则有

$$I_{C1} = I_{C2} \approx I_O/2 \qquad (6.2.24)$$

$$V_{C1} = V_{C2} = V^+ - I_{C1}R_{c1} \approx V^+ - \frac{I_O R_{c1}}{2} \qquad (6.2.25)$$

可见，差分放大电路的静态工作点主要由电流源的电流 $I_O$ 的大小决定。

关于电流源差分放大电路的性能指标计算，与长尾式差分放大电路的完全一样，可以用 $r_o$ 代

替前面表达式中的 $R_e$，同时要注意调零电位器对电路性能的影响。

**例 6.2.2** 电路如图 6.2.9（b）所示，设 $VT_1$、$VT_2$、$VT_3$、$VT_4$ 的 $\beta=200$，$V_{BE}=0.7V$，$r_{bb'}=200\Omega$，$R_{b1}=R_{b2}=1k\Omega$，$R_{c1}=R_{c2}=10k\Omega$，$R_{e3}=R_{e4}=2k\Omega$，$R=9.3k\Omega$，$R_p=47\Omega$，$V^+=12V$，$V^-=-12V$。

（1）求电路的静态工作点。

（2）求双端输入、双端输出的差模电压增益 $A_{vd}$、差模输入电阻 $R_{id}$、输出电阻 $R_o$。

**解：**（1）求静态工作点。

根据式（6.2.22），得

$$I_{E4} \approx I_{REF} = \frac{-V^- - V_{BE4}}{R + R_{e4}} = \frac{(12-0.7)V}{(9.3+2)k\Omega} = 1mA$$

根据式（6.2.23）和式（6.2.24），得差分对晶体管的集电极电流

$$I_{C1} = I_{C2} \approx I_O/2 = \left(\frac{1}{2} \cdot \frac{R_{e4}}{R_{e3}} I_{E4}\right) = 0.5mA$$

根据式（6.2.25），得差分对晶体管的集电极电压

$$V_{C1} = V_{C2} = V^+ - I_{C1}R_{c1} = 12V - 0.5mA \times 10k\Omega = 7V$$

因　　　　　　　　　　$v_{i1} = v_{i2} = 0$，　$V_E = -V_{BE} = -0.7V$

所以　　　　　　$V_{CE2} = V_{CE1} = V_{C1} - V_{E1} = 7V - (-0.7V) = 7.7V$

（2）求双端输入、双端输出时的 $A_{vd}$、$R_{id}$ 和 $R_o$。

$$r_{be1} = r_{bb'} + (1+\beta)\frac{26mV}{I_{C1}} = 200\Omega + (1+200) \times \frac{26mV}{0.5mV} \approx 10.7k\Omega$$

$$A_{vd} = -\frac{\beta R_{c1}}{r_{be1} + (1+\beta)\dfrac{R_p}{2}} = -\frac{200 \times 10k\Omega}{10.7k\Omega + 201 \times \left(\dfrac{47}{2 \times 1000}\right)k\Omega} \approx -129.7$$

$$R_{id} = 2\left(R_{b1} + r_{be1} + (1+\beta)\frac{R_p}{2}\right) \approx 32.8k\Omega$$

$$R_o = 2R_c = 20k\Omega$$

为了便于比较和应用，现将前面的分析结果列于表 6.2.1 中。由表 6.2.1 中可以看出，发射极耦合差分放大电路的主要性能指标仅与输出方式有关，而与输入方式无关，即输出方式相同，性能指标就相同。

表 6.2.1　发射极耦合差分放大电路几种接法的性能指标比较

| 输出方式 | 双端输出 $v_o$ | 单端输出 $v_{o1}$ 或 $v_{o2}$ |
|---|---|---|
| 基本原理电路 | | |
| 输入方式 | 双端 $v_{i1} = -v_{i2} = v_{id}/2$；单端 $v_{i1} = v_{id}$，$v_{i2} = 0$ | 双端 $v_{i1} = -v_{i2} = v_{id}/2$；单端 $v_{i1} = v_{id}$，$v_{i2} = 0$ |

续表

| 输出方式 | 双端输出 $v_o$ | 单端输出 $v_{o1}$ 或 $v_{o2}$ |
|---|---|---|
| 典型电路形式 | 双端输入、双端输出；单端输入、双端输出 | 双端输入、单端输出；单端输入、单端输出 |
| 差模电压增益 $A_{vd}$ | $A_{vd} = \dfrac{v_o}{v_{id}} = -\dfrac{\beta\left(R_c // \dfrac{R_L}{2}\right)}{R_b + r_{be}}$ | $A_{vd1} = \dfrac{v_{o1}}{v_{id}} = -\dfrac{\beta(R_c // R_L)}{2(R_b + r_{be})}$, $A_{vd2} = \dfrac{v_{o2}}{v_{id}} = -A_{vd1}$ |
| 共模电压增益 $A_{vc}$ | $A_{vc} \to 0$ | $A_{vc1} \approx \dfrac{R_c // R_L}{2r_o}$ |
| 共模抑制比 $K_{CMR}$ | $K_{CMR} \to \infty$ | $K_{CMR} \approx \dfrac{\beta r_o}{R_b + r_{be}}$ |
| 差模输入电阻 $R_{id}$ | $R_{id} = 2(R_b + r_{be})$ | |
| 共模输入电阻 $R_{ic}$ | $R_{ic} = \dfrac{1}{2}[R_b + r_{be} + (1+\beta)(2r_o)]$ | |
| 输出电阻 $R_o$ | $R_o = 2R_c$ | $R_o = R_c$ |
| 用途 | 双端输入、双端输出适用于输入、输出不需要一端接地的场合；<br>单端输入、双端输出适用于将单端输入转换为双端输出的场合 | 双端输入、单端输出适用于将双端输入转换为单端输出的场合；<br>单端输入、单端输出适用于输入和输出均须有一端接地的场合 |

## 6.2.7　差分放大电路的传输特性

传输特性曲线是描述差分放大电路输出电流（或电压）随差模输入电压变化规律的曲线，研究该曲线有助于认识差模输入信号的线性工作范围和大信号输入时的输出特性。

在图 6.2.9（a）所示的差分放大电路中，利用 BJT 的 be 结电压 $v_{BE}$ 与发射极电流 $i_E$ 的基本关系，即 $i_{C2} \approx i_{E2} = I_{ES} e^{v_{BE2}/V_T}$，$i_{C1} \approx i_{E1} = I_{ES} e^{v_{BE1}/V_T}$（其中 $I_{ES}$ 为发射极饱和电流），$v_{BE1} - v_{BE2} = v_{id}$，$i_{C1} + i_{C2} = I_o$，可以推导出 $i_{C1}$、$i_{C2}$ 相对于差模输入电压 $v_{id}$ 的关系式：

$$i_{C1} = \frac{I_o}{1 + e^{v_{id}/V_T}} \qquad\qquad (6.2.26a)$$

$$i_{C2} = \frac{I_o}{1 + e^{-v_{id}/V_T}} \qquad\qquad (6.2.26b)$$

由式（6.2.26a）和式（6.2.26b）可知，传输特性曲线是非线性的。画出 $i_{C1}/I_o$、$i_{C2}/I_o$ 对 $v_{id}$ 的归一化传输特性曲线，如图 6.2.10 所示。从传输特性曲线可以得出以下结论。

（1）当 $v_{i1} - v_{i2} = v_{id} = 0$ 时，$i_{C1}/I_o = i_{C2}/I_o = 0.5$，电路处于直流工作状态，即在曲线的 $Q$ 点。

（2）当 $v_{id}$ 在 $0 \sim \pm V_T$ 范围时，放大电路工作在线性放大区。当 $v_{id}$ 增加时，$i_{C1}/I_o$ 增大，$i_{C2}/I_o$ 减小，$i_{C1}/I_o$、$i_{C2}/I_o$ 均与 $v_{id}$ 呈线性关系。本章所讨论的放大电路的工作状态即局限于这个线性范围，如图 6.2.10 中的灰色区间所标示。为使输出信号的线性响应误差在 1% 以内，一般取 $v_{idm} = \pm 18\text{mV} < V_T$。

（3）当 $v_{id}$ 在 $V_T \sim 4V_T$ 和 $-V_T \sim -4V_T$ 范围时，$i_{C1}/I_o$、$i_{C2}/I_o$ 与 $v_{id}$ 呈非线性关系，电路工作在非

线性放大区。

（4）当 $v_{id}<-4V_T$ 和 $v_{id}>+4V_T$ 时，曲线趋于平坦。当 $v_{id}>+4V_T$ 时，$VT_1$ 趋于饱和，$i_{C1}/I_o=1$，$VT_2$ 趋于截止，$i_{C2}/I_o=0$；而当 $v_{id}<-4V_T$ 时，$VT_1$ 截止，$VT_2$ 饱和，$i_{C1}/I_o$ 和 $i_{C2}/I_o$ 向相反的方向变化，$i_{C2}/I_o=1$，$i_{C1}/I_o=0$，BJT差分放大电路也呈现良好的限幅特性，这一特性广泛用于模拟集成电压比较器中。

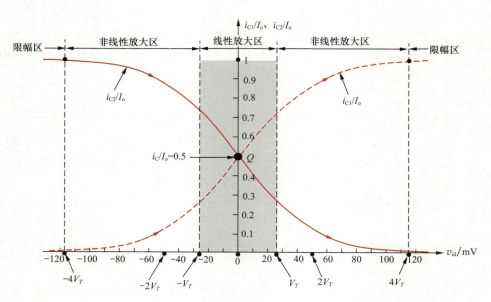

图 6.2.10　差分放大电路的差模传输特性曲线

此外，为了扩大差模输入信号的线性工作范围，可在两晶体管发射极 $e_1$、$e_2$ 和公共端 e 之间分别串接电阻 $R_{e1}=R_{e2}=R_e$，利用 $R_e$ 的负反馈作用，使线性放大区扩大。

注意，差模输入电压的幅值受BJT发射结反向击穿电压的限制，通常称为最大差模输入电压。

## 6.2.8　电流源差分放大电路的 MultiSim 仿真

在MultiSim中，构建图6.2.11所示的差分放大电路。将2N3904型BJT的参数BF（即 $\beta$）设置为200，将 $R_B$（即 $r_{bb'}$）设置为200Ω，进行下列各项仿真。

### 1．静态工作点的测量

将输入信号置为零，即令 $V_{i1}=V_{i2}=0$。选择Simulate→ Analyses and Simulation，在打开的对话框的Active Analysis中选择DC Operating Point，并选择需要仿真的变量到右侧界面中，然后单击Run按钮，系统自动显示运行结果，如图6.2.12所示。

可见，差分对晶体管的静态工作点近似为 $I_B≈4.994\mu A$，$I_C≈0.498mA$，$I_E≈-0.502mA$（负号表示电流从发射极流出），$V_{CE}=V(v_{o1})-V(3)≈7.673V$，$V_{BE}=V(10)-V(4)≈0.646V$。Q3和Q4构成比例电流源，Q3集电极电流 I(Q3[IC])≈1.006mA，即提供的恒定电流 $I_O=1.006mA$，它是Q1和Q2两晶体管发射极电流之和。

### 2．加入差模信号，用示波器观察两个输出端的瞬态电压波形

在两个输入端各加入频率为1kHz、电压有效值为10mV的正弦差模信号。选择Simulate→ Analyses and Simulation，在打开的对话框的Active Analysis中选择 Interactive Simulation，并保存该设置。然后双击图标XSC1，单击Run按钮，得到图6.2.13所示的波形（根据示波器XSC1上各通道连接线的颜色，可以区分各不同输入、输出信号）。

可见，最上面的两个波形分别是 $v_{i1}$ 和 $v_{i2}$，它们是大小相同、方向相反的差模输入信号，最

下面的两个波形分别是 $v_{o1}$ 和 $v_{o2}$，它们是大小相同、相位相反的差模输出信号；$v_{i1}$ 和 $v_{o1}$ 的相位相反，$v_{i1}$ 和 $v_{o2}$ 的相位相同；$v_{i2}$ 和 $v_{o1}$ 的相位相同，$v_{i2}$ 和 $v_{o2}$ 的相位相反。另外，从示波器下面的文本框中可以读出 4 个波形的峰峰值（图中显示值为 T2 与 T1 两次测量值之差），分别为 $v_{i1pp}=-28.226\text{mV}$，$v_{i2pp}=28.226\text{mV}$，$v_{o1pp}=3.053\text{V}$，$v_{o2pp}=-3.053\text{V}$。计算可得差模电压增益约为 108.2。

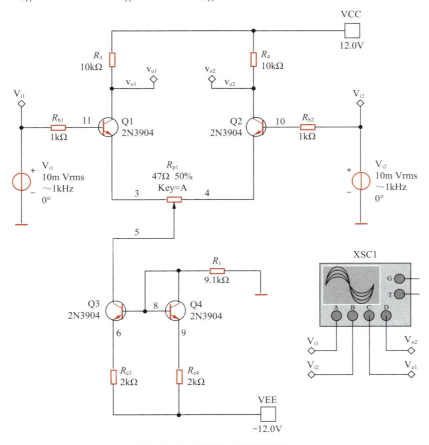

图 6.2.11　差分放大电路的仿真

## DC Operating Point Analysis

|   | Variable | Operating point value |
|---|----------|----------------------|
| 1 | I(Q1[IB]) | 4.99397 u |
| 2 | I(Q1[IC]) | 497.80948 u |
| 3 | I(Q1[IE]) | -502.80344 u |
| 4 | I(Q2[IB]) | 4.99397 u |
| 5 | I(Q2[IC]) | 497.80948 u |
| 6 | I(Q2[IE]) | -502.80344 u |
| 7 | I(Q3[IC]) | 1.00561 m |
| 8 | V(5) | -662.92383 m |
| 9 | V(8) | -9.30549 |
| 10 | V(10) | -4.99397 m |
| 11 | V(10)-V(4) | 646.11398 m |
| 12 | V(vo1) | 7.02191 |
| 13 | V(vo1)-V(3) | 7.67301 |
| 14 | V(vo2) | 7.02191 |

图 6.2.12　仿真得到的静态工作点

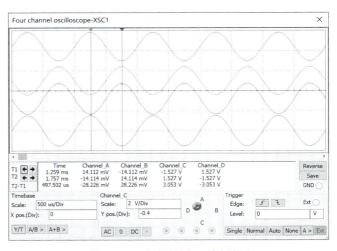

图 6.2.13　电路的输入、输出波形

注意，示波器通道 A、B、C、D 在 Y 方向的位移分别设置为 2.2、0.5、$-0.4$ 和 $-2$，以便将 4

个波形分开显示。

### 3．加入差模信号时，观察差分放大电路的频率特性

使用默认的信号设置，即 AC（交流）的幅值为 1V。选择 Simulate→Analyses and simulation，在打开的对话框左栏选择 AC Analysis，在右边的 Frequency Parameters 选项卡中，设置起始频率为 10Hz，扫描终止频率为 500MHz，扫描方式为 Decade（十倍频程），然后在 Output 选项卡中编辑表达式 $(V(v_{o1})-V(v_{o2}))/(V(v_{i1})-V(v_{i2}))$ 作为仿真的输出变量，单击 Run 按钮，在 Grapher View 窗口显示图 6.2.14 所示的仿真结果。可见，电路的差模电压增益约为 110.2，截止频率约为 608.5kHz，在中、低频率范围内差模输入信号与差模输出信号之间的相位约为 179.9°。仿真结果与例 6.2.2 中的计算结果并不完全相同，最终应该以实验结果为准。

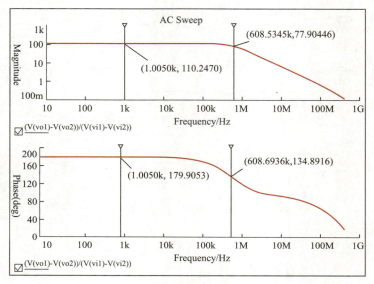

图 6.2.14　幅频响应和相频响应的波形

### 4．进行直流扫描分析，得到传输特性曲线

选择 Simulate→Analyses and simulation，在打开的对话框中选择 Active Analysis 中 DC Sweep（直流扫描），进行分析参数设置，在 Source 1 中选择电压源 VI1，由 −0.4V 开始扫描直到 0.4V，每隔 0.01V 记录一点，如图 6.2.15（a）所示；在 Output 选项卡中，选择 $V(v_{o1})$ 和 $V(v_{o2})$。单击 Run 按钮，进行直流扫描分析，得到传输特性曲线，如图 6.2.15（b）所示，电路基本对称。

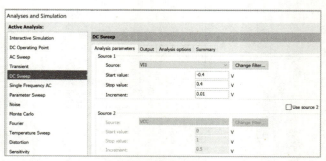

（a）直流扫描分析的设置

图 6.2.15　直流扫描分析的设置及仿真结果

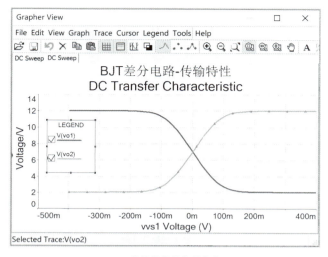

（b）传输特性曲线的仿真

图 6.2.15　直流扫描分析的设置及仿真结果（续）

# 6.3 电流源电路及其应用

电流源（也称恒流源）是能够提供恒定电流的一类电子电路。理想电流源应该在所有工作条件下具有无穷大的电阻，同时保持恒定的电流。由于在集成电路中，制造一个三端器件（BJT 和 FET）比制造一个电阻所占用的面积小，也比较经济，因而阻值较大的电阻往往用电流源取代。利用 BJT 或 FET 的在线性放大区内均具有近似恒流、动态输出电阻值高的特性，就能构成电流源电路。限于篇幅，这里仅介绍用 BJT 构成的电流源电路。

## 6.3.1　电流源电路

### 1. 基本镜像电流源电路

镜像电流源也称为电流镜（current mirror），在集成电路中的应用十分广泛，其电路如图 6.3.1（a）所示。$T_1$、$T_2$ 是同一个硅片上的两个相邻晶体管，它们的工艺、结构和参数都比较一致（即 $\beta_1=\beta_2=\beta$，$I_{CEO1}=I_{CEO2}$），且它们工作在相同的温度条件下。由于两管的基极、发射极分别对应地连接在一起，所以电路正常工作时，两管基极、发射极之间的电压相同，即 $V_{BE1}=V_{BE2}$。

图 6.3.1（a）中，$VT_1$ 的集电极和基极相连，接成二极管，一旦加上直流电源，$VT_1$ 的发射结就会正向偏置，为电路提供基准电流 $I_{REF}$，其大小为

$$I_{REF}=\frac{V^+ - V_{BE1} - V^-}{R} \tag{6.3.1}$$

由于 $VT_1$ 的发射结正向偏置，集电结零偏（$V_{CB1}=0$），如图 6.3.2（a）所示。在集电结（PN 结）内电场的作用下，对发射区扩散到基区的电子仍会产生作用，使它们漂移到集电区，形成集电极电流。所以，$VT_1$ 仍然工作在放大状态，$I_{C1}=\beta I_{B1}$ 仍然成立，其输出特性曲线如图 6.3.2（b）中 $v_{CB}=0$ 处的曲线所示。

$VT_2$ 为输出管，一旦有了 $V_{BE1}$，它就会加在 $VT_2$ 的发射结上，使 $VT_2$ 导通。由于两晶体管的 $V_{BE}$ 相同，且晶体管匹配，于是有 $I_{B1}=I_{B2}$ 和 $I_{C1}=I_{C2}$。列出 $VT_1$ 集电极节点电流方程，有

$$I_{REF}=I_{C1}+I_{B1}+I_{B2}=I_{C2}+2I_{B2}=I_{C2}+\frac{2I_{C2}}{\beta} \qquad (6.3.2)$$

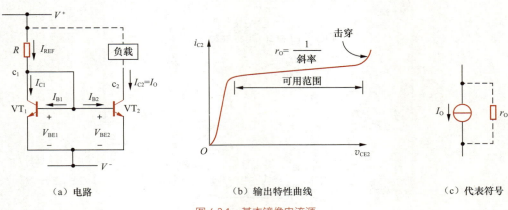

（a）电路        （b）输出特性曲线        （c）代表符号

图 6.3.1 基本镜像电流源

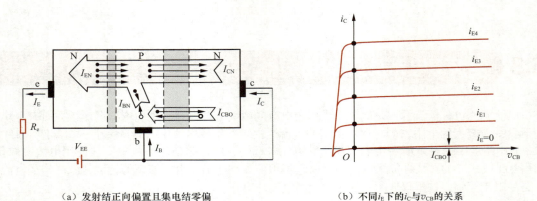

（a）发射结正向偏置且集电结零偏        （b）不同 $i_E$ 下的 $i_C$ 与 $v_{CB}$ 的关系

图 6.3.2 BJT 外加偏置电压时载流子的传输过程及其输出特性曲线

于是输出电流

$$I_O=I_{C2}=\frac{I_{REF}}{1+2/\beta} \qquad (6.3.3)$$

根据前面的分析可知，当 $R$ 确定后，$I_{REF}$ 就确定了，$I_O$ 也随之确定，与负载无关（此处的负载通常是放大电路中的放大管），即 $I_O$ 不随 $VT_2$ 集电极所接负载的不同而发生变化，表现出电流源的恒流特性。若满足 $\beta \gg 2$，则 $I_O \approx I_{REF}$。于是，可以将 $I_O$ 看作 $I_{REF}$ 的镜像，所以该电流源称为**基本镜像电流源**。

式（6.3.3）隐含的意思是 $VT_2$ 偏置在正向线性放大区（集电结反向偏置，即 $V_{CE2}>V_{BE2}$）。$VT_2$ 的输出特性曲线如图 6.3.1（b）所示。由图可知，电流在一定范围内是恒定的，**其斜率的倒数为动态输出电阻**，即

$$r_o=\left.\left(\frac{\partial i_{C2}}{\partial v_{CE2}}\right)^{-1}\right|_{I_{B2}}=r_{ce2} \qquad (6.3.4)$$

$r_o$ 越大，斜率越小，曲线越平坦，$I_O$ 的恒流特性越好。图 6.3.1（c）所示为电流源的代表符号，$I_O=I_{C2}$，$r_o$ 为电流源的动态输出电阻，也称为**小信号电阻**。

镜像电流源结构简单，$VT_1$ 对 $VT_2$ 具有温度补偿作用，所以 $I_{C2}$ 的温度稳定性较好。但 $I_{REF}$ 受电源变化的影响大，故要求电源十分稳定。

### 2．改进型镜像电流源电路

由式（6.3.3）可知，当 $\beta$ 不是足够大时，$I_\mathrm{O}$ 与 $I_\mathrm{REF}$ 之间的偏差就会变大，为了弥补这一不足，在电路中引入 $\mathrm{VT_3}$，如图 6.3.3 所示。利用 $\mathrm{VT_3}$ 的电流放大作用，可以减小（$I_\mathrm{B1}+I_\mathrm{B2}$）对基准电流 $I_\mathrm{REF}$ 的分流作用，使 $I_\mathrm{C1}$ 更接近 $I_\mathrm{REF}$，从而减少 $I_\mathrm{REF}$ 转换为 $I_\mathrm{C2}$ 过程中由于 $\beta$ 较小而引入的误差。

假设 $\mathrm{VT_1}$ 和 $\mathrm{VT_2}$ 的特性相同，且 $\beta_1=\beta_2=\beta$。由于 $\mathrm{VT_3}$ 中的电流明显小于 $\mathrm{VT_1}$ 或 $\mathrm{VT_2}$ 中的电流，因此 $\mathrm{VT_3}$ 的电流放大系数 $\beta_3$ 小于 $\beta_1$ 或 $\beta_2$。由于 $\mathrm{VT_1}$ 和 $\mathrm{VT_2}$ 两晶体管的 $V_\mathrm{BE}$ 相同，因此有 $I_\mathrm{B1}=I_\mathrm{B2}$ 和 $I_\mathrm{C1}=I_\mathrm{C2}$。列出 $\mathrm{VT_3}$ 集电极节点电流方程，有

$$I_\mathrm{REF}=I_\mathrm{C1}+I_\mathrm{B3}=I_\mathrm{C1}+\frac{I_\mathrm{E3}}{1+\beta_3} \tag{6.3.5}$$

由于有

$$I_\mathrm{E3}=I_\mathrm{B1}+I_\mathrm{B2}=2I_\mathrm{B2} \tag{6.3.6}$$

联立式（6.3.5）和式（6.3.6），可得

$$I_\mathrm{REF}=I_\mathrm{C1}+\frac{2I_\mathrm{B2}}{1+\beta_3} \tag{6.3.7}$$

用 $I_\mathrm{C2}$ 取代 $I_\mathrm{C1}$，并且 $I_\mathrm{B2}=I_\mathrm{C2}/\beta$，式（6.3.7）可以重写为

$$I_\mathrm{REF}=I_\mathrm{C2}+\frac{2I_\mathrm{C2}}{\beta(1+\beta_3)}=I_\mathrm{C2}\left[1+\frac{2}{\beta(1+\beta_3)}\right] \tag{6.3.8}$$

于是，输出电流或偏置电流

$$I_\mathrm{O}=I_\mathrm{C2}=\frac{I_\mathrm{REF}}{1+\dfrac{2}{\beta(1+\beta_3)}}\approx I_\mathrm{REF} \tag{6.3.9}$$

比较式（6.3.3）和式（6.3.9）可知，三晶体管电路中 $I_\mathrm{O}$ 更接近于 $I_\mathrm{REF}$，由 $\beta$ 变化而引起的输出电流的变化要小得多。根据电路可知，基准电流

$$I_\mathrm{REF}=\frac{V^+-V_\mathrm{BE3}-V_\mathrm{BE}-V^-}{R}\approx\frac{V^+-2V_\mathrm{BE}-V^-}{R} \tag{6.3.10}$$

在实际电路中，一般会在 $\mathrm{VT_3}$ 的发射极上接一个电阻 $R_\mathrm{e}$（见图 6.3.3 中虚线所示），以避免 $\mathrm{VT_3}$ 因工作电流过小而引起 $\beta_3$ 的减小。

### 3．微电流源[①]电路

镜像电流源电路适用于工作电流较大（毫安数量级）的场合。想要获得微安数量级的小电流，$R$ 的值必然很大，这在集成电路中难以实现。因此，需要研究改进型的电流源。

图 6.3.4 所示是模拟集成电路中常用的一种电流源电路。与图 6.3.1 相比，在 $\mathrm{VT_2}$ 的发射极电路接入电阻 $R_\mathrm{e2}$，由于 $R_\mathrm{e2}$ 两端存在电压差，且两晶体管基极电位相同，因此 $V_\mathrm{BE2}$ 小于 $V_\mathrm{BE1}$，于是 $I_\mathrm{B2}<I_\mathrm{B1}$，这就意味着 $I_\mathrm{C2}$ 比 $I_\mathrm{REF}$ 小。

假设两个晶体管 $\mathrm{VT_1}$ 和 $\mathrm{VT_2}$ 匹配且 $\beta\gg1$，根据图 6.3.4，有 $V_\mathrm{BE1}=V_\mathrm{BE2}+I_\mathrm{E2}R_\mathrm{e2}$，又因为 $I_\mathrm{O}=I_\mathrm{C2}\approx I_\mathrm{E2}$，所以

$$I_\mathrm{O}\approx I_\mathrm{E2}=\frac{V_\mathrm{BE1}-V_\mathrm{BE2}}{R_\mathrm{e2}} \tag{6.3.11}$$

由于 $V_\mathrm{BE1}$ 与 $V_\mathrm{BE2}$ 的数值相差不会太大（约几十毫伏），故用阻值不太大的电阻 $R_\mathrm{e2}$（几千欧姆）就可以获得微安数量级的小电流，故该电路称为 微电流源电路。

---

① 又称为维德拉（Widlar）电流源。

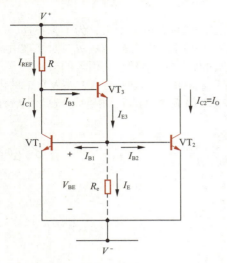

图 6.3.3　改进型镜像电流源电路

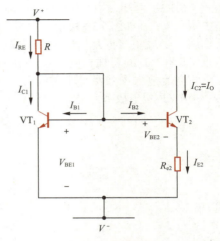

图 6.3.4　微电流源电路

根据 PN 结的伏-安特性方程［即式（3.2.4）］可知，当基准电流 $I_{REF}$ 一定时，有

$$I_{REF} \approx I_{E1} = I_S e^{\frac{V_{BE1}}{V_T}} \tag{6.3.12a}$$

$$I_O \approx I_{E2} = I_S e^{\frac{V_{BE2}}{V_T}} \tag{6.3.12b}$$

联立式（6.3.12a）和式（6.3.12b），可得

$$V_{BE1} - V_{BE2} = V_T \ln\left(\frac{I_{REF}}{I_O}\right) \tag{6.3.13}$$

联立式（6.3.11）和式（6.3.13），可得

$$I_O R_{e2} = V_T \ln\left(\frac{I_{REF}}{I_O}\right) \tag{6.3.14}$$

这是一个超越方程，$I_{REF}$ 可以根据式（6.3.1）求出，然后用计算机求解或试凑法，可以求出 $I_O$。

由于 $R_{e2}$ 引入了电流负反馈，因此其输出电阻 $r_o$ 比 $VT_2$ 本身的输出电阻大得多，其恒流特性比镜像电流源的好。根据小信号等效电路，可得电路的输出电阻

$$r_o \approx r_{ce2}\left(1 + \frac{\beta R_{e2}}{r_{be2} + R_{e2}}\right) \tag{6.3.15}$$

---

**例 6.3.1**　在图 6.3.4 所示的电路中，假设 $VT_1$ 和 $VT_2$ 的特性完全匹配，且常温下 $V_T$=26mV，$V_{BE1}$=0.7V，直流电源 $V^+$=5V，$V^-$= −5V，要求 $I_{REF}$=1mA，$I_O$=12μA，试确定电阻 $R$ 和 $R_{e2}$ 的值。

**解**：根据式（6.3.1），有

$$R = \frac{V^+ - V_{BE1} - V^-}{I_{REF}} = \frac{5V - 0.7V - (-5V)}{1mA} = 9.3k\Omega$$

根据式（6.3.14），有

$$R_{e2} = \frac{V_T}{I_O} \ln\left(\frac{I_{REF}}{I_O}\right) = \frac{26mV}{12 \times 10^{-3} mA} \ln\left(\frac{1mA}{12 \times 10^{-3} mA}\right) \approx 9583\Omega$$

---

**例 6.3.2**　多路电流源电路如图 6.3.5 所示。已知各晶体管的参数 $\beta$、$V_{BE}$ 的数值相同，求各电

流源 $I_{C1}$、$I_{C2}$ 及 $I_{C3}$ 与基准电流 $I_{REF}$ 的关系式。

**解：** 由图 6.3.5 可知

$$I_C = I_{REF} - I_{B0} = I_{REF} - \frac{I_B + I_{B1} + I_{B2} + I_{B3}}{\beta}$$

当 $\beta$ 较大时，得

$$I_C \approx I_{REF}$$

由于各晶体管的 $\beta$、$V_{BE}$ 相同，则

$$I_E R_e \approx I_{REF} R_e = I_{E1} R_{e1} = I_{E2} R_{e2} = I_{E3} R_{e3} \quad （6.3.16）$$

因此

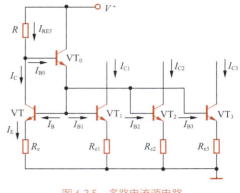

图 6.3.5　多路电流源电路

$$I_{C1} \approx I_{E1} = \frac{I_{REF} R_e}{R_{e1}}, \quad I_{C2} \approx I_{E2} = \frac{I_{REF} R_e}{R_{e2}}, \quad I_{C3} \approx I_{E3} = \frac{I_{REF} R_e}{R_{e3}} \quad （6.3.17）$$

当 $I_{REF}$ 确定后，改变各电流源的发射极电阻，可获得不同比例的输出电流。

## *6.3.2　以电流源作为有源负载的放大电路

电流源在集成电路中除了用于设置偏置电流外，还可以作为放大电路的有源负载，以提高电压增益。图 6.3.6 所示是以电流源作为有源负载的差分放大电路，其中 $VT_1$、$VT_2$ 对晶体管是差分放大管，$VT_3$、$VT_4$ 组成镜像电流源作为 $VT_1$、$VT_2$ 的有源负载。从 $VT_2$ 和 $VT_4$ 的集电极可获得单端输出信号，该电路是双入-单出差分放大电路。

假设所有晶体管均匹配，静态时，$v_{i1}=v_{i2}=0$，差分对晶体管 $VT_1$、$VT_2$ 的偏置电流由电流源 $I_O$ 提供，即 $I_{C1}=I_{C2}=I_O/2$。根据式（6.3.3），若 $\beta >> 2$，则 $I_{C4}=I_{C3}\approx I_{C1}=I_{C2}=I_O/2$，此时输出电流 $i_{O2}=I_{C4}-I_{C2}=0$，没有信号电流输出。

当加入差模输入电压 $v_{id}$ 时，$v_{i1}=-v_{i2}=v_{id}/2$，$VT_1$ 和 $VT_2$ 两晶体管集电极电流始终是大小相等

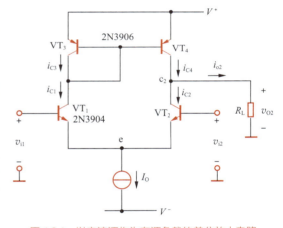

图 6.3.6　以电流源作为有源负载的差分放大电路

且方向相反的，即 $i_{c1}=-i_{c2}$。如果 $VT_1$ 的电流增大，$VT_2$ 的电流就会减小；如果 $VT_1$ 的电流减小，$VT_2$ 的电流就会增大。这样，电流源的电流大小不变（即 $I_O$ 不变），$v_e=0$，即 e 点交流接地。由于 $i_{c3}=i_{c1}$，$i_{c4}=i_{c3}$，所以，输出电流

$$i_{o2}=i_{c4}-i_{c2}=i_{c3}-(-i_{c1})=i_{c1}-(-i_{c1})=2i_{c1}$$

可见，动态输出电流约为单端输出时的两倍。

下面来求电路的差模电压增益。

根据前面的分析，当电路仅加入差模输入电压（$v_{i1}=-v_{i2}=v_{id}/2$）时，电路的交流通路如图 6.3.7（a）所示。假设电路完全对称，可以画出差模输入的半边电路——$VT_4$、$VT_2$ 输出回路的小信号等效电路，如图 6.3.7（b）所示。

根据图 6.3.7（a），可得

$$i_{b1} = \frac{v_{i1}}{r_{be}} = \frac{v_{id}}{2r_{be}} \quad （6.3.18a）$$

$$i_{b2} = \frac{v_{i2}}{r_{be}} = -\frac{v_{id}}{2r_{be}} \qquad (6.3.18b)$$

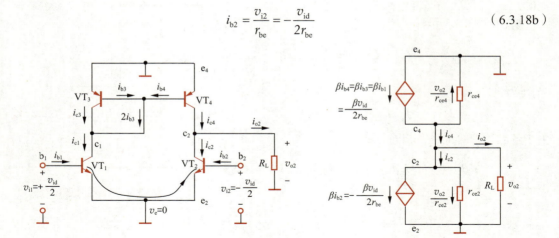

（a）交流通路 　　　　　　　　　　　　（b）$VT_4$、$VT_2$ 输出回路的小信号等效电路

图 6.3.7　有源负载差分放大电路差模输入时的交流情况

设 $VT_1$、$VT_2$、$VT_3$、$VT_4$ 的 $\beta$ 和 $r_{be}$ 值分别相同，且 $\beta \gg 1$，则 $i_{b4} = i_{b3}$。列 $VT_1$ 集电极 $c_1$ 节点的 KCL 方程，有

$$i_{c1} = 2i_{b3} + \beta i_{b3}$$

即

$$i_{b3} = \frac{i_{c1}}{2+\beta} = \frac{\beta}{2+\beta} \cdot i_{b1} \approx i_{b1} \qquad (6.3.19)$$

根据图 6.3.7（b），列 $VT_2$ 集电极 $c_2$ 节点的 KCL 方程，有 $i_{c4} - i_{c2} - i_{o2} = 0$，即

$$\frac{\beta v_{id}}{2r_{be}} - \frac{v_{o2}}{r_{ce4}} - \left(-\frac{\beta v_{id}}{2r_{be}}\right) - \frac{v_{o2}}{r_{ce2}} - \frac{v_{o2}}{R_L} = 0$$

整理后，可得单端输出差模电压增益

$$A_{vd2} = \frac{v_{o2}}{v_{id}} = \frac{\beta(r_{ce2} /\!/ r_{ce4} /\!/ R_L)}{r_{be}} \qquad (6.3.20)$$

由式（6.3.20）可知，<u>单端输出的差模电压增益接近于双端输出的差模电压增益。</u>

**例 6.3.3**　　以电流源作为有源负载的共发射极放大电路如图 6.3.8（a）所示，试说明以电流源作为有源负载，对放大电路的动态性能有何改善。

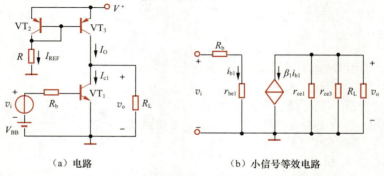

（a）电路　　　　　　　　　　（b）小信号等效电路

图 6.3.8　以电流源作为有源负载的共发射极放大电路

**解：**由于电流源的交流等效电阻大，故它可以提高共发射极放大电路的交流输出电阻 $R_o$ 和电

压增益 $A_v$。

在图 6.3.8（a）中，$VT_1$ 为放大管，输入端的 $V_{BB}$ 为 $VT_1$ 的发射结提供正向偏置。$VT_2$ 和 $VT_3$ 的特性相同并构成镜像电流源，电流源一方面为 $VT_1$ 提供静态偏置电流，另一方面作为共发射极放大电路的有源负载。假设 $\beta_1=\beta_2=\beta$，根据式（6.3.3），有

$$I_{C3}=\frac{I_{REF}}{1+2/\beta}=\frac{1}{1+2/\beta}\times\frac{V^+-V_{BE2}}{R}$$

电路的小信号等效电路如图 6.3.8（b）所示，其中 $r_{ce3}$ 等效为 $VT_3$ 的内阻。在要求精度比较高，或者是 $R_L$ 的数值与 $r_{ce}$ 可以相比的情况下，也应该考虑 $VT_1$ 的等效内阻 $r_{ce1}$ 的影响，这样就可得到共发射极放大电路的交流输出电阻

$$R_o=r_{ce1}//r_{ce3}$$

该电路的电压增益

$$A_v=-\frac{\beta_1(r_{ce1}//r_{ce3}//R_L)}{R_b+r_{be1}}\qquad（6.3.21）$$

可见，与带负载电阻 $R_c$ 的基本共发射极放大电路相比，以电流源作为有源负载的共发射极放大电路，其交流输出电阻将大幅度提高。如果后一级电路的输入电阻大［即式（6.3.3）中的 $R_L$ 大］，则电压增益也会增大。

## 6.4 典型的集成运放

集成运放按制造工艺分为 BJT 型、CMOS 型和兼容型的 BiFET 型。下面简要介绍 BJT 型和 CMOS 型基础集成运放的典型电路。

### 6.4.1　BJT LM741 集成运放

自 1966 年以来，很多半导体器件厂商都生产 741 型集成运放，目前，741 仍是广泛使用的通用型集成运放。下面以 BJT 型集成运放 741[①] 为例来分析集成运放的各组成部分。

741 型集成运放的原理电路如图 6.4.1 所示。它共有 8 个引脚（其中，8 号引脚为没有连接的空引脚），圆圈内的数字为引脚编号，其中②端为反相输入引脚，③端为同相输入引脚，⑥端为输出引脚，⑦端和④端分别接正、负电源，①端和⑤端之间接调零电位器。

741 型集成运放由 24 个 BJT、10 个电阻和一个电容组成，可以分成偏置电路、输入级、中间级和输出级共 4 部分。此外，还有一些辅助电路，如电平移动电路、过载保护电路等。

#### 1. 偏置电路

图 6.4.1 中左侧阴影部分为 741 型集成运放的偏置电路，它是多路电流源。图中由 $V^+\rightarrow VT_{12}\rightarrow R_5\rightarrow VT_{11}\rightarrow V^-$ 构成主偏置电路，提供基准电流

$$I_{REF}=\frac{V^+-V_{BE12}-V_{BE11}-V^-}{R_5}\qquad（6.4.1）$$

电源的典型值为 $V^+$=15V 和 $V^-$=−15V，假设所有晶体管发射结的正向偏置电压为 0.7V，则按照图中所示参数计算得到 $I_{REF}\approx0.73$mA。有了基准电流，再产生各放大级所需的偏置电流。

下部的 $VT_{10}$ 和 $VT_{11}$ 为 NPN 型晶体管，组成微电流源。虽然 $I_{C11}\approx I_{REF}$，但 $I_{C10}$ 远小于 $I_{REF}$，其大小为微安数量级。$I_{C10}$ 给输入级中的 $VT_3$ 和 $VT_4$ 提供基极偏置电流，同时给 $VT_9$ 提供集电极电流，即

---

[①] 通用型 741 由于生产厂商的不同，其型号有 µA741、LM741、MC741 和 KA741 等。图 6.4.1 中数码标号为封装引脚号。

$$I_{C10} = I_{B3} + I_{B4} + I_{C9} \qquad (6.4.2)$$

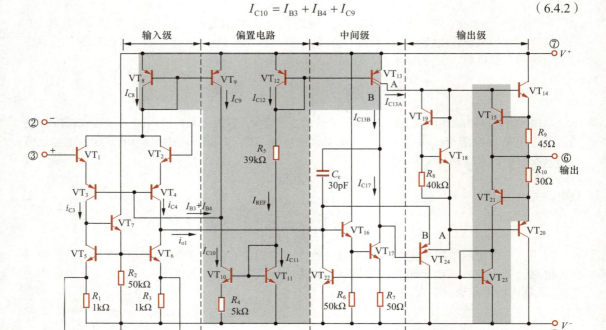

图 6.4.1　741 型集成运放的原理电路

上部的 $VT_8$ 和 $VT_9$ 为一对横向[①]PNP 型管，它们组成镜像电流源并产生电流 $I_{C8}$，供给输入级 $VT_1$ 和 $VT_2$ 的集电极工作电流。在忽略基极偏置电流的情况下，$I_{C8} = I_{C9} \approx I_{C10}$，于是差分输入级 $VT_1$、$VT_2$、$VT_3$、$VT_4$ 的静态集电极电流

$$I_{C1} = I_{C2} = I_{C3} = I_{C4} \approx \frac{I_{C10}}{2} \qquad (6.4.3)$$

上部的横向 PNP 型晶体管 $VT_{12}$ 和 $VT_{13}$ 构成镜像电流源，$VT_{13}$ 是一个双集电极横向 PNP 型 BJT，可视为两个 BJT，它们的两个集电结并联。通过集电极 A 给输出级提供偏置电流；通过集电极 B 给中间级提供偏置电流并作为 $VT_{17}$ 的有源负载。

### 2. 输入级

差分输入级由晶体管 $VT_1$、$VT_2$、$VT_3$、$VT_4$ 组成，为了获得较大的带宽和较高的增益，它们组成共集和共基结构。差分输入信号由 $VT_1$ 和 $VT_2$ 的基极送入，从 $VT_4$ 的集电极送出单端输出信号至中间级。

两个纵向 NPN 型晶体管 $VT_1$ 和 $VT_2$ 组成共集放大电路，使电路具有较高的输入电阻；$VT_1$ 和 $VT_2$ 的差分输出电流作为 $VT_3$ 和 $VT_4$ 的输入，两个横向 PNP 型晶体管 $VT_3$ 和 $VT_4$ 组成共基放大电路，可以获得较高的电压增益，而且共基极接法还可以使频率响应得到改善。虽然横向 PNP 型晶体管比 NPN 型晶体管的电流增益小，但其耐压高，因而可以保护晶体管 $VT_1$ 和 $VT_2$，防止电压击穿[②]。741 型集成运放的最大差模输入电压 $V_{idm} = \pm30\text{V}$，而共模输入电压 $V_{icm} \approx \pm13\text{V}$。

$VT_5$、$VT_6$ 及电阻 $R_1$ 和 $R_3$ 组成差分放大电路的有源负载，$VT_7$ 与 $R_2$ 组成射极输出器，一方面给 $VT_5$ 和 $VT_6$ 提供基极偏置电流，另一方面将 $VT_3$ 集电极的电压变化传递到 $VT_6$ 的基极，使单端输出的电压增益提高到近似等于双端输出的电压增益。接入 $VT_7$ 还使 $VT_3$ 和 $VT_4$ 的集电极负载趋于平衡。

根据式（6.4.2），$I_{C10} = I_{B3} + I_{B4} + I_{C9}$。假设由于温度升高，$I_{C1}$ 和 $I_{C2}$ 增大，则 $I_{C8}$ 也会增大，

---

① 横向，是指晶体管的制作工艺和几何特性（发射区和集电区在几何结构上是横向排列的）。

② 因 $VT_3$、$VT_4$ 是横向三极管，它们的击穿电压很大，一般在 50 V 左右。而 NPN 型 BJT 的一般只有 3～6 V。

而 $I_{C8}$ 和 $I_{C9}$ 是镜像关系，因此 $I_{C9}$ 也随之增大。但 $I_{C10}$ 是一个恒定电流，于是 $I_{B3}$、$I_{B4}$ 减小，$I_{C3}$、$I_{C4}$ 也减小，从而保持 $I_{C1}$、$I_{C2}$ 稳定。可见，这种接法组成了一个共模负反馈，其作用是减小温度漂移，提高共模抑制比。

### 3. 中间级

这一级由 $VT_{16}$ 和 $VT_{17}$ 组成。$VT_{16}$ 组成共集电极放大电路，因此，中间级的输入电阻较大，可以减少它对输入级的影响。$VT_{17}$ 组成共发射极放大电路，集电极负载为 $VT_{13B}$ 所组成的有源负载，其交流电阻很大，故本级可以获得很高的电压增益。

$VT_{24}$ 为双发射极 NPN 型晶体管，其中由发射极 B 与其基极构成的二极管跨接在中间级的输入端和输出端之间。正常工作时，$VT_{16}$ 的基极电位恒低于 $VT_{17}$ 的集电极电位，跨接二极管截止。而当输入信号过大导致 $VT_6$ 基极电压过高时，若不接二极管，$VT_{17}$ 就有可能进入饱和区，影响放大性能，同时，$VT_{16}$ 也可能因为电流过大而被烧毁。跨接二极管后，由于二极管会导通，中间级的输入端和输出端之间的电压被钳位在二极管导通电压（0.7V）上，使 $VT_{17}$ 的集电结电压为零，保证工作在线性放大区。此外，电路中的电容 $C_c$ 用于频率补偿，以保证 741 运放引入负反馈时电路能稳定工作。

### 4. 输出级和过载保护

运放的输出级必须提供较大的电流以满足负载的需要，同时要具有较小的输出电阻和较大的输入电阻，以便在中间级和负载之间起到隔离作用。除此之外，还应该有过载保护，以防止输出端短路或负载电流过大而烧坏晶体管。

输出级由 $VT_{24A}$ 和 $VT_{14}$、$VT_{20}$ 两级组成，其中，$VT_{24A}$ 接成由 $VT_{13A}$ 作为有源负载的共集电极放大电路，作为隔离级，用来减小输出级对中间级的负载影响，保证中间级的高增益；$VT_{14}$ 和 $VT_{20}$ 组成互补对称功率放大电路，$VT_{19}$、$VT_{18}$ 和 $R_8$ 的作用是给功率管（$VT_{14}$ 和 $VT_{20}$）提供起始偏压，以消除输出电压波形的交越失真（其原理将在第 9 章中讲述）。

为了防止输入信号过大或输出短路而造成的芯片损坏，741 型集成运放设有过电流保护电路。正常工作时，$VT_{15}$、$VT_{21}$、$VT_{22}$ 和 $VT_{23}$ 均不导通。当输出信号为正且输出电流超过额定电流时，流过 $VT_{14}$ 和 $R_9$ 的电流增大，使 $R_9$ 两端的压降增大，从而 $VT_{15}$ 导通，原来流过 $VT_{14}$ 的基极电流被 $VT_{15}$ 分流，限制了 $VT_{14}$ 的输出电流。同理，当负向输出电流过大时，流过 $VT_{20}$ 和 $R_{10}$ 的电流增大，$R_{10}$ 两端的电压增大，会使 $VT_{21}$ 由截止变为导通，同时 $VT_{23}$ 和 $VT_{22}$ 均导通，降低了 $VT_{16}$ 及 $VT_{17}$ 的基极电压，减小了它们的基极电流，使 $VT_{17}$ 的 $V_{C17}$ 和 $VT_{24}$ 的 $V_{E24A}$ 增大，使 $VT_{20}$ 趋于截止，因而限制了 $VT_{20}$ 的电流，达到保护的目的。

整个电路要求当输入信号为零时输出信号也应为零，这在电路设计方面已考虑。同时，在电路的输入级中，$VT_5$、$VT_6$ 的发射极两端还可接电位器 $R_P$，中间滑动触头接 $V^-$，从而改变 $VT_5$、$VT_6$ 的发射极电阻，以保证静态时输出电压为零。

## 6.4.2　CMOS MC14573 型集成运放

MC14573 由 CMOS 工艺制成，每个芯片内集成了 4 个结构相同的运放。MC14573 型集成运放的原理电路如图 6.4.2 所示，它由偏置电路和两级放大电路（输入级和输出级）组成。

由图可知，偏置电路由 P 沟道增强型 MOS 管 $VT_5$、$VT_6$、$VT_8$ 和 $R_{REF}$ 构成多路镜像电流源，按照 $VT_5$、$VT_6$ 和 $VT_8$ 的宽长比为差分放大电路和输出级的共源极放大电路提供偏置电流。外接电阻 $R_{REF}$ 可以用来设置基准电流 $I_{REF}$ 的大小，即

$$I_{REF} = \frac{V^+ - V_{SG5} - V^-}{R_{REF}} \tag{6.4.4}$$

第一级是由 PMOS 管 $VT_1$ 和 $VT_2$ 组成的源极耦合差分放大电路，它是输入级，而 NMOS 管 $VT_3$ 和 $VT_4$ 构成镜像电流源作为 $VT_1$、$VT_2$ 的有源负载，有源负载使单端输出的动态输出电流非常接近双端输出的情况。差分输入信号 $v_{id}$ 经输入级差分放大后由 $VT_2$ 的漏极单端输出，用以驱动输出级。

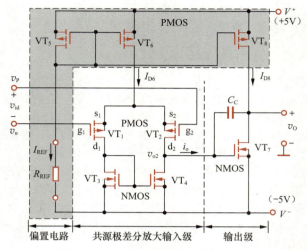

图 6.4.2　MC14573 型集成运放的原理电路

第二级是由 $VT_7$ 组成的共源极放大电路，它是输出级，PMOS 管 $VT_8$ 为 $VT_7$ 提供偏置电流，并作为 $VT_7$ 的有源负载，所以其电压放大倍数较大，但其输出电阻（$R_O=r_{ds7}$）也较大，因此带负载能力较差，适用于以 FET 为负载的电路。$C_C$ 是芯片内部的频率补偿电容，用以保证引入负反馈时电路能稳定工作。

# 6.5　集成运放的主要技术指标

描述集成运放性能的参数很多，一般可分为输入直流误差特性（输入失调特性）、差模特性、共模特性、大信号特性和电源特性等，了解这些参数的含义对用好运放具有重要意义。

## 6.5.1　输入直流误差特性

### 1．输入失调电压 $V_{IO}$

如果集成运放的输入端短接在一起并接地，即输入电压为零，希望输出电压也为零（不加调零装置）。但实际上输入级差分对管两边的电路很难做到完全对称，当由于某种原因（如温度变化）使输入级的 $Q$ 点稍有偏移时，输入级的输出电压可能发生微小的变化，这种缓慢的微小变化会在后级被放大，使运放输出端产生一定的输出电压（即漂移）。

在室温（25℃）及标准电源电压下，输入电压为零时，为了使集成运放的输出电压为零，在输入端加的补偿电压叫作输入失调电压 $V_{IO}$。也就是说，被加到输入端迫使输出电压为零的输入电压的大小就是 $V_{IO}$。$V_{IO}$ 的大小反映了运放制造中电路的对称程度和电位配合情况。$V_{IO}$ 值越大，说明电路的对称程度越低，一般为 $\pm(1\sim10)$mV，例如 LM324A 的 $V_{IO}$ 最大值为 5mV。超低失调运放的 $V_{IO}$ 为 $1\sim20\mu V$，例如高精度运放 AD4528 的 $V_{IO}=2.5\mu V$。采用 MOSFET 输入级的运放，$V_{IO}$ 值较大，可达 20mV。

### 2．输入偏置电流 $I_{IB}$

BJT 集成运放的两个输入端是差分对管的基极，因此两个输入端总需要一定的输入电流 $I_{BN}$ 和 $I_{BP}$。输入偏置电流是指集成运放两个输入端静态电流的平均值，如图 6.5.1 所示。输

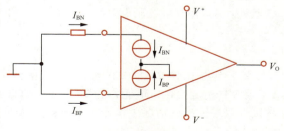

图 6.5.1　输入偏置电流

入偏置电流

$$I_{IB}=(I_{BN}+I_{BP})/2 \qquad (6.5.1)$$

在电路外接电阻确定之后，输入偏置电流的大小，主要取决于运放差分输入级BJT的性能，当BJT的$\beta$值太小时，将引起输入偏置电流增大。从使用角度来看，输入偏置电流越小，由信号源内阻变化引起的输出电压变化也越小，故它是重要的技术指标。以BJT为输入级的通用型运放的输入偏置电流一般为10nA～1μA，例如，BJT LM741的$I_{IB}$最大值为500nA；有些精密、低噪声BJT型运放内部设有输入偏置电流消除电路，可以大幅度降低$I_{IB}$，例如，OP07的$I_{IB}$最大值为4nA。采用JFET输入级的运放，其输入偏置电流通常比BJT差分对中的要小得多。而MOSFET差分放大电路的输入级必须包含保护二极管等器件，因此其输入偏置电流也不为零。通常，采用MOSFET输入级的运放的$I_{IB}$在皮安数量级。

### 3. 输入失调电流$I_{IO}$

输入失调电流是流过两个输入端的偏置电流之差，用绝对值表示，即

$$I_{IO}=|I_{BP}-I_{BN}| \qquad (6.5.2)$$

输入失调电流的实际大小通常比输入偏置电流小一个数量级（10倍）。多数情况下，输入失调电流可以忽略。但对于高增益、高输入阻抗的放大器而言，希望$I_{IO}$越小越好，因为即使电流差别很小，通过大的输入电阻，也会产生较大的输入失调电压。例如，OP07的$I_{IO}$最大值为3.8nA，ADA4077的$I_{IO}$最大值为0.5nA。

### 4. 温度漂移

由于温度变化引起输出电压产生$\Delta V_o$（或电流$\Delta I_o$）的漂移，通常把温度升高1℃输出漂移折合到输入端的等效漂移电压$\Delta V_o/(A_v \Delta T)$或电流$\Delta I_o/(A_I \Delta T)$作为温度漂移指标。集成运放的温度漂移是漂移的主要来源，而它又是由输入失调电压和输入失调电流随温度的漂移所引起的，故常用下面的方式表示。

（1）输入失调电压温度漂移$\Delta V_{IO}/\Delta T$[①]

是指在规定温度范围内$V_{IO}$的温度系数，也是衡量电路温度漂移的重要指标。$\Delta V_{IO}/\Delta T$不能用外接调零装置来补偿。高质量的放大器常选用低温度漂移的器件来组成，温度漂移一般为$\pm(10～20)μV/℃$。其值小于2μV/℃的运放为低温度漂移运放，如高精度运放OP117，在$-55～+125℃$范围内温度漂移小于等于0.03μV/℃。

（2）输入失调电流温度漂移$\Delta I_{IO}/\Delta T$

是指在规定温度范围内$I_{IO}$的温度系数，也是对放大电路电流漂移的度量，同样不能用外接调零装置来补偿。高质量运放的温度漂移为每摄氏度几皮安，如OP117的$\Delta I_{IO}/\Delta T=1.5pA/℃$。

以上参数均是在标称电源电压、室温、零共模输入电压条件下定义的。

## 6.5.2　差模特性

差模特性，是指运算放大器在差模输入信号作用下的特性，具体有如下参数。

### 1. 开环差模电压增益$A_{vo}$和开环带宽BW

开环差模电压增益$A_{vo}$是指集成运放工作在线性放大区，在标称电源电压下，接规定的负载，无负反馈情况下的直流差模电压增益。$A_{vo}$与输出电压$v_o$的大小有关，通常是在规定的输出电压幅度（如$v_o=\pm10V$）测得的值。$A_{vo}$又是频率的函数，频率高于某一数值后，$A_{vo}$的数值开始下降。图6.5.2所示为741型集成运放的频率响应。一般运放的$A_{vo}$为60～130dB。

开环带宽BW又称为−3dB带宽，是指开环差模电压增益下降3dB时对应的频率$f_H$。由于电路中补偿电容$C_c$的作用，它的$f_H$约为7Hz。

---

① 这里的温度$T$均用摄氏度（℃）作为单位。

单位增益带宽$BW_G$对应于开环电压增益$A_{vo}=1$时的频率，即$20\lg A_{vo}$为 0dB 时的信号频率$f_T$，它是集成运放的重要参数。741 型集成运放的$A_{vo}=2\times10^5$时，它的$f_T=A_{vo}f_H=2\times10^5\times7\text{Hz}=1.4\text{MHz}$。宽带运放如 AD5539 的$f_T=1400\text{MHz}$，AD801 的$f_T=800\text{MHz}$。通用型运放的$A_{vo}$在$BW_G$内的典型值为 $100\sim140\text{dB}$，而超高增益运放如 LTC1150 的$A_{vo}\geq180\text{dB}$。

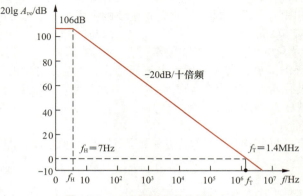

图 6.5.2　741 型集成运放的频率响应

### 2. 差模输入电阻$r_{id}$和输出电阻$r_o$

以 BJT 为输入级的运放的$r_{id}$一般在几百千欧姆到数兆欧姆；MOSFET 为输入级的运放的$r_{id}>10^{12}\Omega$，而超高输入电阻运放如 AD549 的$r_{id}>10^{13}\Omega$、$I_{IB}\leq0.040\text{pA}$。一般运放的$r_o<200\Omega$，而超高速 AD9610 的$r_o=0.05\Omega$。

### 3. 最大差模输入电压$V_{idmax}$

最大差模输入电压是指集成运放的反相输入端和同相输入端之间所能承受的最大电压。超过这个电压值，运放输入级某一侧的 BJT 将出现发射结的反向击穿，而使运放的性能显著降低，甚至造成运放永久性损坏。利用平面工艺制成的 NPN 型晶体管的$V_{idmax}$约为 $\pm5\text{V}$，而横向 BJT 的$V_{idmax}$可达 $\pm30\text{V}$。用单管串接或用 FET 作为输入级可提高$V_{idmax}$的值。

### 4. 最大输出电压$V_{omax}$

最大输出电压也称为输出电压摆幅，主要受限于运放输出级晶体管的饱和压降。为适应低电压应用场合，目前很多运放的输出电压摆幅可接近电源电压，称为"轨到轨"输出（Rail-to-Rail Output，RRO）。在双电源供电的情况下，其不失真输出电压范围为正、负电源轨；在单电源供电时，其不失真输出电压范围可接近 0 和正电源轨。实际上，"轨到轨"也不可能完全达到电源轨，而是留有几十毫伏到几百毫伏的余地。另外，还要注意对负载阻值大小的要求。

现在，为适应低电压单电源供电方式的应用需求，在数据手册中常用专业术语$V_{OH}$和$V_{OL}$来表示最高饱和输出电压摆幅（high saturated output voltage swing）和最低饱和输出电压摆幅（low saturated output voltage swing）。

在数据手册中，该参数以两种方式给出：①直接给出高、低输出电压，例如，ADA4077 在 $\pm15\text{V}$ 供电，驱动电流为 1mA 时，低输出电压为 $-13.8\text{V}$，高输出电压为 $+13.8\text{V}$；②以供电电源轨为参考给出输出电压范围，例如，ADA4087 在输出负载为 1kΩ 时，低输出电压典型值$V^-+0.07\text{V}$，高输出电压典型值$V^+-0.04\text{V}$，当电源电压为 $\pm2.5\text{V}$ 时，低输出电压典型值为 $-2.43\text{V}$，高输出电压典型值为 $+2.46\text{V}$。

### 5. 最大输出电流$I_{omax}$

最大输出电流是指在保证一定输出电压下输出端的最大电流，包括流出电流（或拉电流）和吸收电流（灌电流），常用正负号区分。因为$I_{omax}$与输出电压有关，所以很多数据手册中用输出短路电流$I_{sc}$代替。一般运放的$I_{sc}$在几十毫安至上百毫安范围内。

在设计电路时要关注运放的驱动能力，否则电路可能达不到期望的输出电压。

### 6.5.3　共模特性

**1．共模抑制比 $K_{CMR}$ 和共模输入电阻 $r_{ic}$**

一般通用型运放的 $K_{CMR}$ 为 80 ～ 120dB，高精度运放的 $K_{CMR}$ 可达 140dB，$r_{ic} \geqslant 100\text{M}\Omega$。数据手册中也常用 CMRR（common-mode rejection ratio）表示共模抑制比。$K_{CMR}$ 越大，运放的运算精度越高。

**2．最大共模输入电压 $V_{icmax}$**

最大共模输入电压是指运放两个输入端送入信号的电压范围，也称为<u>输入共模电压范围</u>（input common-mode voltage range）。电压超过 $V_{icmax}$ 值，运放的共模抑制比将显著下降。

在数据手册中，该参数以两种方式给出：①直接给出输入电压范围，例如，ADA4077 在 ±15V 供电时，输入电压范围为 −13.8V ～ +13V；②以供电电源轨为参考给出输入电压范围，例如，ADA4087 的输入电压范围为 $V^{-}$−0.2V ～ $V^{+}$+0.2V，当电源电压为 ±2.5V 时，输入电压范围为 −2.7V ～ +2.7V。这种输入电压范围可以超出电源电压的运放，其输入级的设计是经过特殊处理的，这种特性称为<u>"轨到轨"输入</u>（Rail-to-Rail Input，RRI）<u>特性</u>。如果一个运放同时具备"轨到轨"输入和"轨到轨"输出的特性，则称为<u>"轨到轨"输入/输出特性</u>（Rail-to-Rail Input Output，RRIO）。

### 6.5.4　大信号特性

**1．转换速率 $S_R$** [①]

转换速率是指放大电路在闭环状态下，输入信号为大信号（如阶跃信号）时，其输出电压相对于时间的最大变化速率，即

$$S_R = \frac{dv_o(t)}{dt}\bigg|_{max} \tag{6.5.3}$$

由于转换速率与闭环电压增益有关，因此一般规定用集成运放在单位电压增益、单位时间内输出电压的变化值来标定转换速率，常用单位是 V/μs。测量转换速率时，测试电路如图 6.5.3（a）所示，它给出了最差（最慢）情况下的转换速率。我们知道，阶跃电压的上升沿含有高频分量，放大器的上限频率会影响它对阶跃输入的响应。上限频率越低，阶跃输入电压对应的输出电压斜坡越平缓。

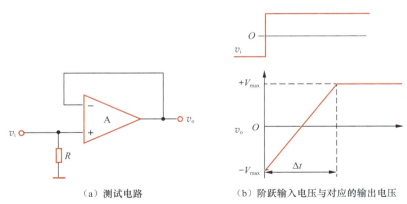

　（a）测试电路　　　　　（b）阶跃输入电压与对应的输出电压

图 6.5.3　转换速率的测量

在电路的输入端加上阶跃电压时，其理想的输出电压如图 6.5.3（b）所示。可见，输出

---

① $S_R$ 表示 Slew Rate，也称为"压摆率"。

电压从下限$-V_{\max}$变化到上限$+V_{\max}$时，所需要的时间为$\Delta t$。其转换速率可表示为$S_R = \dfrac{\Delta v_o}{\Delta t} =$

$\dfrac{V_{\max} - (-V_{\max})}{\Delta t}$。

转换速率的大小与许多因素有关，其中主要与运放所加的补偿电容、运放本身各级 BJT 的极间电容和杂散电容，以及放大电路提供的充电电流等因素有关。

在输入大信号的瞬变过程中，输出电压只有在电路的电容被充电后才随输入电压线性变化，通常要求运放的$S_R$大于信号变化速率的绝对值。

如果在运放的输入端加正弦电压$v_i = V_{im}\sin\omega t$，输出电压$v_o = -V_{om}\sin\omega t$，输出电压的最大变化速率

$$S_R = \left.\frac{dv_o}{dt}\right|_{t=0} = V_{om}\omega\cos\omega t\,\big|_{t=0} = 2\pi f V_{om} \tag{6.5.4}$$

为了使输出电压波形不因$S_R$的限制而产生失真，必须使

$$S_R \geqslant 2\pi f V_{om} \tag{6.5.5}$$

**例 6.5.1** 某运放构成电压跟随器，对阶跃输入的输出响应如图 6.5.4 所示，试计算其转换速率。

**解：** 输出电压从最小值变化到最大值用了 1μs，由于响应并非理想响应，因此取最大值 90% 的对应点，其上限电压为 9V，下限电压为 –9V。转换速率

$$S_R = \frac{\Delta v_o}{\Delta t} = \frac{9V - (-9V)}{1\mu s} = 18V/\mu s$$

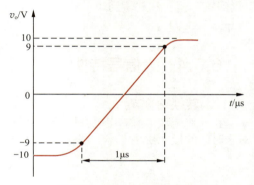

图 6.5.4　例 6.5.1 的输出波形

**2．全功率带宽$BW_P$**

式（6.5.5）表明当$S_R$一定时，提高频率$f$，$V_{om}$将成比例减小。全功率带宽$BW_P$是指运放输出最大峰值电压时允许的最高频率，即

$$BW_P = f_{\max} = \frac{S_R}{2\pi V_{om}} \tag{6.5.6}$$

式（6.5.6）表明运放输出不失真的最大电压幅度受$S_R$和$BW_P$的限制。以 741 型集成运放为例，$S_R = 0.5V/\mu s$，当输出电压幅值$V_{om} = 10V$时，它的$BW_P$即最大不失真频率约为 8kHz。

$S_R$和$BW_P$是大信号和高频信号工作时的重要指标。一般通用型运放的$S_R$在 1V/μs 以下，741 型集成运放的$S_R = 0.5V/\mu s$，而高速运放的$S_R > 30V/\mu s$，超高速运放如 AD9610 的$S_R > 3500V/\mu s$。

## 6.5.5　电源特性

### 1．电源电压抑制比$K_{SVR}$[①]

到目前为止，我们一直假设电源电压$V^+$和$V^-$对输出电压没有影响。实际上电源电压变化时，会引起内部晶体管直流偏置电流的变化，造成输入失调电压的改变。衡量电源电压波动对输出电压造成影响的参数就是$K_{SVR}$。

$K_{SVR}$定义为直流电源电压每变化 1V 所引起的输入失调电压$V_{IO}$的变化，即

$$K_{SVR} = \frac{\Delta V_{IO}}{\Delta(V^+ - V^-)} \tag{6.5.7}$$

---

① $K_{SVR}$表示 Power Supply Voltage Rejection Ratio，数据手册中也经常用 PSRR 表示。

式中，输入端的失调电压 $\Delta V_{IO}=\Delta V_O/A_{vd}$。$K_{SVR}$ 的典型值一般为 $1\mu V/V$，有时也用 dB 来表示。

### 2．静态功耗 $P_V$

当输入信号为零时，运放消耗的总功率

$$P_V=V^+ \cdot I_{CO}+V^- \cdot I_{EO} \tag{6.5.8}$$

为了减小功耗，许多运放设有"休眠"功能，让静态功耗处于微瓦数量级。

电源特性还有正、负直流电源电压范围，以及电源电流等。此外，还有运放允许的最大耗散功率 $P_{CO}$ 和噪声特性等，这里不赘述。

前文介绍了集成运放的主要参数，根据性能和应用场合的不同，运放可分为通用型和专用型。通用型运放的各种指标比较均衡、全面，适用于一般工程的要求。为了满足一些特殊要求，目前制造出具有特殊功能的专用型运放，可分为高输入电阻型、低漂移型、低噪声型、高精度型、高速型、宽带型、低功耗型、高压型、大功率型、仪用型、程控型和互导型等。

随着集成电路制造工艺和电路设计技术的发展，集成运放正向超高精度、超高速、超宽带和多功能方向发展，一些产品的品种已被淘汰，新品种层出不穷。

## 6.6　单电源供电的集成运放应用电路

近年来，随着电池供电的便携式设备的普及，对低电压单电源供电方式的应用需求越来越多，这使得运放在单电源下的应用日益流行。这里仅介绍单电源供电的交流放大电路的设计方法和注意事项，由运放组成的直流信号放大电路的设计较为复杂，有兴趣的读者可以参考相关文献[1]。

迄今为止，我们在使用运放时都为它提供正、负对称的电源（如±15V），电源 $V^+$ 和 $V^-$ 的中间接点就是电路的公共端（地），于是电路的输入、输出均以地电位作为参考点。如果使用单一电源给运放供电（例如，$V^+$ 接 10V，$V^-$ 接地），电路的输出电压就被限制在 0~10V 的范围内，也就是说，受电源的限制，电路无法输出负电压。因此，为了使输出电压在正、负两个方向上的摆幅达到最大，需要将电路的静态电压设置为电源电压的一半。另外，还要注意的是，当电路的输入信号出现负电压时，要保证运放的输入引脚上不出现负电压。

### 6.6.1　单电源反相放大电路

单电源反相放大电路如图 6.6.1 所示，运放的同相输入端接电源电压的一半，即 $V_P=V^+/2$。当 $v_I=0$ 时，电路处于直流工作状态，由于耦合电容 $C_1$ 和 $C_2$ 具有隔直流作用，其直流通路如图 6.6.1（b）所示。因为 $V_N=V_P=V^+/2$，根据"虚断"概念，$R_f$ 中没有电流，所以此放大电路是电压跟随器，运放的输出端 $V_O=V_N=V^+/2$。可见，在没有交流信号的情况下，运放在直流工作点 $V^+/2$ 上处于平衡状态。当 $v_I$ 为交流信号时，假设 $C_1$ 和 $C_2$ 的容量足够大，对交流信号可以看作短路，输入信号可以得到正常放大并传送给负载。

如何产生电源电压一半的基准电压 $V^+/2$ 呢？最简单的方法是使用两个阻值相同的电阻构成分压器。图 6.6.2（a）所示是使用分压器的原理电路。注意，电源和地之间接入电阻会增大电路的工作电流。可以使用阻值较大的电阻（如 10kΩ），以减小电流，但基准电压 $V^+/2$ 容易受到干扰，于是，在分压器的输出与地之间增加去耦电容 $C_3$（常用 0.1μF）以消除干扰。

该电路的直流通路如图 6.6.2（b）所示，运放的同相输入端、反相输入端和输出端的直流电压均为 $V^+/2$。在电路输入交流信号时，假设电容的容量足够大，直流电压源短路（接地），得到其交流通路如图 6.6.2（c）所示。可见，该电路是典型的反相放大电路，其电压增益

---

① 布鲁斯·卡特，罗恩·曼西尼. 运算放大器权威指南[M]. 孙宗晓，译. 5 版. 北京：人民邮电出版社，2022.

$$A_v = \frac{v_o}{v_i} = -\frac{R_f}{R_1} \qquad (6.6.1)$$

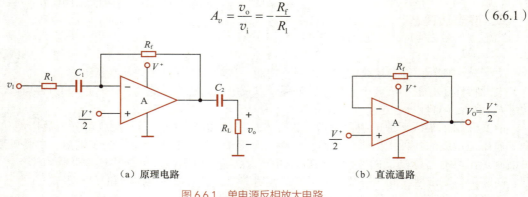

（a）原理电路 （b）直流通路

图 6.6.1 单电源反相放大电路

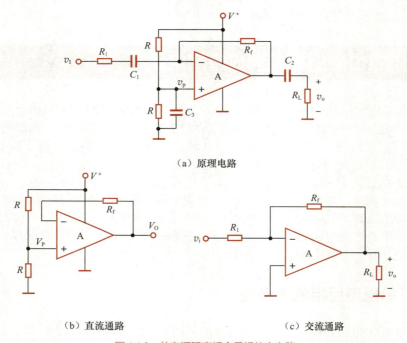

（a）原理电路

（b）直流通路 （c）交流通路

图 6.6.2 单电源阻容耦合反相放大电路

## 6.6.2 单电源同相放大电路

如果将图 6.6.2（a）所示电路的输入信号通过隔直电容 $C_3$ 接到同相输入端，并将 $R_1$ 左侧接地，则得到单电源同相放大电路，如图 6.6.3（a）所示。该电路的直流通路与图 6.6.2（b）所示的完全相同，交流通路如图 6.6.3（b）所示。显然，该电路是典型的同相放大电路，其电压增益

$$A_v = \frac{v_o}{v_i} = 1 + \frac{R_f}{R_1} \qquad (6.6.2)$$

需要注意的是，$C_1$ 必不可少，否则电路会存在直流增益，当 $R_f \neq R_1$ 时，$R_f$ 和 $R_1$ 构成的分压器会把反相输入端的直流电压拉到低于 $V^+/2$ 的值，导致电路无法正常工作。

在图 6.6.3 中，其输入电阻为 $R/2$，原本同相放大电路输入电阻无穷大的特点已完全丧失。为了提高电路的输入电阻，可以采用图 6.6.4 所示的高输入阻抗电路。当电容开路时便得到图 6.6.4（c）所示的直流通路。由"虚断"概念可知，$R_2$ 中无电流流过，所以 a 点电压是两个 $R_1$ 电阻对电源 $V^+$ 的分压且有 $V_O = V_P = V_a = V^+/2$，满足单电源工作时直流工作点的要求。

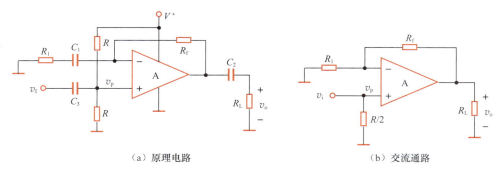

（a）原理电路　　　　　　　　　　　　　（b）交流通路

图 6.6.3　单电源阻容耦合同相放大电路

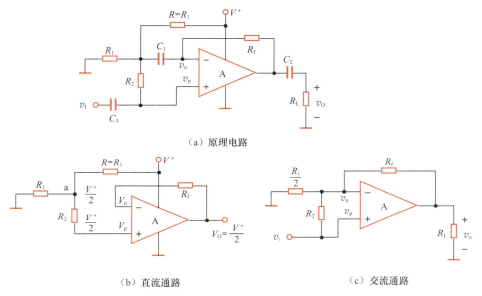

（a）原理电路

（b）直流通路　　　　　　　　　　（c）交流通路

图 6.6.4　高输入阻抗单电源阻容耦合同相放大电路

图 6.6.4（b）所示是该电路的交流通路（电容短路，电源接地）。电路在交流时，有 $v_a \approx v_n \approx v_p$，即 $R_2$ 上的交流压差约为 0，意味着 $R_2$ 中几乎无电流流过，$v_i$ 端的交流电流几乎为 0，等效输入电阻大大提高。由于电容 $C_1$ 的作用使 $R_2$ 上端的电压紧跟 $v_i$，所以该电路也常被称为自举式交流同相放大电路。注意，$R_1$ 和 $R_2$ 串联为运放同相输入端提供了直流通路。根据"虚短"和"虚断"概念，可得交流电压增益

$$A_v = \frac{v_o}{v_i} = 1 + \frac{R_f}{R_1/2} \tag{6.6.3}$$

需要注意的是，在图 6.6.3 和图 6.6.4 所示的同相放大电路中，$C_3$ 必不可少。否则，$v_i$ 的接入将影响 $v_p$ 的直流电压，从而影响输出的静态电压。另外，也可以用其他方法提供更加稳定的 $v_p$，如稳压管、基准电压源等。

运放电路在单电源供电时，最大的缺点是输出电压的动态范围（摆幅）会受到限制。由于很多运放的输入和输出电压摆幅是有限制的，为了获得最大的输出电压摆幅，应该尽量选用具有"轨到轨"特性的运放（如 TLV2472、OPA4340、AD4807、AD8618 等）进行电路设计。

### 6.6.3　单电源放大电路的 MultiSim 仿真

在 MultiSim 中，构建图 6.6.5 所示的仿真单电源放大电路，运放选用 ADA4528，电源设置为

+5V，在保证输出信号不失真的情况下，输入信号的幅值尽可能大。

信号源的设置如图 6.6.6 所示，最后得到的输入和输出波形如图 6.6.7 所示。从示波器下面的文本框可知，输入、输出电压的峰峰值分别为 $v_{ipp}$=450.601mV 和 $v_{opp}$=−4.503V，计算得到电压增益约为−9.993。

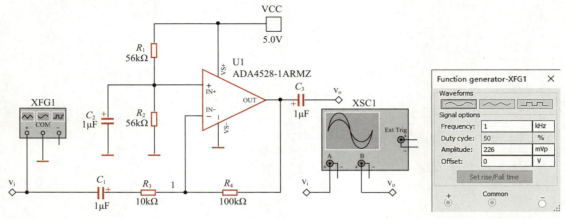

图 6.6.5  仿真单电源放大电路

图 6.6.6  信号源的设置

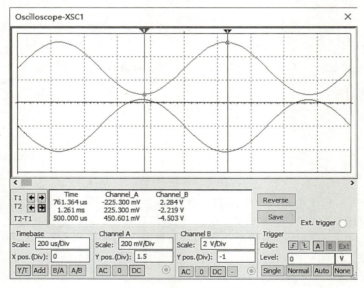

图 6.6.7  输入和输出波形

# 6.7 模拟乘法器

模拟乘法器是实现两个模拟信号乘法运算的非线性电子器件，它广泛地应用于模拟运算、通信、广播、电视、自动检测、医疗仪器和控制系统等，进行模拟信号的变换与处理，已成为模拟集成电路的重要分支之一。它也是超大规模集成电路（very large scale integration circuit，VLSI）系统中的重要单元。本节主要介绍它在模拟信号运算电路中的应用。

## 6.7.1 模拟乘法器在运算电路中的应用

模拟乘法器的符号如图 6.7.1 所示。若两个输入电压分别为 $v_X$、$v_Y$，输出电压为 $v_O$，则输入

电压与输出电压之间的运算关系为

$$v_O = K v_X v_Y \qquad (6.7.1)$$

式中，$K$ 为比例因子或增益系数，其量纲为 $V^{-1}$。

在 $v_X$ 和 $v_Y$ 的坐标系中，根据 $v_X$ 和 $v_Y$ 取值的正、负情况，模拟乘法器有 4 个工作象限，如图 6.7.2 所示。如果允许两个输入电压均可取正、负两种极性，则模拟乘法器可在 4 个象限内工作，称为四象限乘法器。如果只允许其中一个输入电压有两种极性，而另一个输入电压限定为某一种极性，则模拟乘法器只能在两个象限内工作，称为二象限乘法器。如果两个输入电压均被限定为某一种极性，则模拟乘法器只能在一个象限内工作，称为单象限乘法器。

图 6.7.1　模拟乘法器的符号

图 6.7.2　模拟乘法器的 4 个工作象限

利用集成模拟乘法器和集成运放相结合通过各种不同的外接电路，可组成各种运算电路。下面介绍几种基本应用。

### 1. 乘方运算电路

利用四象限乘法器（如 MLT04）能够实现平方运算电路，如图 6.7.3（a）所示，输出电压

$$v_o = K v_i^2 \qquad (6.7.2a)$$

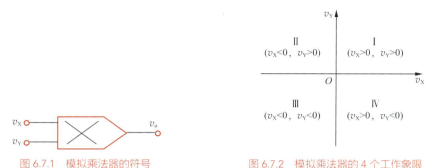

（a）平方运算电路 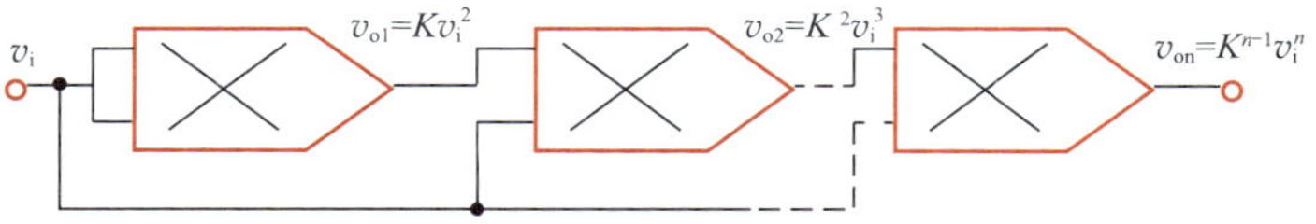　　　　　　　（b）乘方运算电路

图 6.7.3

从理论上讲，用多个乘法器串联可组成任意次幂的乘方运算电路，如图 6.7.3（b）所示，输出电压

$$v_{on} = K^{n-1} v_i^n \qquad (6.7.2b)$$

但是，实际上串联的乘法器数超过 3 时，运算误差的积累就会使电路的精度变低，在要求较高时就难以满足。

### 2. 除法运算电路

图 6.7.4 所示为除法运算电路，其由反相比例运算电路和乘法器组合而成，乘法器接在运放电路的反馈回路中。根据"虚地"概念，有

$$\frac{v_{X1}}{R_1} + \frac{v_2}{R_2} = 0$$

由乘法器的功能，有

$$v_2 = K v_o v_{X2}$$

因此得

$$v_o = -\frac{R_2}{KR_1} \cdot \frac{v_{X1}}{v_{X2}} \tag{6.7.3}$$

应当指出，在图6.7.4所示电路中，因为运放输入端输入电流$i_i=0$，所以$i_1=-i_2$，即要满足$v_{X1}>0$、$v_2<0$或$v_{X1}<0$、$v_2>0$，才能保证电路工作正常。也就是说，只有当$v_{X2}$为正极性时，才能保证$v_{X1}$与$v_2$极性相反，保证运放处于负反馈工作状态，而$v_{X1}$则可正可负，故属于二象限除法器。若$v_{X2}$为负值，可在反馈电路中引入反相电路。

### 3．开平方运算电路

利用乘方运算电路作为运放的反馈通路，就构成开平方运算电路，如图6.7.5所示。根据"虚地"概念，有

$$\frac{v_2}{R} + \frac{v_i}{R} = 0$$

即

$$v_2 = -v_i$$

又根据乘法器电路得到

$$v_2 = Kv_o^2$$

联立上面两式，得到

$$v_o = \sqrt{-\frac{v_i}{K}} \tag{6.7.4}$$

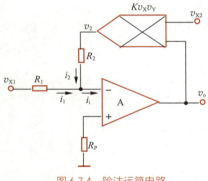

图 6.7.4　除法运算电路

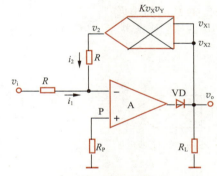

图 6.7.5　开平方运算电路

由式（6.7.4）可见，$v_o$是$-v_i/k$的平方根，输入电压$v_i$必为负值。根据运放电路"虚地"、$i_i=0$，电流$i_2$只能从$v_2$流向输入端，即$i_2=-i_1$才能保证电路正常工作，而当$v_i>0$时，不能保证电流正常，即若$v_i$为正电压，当无二极管VD时，则无论$v_o$是正值或负值，乘法器输出电压$v_2$均为正值，导致运放的反馈极性变正，使输出电压接近运放的电源电压，运放不能正常工作（工作于非线性放大区）。实用电路中常在输出回路中串联一个二极管VD以保证$v_i<0$时电路能正常工作，在输出端接电阻$R_L$，当二极管反向截止时，为乘法器输入端提供直流通路。

为使输入电压$v_i$在正值工作，乘法器输出电压$v_2$经反相器再加到运放A的输入端。

同理，运放的反馈电路中串入多个乘法器就可以得到开高次方运算电路，如利用两个乘法器组成开立方运算电路。

在模拟乘法器和集成运放构成的运算电路中，模拟乘法器通常接在运放电路的反馈回路中，同时保证电路必须引入负反馈，使运放电路输入端电流正常才能实现正确的运算关系。

### 4．压控放大器（voltage-controlled amplifier，VCA）

电路如图6.7.6所示，乘法器的一个输入端加直流控制电压$V_c$，另一个输入端加信号电压$v_s$时，乘法器就成了增益为$KV_c$的放大器。

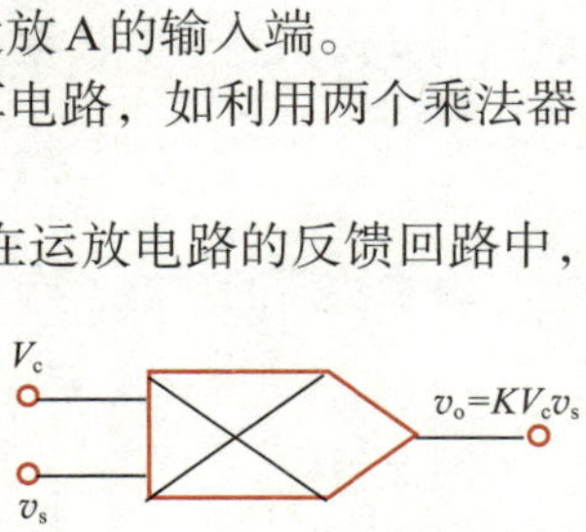

图 6.7.6　可控增益放大器

当 $V_c$ 为可调电压时，就得到可控增益放大器。输出电压

$$v_o = KV_c v_s \qquad (6.7.5)$$

## *6.7.2　变跨导式模拟乘法器的工作原理

实现模拟量相乘的方法很多，其中变跨导相乘的方法是以差分放大电路为基础的，它的电路性能好，又便于集成化，在模拟乘法器中得到了广泛的应用。下面简要介绍四象限变跨导式模拟乘法器。

图 6.7.7 所示为四象限变跨导式模拟乘法器，又称压控吉尔伯特（Gilbert）乘法器。该电路由两个并联工作的发射极耦合差分放大电路的 $VT_1$、$VT_2$、$VT_3$、$VT_4$ 及压控电流源电路的 $VT_5$、$VT_6$ 组成。

由图 6.7.7 所示电路可知，若 $I_{ES1}=I_{ES2}=I_{ES}$，利用 $i_c \approx I_{ES}e^{v_{BE}/V_T}$ [①] 的关系，则有

$$\frac{i_{C1}}{i_{C2}} = e^{(v_{BE1}-v_{BE2})/V_T} = e^{v_X/V_T} \qquad (6.7.6)$$

由于
$$i_{C1}+i_{C2}=i_{C5} \qquad (6.7.7a)$$
$$i_{C4}+i_{C3}=i_{C6} \qquad (6.7.7b)$$

由式（6.7.6）及式（6.7.7a）可得

$$i_{C1} = \frac{e^{v_X/V_T}}{e^{v_X/V_T}+1} i_{C5}, \quad i_{C2} = \frac{i_{C5}}{e^{v_X/V_T}+1} \qquad (6.7.8)$$

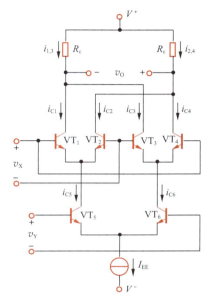

图 6.7.7　四象限变跨导式模拟乘法器

因此有

$$i_{C1} - i_{C2} = i_{C5}\frac{e^{v_X/V_T}-1}{e^{v_X/V_T}+1} = i_{C5}\,\mathrm{th}\frac{v_X}{2V_T} \text{ [②]} \qquad (6.7.9)$$

同理可得

$$i_{C4} - i_{C3} = i_{C6}\,\mathrm{th}\frac{v_X}{2V_T} \qquad (6.7.10)$$

$$i_{C5} - i_{C6} = I_{EE}\,\mathrm{th}\frac{v_Y}{2V_T} \qquad (6.7.11)$$

因而在图中假定正向的条件下，输出电压

$$v_o = (i_{1,3}-i_{2,4})R_c = [(i_{C1}-i_{C2})-(i_{C4}-i_{C3})]R_c \qquad (6.7.12)$$

式中，$i_{1,3}=i_{C1}+i_{C3}$，$i_{2,4}=i_{C2}+i_{C4}$，考虑式（6.7.9）和式（6.7.10）的关系，代入式（6.7.12）中，得

$$v_o = (i_{C5}-i_{C6})R_c\,\mathrm{th}\frac{v_X}{2V_T} \qquad (6.7.13a)$$

由式（6.7.11）和式（6.7.13a），可得

$$v_o = R_c I_{EE}\,\mathrm{th}\frac{v_X}{2V_T}\,\mathrm{th}\frac{v_Y}{2V_T} \qquad (6.7.13b)$$

---

① BJT 的 $i_c \approx i_E = I_{ES}(e^{v_{BE}/V_T}-1) \approx I_{ES}e^{v_{BE}/V_T}$。
② 双曲正切函数 th 可参阅《数学手册》。

根据 $|X|<<1$ 时，$\text{th}X=X$，当 $v_X \ll 2V_T$、$v_Y \ll 2V_T$[①]（即 $v_X$ 及 $v_Y$ 分别远小于 52mV）时，$\text{th}\left(\dfrac{v_X}{2V_T}\right) \approx \dfrac{v_X}{2V_T}$，$\text{th}\left(\dfrac{v_Y}{2V_T}\right) \approx \dfrac{v_Y}{2V_T}$，上式可简化为

$$v_o = \frac{R_c I_{EE}}{4V_T^2} v_X v_Y \tag{6.7.14}$$

或

$$v_o = K v_X v_Y \tag{6.7.15}$$

式中，$K$ 称为增益系数或标定因子，$K = \dfrac{R_c I_{EE}}{4V_T^2}$ 其量纲为 $V^{-1}$。

由式（6.7.15）可知，当输入信号较小时，可得到理想的相乘作用。$v_X$ 或 $v_Y$ 均可取正或负极性，故图 6.7.7 所示电路具有四象限乘法功能。当输入信号较大时，会带来严重的非线性影响。为此，在 $v_X$ 信号之前加非线性补偿电路，扩大输入信号 $v_X$、$v_Y$ 的线性范围。电路消除了 $V_T$ 的影响，即不受温度影响，电路更稳定。这种乘法器线性好、频带宽、精度高，特别适用于单片集成制造。

式（6.7.15）表示变跨导式模拟乘法器的基本功能，为了实现电路功能的扩展，实际的集成乘法器（如 AD534）电路中除了有 $v_X$、$v_Y$ 相乘的功能外，还增加了 $v_Z$ 输入单元和附加电路，在电路中输出电压可利用 $v_X$、$v_Y$、$v_Z$ 与 $v_o$ 的不同连接方式，实现多种信号运算和信号处理的功能，也可实现 $v_o=K v_X v_Y$ 的功能。

为了进一步扩大输入电压的动态范围，可以将图 6.7.7 中的 BJT $VT_1 \sim VT_6$ 换为 NMOS 管组成 NMOS 四象限乘法器，它的动态范围（$-1V \leqslant v_X \leqslant +1V$，$-0.3V \leqslant v_Y \leqslant +0.3V$）比 BJT 乘法器（$v_X=v_Y<<2V_T$）的大，精度 $\delta$[②] 高，CMOS 集成乘法器 $v_X$、$v_Y$ 的动态范围可达到 10V，非线性误差不超过 2%。所以广泛用于超大规模集成电路系统中重要的变换单元。

目前，变跨导式模拟乘法器性能好，种类也很多，如 AD534、AD634、AD734、MLT04 和超高频 AD834（$f_H$=500MHz）等。其中，MLT04 一片内有 4 个模拟乘法器，它的输出电压 $v_o=K v_X \cdot v_Y = v_X v_Y/2.5V$，精度 $\delta$=0.2%，带宽 $BW$=8MHz，转换速率 $S_R$=53V/μs，电源电压为 ±5V，输入电压是 ±2.5V，功耗为 150mW。它是通用型模拟乘法器，且不需要外接元件，无须调零即可使用。

## 小结

- 差分放大电路是模拟集成电路的重要组成单元，特别是作为集成运放的输入级，它既能放大直流信号，又能放大交流信号；它对差模信号具有很强的放大功能，而对共模信号具有很强的抑制功能。由于电路输入、输出方式的不同组合，共有 4 种典型电路。分析这些电路时，要着重分析两边电路输入信号分量的不同，至于具体指标的计算与共射（或共源）的单级电路的基本一致。

- 差分放大电路可由 BJT、JFET、CMOSFET 等组成。在相同偏置条件下，BJT 的 $g_m$ 比 FET 的大，但 $r_i$ 小，而 FET 的 $r_i$ 很大。要得到高的 $K_{CMR}$，在电路结构上要求两边电路对称；偏置电流源电路要有阻值大的动态输出电阻。

- 电流源电路是模拟集成电路的基本单元电路，其特点是直流电阻小、动态输出电阻（小信号电阻）很大，并具有温度补偿作用，常用来作为放大电路的有源负载和决定放大电路各级静态工作点的偏置电流。

---

① 从差分放大电路的传输特性曲线（见图 6.2.10）来看，当差模输入信号小于 $V_T$ 时，可认为是线性运用，与这里近似条件基本一致。

② $\delta = (v_{om} - v_o')/v_o'$，其中 $v_{om}$ 为实测输出电压的最大值，$v_o' = K v_X v_Y$ 为理想输出电压。

- 集成运放是用集成工艺制成的、具有高增益的直接耦合多级放大电路，它一般由输入级、中间级、输出级和偏置电路4部分组成。为了抑制温度漂移和提高共模抑制比，常采用差分放大电路作为输入级；中间级也称为电压增益级；互补对称电压跟随电路常用作输出级；电流源电路构成偏置电路和有源负载。
- 集成运放是模拟集成电路的典型组件。对于其内部电路的分析和工作原理，只要求做定性的了解，目的在于掌握它的主要性能指标，能根据电路系统的要求，正确地选择集成运放芯片。
- 实际集成运放的主要技术指标有 $A_{vo}$、$r_i$、$K_{CMR}$ 等，它们都是有限值（理想运放的这些参数为无穷大），$r_o$、$V_{IO}$、$I_{IO}$、$I_{IB}$、$\Delta V_{IO}/\Delta T$ 和 $\Delta I_{IO}/\Delta T$ 等并不为零（理想运放的这些参数为零），这些都给运放电路的输出带来误差，因此要了解非理想运放参数对电路的影响，做到合理选择运放和电路元件，使电路输出误差减至最小。
- 运放电路在单电源供电时，需要将电路的静态电压设置为电源电压的一半。为了获得最大的输出电压摆幅，应该尽量选用具有"轨到轨"特性的运放进行电路设计。

# 自我检验题

### 6.1　填空题

1. 若差分放大电路两个输入端电压为 $v_{i1}$=250mV，$v_{i2}$=150mV，则 $v_{id}$=___mV，$v_{ic}$=___mV。
2. 放大电路产生零点漂移的主要原因是_____。
3. 集成运放中，由于电路结构引起的零输入对应非零输出的现象称为_____，产生的主要原因是_____。
4. 差分放大电路对_____输入信号具有良好的放大作用，对_____输入信号具有很强的抑制作用。
5. 设在差分放大电路中输入信号为 $v_{i1}$=1050μV，$v_{i2}$=950μV，若电路的 $|A_{vd}|$=100，$|A_{vc}|$=2，则最大输出电压 $|v_o|$=_____。

自我检测题答案

6. 在差分放大电路中，源极或发射极公共支路上采用电流源进行直流偏置带来的好处是 _____。
7. 电流源电路在集成运放中常作为_____电路和_____电路，前者的作用是_____，后者的作用是_____。
8. 以电流源作为放大电路的有源负载，主要是为了提高_____，因为电流源的_____大。
9. 当集成运放的输入偏置电流 $I_{IB}$=0.6μA，输入失调电流 $I_{IO}$=0.2μA 时，两个差分输入管的基极偏置电流分别是_____和_____。
10. 某运放电路的输出电压在12μs中增加了8V，则转换速率为_____V/μs。

### 6.2　判断题（正确的画"√"，错误的画"×"）

1. 在直接耦合多级放大电路中，影响零点漂移最严重的一级是输入级，零点漂移最大的一级是输出级。　　　　　　　　　　　　　　　　　　　　　　　　（　　）
2. 差分放大电路中发射极或源极公共支路上的电流源动态电阻 $r_o$ 对共模输入信号来说相当于短路。　　　　　　　　　　　　　　　　　　　　　　　　　　（　　）
3. 在外界条件相同的情况下，同一结构的差分放大器采用单端输出时，其零点漂移要比采用双端输出时的大。　　　　　　　　　　　　　　　　　　　　　　　　（　　）
4. 差分放大电路的漏极或集电极带镜像有源负载时，可以使单端输出等效为双端输出。　（　　）
5. 因为集成运放内部电路是直接耦合放大电路，所以它只能放大直流信号，不能放大交流信号。　　　　　　　　　　　　　　　　　　　　　　　　　　　　　（　　）
6. 某反相放大器的闭环增益为25，其中运放的开环增益为100000，如果用开环增益为200000的运放替换此运放，则电路闭环增益保持在25不变。　　　　　　　　　（　　）
7. 当希望集成运放尽可能接近理想运放时，要求参数 $A_{vo}$、$r_{id}$、$K_{CMR}$ 越大越好；而参数 $r_o$、$I_{IB}$、$I_{IO}$、$V_{IO}$、$\Delta I_{IO}/\Delta T$、$\Delta V_{IO}/\Delta T$ 越小越好。　　　　　　　　　　　　（　　）
8. 在单电源工作的运放电路中，输出静态电压的设置与输入信号无关。　　　　　（　　）

9. "轨到轨"运放消除了输入失调电压和输入失调电流的影响。　　　　　　　　　（　　　）

10. 将集成运放和模拟乘法器相配合，可构成除法、乘方、开方等运算电路。　　　　（　　　）

## 习题

### 6.1　引言

6.1.1　直接耦合多级放大电路的主要特点是什么？

6.1.2　现有 A、B 两个直接耦合放大电路，电路 A 的电压增益为100，当温度由20℃变到30℃时，输出电压漂移了2V；电路 B 的电压增益为1000，当温度由20℃变到30℃时，输出电压漂移了10V。试问哪一个放大电路的零点漂移小，为什么？

### 6.2　差分放大电路

6.2.1　长尾式差分放大电路中 $R_e$ 的作用是什么？它对共模信号和差模信号有何影响？

6.2.2　差分放大电路如图题 6.2.2 所示。已知 $VT_1$ 和 $VT_2$ 的 $\beta=100$，$V_{BE}=0.7V$，$r_{bb'}$ 忽略不计，其他参数如图题 6.2.2 所示。

（1）求双端输出时 $A_{vd}$、$R_{id}$ 和 $R_{od}$ 的值。

（2）当 $R_L=10k\Omega$ 接在 $VT_1$ 的集电极和地之间单端输出时，求 $A_{vc1}$、$R_{ic}$、$R_o$ 和 $K_{CMR}$ 的值。

6.2.3　一个单端输出的差分放大电路如图题 6.2.3 所示。设 $V^+=12V$，$V^-=-6V$，$R_b=10k\Omega$，$R_c=6.2k\Omega$，$R_e=5.1k\Omega$，三极管的 $\beta_1=\beta_2=\beta=50$，$r_{bb'}=300\Omega$，$V_{BE1}=V_{BE2}=0.7V$。试指出 1、2 两端中哪个是同相输入端，哪个是反相输入端，并求出该电路的共模抑制比。

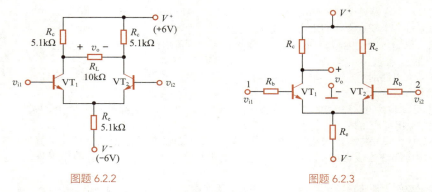

图题 6.2.2　　　　　　　　　　　　　　图题 6.2.3

6.2.4　在图题 6.2.4 所示的差分放大电路中，为了使输入电压为零时，输出电压也为零，加入了调零电位器 $R_p$。已知 $\beta_1=\beta_2=150$，$V_{BE1}=V_{BE2}=0.7V$，其他参数如图所示。

（1）求电路的静态工作点。

（2）在差模信号和共模信号单独作用时，分别画出电路双端输出的交流通路和小信号半边等效电路。

（3）求双端输出时 $A_{vd}$、$R_{id}$ 和 $R_{od}$ 的值。

（4）当 $R_L=100k\Omega$ 接在 $VT_2$ 的集电极和地之间单端输出时，求 $A_{vd2}$ 和 $R_{o2}$ 的值。

（5）当 $R_L=100k\Omega$ 接在 $VT_2$ 的集电极和地之间单端输出时，求 $A_{vc2}$ 和 $R_{ic}$ 的值。

（6）在双端输出和单端输出时，分别求电路共模抑制比 $K_{CMR}$ 的分贝值。

6.2.5　电路如图题 6.2.5 所示，设 BJT 的 $\beta_1=\beta_2=30$，$\beta_3=\beta_4=100$，$V_{BE1}=V_{BE2}=0.6V$，$V_{BE3}=V_{BE4}=$　0.7V。试计算双端输入、单端输出时的 $R_{id}$、$A_{vd1}$、$A_{vc1}$ 及 $K_{CMR}$ 的值。

6.2.6　电路如图题 6.2.6 所示。已知 BJT 的 $\beta=100$，$V_{BE}=0.6V$，电流源动态输出电阻 $r_o=100k\Omega$。

（1）当 $v_{i1}=0.01V$、$v_{i2}=-0.01V$ 时，求输出电压 $v_o=v_{o1}-v_{o2}$ 的值。

（2）当 $c_1$、$c_2$ 间接入负载电阻 $R_L=5.6k\Omega$ 时，求 $v_o'$ 的值。

（3）由 $VT_2$ 的集电极单端输出且 $R_L=\infty$ 时，$v_{o2}$ 为多少？并求 $A_{vd2}$、$A_{vc2}$ 和 $K_{CMR}$ 的值。

（4）由 $VT_2$ 的集电极单端输出时，求电路的差模输入电阻 $R_{id}$、共模输入电阻 $R_{ic}$ 和不接 $R_L$ 时的输出电阻 $R_o$。

6.2.7　电路如图题 6.2.7 所示。已知 BJT 的 $\beta_1=\beta_2=\beta_3=50$，$r_{ce}=200k\Omega$，$V_{BE}=0.7V$。试求单端输出的差模电压增益 $A_{vd2}$、共模抑制比 $K_{CMR}$、差模输入电阻 $R_{id}$ 和输出电阻 $R_o$。

提示：（1）$VT_3$、$R_1$、$R_2$ 和 $R_{e3}$ 构成 BJT 电流源；

（2）AB 两端的交流电阻 $r_{AB} = r_{ce3}\left(1 + \dfrac{\beta R_{e3}}{r_{be3} + R_1 // R_2 + R_{e3}}\right)$。

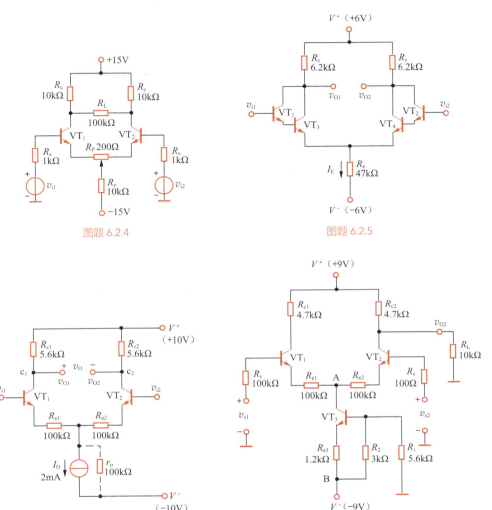

图题 6.2.4

图题 6.2.5

图题 6.2.6

图题 6.2.7

## 6.3 电流源电路及其应用

6.3.1 电路如图题 6.3.1 所示，用镜像电流源（$VT_1$、$VT_2$）对发射极跟随器进行偏置。设 $\beta \gg 1$，求电流 $I_o$ 的值。若 $r_o(r_{ce})=100k\Omega$，试比较该电路与分立元件电路的优点。设 $V^+=10V$，$V^-=-10V$，$V_{BE}=0.6V$。

6.3.2 电路如图题 6.3.2 所示，设 $VT_1$、$VT_2$ 的特性完全相同，且 $r_{ce} \gg R_{e2}$，$r_e \approx \dfrac{V_T}{I_E} \ll R$，求电流源的输出电阻。

6.3.3 某集成运放的电流源电路如图题 6.3.3 所示，设所有 BJT 的 $|V_{BE}|=0.7V$。

（1）若 $VT_3$、$VT_4$ 的 $\beta=2$，试求 $I_{c4}$ 的值。

（2）若 $I_{c1}=26\mu A$，则 $R_1$ 为多少？

## 6.4 典型的集成运放

6.4.1 图题 6.4.1 所示是由 BJT 组成的集成运放电路。

（1）试判断 $VT_1$ 和 $VT_2$ 的两个基极，哪个为同相输入端，哪个为反相输入端。

（2）分辨图中的 BJT 中何谓发射极耦合对，何谓发射极跟随器，何谓共发射极放大器，并指明它们各自的功能。

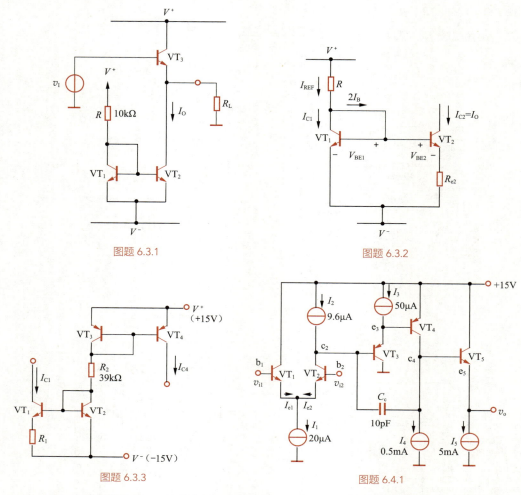

图题 6.3.1

图题 6.3.2

图题 6.3.3

图题 6.4.1

6.4.2　BiJFET 型运放 LH0042 的简化原理电路如图题 6.4.2 所示，将它与 BJT 741 型电路相比较，试说明电路的基本组成和工作原理。

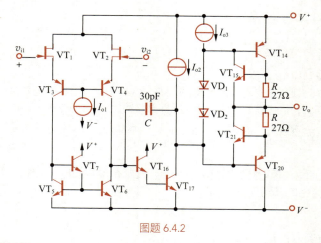

图题 6.4.2

## 6.5　集成运放的主要技术指标

6.5.1　集成运放的转换速率 $S_R$ 受限制的原因是什么？

6.5.2　741 型集成运放的 $S_R=0.5V/\mu s$，$BW_P=10kHz$ 时，它的最大不失真输出电压幅值为多少？

6.5.3 运放的单位增益带宽 $f_T$=1MHz，转换速率 $S_R$=1V/μs，当运放接成反相放大电路的闭环增益 $A_{vd}$=-10时，确定小信号开环带宽 $f_H$；当输出电压不失真幅度 $V_{om}$=10V时，求全功率带宽 $BW_P$。

## 6.6 单电源供电的集成运放应用电路

6.6.1 在用低电源给运放供电的情况下，为了保证运放电路得到最大的不失真输出摆幅，应该选用具有何种特性的运放？

6.6.2 在设计单电源供电的运放电路时，应该注意哪些事项？

## 6.7 模拟乘法器

6.7.1 电路如图题 6.7.1 所示，试求输出电压 $v_o$ 的表达式。

6.7.2 电路如图题 6.7.2 所示，运放和乘法器都具有理想特性。

（1）求 $v_{o1}$、$v_{o2}$ 和 $v_o$ 的表达式。

（2）当 $v_{s1}=V_{sm}\sin\omega T$，$v_{s2}=V_{sm}\cos\omega T$ 时，说明此电路具有检测正交振荡幅值的功能（称平方律振幅检测电路）。提示：$\sin^2\omega T+\cos^2\omega T=1$。

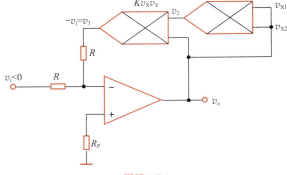

图题 6.7.1

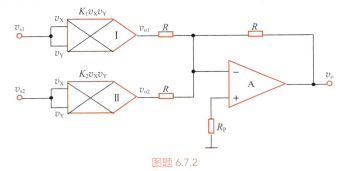

图题 6.7.2

# 📝 实践训练

**S6.1** 差分放大电路如图题 6.2.2 所示。BJT 选用 2N3904，$\beta$=100，$r_{bb'}$ 忽略不计，其他参数如图所示。试用 MultiSim 分析该电路。

（1）求静态工作点。

（2）假设 $v_{i1}=-v_{i2}=10\sqrt{2}\sin(2\pi\times1000t)$，用示波器观察两个输出端的瞬态电压波形。

（3）使用波特图分析仪，给出电路的幅频特性曲线和差模电压增益 $A_{vd}$ 的分贝值。

**S6.2** 差分放大电路如图题 6.2.6 所示。BJT 选用 2N2222A，$\beta$=100，$r_{bb'}$=200Ω，电流源 $I_o$=2mA，其他参数如图所示。假设 $v_{i1}=-v_{i2}=10\sqrt{2}\sin(2\pi\times1000t)$，且 $c_1$、$c_2$ 间接入负载电阻 $R_L$=5.6kΩ，试用 MultiSim 分析该电路。

（1）求静态工作点。

（2）使用瞬态分析法，观察 $v_{i1}$、$v_{i2}$、$v_o$、$v_{o2}$ 和 $v_{o1}-v_{o2}$ 的电压波形。

（3）使用交流扫描法，观察电路的幅频特性曲线，并给出差模电压增益 $A_{vd}$ 和上限频率。

（4）使用直流扫描法，观察电路的传输特性曲线。

**S6.3** 单端输入、双端输出的差分放大电路如图 S6.3 所示。所有晶体管选用 2N2222A，$\beta$=100，$r_{bb'}$=200Ω，其他参数如图所示。假设 $v_i=50\sqrt{2}\sin(2\pi\times1000t)$，试用 MultiSim 分析该电路。

（1）求静态工作点。

（2）使用瞬态分析法，观察 $v_i$、$v_{o1}$、$v_{o2}$ 和 $v_{o1}-v_{o2}$ 的电压波形。

（3）使用交流扫描法，观察电路的幅频特性曲线，并给出差模电压增益 $A_{vd}$ 和上限频率。

（4）使用直流扫描法，观察电路的传输特性曲线。

第 **7** 章

# 反馈放大电路

本章知识导图

## 本章学习要求

- 能正确表述反馈的基本概念。
- 能识别反馈是否存在，并正确判断反馈的组态和极性。
- 会分析电路中负反馈带来的影响，并能根据工程要求，引入合适的负反馈。
- 在深度负反馈条件下，会利用"虚短"和"虚断"概念计算闭环增益。
- 能对负反馈放大器自激振荡等复杂的工程问题进行合理分析与解决。

## 本章讨论的问题

- 如何判断反馈的组态？
- 如何推导出负反馈放大电路增益的一般表达式？其有什么作用？
- 负反馈对放大电路有哪些影响？为改善放大电路性能应如何引入反馈？
- 深度负反馈有何特点？在该条件下如何近似计算闭环增益或闭环电压增益？
- 在放大电路中引入负反馈可能存在什么风险？如何避免？

# 7.1　反馈的基本概念与分类

反馈被广泛应用于许多领域，如电子技术和控制科学、生命科学、人类社会学等。在电子电路中，反馈应用也非常普遍。

### 7.1.1　反馈的基本概念

前面相关章节讨论的放大电路，都是将输入信号$x_I$放大后送至负载，得到输出信号$x_O$，如图7.1.1所示。若输入信号$x_I$的幅值在较大范围内动态变化，而放大后得到的输出信号$x_O$的幅值维持不变，该如何实现呢？显然，为了维持输出信号$x_O$的幅值不变，当输入信号$x_I$的幅值较小时，放大电路A的增益较大，而当输入信号$x_I$的幅值较大时，需要降低放大电路A的增益，也就是说，需要根据输入信号$x_I$的幅值，自动调节放大电路A的增益，保证输出信号$x_O$的幅值基本不变，从而实现自动增益控制，而图7.1.1所示的单向放大器无法实现该功能。

图 7.1.1　单向放大器

为了实现上述功能，对图7.1.1所示的单向放大器进行改进，引入反馈，得到图7.1.2所示的反馈放大电路。

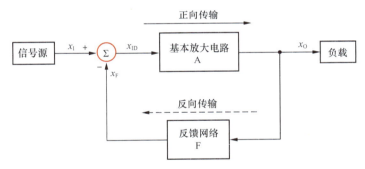

图 7.1.2　反馈放大电路

反馈，是指将电路输出电量（电压或电流）的一部分或全部，通过某种电路（称为反馈网络）送回到输入回路，以影响输入、输出电量的过程。显然，反馈是信号的反向传输过程，体现了输出信号对输入信号的反作用。

在前面的各章节中，虽然没有系统地介绍反馈，但是许多电路中已经引入了反馈。例如，在第2章讨论的运放构成的基本电路，就是运放和反馈网络构成的；在第4章讨论的带发射极电阻的共发射极放大电路中，通过发射极电阻$R_e$引入的负反馈来稳定漏极静态电流$I_{CQ}$等。本章将对反馈进行较深入的讨论。

引入反馈的放大电路称为反馈放大电路，如图7.1.2所示，其是由基本放大电路A和反馈网络F构成的一个闭合环路。其中，基本放大电路A就是前文介绍的放大电路，反馈网络F可以是各种电子电路（包括放大电路），一般由无源元件构成。

反馈网络是信号反向传输的通道，也称为反馈通路。由图7.1.2可看出，引入反馈后，电路成为一个闭合环路，也称为闭环放大电路；而无反馈网络的放大电路一般称为开环放大电路，如图7.1.1所示的单向放大器。图7.1.2中，$x_I$为反馈放大电路的输入信号，$x_F$为反馈信号，$x_{ID}$为基本放大电路的输入信号，也称为净输入信号或差值信号，根据图7.1.2中求和环节的正、负号，有$x_{ID}=x_I-x_F$，这些信号可以是电压，也可以是电流，但$x_I$、$x_{ID}$和$x_F$一定是同类型电量，$x_O$为放大电路的输出信号。

　　在图7.1.2所示的反馈放大电路中，除了虚线表示的信号反向传输外，实际上也存在与此相反的正向传输，即输入信号经过反馈网络自左向右传送到输出。但是，因为反馈网络一般由无源元件组成，没有放大作用，为了简化分析，正向传输可以忽略。另一方面，在基本放大电路内也存在信号的反向传输，但与反馈网络相比，这种反向传输作用非常微弱，在分析电路时也可忽略不计，即认为信号从输入到输出的正向传输（放大）只通过基本放大电路，而不通过反馈网络；信号从输出到输入的反向传输只通过反馈网络，而不通过基本放大电路，如图7.1.2中箭头所示。基本放大电路的增益可表示为$A=x_O/x_{ID}$，也称为开环增益；反馈网络的传输系数为$F=x_F/x_O$，也称为反馈系数，$A_F=x_O/x_I$则称为闭环增益。在这里需要注意，$x_I$、$x_{ID}$和$x_F$一定同为电压，或者同为电流，同样，输出信号$x_O$可以是电压或是电流，因此开环增益$A=x_O/x_{ID}$和闭环增益$A_F=x_O/x_I$可能有量纲，但一定是同样的量纲，而反馈系数$F=x_F/x_O$也可能有量纲，但是$AF$一定无量纲。

## 7.1.2　反馈网络的判断

　　由图7.1.2可知，判断一个放大电路中是否存在反馈，关键是要看该电路的输出回路与输入回路之间是否存在反馈网络。若没有反馈网络，就不能形成反馈，也就是开环。若有反馈网络存在，就能形成反馈，对输入和输出电量产生影响，形成闭环。反馈网络有无的判断是分析反馈放大电路的前提。

---

　**例7.1.1**　试判断图7.1.3所示各电路是否存在反馈。

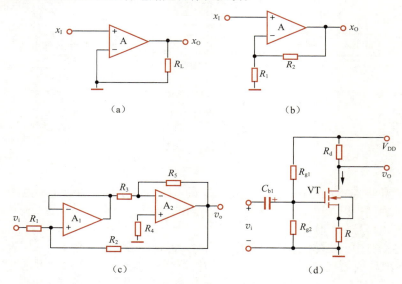

图 7.1.3　例 7.1.1 的电路

　　**解**：在图7.1.3（a）所示电路中，虽然看上去输出回路与输入回路连在一起，但是这条线是接地线，接地线不会对放大电路输入信号产生任何影响，所以也就不能将输出量送回到输入回路，因而该电路不存在反馈。同样，通常把直流工作电源的内阻看作零，因而电源线也不产生反馈。

　　在7.1.3（b）所示电路中，运放A构成基本放大电路，电阻$R_1$和$R_2$构成反馈网络，因而该电路存在反馈。

　　图7.1.3（c）所示电路为两级放大电路，第一级$A_1$构成电压跟随器，其输出端和反相输入端之间的导线构成反馈网络；第二级$A_2$构成反相放大电路，其输出端和反相输入端之间的电阻$R_5$构成反馈网络。另外，第二级的输出和第一级的同相输入端之间也存在一条由电阻$R_2$构成的反馈网络。通常称每个单级各自存在的反馈为本级反馈，而跨在两级之间的反馈为级间反馈。

图7.1.3（d）所示为带源极电阻的共源极放大电路，源极电阻$R$既在输入回路中，也在输出回路中，其构成反馈网络，因此该电路存在反馈。

## 7.1.3 直流反馈与交流反馈

视频7-1:
直流反馈与
交流反馈

在放大电路中既含有直流分量，也含有交流分量，因而，必然有直流反馈与交流反馈之分。

首先，可以根据反馈到输入端的信号是交流信号还是直流信号或同时存在来进行判别。

**例7.1.2** 试判断图7.1.4所示各电路是否存在反馈，并说明是直流反馈、交流反馈，还是交直流反馈。

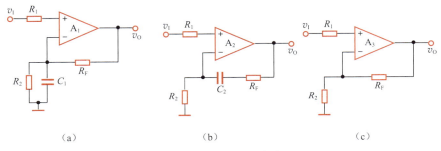

（a）　　　　　　　（b）　　　　　　　（c）

图 7.1.4　例 7.1.2 的电路

**解：**在图7.1.4（a）所示电路中，$R_F$连接在输出端和反相输入端之间，构成反馈网络，电容$C_1$为旁路电容，因此反馈到$A_1$反相输入端的只有直流信号，交流信号被旁路到地，因此该反馈为直流反馈。

在图7.1.4（b）所示电路中，$R_F$和电容$C_2$串联在输出端和反相输入端之间，构成反馈网络，电容$C_2$为耦合电容，因此反馈回来的直流信号被隔离，只有交流信号能反馈回$A_2$的反相输入端，因此该反馈为交流反馈。

在图7.1.4（c）所示电路中，$R_F$连接在输出端和反相输入端之间，构成反馈网络，反馈到$A_3$反相输入端的既有直流信号，也有交流信号，因此该反馈为交直流反馈。

**例7.1.3** 试判断图7.1.5所示各电路是否存在反馈，并说明是直流反馈、交流反馈，还是交直流反馈。

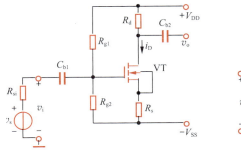
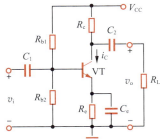

（a）共源极放大电路　　　　　（b）基极分压式发射极偏置电路

图 7.1.5　例 7.1.3 的电路

**解：** 采用例7.1.2的方法，直接判断反馈回来的信号是直流信号还是交流信号，进而判断该反馈是直流反馈、交流反馈，还是交直流反馈，对本例两个电路的判断比较困难，因此我们还有另外一种判断方法。

如果反馈存在于放大电路的直流通路中，则为直流反馈。如果反馈存在于放大电路的交流通路中，则为交流反馈。直流反馈影响放大电路的直流性能，如静态工作点。交流反馈影响放大电路的交流性能，如增益、输入电阻、输出电阻和带宽等动态性能指标。有时同一条反馈既存在于直流通路，又存在于交流通路，就引入交直流反馈。

图7.1.5（a）所示为共源极放大电路，电阻 $R_s$ 既在输入回路中，也在输出回路中，因此电阻 $R_s$ 是反馈元件。在直流情况下，电容 $C_{b1}$ 和 $C_{b2}$ 可以视为开路，电阻 $R_s$ 存在于直流通路，引入直流反馈；在交流情况下，电容 $C_{b1}$ 和 $C_{b2}$ 可以视为短路，直流电压源置零，电阻 $R_s$ 存在于交流通路，引入交流反馈，所以 $R_s$ 引入的是交直流反馈。

图7.1.5（b）所示为基极分压式发射极偏置电路。电阻 $R_e$ 既在输入回路中，也在输出回路中，因此电阻 $R_e$ 是反馈元件。在直流情况下，电容 $C_1$、$C_2$ 和 $C_e$ 可以视为开路，电阻 $R_e$ 存在于直流通路，引入直流反馈；在交流情况下，电容 $C_1$、$C_2$ 和 $C_e$ 可以视为短路，因此旁路电容 $C_e$ 在交流通路中将电阻 $R_e$ 短路，电阻 $R_e$ 不存在于交流通路，不引入交流反馈，引入的只有直流反馈。

## 7.1.4 正反馈与负反馈

从图7.1.2所示的反馈放大电路来看，反馈回来的信号与原输入信号共同作用后，对净输入信号的影响有两种可能。

在输入信号不变的情况下，引入反馈后净输入量比没有反馈时减小了，这种反馈称为负反馈；而引入反馈后净输入量比没有反馈时增加了，这种反馈称为正反馈。放大电路引入负反馈后闭环增益将减小，而引入正反馈后闭环增益将增大。

为了便于分析，图7.1.6给出了几个净输入电压的情况。需要注意，净输入量可以是电压，也可以是电流。

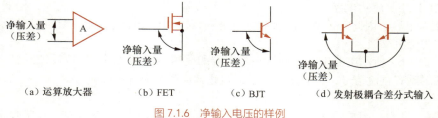

（a）运算放大器　　　（b）FET　　　（c）BJT　　　（d）发射极耦合差分式输入

图 7.1.6　净输入电压的样例

判断反馈极性的基本方法是瞬时变化极性法，简称瞬时极性法。

瞬时极性是指某一时刻，电路中有关节点电压（相对于地而言）变化的斜率。

这里需要特别注意，瞬时极性不是电压此时的正负极性，而是电压变化的趋势。当电压向增加的方向变化时为正斜率，即瞬时极性为正，用"（+）"表示；当电压向减小的方向变化时为负斜率，即瞬时极性为负，用"（−）"表示。

具体做法：先假设输入信号在某一时刻的瞬时极性为正，用"（+）"表示，并假设信号的频率在放大电路的通带内，然后沿着信号在基本放大电路中正向传输的路径，根据放大电路输入和输出的相位关系，从输入到输出逐级标出该时刻相关节点电压的瞬时极性，再经过信号反向传输的反馈网络，确定从输出回路到输入回路的反馈信号的瞬时极性，最后判断信号反馈到输入端是削弱还是增强了净输入信号，如果是削弱，则为负反馈，反之则为正反馈。

**例7.1.4** 试判断图7.1.7所示各电路中级间交流反馈的极性。

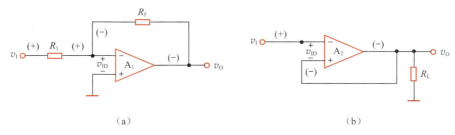

（a）　　　　　　　　　　　　　　　　（b）

图 7.1.7　例 7.1.4 的电路

**解：** 在图 7.1.7（a）所示电路中，运放 $A_1$ 为基本放大电路，$R_f$ 连接在输出端和反相输入端之间，构成反馈网络。设某一时刻 $v_I$ 的瞬时极性为（+），信号经过电阻 $R_1$ 不产生任何相移，所以信号到达运放反相输入端的瞬时极性仍为（+）。由运放输入和输出的相位关系可知，信号由反相输入端输入，输出信号与其反相，所以输出电压的瞬时极性为（−）；再由反馈网络 $R_f$ 将信号送回输入，由于 $R_f$ 没有相移，信号回到运放反相输入端时的瞬时极性仍为（−）。这样，瞬时极性为（+）的输入信号和瞬时极性为（−）的反馈信号在运放 $A_1$ 的反相输入端叠加，使该节点电压比无反馈时减小了，导致净输入电压 $v_{ID}$ 减小，所以 $R_f$ 引入了负反馈。

图 7.1.7（b）所示电路中的运放 A 为基本放大电路，连接在运放输出端和同相输入端之间的导线构成反馈网络。设某一时刻 $v_I$ 的瞬时极性为（+），经过运放后瞬时极性为（−），再经反馈网络到达输入端的瞬时极性仍为（−），运放反相输入端瞬时极性为（+）的输入信号和同相输入端瞬时极性为（−）的反馈信号相减，导致净输入电压 $v_{ID}$ 比无反馈时增大了，所以该电路引入的是正反馈。

---

**例7.1.5** 试判断图 7.1.8 所示各电路中级间交流反馈的极性。

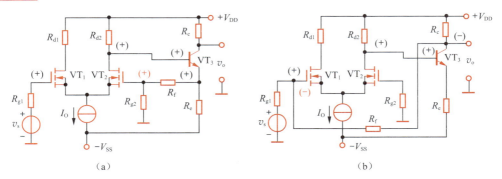

（a）　　　　　　　　　　　　　　　　（b）

图 7.1.8　例 7.1.5 的电路

**解：** 图 7.1.8（a）所示电路为两级放大电路，其中第一级为差分放大电路，信号由 $VT_1$ 的栅极输入，$VT_2$ 的漏极输出；第二级为由 NPN 型晶体管 $VT_3$ 组成的共发射极放大电路，它们一起构成基本放大电路。$R_f$ 和 $R_{g2}$ 构成级间反馈网络，输出电压经 $R_f$ 和 $R_{g2}$ 分压后送回到差分放大电路的另一个输入端，即 $VT_2$ 的栅极。

设某一时刻输入信号 $v_s$ 的瞬时极性为（+），则 $VT_1$ 栅极电压的瞬时极性也为（+）。根据差分放大电路输入和输出的相位关系可知，第一级输出信号（$VT_2$ 漏极电压）的瞬时极性为（+）。由共发射极放大电路的相位关系得知，第二级输出信号（$VT_3$ 集电极电压）的瞬时极性为（−），但注意反馈取自 $VT_3$ 的发射极，而 $VT_3$ 的发射极与 $VT_3$ 的基极同相位，因此 $VT_3$ 的发射极的瞬时极性为（+），再经无相移的电阻网络 $R_f$ 和 $R_{g2}$，反馈到第一级差分放大电路中 $VT_2$ 栅极的反馈信号的瞬时极性也为（+），$VT_1$ 和 $VT_2$ 两个栅极电压的瞬时极性均为（+），从而使基本放大电路的净输入信号 $v_{ID}=v_{g1}-v_{g2}$ 比没有反馈时减小了，所以该电路引入的是负反馈。

图 7.1.8（b）所示电路也为两级放大电路，其中第一级为差分放大电路，信号由 $VT_1$ 的栅极

输入，$VT_2$ 的漏极输出；第二级为由 NPN 型晶体管 $VT_3$ 组成的共发射极放大电路，它们一起构成基本放大电路。$R_f$ 构成级间反馈网络，反馈到 $VT_1$ 的栅极。

设某一时刻输入信号 $v_s$ 的瞬时极性为（＋），则 $VT_1$ 栅极电压的瞬时极性也为（＋）。根据差分放大电路输入和输出的相位关系可知，第一级输出信号（$VT_2$ 漏极电压）的瞬时极性为（＋）。由共发射极放大电路的相位关系得知，第二级输出信号（$VT_3$ 集电极电压）的瞬时极性为（－），再经无相移的电阻 $R_f$，反馈到第一级差分放大电路中 $VT_1$ 栅极的反馈信号的瞬时极性也为（－），叠加后的净输入信号比没有反馈时减小了，所以该电路引入的也是负反馈。

综上可看出，在判断反馈极性时，要注意以下几点。

（1）正确分辨出基本放大电路和反馈网络。

（2）运用瞬时极性法时，一定要沿着信号传输方向依次标注极性，即在基本放大电路中从输入到输出，在反馈网络中从输出到输入。

（3）一定要熟知各种基本放大电路（如共射、共基、共集、共源、共漏、共栅电路，差分放大电路及运算放大器等）输出信号与输入信号间的相位关系。

（4）正确确定净输入量的位置。

前面介绍的瞬时极性法，同样适合直流反馈的判断，本章主要讨论负反馈放大电路。

### 7.1.5　串联反馈与并联反馈

串联反馈与并联反馈主要通过反馈信号和输入信号在基本放大电路输入端的连接方式来判别。

在反馈放大电路的输入回路，凡是反馈网络的输出端与基本放大电路的输入端串联的，称为串联反馈，如图 7.1.9（a）所示。此时，输入回路的信号 $x_i$、$x_f$ 及 $x_{id}$ 分别以电压形式 $v_i$、$v_f$ 及 $v_{id}$ 出现，并满足 KVL 方程，有 $v_{id}=v_i-v_f$。

凡是反馈网络的输出端与基本放大电路的输入端并联的，称为并联反馈，如图 7.1.9（b）所示。此时，输入回路的信号 $x_i$、$x_f$ 及 $x_{id}$ 分别以电流形式 $i_i$、$i_f$ 及 $i_{id}$ 出现，并满足 KCL 方程，有 $i_{id}=i_i-i_f$。总而言之，串联反馈时，输入回路各电量以电压形式求和；并联反馈时，输入回路各电量以电流形式求和。这里需要特别注意，反馈信号是电压还是电流，与输出信号是电压还是电流没有直接关系，取决于反馈放大电路输入端的连接方式是串联还是并联。

需要说明的是，实际的信号源往往不是理想的，因此信号源内阻 $R_{si}$ 的大小会给串联负反馈和并联负反馈的效果带来不同的影响。由图 7.1.9（a）所示的串联负反馈可知，基本放大电路的净输入电压 $v_{id}=v_i-v_f$，要使串联负反馈的效果最佳，即反馈电压 $v_f$ 对净输入电压 $v_{id}$ 的调节作用最强，则要求输入电压 $v_i$ 最好恒定不变，而这只有在信号源 $v_s$ 的内阻 $R_{si}=0$ 时才能实现，即输入信号为理想电压源信号，此时有 $v_i=v_s$。如果信号源内阻 $R_{si}=\infty$，则反馈信号 $v_f$ 的变化对净输入信号 $v_{id}$ 就没有影响了，负反馈将不起作用。所以串联负反馈要求信号源内阻越小越好。

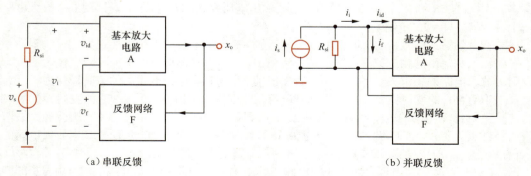

（a）串联反馈　　　　　　　　　　　　　　（b）并联反馈

图 7.1.9　串联反馈与并联反馈

相反，对于图7.1.9（b）所示的并联负反馈而言，为了增强负反馈效果，则要求信号源内阻越大越好。信号源内阻$R_{si}=\infty$时，即理想电流源信号时，有$i_i=i_s$。$i_i$固定不变时，净输入电流$i_{id}=i_i-i_f$，反馈电流$i_f$对净输入电流$i_{id}$的调节作用最强，并联负反馈的效果最佳。若$R_{si}=0$，则负反馈将不起作用。

实际上，由图7.1.9可以总结出判断串、并联反馈的更快捷的方法：当反馈信号$x_f$与输入信号$x_i$分别接至基本放大电路的不同输入端时，引入的就是串联反馈。图7.1.10（a）所示为串联结构样例。当反馈信号$x_f$与输入信号$x_i$接至基本放大电路的同一个输入端时，引入的是并联反馈。图7.1.10（b）所示为并联结构样例。

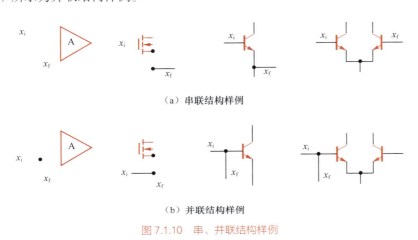

（a）串联结构样例

（b）并联结构样例

图 7.1.10　串、并联结构样例

**例7.1.6**　试判断图7.1.11所示各电路中交流反馈是串联反馈，还是并联反馈。

**解**：图7.1.11（a）所示电路中，反馈信号$x_f$和输入信号$x_I$分别接于运算放大器的两个不同的输入端，所以该反馈是串联反馈。

图7.1.11（b）所示电路中，反馈信号$x_f$和输入信号$x_I$都接于运算放大器的反相输入端，所以该反馈是并联反馈。

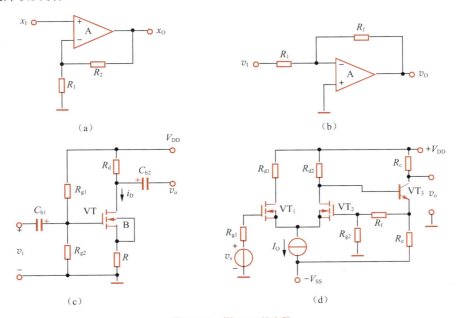

（a）　　　　　　　　　　　（b）

（c）　　　　　　　　　　　（d）

图 7.1.11　例 7.1.6 的电路

图7.1.11（c）所示电路中，源极电阻$R$引入反馈，输入信号接于MOSFET的栅极，反馈信号接于MOSFET的源极，为不同输入端，所以该反馈是串联反馈。

图7.1.11（d）所示电路中，输入信号和$R_f$、$R_{g2}$引入的反馈信号分别接于差分放大电路两个不同的输入端，所以该反馈是串联反馈。

### 7.1.6　电压反馈与电流反馈

视频7-2：
电压反馈与
电流反馈

我们已经知道，串联反馈与并联反馈主要通过反馈信号和输入信号在基本放大电路输入端的连接方式来判别，而电压反馈与电流反馈主要通过反馈网络在放大电路输出端的取样方式来判别。

如果反馈信号$x_f$和输出电压成比例，即$x_f = Fv_o$，则是电压反馈，如图7.1.12（a）所示的并联取样方式；而当采用图7.1.12（b）所示的串联取样方式时，反馈信号$x_f$与输出电流成比例，即$x_f = Fi_o$，则是电流反馈。这就好像反馈网络输入端（右侧）是万用表的两个表笔，取样电压时采用并联取样方式，取样电流时则采用串联取样方式。需要指出的是，$i_o$是指放大电路输出回路中的电流。

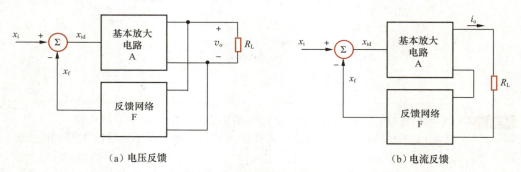

图 7.1.12　电压反馈与电流反馈

判断电压反馈与电流反馈的常用方法是"输出短路法"，即将输出端短路或令负载电阻$R_L = 0$，此时输出电压$v_o$一定为零，若反馈信号为零（即$x_f = 0$），则说明反馈信号与输出电压成比例，为电压反馈，否则为电流反馈。

**电压负反馈的重要特点是能够稳定输出电压。**例如，在图7.1.12（a）中，当$x_i$保持一定时，由于负载电阻$R_L$减小而引起输出电压$v_o$下降时，该电路能自动进行调节，使$v_o$基本稳定不变。调节过程如下：

$$R_L \downarrow \rightarrow v_o \downarrow \rightarrow x_f(=Fv_o) \downarrow \xrightarrow{x_i-定时} x_{id}(=x_i-x_f) \uparrow$$
$$v_o \uparrow$$

可见，当$x_i$保持一定时，电压负反馈能减小$v_o$受$R_L$等变化的影响，说明电压负反馈放大电路具有较好的恒压输出特性，因此电压负反馈放大电路一般取电压作为输出信号。

**电流负反馈的重要特点是能够稳定输出电流。**例如，当图7.1.12（b）中的$x_i$保持一定时，由于负载电阻$R_L$增加（或电路中其他参数变化，如运放中BJT的$\beta$值下降）而引起输出电流$i_o$减小时，电流负反馈能自动进行如下调节过程：

$$R_L \uparrow$$
$$\beta \downarrow \searrow i_o \downarrow \rightarrow x_f(=Fi_o) \downarrow \xrightarrow{x_i-定时} x_{id}(=x_i-x_f) \uparrow$$
$$i_o \uparrow$$

因此，电流负反馈具有近似于恒流的输出特性，因此电流负反馈放大电路一般取电流作为输出信号。

**例7.1.7** 试判断图7.1.13所示各电路中级间交流反馈是电压反馈还是电流反馈。

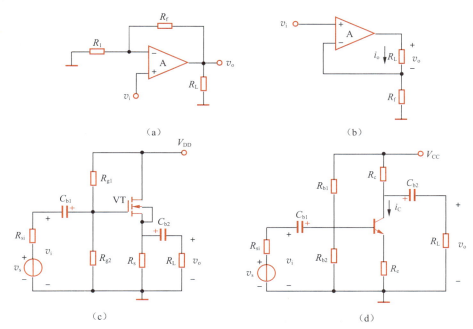

图 7.1.13　例 7.1.7 的电路（简化起见，图中只标出交流信号分量）

**解：**图7.1.13（a）所示电路中，$R_f$引入的反馈在输入端是串联形式，所以反馈量是电压$v_f$。令负载电阻$R_L$短路，则$v_o=0$。由于反馈电压$v_f$取自输出电压$v_o$的分压，因此反馈量$v_f=0$，故该电路中引入的反馈是电压反馈。

图7.1.13（b）所示电路与图7.1.13（a）所示电路的不同之处在于负载电阻$R_L$的位置不同，图7.1.13（a）中的负载电阻$R_L$一端是接地的，而图7.1.13（b）中的负载电阻$R_L$两端均不接地，我们一般称为"浮地"，反馈电阻$R_f$引入的反馈在输入端是串联形式，所以反馈量是电压$v_f$。令负载电阻$R_L$短路，则$v_o=0$，但电流$i_o\neq0$，所以$v_f=i_oR_f\neq0$，即反馈量仍然存在，故该电路中引入的是电流反馈。

图7.1.13（c）所示电路为源极输出器，电阻$R_s$和$R_L$并联构成反馈网络，反馈信号送入源极，而输入信号则从栅极输入，所以是串联反馈，反馈量以电压$v_f$形式出现，而且$v_f=v_o$，当用"输出短路法"，令$v_o=0$时，有$v_f=0$，反馈量不存在了，所以该电路中的交流反馈是电压反馈。

图7.1.13（d）所示电路为带有发射极电阻的共发射极放大电路，$R_e$上的反馈信号送入发射极，而输入信号在基极，所以是串联反馈，交流反馈信号是电压信号$v_f$，且有$v_f=i_eR_e\approx i_cR_e$。用"输出短路法"，令$v_o=0$，即令$R_L$短路时，$i_c\neq0$（因$i_c$受$i_b$的控制），因此反馈信号$v_f$仍然存在，说明电路中的反馈是电流反馈。需要注意的是，如果将耦合电容$C_{b2}$的正极性端从图中的a点连接到b点，电路中的交流反馈就是电压反馈了。

由以上可看出，在判断电压反馈和电流反馈时，要注意以下几点。

（1）正确分辨出反馈网络在输入回路的连接方式，进而判断出反馈信号是电压信号还是电流信号。

（2）运用"输出短路法"时，一定要找到输出电压$v_o$或者负载电阻$R_L$的位置，在反馈放大电路中，无论负载电阻$R_L$是一端接地还是"浮地"，输出电压$v_o$均取自负载电阻$R_L$两端，因此当负载短路，即$R_L=0$时，一定有$v_o=0$。

我们知道，当反馈信号 $x_f$ 与输入信号 $x_i$ 分别接至基本放大电路的不同输入端时，引入的就是串联反馈，如图 7.1.14（a）所示；当反馈信号 $x_f$ 与输入信号 $x_i$ 接至基本放大电路的同一个输入端时，引入的是并联反馈，如图 7.1.14（b）所示；如果反馈信号 $x_f$ 和输出电压 $v_o$ 成比例，即 $x_f=Fv_o$，则是电压反馈，如图 7.1.14（c）所示；如果反馈信号 $x_f$ 与输出电流 $i_o$ 成比例，即 $x_f=Fi_o$，则是电流反馈，如图 7.1.14（d）所示。比较图 7.1.14（a）～（d），我们可以得到输出端电压反馈和电流反馈更简单的判断方法：若反馈信号 $x_f$ 与输出信号 $x_o$ 分别接至基本放大电路的不同端，在输出端就是串联连接，引入的就是电流反馈，如图 7.1.13（b）和图 7.1.13（d）所示；若反馈信号 $x_f$ 与输出信号 $x_o$ 连接至基本放大电路的同一端，在输出端就是并联连接，引入的就是电压反馈，如图 7.1.13（a）和图 7.1.13（c）所示。

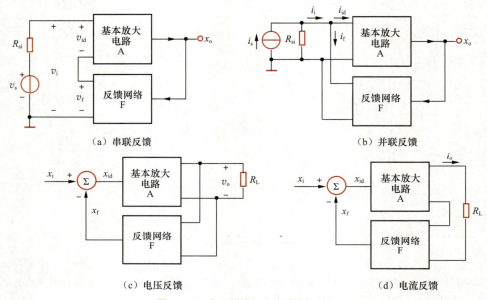

图 7.1.14　电压反馈与电流反馈的判断

这里我们需要特别注意一种特例，如图 7.1.15 所示，图 7.1.15（a）中反馈信号取自电阻 $R_{f2}$ 和 $R_{f3}$ 的分压，与图 7.1.15（b）中取自输出电压 $v_o$ 在本质上是一样的，因为当负载短路，$v_o=0$ 时，同样都有 $v_f=0$，因此这两种情况均为电压反馈。

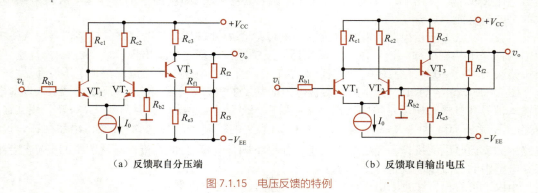

图 7.1.15　电压反馈的特例

## 7.1.7　负反馈放大电路的 4 种组态

对于反馈放大电路，在输入端，反馈信号的接入方式可以是串联，也可以是并联，在输出端，反馈信号可以取自电压，也可以取自电流。因此，组合起来共有4种组态（或类型），即电压串联、电压并联、电流串联和电流并联，它们对放大电路性能的影响各不相同。

### 1. 电压串联负反馈放大电路

将图7.1.14（a）中的输入回路与图7.1.14（b）中的输出回路结合在一起，就是电压串联负反馈放大电路，如图7.1.16所示。

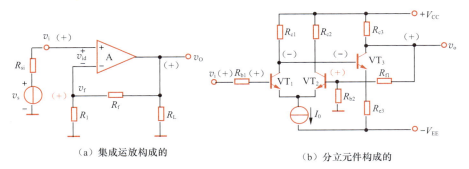

（a）集成运放构成的　　　　　　　　　　（b）分立元件构成的

图 7.1.16　电压串联负反馈放大电路

图7.1.16（a）所示电路是由集成运放和电阻构成的，其中，运放A构成基本放大电路，输出信号经$R_f$和$R_1$构成的反馈网络返回到运放的反相输入端，而输入信号加在同相输入端，所以是串联反馈，输入信号和反馈信号以电压形式求和，有$v_{id}=v_i-v_f$。

将负载电阻$R_L$短路，$R_f$右端接地，此时反馈网络无法从输出回路取出任何电压或电流，反馈量$v_f$为零，所以是电压反馈。

用瞬时极性法判断反馈极性，即令$v_i$在某一时刻瞬时极性为（＋），经A同相放大后，$v_o$也为（＋），反馈网络无相移，$v_f$也为（＋），于是该放大电路的净输入电压$v_{id}=v_i-v_f$比没有反馈时减小了，该反馈是负反馈。综上所述，电路引入的是电压串联负反馈，它也是第2章介绍过的同相放大电路。

图7.1.16（b）所示电路中，$VT_1$和$VT_2$构成差分放大电路，$VT_3$构成共发射极放大电路，它们级联后组成反馈放大电路中的基本放大电路，$R_{f1}$和$R_{b2}$构成反馈网络，输出信号经反馈网络返回到$VT_2$的基极输入端，而输入信号加在$VT_1$的基极输入端，所以是串联反馈，输入信号和反馈信号以电压形式求和，有$v_{id}=v_i-v_f$。

将负载电阻$R_L$（注意电路中未画出负载电阻）短路，则输出电压$v_o=0$，$R_{f1}$右端接地，此时反馈网络无法从输出回路取出任何电压或电流，反馈量$v_f$为零，所以是电压反馈。

用瞬时极性法判断反馈极性，即令$v_i$在某一时刻瞬时极性为（＋），经差分放大电路放大后，$VT_1$集电极输出为（－），送入$VT_3$的基极，依然为（－），经$VT_3$构成的共发射极放大电路反相放大后，$VT_3$的集电极输出为（＋），反馈网络无相移，$v_f$也为（＋），于是该放大电路的净输入电压$v_{id}=v_i-v_f$比没有反馈时减小了，该反馈是负反馈。综上所述，电路引入的是电压串联负反馈。

由于串联反馈输入回路的电压满足KVL方程，即输入信号以电压形式出现，有$v_{id}=v_i-v_f$，而电压负反馈具有较好的恒压输出特性，因此可以说电压串联负反馈放大电路是一个电压控制的电压源，可以实现电压/电压变换，也称为电压放大器。

### 2. 电压并联负反馈放大电路

将图7.1.14（c）中的输入回路与图7.1.14（b）中的输出回路结合在一起，便是电压并联负反馈放大电路，如图7.1.17所示。

图7.1.17（a）所示电路是由集成运放和电阻构成的。和图7.1.16（a）所示类似，该电路引入了电压反馈。从反馈网络在放大电路输入端的连接方式来看，反馈信号和输入信号接于同一输入端，所示是并联反馈，输入信号和反馈信号以电流形式求和，有$i_{id}=i_i-i_f$。利用瞬时极性法判断可知，该反馈是负反馈。综合以上分析，图7.1.17（a）所示电路是电压并联负反馈放大电路，它也是第2章介绍过的反相放大电路。

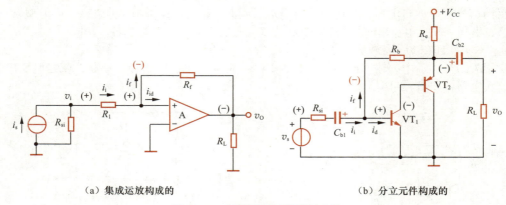

（a）集成运放构成的　　　　　　　　　　　（b）分立元件构成的

图 7.1.17　电压并联负反馈放大电路

图 7.1.17（b）所示电路中，$VT_1$ 和 $VT_2$ 构成的共射 - 共集组合放大电路构成基本放大电路，电阻 $R_b$ 引入反馈，输入信号和反馈信号都连接在 $VT_1$ 的基极，因此输入端构成并联反馈，输入信号和反馈信号以电流形式求和，有 $i_{id}=i_i-i_f$。反馈电阻 $R_b$ 和输出电压 $v_o$ 直接相连，构成电压反馈。利用瞬时极性法判断可知，该反馈是负反馈。综合以上分析，图 7.1.17（b）所示电路也是电压并联负反馈放大电路。

由于并联反馈输入回路的电流满足 KCL 方程，即输入信号以电流形式出现，而电压负反馈具有较好的恒压输出特性，因此，可以说电压并联负反馈放大电路是一个电流控制的电压源，可以实现电流/电压变换，也称为互阻放大器。

### 3．电流串联负反馈放大电路

将图 7.1.14（a）中的输入回路与图 7.1.14（d）中的输出回路结合在一起，便是电流串联负反馈放大电路，如图 7.1.18 所示。

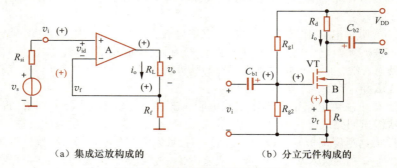

（a）集成运放构成的　　　　　　　　　　　（b）分立元件构成的

图 7.1.18　电流串联负反馈放大电路

图 7.1.18（a）所示电路中，运放 A 构成基本放大电路，电阻 $R_f$ 构成反馈网络。由瞬时极性法可以判断该电路引入的是负反馈。电路的反馈信号和输入信号接在放大电路不同的输入端，所以是串联反馈，输入端的信号为电压求和形式。又由例 7.1.7 分析可知，该电路中 $R_f$ 引入的是电流反馈。综合以上分析，图 7.1.18（a）所示电路是电流串联负反馈放大电路。

图 7.1.18（b）所示是由 MOSFET 构成的共源极放大器，电阻 $R_s$ 跨接在输入回路和输出回路之间，引入反馈，该电阻既存在于直流通路，也存在于交流通路，因此引入交直流反馈。由瞬时极性法可以判断该电路引入的是负反馈。输入信号加在栅极，反馈信号在源极，因此在输入端构成串联反馈；输出电压在漏极输出，反馈信号在源极，因此输出端引入的是电流反馈。综合以上分析，图 7.1.18（b）所示电路也是电流串联负反馈放大电路。

由于串联反馈输入回路的电压满足 KVL 方程，即输入信号以电压形式出现，而电流负反馈能稳定输出电流，因此电流串联负反馈放大电路表现为电压控制的电流源，可以实现电压/电流变换，也称为互导放大器。

## 4．电流并联负反馈放大电路

将图 7.1.14（c）中的输入回路与图 7.1.14（d）中的输出回路结合在一起，便是电流并联负反馈放大电路，如图 7.1.19 所示。

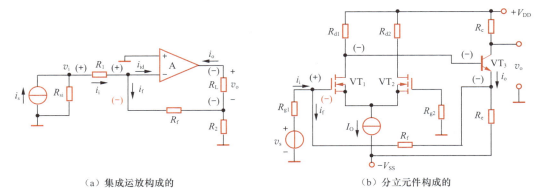

（a）集成运放构成的　　　　　　　　　　　　（b）分立元件构成的

图 7.1.19　电流并联负反馈放大电路

图 7.1.19（a）所示电路中，电阻 $R_f$ 和 $R_2$ 构成反馈网络，反馈信号和输入信号都接于运放的反相输入端，所以是并联反馈，输入端的信号为电流求和形式。由瞬时极性法判断可知，引入反馈后，净输入量减小，所以该反馈是负反馈。负载电阻 $R_L$ 短路时，$i_o \neq 0$，反馈信号 $i_f$ 是输出电流 $i_o$ 的一部分，所以 $i_f \neq 0$，反馈量仍然存在，该反馈是电流反馈。综合以上分析，图 7.1.19（a）所示电路是电流并联负反馈放大电路。

对于图 7.1.19（b）所示电路，用上述类似的方法，可以判断出级间交流反馈也是电流并联负反馈。

类似地，**该电路表现为电流控制的电流源，可以实现电流/电流变换，也称为电流放大器**。

---

**例7.1.8**　电路如图 7.1.20 所示，试判断电路中有几条反馈网络，各是什么组态和极性。

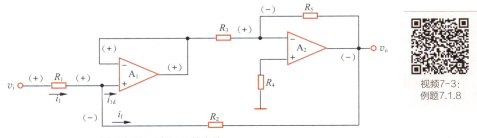

视频7-3：
例题7.1.8

图 7.1.20　例 7.1.8 的电路

**解：** 该电路为两级放大电路，共有 3 条反馈网络，即 $A_1$、$A_2$ 的本级反馈和两级之间的级间反馈。由 $R_2$ 引入的是从后级输出到前级输入之间的级间反馈。可以看到，反馈信号与输入信号都接在 $A_1$ 的同相输入端，所以该反馈为并联反馈。将负载短路（这里负载开路，负载接于输出端与地之间），即将输出端接地，则 $v_o=0$，因此 $R_2$ 的右侧相当于接地，无法从输出端获取任何信号，所以通过 $R_2$ 引入的反馈信号 $i_f$ 为零，该反馈是电压反馈。这里需要注意的是，$R_2$ 右边接地，可能仍会有电流通过 $R_2$ 流向地，但此时的电流并非由输出信号引起，所以不能看作反馈信号 $i_f$。

根据瞬时极性法判断，设某时刻输入信号的瞬时极性为（+），经 $R_1$ 后仍为（+），经 $A_1$ 同相放大后仍为（+），再经 $R_3$ 后为（+），信号送入 $A_2$ 的反相输入端，放大后变为（−），最后经 $R_2$ 返回输入端后仍为（−），净输入量减小，因此该反馈为负反馈。综上所述，$R_2$ 引入了级间电压并联负反馈。

由 $A_1$ 输出到其反相输入端的导线引入的是本级反馈，而信号则由同相输入端输入，所以该反馈为串联反馈。将负载短路，即将 $A_1$ 的输出端接地，反相输入端的反馈信号也为零，所以该反馈是电压反馈。根据瞬时极性法也可以判断这个本级反馈为负反馈。所以该反馈网络引入的是电压串联负反馈。

第 3 条反馈网络是 $R_5$，它构成 $A_2$ 的本级反馈，类似地可以判断其为电压并联负反馈。

**例 7.1.9**　电路如图 7.1.21 所示，试判断交流反馈的组态和极性。

**解**：该电路为两级放大电路，第一级是由 $VT_1$、$VT_2$ 组成的单端输入、双端输出的差分放大电路，第二级是运放构成的放大电路，电阻 $R_f$ 连接在输出端和 $VT_1$ 的基极，构成反馈。

**看极性**：利用瞬时极性法，设 $VT_1$ 基极交流电压 $v_i$ 的瞬时极性为（＋），则 $VT_2$ 的集电极输出也为（＋）（$VT_1$ 的输出与 $VT_2$ 的输出反相），送入第二级运放的反相输入端，输出为（－），则 $R_f$ 反馈到 $VT_1$ 的基极的电压也为（－），与输入的（＋）电压叠加，净输入电压比没有反馈时减小了，所以是负反馈。

**看输入**：输入信号与反馈信号都连接在 $VT_1$ 的基极上，因此为并联反馈。

**看输出**：输出信号和反馈信号都连接在运放的输出端，因此为电压反馈。

综上所述，图 7.1.21 所示的电路中引入了电压并联负反馈。

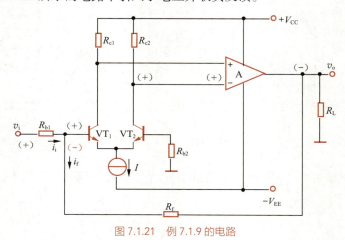

图 7.1.21　例 7.1.9 的电路

**例 7.1.10**　图 7.1.22 所示是某放大电路的交流通路，试判断其级间交流反馈的组态。

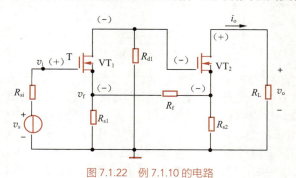

图 7.1.22　例 7.1.10 的电路

**解**：图 7.1.22 所示电路是两级共源极放大电路，电阻 $R_f$ 和 $R_{s1}$ 构成级间交流反馈网络。

**看极性**：设 $v_i$ 的瞬时极性为（＋），则 $VT_1$ 的漏极电压的瞬时极性为（－），$VT_2$ 的源极电压 $v_{s2}$ 及反馈信号 $v_f$ 的瞬时极性也为（－），使该电路的净输入电压（$v_i-v_f$）比没有反馈时增加了，所以是正反馈。

**看输入**：在输入回路，输入信号 $v_i$ 接在 $VT_1$ 的栅极，由 $R_f$ 和 $R_{s1}$ 引入的反馈信号接在源极，所以是串联反馈。

**看输出：**输出电压取自 $VT_2$ 的漏极，反馈电压取自 $VT_2$ 的源极，所以电路引入的是电流反馈。综上所述，该电路的级间交流反馈是电流串联正反馈。

## 7.2 负反馈放大电路增益的一般表达式

本节将依据负反馈放大电路的组成，推导并讨论闭环增益的一般表达式。

由图 7.2.1 所示的负反馈放大电路的组成可写出下列关系式：

基本放大电路的净输入信号

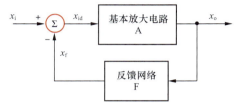

图 7.2.1　负反馈放大电路的组成

$$x_{id}=x_i-x_f \qquad (7.2.1)$$

基本放大电路开环增益

$$A = \frac{x_o}{x_{id}} \qquad (7.2.2)$$

反馈网络的反馈系数

$$F = \frac{x_f}{x_o} \qquad (7.2.3)$$

负反馈放大电路的增益（闭环增益）

$$A_f = \frac{x_o}{x_i} \qquad (7.2.4)$$

将式（7.2.1）～式（7.2.3）代入式（7.2.4），可得负反馈放大电路增益的一般表达式：

$$A_f = \frac{x_o}{x_i} = \frac{x_o}{x_{id}+x_f} = \frac{x_o}{\dfrac{x_o}{A}+Fx_o} = \frac{A}{1+AF} \qquad (7.2.5)$$

由式（7.2.5）可看出，引入负反馈后，放大电路的闭环增益 $A_f$ 减小了，减小的程度与 $(1+AF)$ 有关。可见，$(1+AF)$ 是影响闭环增益的重要指标，负反馈放大电路所有性能的改变程度都与 $(1+AF)$ 有关。通常把 $(1+AF)$ 称为<u>反馈深度</u>。

在图 7.2.1 中，信号经过基本放大电路和反馈网络构成的环路绕行一周获得的增益称为<u>环路增益</u>，即 $\dot{A}\dot{F}$ 为环路增益。当闭环放大电路的输入信号 $\dot{X}_i = 0$ 时，环路增益 $\dot{A}\dot{F} = \dfrac{\dot{X}_f}{\dot{X}_{id}}$。需要注意，环路增益表达式中未包含求和环节中反馈信号的负号"–"。

由于在一般情况下，$A$ 是频率的函数，$F$ 不是纯阻性网络时，也是频率的函数。当考虑信号频率的影响时，$A_f$、$A$ 和 $F$ 分别用 $\dot{A}_f$、$\dot{A}$ 和 $\dot{F}$ 表示，反馈深度则表示为 $|1+\dot{A}\dot{F}|$。下面分几种情况对 $\dot{A}_f$ 的表达式进行讨论。

① 当 $|1+\dot{A}\dot{F}| >1$ 时，$|\dot{A}_f|<|\dot{A}|$，即引入反馈后，增益下降了，这时的反馈是负反馈，引入负反馈时，$AF$ 为正实数，$x_{id}$、$x_i$、$x_f$ 相位相同。

② 当 $|1+\dot{A}\dot{F}| >>1$ 时，称为<u>深度负反馈</u>，此时

$$\dot{A}_f \approx \frac{1}{\dot{F}} \qquad (7.2.6)$$

这说明<u>在深度负反馈（即 $|\dot{A}\dot{F}|$ 很大）条件下，闭环增益几乎只取决于反馈系数，和基本放</u>

大电路无关。

③ 由于 $\dot{A}\dot{F}$ 不仅包含频率对其幅值的影响，也包含对相位的影响，因此可能某些频率会使 $\dot{A}\dot{F} < 0$。此时环路增益 $\dot{A}\dot{F}$ 产生 $-180°$ 附加相移，$x_f$ 与 $x_i$ 相位相反，净输入量 $x_{id}$ 增加，使得输出量增加，则 $|\dot{A}_f| > |\dot{A}|$，即引入反馈后，增益增加了，说明此时引入的反馈已从原来的负反馈变成了正反馈。

④ 当 $|1+\dot{A}\dot{F}|=0$ 时，$|\dot{A}_f| \to \infty$，此时意味着放大电路在没有输入信号的情况下也会有信号输出，这种现象称为**自激振荡**。放大电路出现自激振荡时便不能正常工作了。在负反馈放大电路中，要设法消除自激振荡现象。

必须指出，对于不同的反馈组态，$x_i$、$x_o$、$x_f$ 及 $x_{id}$ 所代表的电量不同，因而，4 种负反馈放大电路的 $A$、$A_f$、$F$ 相应地具有不同的含义和量纲，归纳如表 7.2.1 所示。其中，$A_v$、$A_i$ 分别表示电压增益和电流增益（无量纲）；$A_r$、$A_g$ 分别表示互阻增益（量纲为欧姆）和互导增益（量纲为西门子），相应的反馈系数 $F_v$、$F_i$、$F_g$ 及 $F_r$ 的量纲也各不相同，但环路增益 $AF$ 总是无量纲的。

表 7.2.1　负反馈放大电路中各种信号量的含义

| 信号量或信号传输比 | 反馈组态 | | | |
|---|---|---|---|---|
| | 电压串联 | 电流并联 | 电压并联 | 电流串联 |
| $x_o$ | $v_o$ | $i_o$ | $v_o$ | $i_o$ |
| $x_i$、$x_f$、$x_{id}$ | $v_i$、$v_f$、$v_{id}$ | $i_i$、$i_f$、$i_{id}$ | $i_i$、$i_f$、$i_{id}$ | $v_i$、$v_f$、$v_{id}$ |
| $A = x_o/x_{id}$ | $A_v = v_o/v_{id}$ | $A_i = i_o/i_{id}$ | $A_r = v_o/i_{id}$ | $A_g = i_o/v_{id}$ |
| $F = x_f/x_o$ | $F_v = v_f/v_o$ | $F_i = i_f/i_o$ | $F_g = i_f/v_o$ | $F_r = v_f/i_o$ |
| $A_f = x_o/x_i = \dfrac{A}{1+AF}$ | $A_{vf} = v_o/v_i = \dfrac{A_v}{1+A_vF_v}$ | $A_{if} = i_o/i_i = \dfrac{A_i}{1+A_iF_i}$ | $A_{rf} = \dfrac{v_o}{i_i} = \dfrac{A_r}{1+A_rF_g}$ | $A_{gf} = \dfrac{i_o}{v_i} = \dfrac{A_g}{1+A_gF_r}$ |
| 功能 | $v_i$ 控制 $v_o$，电压放大 | $i_i$ 控制 $i_o$，电流放大 | $i_i$ 控制 $v_o$，电流转换为电压，互阻放大 | $v_i$ 控制 $i_o$，电压转换为电流，互导放大 |

**例 7.2.1**　已知某电压串联负反馈放大电路在通带内（中频区）的反馈系数 $F_v=0.01$，输入信号 $v_i=10\text{mV}$，开环电压增益 $A_v=10^4$，试求该电路的闭环电压增益 $A_{vf}$、反馈电压 $v_f$ 和净输入电压 $v_{id}$。

**解：** 方法一：由式（7.2.5）可求得该电路的闭环电压增益

$$A_{vf} = \frac{A_v}{1+A_vF_v} = \frac{10^4}{1+10^4 \times 0.01} \approx 99.01$$

反馈电压

$$v_f = F_v v_o = F_v A_{vf} v_i = 0.01 \times 99.01 \times 10\text{mV} \approx 9.9\text{mV}$$

净输入电压

$$v_{id} = v_i - v_f = 10\text{mV} - 9.9\text{mV} = 0.1\text{mV}$$

方法二：求 $A_{vf}$ 的方法同方法一。
由式（7.2.1）推出如下关系式：

$$x_{id} = x_i - x_f = x_i - Fx_o = x_i - FAx_{id}$$

整理得

$$x_{id} = \frac{x_i}{1+AF}$$

对于本例题则有

$$v_{id} = \frac{v_i}{1 + A_v F_v} = \frac{10\text{mV}}{1 + 10^4 \times 0.01} \approx 0.099\text{mV} \approx 0.1\text{mV}$$

而

$$v_f = v_i - v_{id} = 10\text{mV} - 0.1\text{mV} = 9.9\text{mV}$$

由此例可知，在深度负反馈（$1 + \dot{A}\dot{F} \gg 1$）条件下，净输入信号远小于输入信号，且反馈信号与输入信号的大小相差甚微。

## 7.3 负反馈对放大电路性能的影响

在放大电路中引入负反馈后，会使闭环增益下降，还可能会带来电路的稳定性问题，同时会影响放大电路的其他许多性能。

### 7.3.1 提高增益的稳定性

基本放大电路的开环增益可能由于元器件参数的变化、环境温度的变化、电源电压的变化、负载大小的变化等因素的影响而不稳定，引入适当的负反馈使其闭环后，可提高闭环增益的稳定性。

如前所述，放大电路的闭环增益和开环增益的关系为

$$A_f = \frac{A}{1 + AF} \tag{7.3.1}$$

式（7.3.1）对 $A$ 求导数，得

$$\frac{\text{d}A_f}{\text{d}A} = \frac{A}{(1 + AF)^2}$$

再除以式（7.3.1）并整理，得

$$\frac{\text{d}A_f}{A_f} = \frac{1}{1 + AF} \cdot \frac{\text{d}A}{A} \tag{7.3.2}$$

$\dfrac{\text{d}A_f}{A_f}$ 表示闭环增益的相对变化量，而 $\dfrac{\text{d}A}{A}$ 表示开环增益的相对变化量，引入一般负反馈时，有 $|1 + \dot{A}\dot{F}| > 1$。式（7.3.2）表明，引入负反馈后，闭环增益的相对变化量为开环增益的相对变化量的 $\dfrac{1}{1 + AF}$，即闭环增益的稳定性比无反馈时提高了 $(1+AF)$ 倍。$(1+AF)$ 越大，即负反馈深度越大，闭环增益的稳定性越高。显然，增益稳定性的提高是以牺牲增益为代价的。

在深度负反馈条件下，即 $1+AF \gg 1$ 时，由式（7.2.5）得

$$A_f = \frac{A}{1 + AF} \approx \frac{1}{F} \tag{7.3.3}$$

即引入深度负反馈后，闭环增益只取决于反馈网络的反馈系数，而与基本放大电路几乎无关。当反馈网络由稳定性较高的无源元件（如 $R$、$C$）组成时，闭环增益将有很高的稳定性，如在第 2 章讨论的理想运放构成的线性电路，闭环增益和运放几乎无关，只与引入负反馈的 $R$、$C$ 元件有关。

**例7.3.1** 设某放大电路的 $A=1000$，由于环境温度的变化，增益下降为 900，引入负反馈后，

反馈系数 $F=0.099$。求闭环增益的相对变化量。

**解**：无反馈时，增益的相对变化量

$$\frac{\mathrm{d}A}{A} = \frac{1000-900}{1000} = 10\%$$

反馈深度

$$1+AF=1+1000 \times 0.099=100$$

有反馈时，闭环增益的相对变化量

$$\frac{\mathrm{d}A_{\mathrm{f}}}{A_{\mathrm{f}}} = \frac{1}{1+AF} \cdot \frac{\mathrm{d}A}{A} = \frac{1}{100} \times 10\% = 0.1\%$$

$$A_{\mathrm{f}} = \frac{A}{1+AF} = \frac{1000}{100} = 10$$

显然，开环增益的相对变化量为 10%，而闭环增益的相对变化量为 0.1%，也就是说，引入负反馈，降低闭环增益换取了闭环增益稳定性的提高。不过需要注意以下两点。

① 负反馈只能减小由于开环增益变化引起的闭环增益的变化。如果反馈系数发生变化而引起闭环增益变化，则负反馈是无能为力的。因此，反馈网络一般都由稳定性高的无源元件 $R$、$C$ 组成。

② 不同组态的负反馈能稳定的增益也不同，如电压串联负反馈只能稳定闭环电压增益，而电流串联负反馈只能稳定闭环互导增益。从稳定的输出量来看，电压负反馈稳定电压增益或互阻增益，电流负反馈稳定电流增益或互导增益。

---

## 7.3.2 减小反馈环内非线性失真

由半导体器件的非线性引起的放大电路的非线性失真，使输出信号和输入信号之间不再满足线性关系。引入负反馈后，可以在一定程度上减小这种失真。

如果基本放大电路存在非线性失真，则其输出信号波形可能出现图 7.3.1（a）所示的失真，即输出波形的正半周振幅大于负半周振幅。

为了减小这种失真，引入由线性电阻构成的反馈网络，则反馈网络不会产生非线性失真。反馈网络从输出端取样后（接入输入回路前）的波形如图 7.3.1（b）中 $x_{\mathrm{f}}$ 所示，同样是正半周振幅大于负半周振幅的失真。反馈信号接入输入回路，引入负反馈后，由于 $x_{\mathrm{id}}=x_{\mathrm{i}}-x_{\mathrm{f}}$，净输入信号产生相反的失真，即正半周振幅小于负半周振幅，再经基本放大电路输出，正好减小了原来的失真，从而减小了放大电路的非线性失真。

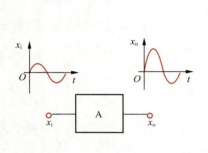

（a）无反馈时的信号波形

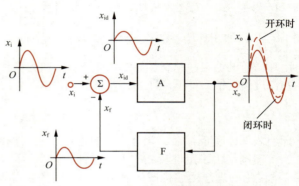

（b）有负反馈时的信号波形

图 7.3.1 负反馈减小非线性失真

　　负反馈减小非线性失真的程度与反馈深度有关。假设某放大电路的开环传输特性曲线和闭环传输特性曲线分别如图 7.3.2（a）、（b）所示，由图 7.3.2（a）可以看出，输入信号范围不同时，开环增益变化量很大，$x_o$ 和 $x_{id}$ 的非线性关系明显。

　　引入负反馈后，设反馈系数 $F=0.099$，根据式（7.2.5）可以分别求出对应图 7.3.2（a）中输入信号 3 个范围内的闭环增益为 10、9.9 和 9.7，如图 7.3.2（b）所示，可以看出，闭环增益随输出信号变化程度的降低明显减小，输出信号的线性度变好，也就是说，负反馈减小了非线性失真，但是相对于开环增益而言，闭环增益也明显减小。

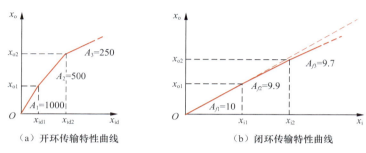

（a）开环传输特性曲线　　　　　　　　（b）闭环传输特性曲线

图 7.3.2　放大电路的传输特性曲线

　　需要注意的是，由于引入负反馈后闭环增益下降，信号输出幅度也将减小。为便于比较，只有在增大输入信号幅度，使输出达到开环时的幅度时，非线性失真明显减小，才能说明引入负反馈后减小了非线性失真。另外，负反馈只能减小反馈环内产生的失真，如果输入信号本身就存在失真，这时即使引入负反馈也是无济于事的。

　　负反馈除了能减小非线性失真外，还能在一定程度上抑制反馈环内噪声和干扰。但是，如果噪声或干扰随输入信号同时进入放大电路，则引入负反馈也无能为力。

## 7.3.3　对输入电阻和输出电阻的影响

　　放大电路中引入的交流负反馈的组态不同，则对输入电阻和输出电阻的影响也就不同，下面分别加以讨论。

### 1．对输入电阻的影响

　　负反馈对放大电路输入电阻的影响取决于反馈网络在输入回路的连接方式，即取决于是串联负反馈还是并联负反馈，与输出回路中反馈的取样方式无直接关系。因此，分析负反馈对输入电阻的影响时，只需画出输入回路的连接方式，如图 7.3.3 所示。其中，$R_i$ 是基本放大电路的输入电阻（开环输入电阻），$R_{if}$ 是负反馈放大电路的输入电阻（闭环输入电阻）。

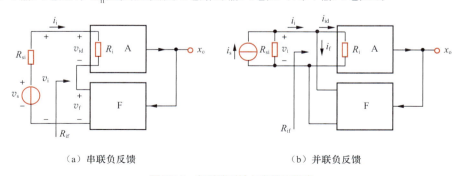

（a）串联负反馈　　　　　　　　　　（b）并联负反馈

图 7.3.3　负反馈对输入电阻的影响

（1）串联负反馈对输入电阻的影响

由图7.3.3（a）可知，开环输入电阻

$$R_i = \frac{v_{id}}{i_i}$$

有负反馈时的闭环输入电阻

$$R_{if} = \frac{v_i}{i_i}$$

而

$$v_i = v_{id} + v_f = v_{id} + x_o F = v_{id} + v_{id} A F = (1+AF)v_{id}$$

所以

$$R_{if} = (1+AF)\frac{v_{id}}{i_i} = (1+AF)R_i \tag{7.3.4}$$

式（7.3.4）表明，引入串联负反馈后，输入电阻增大了。闭环输入电阻是开环输入电阻的$(1+AF)$倍。当引入电压串联负反馈时，$R_{if}=(1+A_vF_v)R_i$。当引入电流串联负反馈时，$R_{if}=(1+A_gF_r)R_i$。

串联负反馈对输入电阻的影响也可以定性地理解：在图7.3.3（a）中，反馈信号$v_f$与输入信号$v_i$在输入回路中串联，结果使净输入信号$v_{id}$下降，输入电流$i_i=v_{id}/R_i$较之开环时减小了，所以闭环输入电阻$R_{if}=v_i/i_i$比开环时增大了。反馈越深，$R_{if}$增大越多。

需要指出的是，在某些负反馈放大电路中，有些电阻并不在反馈环内，此时负反馈对它不产生影响。如第5章中分压式发射极偏置电路的偏置电阻，负反馈对其不产生影响。对于这类电路，可以先求出反馈环内的闭环输入电阻，再利用电阻串、并联关系求出整个电路的输入电阻。

（2）并联负反馈对输入电阻的影响

由图7.3.3（b）可见，在并联负反馈放大电路中，由于

$$R_i = \frac{v_i}{i_{id}}, \quad R_{if} = \frac{v_i}{i_i}$$

而

$$i_i = i_{id} + i_f = i_{id} + x_o F = i_{id} + i_{id} A F = (1+AF)i_{id}$$

所以

$$R_{if} = \frac{v_i}{(1+AF)i_{id}} = \frac{R_i}{1+AF} \tag{7.3.5}$$

式（7.3.5）表明，引入并联负反馈后，输入电阻减小了。闭环输入电阻是开环输入电阻的$1/(1+AF)$倍。引入电压并联负反馈时，闭环输入电阻$R_{if} = \dfrac{R_i}{1+A_rF_g}$。引入电流并联负反馈时，

$R_{if} = \dfrac{R_i}{1+A_iF_i}$。

并联负反馈对输入电阻的影响也可以定性地理解：在图7.3.3（b）中，由于反馈电流$i_f$的分流，输入电流$i_i$增大，$v_i$减小，从而减小了闭环输入电阻$R_{if}$。反馈越深，$R_{if}$减小越多。

同样，不在反馈环内的电阻，不受负反馈的影响，如图2.2.5中反相放大电路的输入电阻$R_1$，负反馈对其并不产生影响。

### 2. 对输出电阻的影响

负反馈对输出电阻的影响取决于反馈网络在放大电路输出回路的取样方式，即电压负反馈和电流负反馈对输出电阻有不同的影响，与反馈网络在输入回路的连接方式无直接关系。

（1）电压负反馈对输出电阻的影响

图7.3.4所示是求电压负反馈放大电路输出电阻的框图。其中，$R_o$是基本放大电路的输出

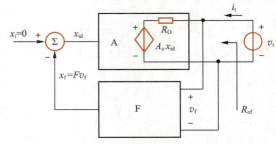

图 7.3.4 求电压负反馈放大电路输出电阻的框图

电阻（即开环输出电阻），$A_o$ 是基本放大电路在负载 $R_L$ 开路时的增益。

按照求放大电路输出电阻的方法，图 7.3.4 中已令输入信号源 $x_i=0$，且忽略了信号源的内阻 $R_{si}$。将 $R_L$ 开路（令 $R_L=\infty$），在输出端加测试电压 $v_t$，于是，闭环输出电阻

$$R_{of} = \frac{v_t}{i_t}$$

为简化分析，假设反馈网络的输入电阻为无穷大，即反馈网络不会对放大电路输出端造成分流，没有负载效应。这样，由图 7.3.4 可得

$$v_t = i_t R_o + A_o x_{id} \tag{7.3.6}$$

而

$$x_{id} = -F v_t \tag{7.3.7}$$

将式（7.3.7）代入式（7.3.6），得

$$v_t = i_t R_o - A_o F v_t$$

于是得

$$R_{of} = \frac{v_t}{i_t} = \frac{R_o}{1+A_o F} \tag{7.3.8}$$

式（7.3.8）表明，引入电压负反馈后，输出电阻减小了。闭环输出电阻是开环输出电阻的 $1/(1+A_o F)$ 倍。当引入电压串联负反馈时，$R_{of} = \dfrac{R_o}{1+A_{vo}F_v}$。当引入电压并联负反馈时，$R_{of} = \dfrac{R_o}{1+A_{ro}F_g}$。

（2）电流负反馈对输出电阻的影响

可以用类似的方法求得电流负反馈对放大电路输出电阻的影响，闭环与开环输出电阻的关系为

$$R_{of} = \frac{v_t}{i_t} = (1+A_s F)R_o \tag{7.3.9}$$

其中，$R_{of}$ 是闭环输出电阻，$R_o$ 是开环输出电阻，$A_s$ 是基本放大电路在负载短路时的增益。式（7.3.9）表明，引入电流负反馈后，输出电阻增大了。闭环输出电阻是开环输出电阻的 $(1+A_s F)$ 倍。当引入电流串联负反馈时，$R_{of}=(1+A_{gs}F_r)R_o$；当引入电流并联负反馈时，$R_{of}=(1+A_{is}F_i)R_o$。

对输出电阻的影响也可以从定性的角度来理解。从第 7.1 节的分析已知，电压负反馈稳定输出电压，电流负反馈稳定输出电流，即取样对象就是被稳定对象。如果将反馈放大电路的输出端等效为一个信号源，那么引入电压负反馈将使输出电压更稳定，其效果相当于放大电路的输出更趋向于一个恒压源，等效的信号源内阻（输出电阻）更小；而引入电流负反馈将使输出电流更稳定，其效果相当于放大电路的输出更趋向于一个恒流源，等效的信号源内阻（输出电阻）更大，这与上述结论是相同的。

需要注意的是，与求输入电阻类似，式（7.3.8）和式（7.3.9）所求的是反馈环内的输出电阻，负反馈对环外电阻不产生影响。

简单地说，串联负反馈增大输入电阻，并联负反馈减小输入电阻；电压负反馈减小输出电阻，稳定输出电压，电流负反馈增大输出电阻，稳定输出电流。

## 7.3.4　扩展带宽

到目前为止，我们对反馈放大电路的讨论仅限于通带内，即在通频带内，开环增益基本维持恒定，不随信号频率的变化而变化，反馈系数 $F$ 也不随频率的变化而变化。但是，由第 6 章的讨论得知，任何放大电路的增益都是信号频率的函数，增益的大小和相移都会随信号频率的变化而

变化。此外，当反馈网络中含有电抗性元件时，反馈系数 $F$ 也会是信号频率的函数，因此反馈放大电路的闭环增益也必然是信号频率的函数。

引入负反馈后，闭环增益的带宽将不同于开环增益的带宽。下面将简要讨论负反馈对放大电路带宽的影响。

### 1. 闭环增益的带宽

简单起见，假设反馈网络由纯电阻组成，即反馈系数是与信号频率无关的实数，而且设基本放大电路 A 在高频区和低频区各只有一个转折频率。

由第 6 章已知，基本放大电路增益的高频响应可表示为

$$\dot{A}_H = \frac{A_M}{1 + j(f / f_H)} \tag{7.3.10}$$

式中，$A_M$ 为与频率无关的开环通带（中频区）增益；$f_H$ 为开环上限频率。

引入负反馈后，由式（7.2.5）可知

$$\dot{A}_{Hf} = \frac{\dot{A}_H}{1 + \dot{A}_H F} \tag{7.3.11}$$

将式（7.3.10）代入式（7.3.11），得

$$\dot{A}_{Hf} = \frac{\dfrac{A_M}{1 + j(f / f_H)}}{1 + \dfrac{A_M F}{1 + j(f / f_H)}} = \frac{A_M}{1 + j\dfrac{f}{f_H} + A_M F} = \frac{\dfrac{A_M}{1 + A_M F}}{1 + j\dfrac{f}{(1 + A_M F) f_H}} = \frac{A_{Mf}}{1 + j\dfrac{f}{f_{Hf}}}$$

$$A_{Mf} = \frac{A_M}{1 + A_M F} \tag{7.3.12}$$

为与频率无关的闭环通带增益，实际上就是式（7.2.5）在通带内的表示。而

$$f_{Hf} = (1 + A_M F) f_H \tag{7.3.13}$$

就是闭环增益的上限频率。由式（7.3.12）和式（7.3.13）可知，闭环通带增益相比开环通带增益下降了，而闭环增益的上限频率则比开环增益的上限频率增加了 $(1+A_M F)$ 倍。反馈深度越大，影响越显著。

不过对于不同组态的负反馈放大电路，其增益的物理意义不同，因而 $f_{Hf} = (1 + A_M F) f_H$ 的含义也就不同。例如，对于电压并联负反馈放大电路，$f_{HF}$ 是将互阻增益的上限频率增加到 $(1 + A_{rM} F_g) f_H$。

对于阻容耦合放大电路，利用上述类似的方法，可以得到闭环增益的下限频率

$$f_{Lf} = \frac{f_L}{1 + A_M F} \tag{7.3.14}$$

即引入负反馈后，闭环增益的下限频率相比开环增益的下限频率减小了。同样，反馈深度越大，影响就越显著。

综上所述，引入负反馈后，放大电路的通频带展宽了，即

$$BW_f = f_{Hf} - f_{Lf} \approx f_{Hf} \tag{7.3.15}$$

在具有多个时间常数的放大电路中，或反馈网络不是纯电阻网络时，闭环带宽与开环带宽的关系将变得复杂，不再是简单的 $(1+A_M F)$ 倍的关系。尽管如此，负反馈对通频带的影响趋势不会变。

---

**例 7.3.2** 由运放构成的同相放大电路如图 7.3.5 所示，设运放的开环低频电压增益 $A_v = 10^5$，开环上限频率 $f_H = 10Hz$，且 0dB 以上只有一个转折频率。试求当 $R_1$ 分别为 1kΩ、11kΩ 和 ∞ 时的闭环电压增益和带宽。

**解：**已知同相放大电路的闭环电压增益

$$A_{vf} = \frac{v_O}{v_I} = 1 + \frac{R_f}{R_1}$$

根据 $A_{vf} = \dfrac{A_v}{1 + A_v F_v}$ 并且考虑到 $A_{vf} \ll A_v$，得到反馈系数

$$F_v = \frac{1}{A_{vf}} - \frac{1}{A_v} \approx \frac{1}{A_{vf}} = \frac{R_1}{R_1 + R_f}$$

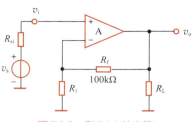

图 7.3.5　例 7.3.2 的电路

因此当 $R_1 = 1\text{k}\Omega$ 时，反馈系数 $F_{v1} = 1/101$，$A_{vf1} = 101$，此时 $f_{Hf1} = (1 + A_v F_v)f_H = (1 + 10^5 \times 1/101) \times 10 \approx 9.91\text{kHz}$。

同理可得，当 $R_1 = 11\text{k}\Omega$ 时，$F_{v2} = 11/111$，$A_{vf2} = 10.09$，$f_{Hf2} \approx 99.1\text{kHz}$。

当 $R_1 = \infty$ 时，构成电压跟随器，$F_{v3} = 1$，$A_{vf3} = 1$，$f_{Hf3} \approx 1\text{MHz}$。

由上述计算可以得到，电阻 $R_1$ 从 $1\text{k}\Omega$ 增加到 $\infty$ 时，负反馈深度越来越大，闭环增益下降越多，但是电路的通频带越宽。

### 2．增益带宽积

放大电路的增益和带宽的乘积的绝对值称为增益带宽积（gain-bandwidth product）。

在直接耦合放大电路中，由于下限频率 $f_L$ 近似为零，因此带宽就等于上限频率，即 $BW = f_H$。而在阻容耦合放大电路中，如果有 $f_H \gg f_L$，则 $BW \approx f_H$。在这种情况下，根据式（7.3.12）和式（7.3.13），闭环增益带宽积可表示为

$$A_{Mf} f_{Hf} = \frac{A_M}{1 + A_M F} \cdot (1 + A_M F) f_H = A_M f_H \qquad (7.3.16)$$

式中右边实际上就是开环增益带宽积。该式表明，放大电路的开环增益带宽积与闭环增益带宽积相等，即**放大电路的增益带宽积近似是一个常数**。对于标准运放构成的负反馈放大电路来说，其增益带宽积就等于该运放的单位增益带宽（unity-gain bandwidth，UGB），例 7.3.2 其实就验证了这个结论，3 种情况下的增益带宽积基本相同，约为 1MHz。也就是说，对于一个给定的放大电路，通过引入负反馈，可以降低增益为代价来增加带宽，反馈深度越大，增益越小，通频带越宽；也可以提高增益而牺牲带宽。

需要特别注意，只有在放大电路的带宽可以近似为上限频率且只有一个上限转折频率的情况下，式（7.3.16）才成立。否则改变反馈深度时，增益带宽积不再维持不变。图 7.3.6 反映了上述增益和带宽的关系。对于不同的闭环增益，它们的增益带宽积满足 $A_{Mf2} f_{Hf2} = A_{Mf1} f_{Hf1} = A_M f_H$。

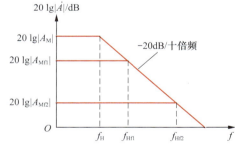

图 7.3.6　开环增益和闭环增益的幅频响应

在放大电路中引入负反馈，可以获得诸多好处，如提高增益稳定性、减小非线性失真、抑制噪声、改善输入和输出电阻等，但这些对放大电路性能指标的改善都是在牺牲增益的基础上获得的，而损失的增益可以通过其他方式弥补，如选用高 $\beta$ 值的晶体管、选用高增益运放、增加放大电路级数等。负反馈对放大电路性能的改善及影响均与反馈的组态和深度有关，这就是为什么要强调必须学会正确判断反馈组态。

在设计放大电路时，可以根据不同要求引入相应的负反馈，从而改善电路的性能。例如，在设计电压-电流变换电路时，由于输入是电压信号，就要求变换电路的输入电阻尽可能大，而输出为电流，则要求变换电路的输出尽可能接近恒流，即输出电阻越大越好。此时引入电流串联负反馈，可以满足上述要求。

工程中往往需要根据实际要求在放大电路中引入适当的负反馈，以提高电子系统的性能。这

种方法比较简单、实用和经济。

为了便于比较和应用，现将负反馈对放大电路性能的影响归纳于表 7.3.1 中。

表 7.3.1　负反馈对放大电路性能的影响

| 反馈组态 | 放大类型 | 稳定的增益 | 输入电阻 $R_{if}$ | 输出电阻 $R_{of}$ | 通频带 |
|---|---|---|---|---|---|
| 电压串联 | 电压 | 电压增益 $A_{vf}$ | $(1+A_gF_v)R_i$ 增大 | $R_o/(1+A_{vo}F_v)$ 减小 | 增宽 |
| 电压并联 | 互阻 | 互阻增益 $A_{rf}$ | $R_i/(1+A_rF_g)$ 减小 | $R_o/(1+A_{ro}F_g)$ 减小 | 增宽 |
| 电流串联 | 互导 | 互导增益 $A_{gf}$ | $(1+A_gF_r)R_i$ 增大 | $(1+A_{gs}F_r)R_o$ 增大 | 增宽 |
| 电流并联 | 电流 | 电流增益 $A_{if}$ | $R_i/(1+A_iF_i)$ 减小 | $(1+A_{is}F_i)R_o$ 增大 | 增宽 |

注：这里所列的 $R_{if}$ 和 $R_{of}$ 是指反馈环内的输入电阻和输出电阻。

综上所述，为改善放大电路性能而引入负反馈的一般原则可归纳如下。

- 要稳定直流量，引入直流负反馈。
- 要稳定交流量，引入交流负反馈。
- 要稳定输出电压，引入电压负反馈。
- 要稳定输出电流，引入电流负反馈。
- 要增大输入电阻，引入串联负反馈。
- 要减小输入电阻，引入并联负反馈。
- 要增大输出电阻，引入电流负反馈。
- 要减小输出电阻，引入电压负反馈。
- 对于电压信号源，引入串联负反馈效果更明显。
- 对于电流信号源，引入并联负反馈效果更明显。

# 7.4　深度负反馈条件下的近似计算

在第 4、第 5 章已经介绍过如何利用小信号模型等效电路求解基本放大电路的开环增益 $A$，引入负反馈后，从本质上说，反馈放大电路是一个带反馈回路的有源线性网络，利用电路理论中的节点电压法、回路电流法或二端口网络理论均可求解。但是，当电路较复杂时，依靠人工分析就相当复杂，往往要借助计算机来辅助分析。

本节从工程实际出发，仅讨论在深度负反馈的条件下，反馈放大电路增益的近似计算。

### 1．深度负反馈的特点

一般情况下，大多数负反馈放大电路，特别是由集成运放组成的放大电路都能满足深度负反馈条件。

在 7.2 节的讨论中，已经得到了负反馈放大电路增益的一般表达式

$$A_f = \frac{A}{1+AF} \qquad (7.4.1)$$

当电路引入深度负反馈，即 $1+AF \gg 1$ 时，闭环增益

$$A_f \approx \frac{1}{F} \qquad (7.4.2)$$

又因为 $A_f = \dfrac{x_o}{x_i}$，$F = \dfrac{x_f}{x_o}$，代入式（7.4.2），可得

$$x_i \approx x_f \qquad (7.4.3)$$

此时基本放大电路的净输入量

$$x_{id} = x_i - x_f \approx 0 \qquad (7.4.4)$$

即反馈放大电路满足深度负反馈条件时，输入量和反馈量近似相等，净输入量近似为零。

对于串联负反馈，根据式（7.4.3）和式（7.4.4）有 $v_i \approx v_f$，$v_{id} \approx 0$，因而在基本放大电路输入电阻 $R_i$ 上产生的输入电流也必然趋于零，即 $i_{id} = v_{id}/R_i \approx 0$。对于并联负反馈，同样有 $i_i \approx i_f$，$i_{id} \approx 0$，因而在基本放大电路输入电阻 $R_i$ 上产生的输入电压 $v_{id} = i_{id}R_i \approx 0$。总之，不论是串联负反馈，还是并联负反馈，在深度负反馈条件下，均有

$$v_{id} \approx 0, \quad i_{id} \approx 0 \qquad (7.4.5)$$

实际上，式（7.4.5）就是"虚短"和"虚断"概念的描述。在第 2 章中曾经由理想运放在<mark>线性应用</mark>条件下导出了"虚短"和"虚断"的概念，意味着运放只有具备理想特性，才能应用"虚短"和"虚断"的结论。而此处是在深度负反馈条件下获得的"虚短"和"虚断"，将这一结论应用的前提条件放宽了，不再要求运放是理想的。实际上这两种条件在本质上是一样的。

利用"虚短""虚断"的概念可以快速、方便地估算出负反馈放大电路的闭环增益或闭环电压增益，这在第 2 章的应用中已经充分体现出来了，而且由式（7.4.2）可看到，在深度负反馈条件下，闭环增益仅与反馈系数有关。下面举例说明。

### 2．分析举例

**例7.4.1**　设图 7.4.1 所示电路满足深度负反馈条件，即 $1+AF \gg 1$，试求该电路的闭环电压增益表达式。

**解：（1）判断电路的反馈组态和极性**

该电路引入的是电压串联负反馈，输入量、输出量、反馈量均为电压，如图 7.4.1 中所标注。

**（2）找到输入量、反馈量、输出量的关系**

当满足深度负反馈时，输入量等于反馈量，这里即 $v_i \approx v_f$。

利用"虚断"概念可知，反馈电压就是电阻 $R_1$ 和 $R_f$ 对输出电压的串联分压，则反馈量和输出量的关系为 $v_f = \dfrac{R_1}{R_1 + R_f} v_o$。

所以闭环电压增益

视频7-4：
例题7.4.1

图 7.4.1　例 7.4.1 的电路

$$A_{vf} = \frac{v_O}{v_I} = \frac{R_1 + R_f}{R_1} = 1 + \frac{R_f}{R_1} \qquad (7.4.6)$$

这里由深度负反馈分析方法得到的式（7.4.6）与第 2 章同相放大电路的结果是一致的。

**例7.4.2**　设图 7.4.2 所示电路满足深度负反馈条件，即 $1+AF \gg 1$，试计算它的闭环电流增益，并定性分析它的输入电阻。

**解：（1）判断电路的反馈组态和极性**

该电路引入了电流并联负反馈，输入量、输出量、反馈量均为电流，如图 7.4.2 中所标注。

**（2）找到输入量、反馈量、输出量的关系**

利用"虚断"概念有 $i_i \approx i_f$，利用"虚短"概念有 $v_n \approx v_p = 0$，及电阻 $R_f$ 的左端"虚地"，可得电阻 $R_f$ 和 $R$ 相当于并联，因此满足分流关系，有

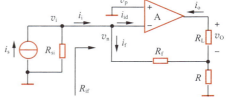

图 7.4.2　例 7.4.2 的电路

$$i_f = \frac{R}{R_f + R} i_o$$

所以闭环电流增益

$$A_{if} = \frac{i_o}{i_i} \approx \frac{i_o}{i_f} = \frac{R_f + R}{R} \tag{7.4.7}$$

需要特别注意的是，如果图 7.4.2 中所标电流 $i_o$ 的参考方向相反，式（7.4.7）的结果将出现一个负号，即 $A_{if} = -\left(1 + \dfrac{R_f}{R}\right)$，所以在图中标出相关电量的参考方向非常重要。

输入电阻的定性分析：考虑到 $i_i \neq 0$ 和 $v_i = v_n \approx 0$，所以该电路的输入电阻可表示为

$$R_{if} \approx v_i / i_i \approx 0$$

输入电阻近似为零，因此源内阻上几乎不取电流，从负反馈效果最佳的角度考虑，这种电路特别适合放大高内阻的电流信号源。

---

**例 7.4.3** 设图 7.4.3 所示电路满足深度负反馈条件，即 $1+AF \gg 1$，试写出该电路的闭环电压增益表达式。

**解：（1）判断电路的反馈组态和极性**

图 7.4.3 所示电路是多级放大电路，电阻 $R_{b2}$ 和 $R_f$ 组成反馈网络。在放大电路的输出回路，反馈信号和输出信号直接相连，因此是电压反馈；在放大电路的输入回路，输入信号加在 $VT_1$ 的基极，反馈信号加在 $VT_2$ 的基极，属于不同的输入端，因此是串联反馈，反馈量是电压 $v_f$，净输入信号 $v_{id} = v_i - v_f$；用瞬时极性法可判断该电路为负反馈放大电路。

综上所述，级间交流反馈为电压串联负反馈。

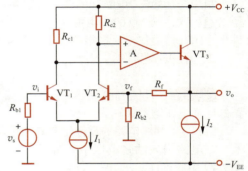

图 7.4.3 例 7.4.3 的电路

**（2）找到输入量、反馈量、输出量的关系**

由于是串联反馈，又是深度电压负反馈，利用"虚短"概念有 $v_i \approx v_f$，利用"虚断"概念可知，$VT_1$ 和 $VT_2$ 的基极交流电流 $i_{b1} = i_{b2} \approx 0$，可知电阻 $R_{b2}$ 和 $R_f$ 相当于串联，反馈电压是输出电压的分压，即

$$v_i \approx v_f = \frac{R_{b2}}{R_{b2} + R_f} v_o$$

于是得闭环电压增益

$$A_{vf} = \frac{v_o}{v_i} \approx 1 + \frac{R_f}{R_{b2}} \tag{7.4.8}$$

观察式（7.4.8）可发现，闭环电压增益的结果和 $VT_1$、$VT_2$ 构成的差分放大电路及后级的运放 A 和 $VT_3$ 构成的共发射极放大电路似乎基本无关，只由反馈电阻 $R_{b2}$ 和 $R_f$ 决定，根本原因是满足了深度负反馈条件。

对比式（7.4.6）和式（7.4.8）可发现，两者形式相同，其原因是两个电路同属于电压串联负反馈电路，且都满足深度负反馈条件，使得闭环增益仅取决于反馈系数。

---

**例 7.4.4** 某多级放大电路的交流通路如图 7.4.4 所示，试判断电路中级间反馈的组态和极性；若电路满足深度负反馈条件，即 $1+AF \gg 1$，试求电路的闭环增益和闭环电压增益。

**解：（1）判断电路的反馈组态和极性**

视频 7-5：
例题 7.4.4

级间反馈网络由电阻 $R_{e1}$、$R_f$ 和 $R_{e3}$ 构成。由于反馈信号送入 $VT_1$ 的发射极，而输入信号接在 $VT_1$ 的基极，因此是串联反馈，反馈量是电压 $v_f$；将负载短路（令 $R_{L3} = 0$），$i_o \neq 0$，$i_{e3} \neq 0$，反馈量 $v_f$ 也不为零，因此是电流反馈；根据瞬时极性法可以判断，引入反馈后，净输入量（$VT_1$ 的 $v_{be}$）减小，因此是负反馈。综上，该电路的反馈组态为电流串联负反馈。

**（2）找到输入量、反馈量、输出量的关系**

根据"虚短"概念有 $v_i \approx v_f$，根据"虚断"概念及 $VT_1$ 的基极和发射极交流电流 $i_{b1} = i_{e1} \approx 0$，可列出方程：

$$\begin{cases} v_i = v_f \\ v_f = i_f R_{e1} \\ i_R = \dfrac{i_f (R_{e1} + R_f)}{R_{e3}} \\ i_R + i_f + i_o = 0 \\ v_o = R_{L3} i_o \end{cases}$$

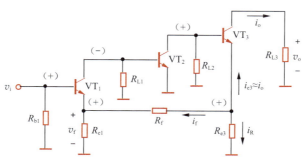

图 7.4.4 例 7.4.4 的电路

可得闭环增益

$$A_{gf} = \frac{i_O}{v_I} = \frac{R_{e1} + R_f + R_{e3}}{R_{e1} R_{e3}}$$

同样可以看到，闭环增益只和反馈网络中的电阻有关。

进一步由 $v_o = i_o R_{L3}$，可得闭环电压增益

$$A_{vf} = \frac{v_o}{v_i} = -\frac{(R_{e1} + R_f + R_{e3}) R_{L3}}{R_{e1} R_{e3}}$$

---

**例 7.4.5** 已知电路如图 7.4.5 所示，试判断电路中级间交流反馈的组态和极性；若电路满足深度负反馈条件，即 $1 + AF \gg 1$，试求电路的闭环电压增益。

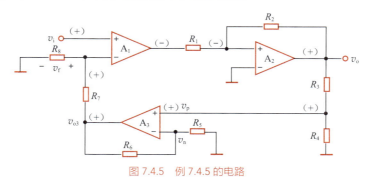

图 7.4.5 例 7.4.5 的电路

**解：（1）判断电路的反馈组态和极性**

级间反馈网络由电阻 $R_3$、$R_4$、$R_5$、$R_6$、$R_7$、$R_8$ 和运放 $A_3$ 构成。由于反馈信号送入 $A_1$ 的同相输入端，而输入信号接在 $A_1$ 的反相输入端，因此是串联反馈，反馈量是电压 $v_f$；将负载短路（令 $v_o = 0$），反馈量 $v_f$ 也为零，因此是电压反馈；根据瞬时极性法可以判断，引入反馈为负反馈。因此，该电路的反馈组态为电压串联负反馈。

**（2）找到输入量、反馈量、输出量的关系**

根据"虚短"概念有 $v_i \approx v_f$，观察图7.4.5可知，反馈电压 $v_f$ 为 $A_3$ 输出电压 $v_{o3}$ 的分压，即 $v_f = \dfrac{R_8}{R_7 + R_8} v_{o3}$。根据"虚断"概念，$A_3$ 反相输入端电压 $v_n$ 为 $A_3$ 输出电压 $v_{o3}$ 的分压，即

$$v_n = \frac{R_5}{R_5 + R_6} v_{o3}。$$

由"虚短"概念可知，$v_n = v_p$ 且电压 $v_p$ 为 $A_2$ 输出电压 $v_o$ 的分压，即 $v_p = \dfrac{R_4}{R_3 + R_4} v_o$。最后可得

闭环电压增益 $A_{vf} = \dfrac{v_o}{v_i} = \left( \dfrac{R_3 + R_4}{R_4} \right) \left( \dfrac{R_7 + R_8}{R_8} \right) \left( \dfrac{R_5}{R_5 + R_6} \right)$。

综上所述，分析负反馈放大电路的一般步骤如下。

（1）找出信号放大通路和反馈网络。

（2）用瞬时极性法判断正、负反馈。

（3）判断反馈组态。

（4）标出输入量、输出量及反馈量。

（5）深度负反馈条件下，输入量近似等于反馈量，反馈量取样于输出量，进一步估算电路的 $A_f$、$A_{vf}$、$F$ 等。

---

# 7.5　负反馈放大电路的稳定性

由前面的讨论可知，负反馈对放大电路性能的影响程度取决于反馈深度，反馈深度 $(1+AF)$ 越大，放大电路性能越好。但是，反馈深度过大时，可能不但不能改善放大电路的性能，还存在另一个使放大电路无法正常工作的现象——自激振荡。

放大电路的自激振荡是指在没有任何输入信号的情况下，放大电路的输出端仍会连续不断地产生某种频率的输出波形。一旦出现自激振荡，放大电路就无法正常放大信号了。下面先分析自激振荡的产生原因，研究负反馈放大电路稳定工作的条件，然后介绍消除自激振荡的方法。

视频7-6：
负反馈放大电路
的稳定性

## 7.5.1　产生自激振荡的原因和自激振荡的条件

### 1．产生自激振荡的原因

本章前面各节所讨论的负反馈放大电路都假定其工作在通频带以内，根据第6章关于频率响应的讨论可知，放大电路的通频带是有限的。在通频带外，当 $f \gg f_H$ 或 $f \ll f_L$ 时，增益将显著下降，相移也会明显增大。一般将通频带上、下限频率附近，以及通带外产生的相移称为放大电路的附加相移。

在图7.5.1所示的负反馈框图中，输入信号与反馈信号求和时，$\dot{X}_i$、$\dot{X}_f$、$\dot{X}_{id}$ 同相时，才能使净输入信号 $\dot{X}_{id}$ 减小，才是负反馈。这在通带内一般是没有问题的。但在通带外（如高频区 $f > f_H$），附加相移将明显增大，当某个频率使基本放大电路 $\dot{A}$ 和反馈网络 $\dot{F}$ 的附加相移之和达到 180° 时，反馈信号已经完全反相（见图7.5.1中的 $\dot{X}_f$）。此时，输入信号 $\dot{X}_i$ 与反馈信号 $\dot{X}_f$ 求和时，净输入信号 $\dot{X}_{id}$ 反而增大了，也就是说，原来的负反馈在这个频率点上变成了正反馈，当反馈信号幅值足够大时，此时即使没有输入信号 $\dot{X}_i$，电路输出端也会有连续的输出波形，便产生

了自激振荡。

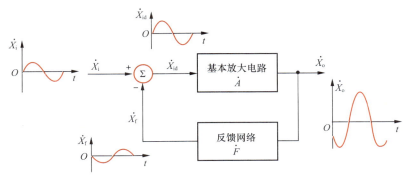

图 7.5.1　附加相移使反馈信号完全反相

（注意：求和环节中，反馈信号$\dot{X}_{\mathrm{f}}$前还有一个负号，相当于再次反相，与$\dot{X}_{\mathrm{i}}$求和后$\dot{X}_{\mathrm{id}}$增大了）

这时，电路会失去正常的放大作用而处于一种不稳定的状态。

值得注意的是，自激振荡往往并不是真的由信号引起的，也就是说，实际的振荡器是没有图 7.5.1中的$\dot{X}_{\mathrm{i}}$的，但是电路中的各种元器件总是存在噪声的，也会有其他的干扰。它们的频率分布很广，在放大电路的通带外也普遍存在，一旦满足自激振荡的条件，就形成自激振荡真正的"信源"。

**2.自激振荡的条件**

在 7.2 节的讨论中知道，当反馈深度$|1+\dot{A}\dot{F}|=0$时，$|\dot{A}_{\mathrm{f}}|\rightarrow\infty$，电路出现自激振荡。由$|1+\dot{A}\dot{F}|=0$可得

$$\dot{A}\dot{F}=-1 \tag{7.5.1}$$

其中，$\dot{A}\dot{F}$是介绍过的**环路增益**。式（7.5.1）便是自激振荡的临界条件，将其表示为幅值和相位角的形式有**幅值条件**

$$|\dot{A}\dot{F}|=1 \tag{7.5.2}$$

和**相位条件**

$$\varphi_{\mathrm{a}}+\varphi_{\mathrm{f}}=\pm(2n+1)\times180°,\quad n=0,1,2,\cdots \tag{7.5.3a}$$

为了突出附加相移，相位条件也常写为

$$\Delta\varphi_{\mathrm{a}}+\Delta\varphi_{\mathrm{f}}=\pm(2n+1)\times180°,\quad n=0,1,2,\cdots \tag{7.5.3b}$$

注意，相位条件中，不包含输入端求和的相位（即图 7.5.1中反馈信号求和时的负号）。当幅值条件和相位条件同时满足时，负反馈放大电路就满足了产生自激振荡的临界条件。在$\Delta\varphi_{\mathrm{a}}+\Delta\varphi_{\mathrm{f}}=\pm180°$及$|\dot{A}\dot{F}|>1$时，更容易产生自激振荡。

## 7.5.2　负反馈放大电路的稳定裕度

由自激振荡的条件可知，当频率变化时，若环路增益的幅值条件和相位条件不同时满足，电路将不会出现振荡现象。此时环路增益条件可写为

$$\begin{cases}|\dot{A}\dot{F}|<1\\\Delta\varphi_{\mathrm{a}}+\Delta\varphi_{\mathrm{f}}=\pm180°\end{cases}$$

或

$$\begin{cases}|\dot{A}\dot{F}|=1\\|\Delta\varphi_{\mathrm{a}}+\Delta\varphi_{\mathrm{f}}|<180°\end{cases} \tag{7.5.4}$$

实际上，为使电路具有足够的稳定性，仅保证负反馈放大电路不满足自激振荡条件是不够的。在工程上，设计负反馈放大电路时还需要留有一定的余量，称为**稳定裕度**。这样，当环境温度、电源电压、电路参数等在一定范围内变化时，电路也能稳定地工作。通常用环路增益来定义稳定裕度，分为**增益裕度 $G_m$**（用分贝数表示）和**相位裕度 $\varphi_m$**。这样式（7.5.4）可表示为

$$\begin{cases} 20\lg|\dot{A}\dot{F}| + G_m = 0 \\ \Delta\varphi_a + \Delta\varphi_f = \pm 180° \end{cases}$$

或

$$\begin{cases} 20\lg|\dot{A}\dot{F}| = 0 \\ |\Delta\varphi_a + \Delta\varphi_f| + \varphi_m = 180° \end{cases} \qquad （7.5.5）$$

在环路增益的频率响应曲线上描述的增益裕度和相位裕度如图 7.5.2 所示，当满足自激振荡的相位条件，即环路附加相移 $\Delta\varphi_a + \Delta\varphi_f = \pm 180°$ 时，该频率点以 $f_{180}$ 表示，对应的环路增益即增益裕度 $G_m$ 可表示为

$$G_m = 20\lg|\dot{A}\dot{F}||_{f=f_{180}} \qquad （7.5.6）$$

工程设计上，一般要求 $G_m \leqslant -10\text{dB}$。

当满足自激振荡的幅值条件，即 $|\dot{A}\dot{F}| = 1$ 或环路增益 $20\lg|\dot{A}\dot{F}| = 0\text{dB}$ 时，该频率点以 $f_0$ 表示，对应的环路附加相移距 $180°$ 的差值即相位裕度 $\varphi_m$，可表示为

$$\varphi_m = 180° - |\Delta\varphi_a + \Delta\varphi_f||_{f=f_0} \qquad （7.5.7）$$

工程设计上，一般要求 $\varphi_m \geqslant 45°$。

显然，因为满足了稳定裕度条件，所以具有图 7.5.2 所示环路增益的负反馈放大电路是稳定的，不会产生自激振荡。

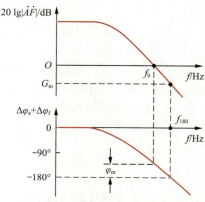

图 7.5.2　在环路增益的频率响应曲线上描述的增益裕度和相位裕度

在大多数情况下，可近似认为反馈网络由纯电阻构成，所以 $\dot{F}$ 一般不产生附加相移，即 $\Delta\varphi_f = 0$，这样环路附加相移只需要考虑基本放大电路的附加相移 $\Delta\varphi_a$。本章除非特别说明，后面的分析均假设满足这一条件。

### 7.5.3　负反馈放大电路稳定性分析

考察负反馈放大电路是否能稳定工作，判断依据就是通过作出环路增益的频率响应曲线，观察是否满足幅值裕度或相位裕度（只需要满足一项）。由于反馈网络通常由电阻构成，不会产生附加相移，因此实际上经常将分析和判断环路增益频率响应的过程转化成分析和判断基本放大电路的频率响应的过程。

幅值条件 $20\lg|\dot{A}\dot{F}| = 0\text{dB}$，可写为

$$20\lg|\dot{A}| - 20\lg\frac{1}{|\dot{F}|} = 0$$

即

$$20\lg\frac{1}{|\dot{F}|} = 20\lg|\dot{A}| \qquad （7.5.8）$$

$20\lg|\dot{A}|$ 就是基本放大电路的幅频响应，而 $20\lg\dfrac{1}{|\dot{F}|}$ 是反馈系数倒数的幅频响应，由于反

馈网络与频率无关，在波特图上是一条平行于横轴的水平线，可简单表示为 $20\lg\dfrac{1}{F}$。式（7.5.8）

表明，环路增益的幅值条件就是基本放大电路幅频响应曲线与水平线 $20\lg\dfrac{1}{F}$ 的交点。这样便将

分析环路增益幅频响应 $20\lg|\dot{A}\dot{F}|$ 的问题转化为分析基本放大电路幅频响应 $20\lg|\dot{A}|$ 和水平线

$20\lg\dfrac{1}{F}$ 的问题，而附加相移的频率响应中也仅有基本放大电路的相频响应。

## 7.5.4　自激振荡的消除

自激振荡在负反馈放大电路中是有害的，必须设法消除。最简单的方法是减小反馈深度，也就是减小反馈系数 $F$，但这将影响负反馈对放大电路性能的改善程度。所以消除自激振荡最有效的方法是频率补偿。其指导思想是，在设计基本放大电路时，人为地将电路各个转折频率的间距拉开，特别是将起决定作用的转折频率和其他转折频率的间距拉大，从而减小附加相移的变化速率，为反馈深度提供更宽的变化范围。

### 1. 通用型频率补偿的思路

通用型频率补偿的目的是使补偿后的基本放大电路，在由电阻反馈网络引入任何深度的负反馈时，都能稳定工作。

对于由电阻构成的反馈网络，反馈系数的最大值为 1。也就是说，当 $F=1$ 时，反馈网络可以将全部输出送回到输入。如果此时负反馈放大电路仍可以稳定工作，则原基本放大电路在其他反馈深度的情况下，也能稳定工作。

从频率响应曲线上看，当 $F=1$（反馈最深）时，$20\lg\dfrac{1}{F}=0\text{dB}$，水平线 $20\lg\dfrac{1}{F}$ 与横轴重合，

其他反馈深度（$F<1$）情况下，水平线 $20\lg\dfrac{1}{F}$ 均在横轴之上。如果通过补偿方式，将基本放大电路幅频响应曲线横轴以上的部分均变为 $-20\text{dB}$/十倍频的斜率，那么，无论引入多深的反馈，水平线 $20\lg\dfrac{1}{F}$ 与基本放大电路幅频响应曲线 $20\lg|\dot{A}|$ 的交点始终处于斜率为 $-20\text{dB}$/十倍频的线段上，根据 7.5.3 节的推论，此时负反馈放大电路始终能够稳定工作。

将基本放大电路幅频响应曲线 $20\lg|\dot{A}|$ 在横轴以上的斜率变为 $-20\text{dB}$/十倍频的补偿方法有多种，这里介绍最简单的电容滞后补偿。

### 2. 电容滞后补偿

在基本放大电路合适的位置与地之间接入一个电容，如图 7.5.3 所示。该电容与回路中的其他电阻［见图 7.5.3（a）中从 $A_1$ 输出端看进去的输出电阻、图 7.5.3（b）中 $VT_1$ 集电极的输出电阻等］构成一个新的低通 $RC$ 电路，该电路的时间常数将在频率响应曲线上产生一个新的、更低

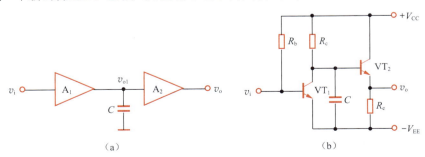

图 7.5.3　电容滞后补偿示意

的转折频率。适当选取电容的容量，就可以将横轴以上的幅频响应曲线的斜率变为−20dB/十倍频。例如在图 7.5.4 中，虚线为补偿前基本放大电路的幅频响应曲线，带宽主要取决于第 1 个转折频率 $f_{H1}$。加入电容滞后补偿以后，基本放大电路的幅频响应曲线如图中实线所示。此时横轴以上的斜率均为 -20dB/十倍频，但是带宽也明显变小了，主要由新时间常数产生的上限频率 $f_H$ 决定。补偿后的基本放大电路，无论引入多深的负反馈（电阻反馈网络）都能稳定地工作。

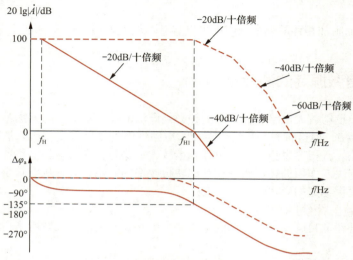

图 7.5.4　电容滞后补偿的幅频响应

电容滞后补偿，实际上使相频响应更加滞后，但在幅频响应斜率为−20dB/十倍频的频率范围内，附加相移始终不超过135°。

## 小结

- 反馈是指把输出电压或输出电流的一部分或全部通过反馈网络，用一定的方式回送到放大电路的输入回路，以影响输入电量的过程。
- 有无反馈的判断方法：看放大电路的输出回路与输入回路之间是否存在反馈网络，若有则存在反馈，电路为闭环的形式；否则不存在反馈，电路为开环的形式。
- 交、直流反馈的判断方法：存在于放大电路交流通路中的反馈为交流反馈，引入交流负反馈是为了改善放大电路的性能；存在于直流通路中的反馈为直流反馈，引入直流负反馈的目的是稳定放大电路的静态工作点。
- 反馈极性的判断方法：瞬时极性法，即假设输入信号在某一时刻的瞬时极性为（＋），再根据各类放大电路输出信号与输入信号的相位关系，逐级标出电路中各有关点电位的瞬时极性或各有关支路电流的瞬时流向，最后看反馈信号是削弱还是增强了净输入信号，若是削弱了净输入信号，则为负反馈；反之则为正反馈。实际放大电路中主要引入负反馈。
- 电压、电流反馈的判断方法：输出短路法，即设 $R_L=0$（或 $v_o=0$），若反馈信号不存在，则为电压反馈；若反馈信号仍然存在，则为电流反馈。电压负反馈能稳定输出电压，电流负反馈能稳定输出电流。
- 串联、并联反馈的判断方法：根据反馈信号与输入信号在放大电路输入回路中的求和方式进行判断。若 $x_f$ 与 $x_i$ 以电压形式求和，则为串联反馈；若 $x_f$ 与 $x_i$ 以电流形式求和，则为并联反馈。为了使负反馈的效果更好，当信号源内阻较小时，宜采用串联负反馈；当信号源内阻较大时，宜采用并联负反馈。

- 负反馈放大电路有4种组态：电压串联负反馈放大电路、电压并联负反馈放大电路、电流串联负反馈放大电路及电流并联负反馈放大电路。它们的性能各不相同。由于串联负反馈要用内阻较小的信号源即电压源提供输入信号，并联负反馈要用内阻较大的信号源即电流源提供输入信号，电压负反馈能稳定输出电压（近似于恒压输出），电流负反馈能稳定输出电流（近似于恒流输出），因此，上述4种组态的负反馈放大电路又常被对应称为压控电压源电路、流控电压源电路、压控电流源电路和流控电流源电路。

- 引入负反馈后，虽然放大电路的闭环增益减小了，但是放大电路的许多性能指标得到了改善，如提高了放大电路增益的稳定性、减小了非线性失真、抑制了干扰和噪声，串联负反馈使输入电阻提高，并联负反馈使输入电阻下降，电压负反馈降低了输出电阻，电流负反馈使输出电阻增加。负反馈使放大电路的通频带得到了扩展。实际应用中，可依据负反馈的上述作用引入符合设计要求的负反馈。

- 在深度负反馈条件下，利用"虚短""虚断"概念可求4种反馈放大电路的闭环增益或闭环电压增益。

- 在设计负反馈放大电路时，反馈深度太大，可能会使电路产生自激振荡而无法正常工作。通过对环路增益 $\dot{A}\dot{F}$ 进行频率响应分析，可以判断引入负反馈后，放大电路是否可以稳定工作。如果不稳定，可以采取相应的补偿措施。

## 自我检验题

### 7.1　填空题

1. 当输入信号维持不变，引入反馈后，若输出减小了，这种反馈为_____；若输出增大了，这种反馈为_____。

2. 在反馈放大电路中，按照反馈网络与输入回路连接方式的不同，反馈分为_____和_____；按照反馈网络与输出回路的连接方式的不同，反馈分为_____和_____。

3. 在反馈放大电路中，为了稳定输出电压，应引入_____负反馈；为了提高输入电阻，应引入_____负反馈；为了降低输出电阻，应引入_____负反馈。

4. 引入负反馈后，放大电路的闭环增益与开环增益的关系是 $A_f=$_____。当 $1+AF \gg 1$ 时，$A_f \approx$_____。

5. 在负反馈放大电路中，已知 $A=x_o/x_{id}$，$F=x_f/x_o$。对于4种不同的组态，$x$ 被 $v$ 或 $i$ 替换后，它们的具体形式为

电压串联，$A=$_____，$F=$_____；
电压并联，$A=$_____，$F=$_____；
电流串联，$A=$_____，$F=$_____；
电流并联，$A=$_____，$F=$_____。

6. 引入负反馈后，放大电路的带宽会_____。

7. 负反馈放大电路产生自激振荡的根本原因是_____。

自我检测题答案

### 7.2　判断题（正确的画"√"错误的画"×"）

1. 由于引入负反馈后，放大电路的增益会明显下降，因此引入负反馈对放大电路没什么好处。　　　　　　　　　　　　　　　　　　　　　　　　（　　）

2. 环路增益就是闭环增益。　　　　　　　　　　　　　　　　　　（　　）

3. 负反馈只能改善反馈环内的放大电路性能，对反馈环外的电路无效。（　　）

4. 电流负反馈可以减小输出电阻。　　　　　　　　　　　　　　　（　　）

5. 对于串联负反馈，信号源内阻越小，反馈效果越好。　　　　　　（　　）

6. 放大电路的增益带宽积在任何情况下都是一个常数。　　　　　　（　　）

7. 无论在什么情况下，分析运放组成的电路时，都可以运用"虚短"和"虚断"的概念。（　　）

8. 为了改善反馈放大电路的性能，引入的负反馈深度越大越好。　　（　　）

9. 只要反馈放大电路由负反馈变成正反馈，就一定会产生自激振荡。 （ ）

10. 只要基本放大电路的幅频响应在0dB以上的斜率只有−20dB/十倍频，那么由电阻反馈网络引入任何深度的负反馈时，都不会产生自激振荡。 （ ）

### 7.3 选择题

1. 对于放大电路，开环是指_____。

A. 无电源 B. 无信号源 C. 无反馈网络 D. 无负载

2. 对于放大电路，闭环是指_____。

A. 有信号源 B. 有反馈网络 C. 接入了电源 D. 接入了负载

3. 在输入量不变的情况下，若引入反馈后_____，则说明引入的是负反馈。

A. 输出量增大 B. 输入电阻增大 C. 净输入量增大 D. 净输入量减小

4. 电压反馈是指_____。

A. 反馈信号是电压 B. 反馈信号与输出信号串联

C. 反馈信号与输入信号串联 D. 反馈信号取自输出电压

5. 对于串联负反馈放大电路，为了使反馈效果尽量明显，应该使信号源内阻_____。

A. 尽可能小 B. 尽可能大 C. 与输入电阻相当 D. 与输出电阻接近

6. 在下列关于负反馈的说法中，不正确的是_____。

A. 负反馈一定使放大器的放大倍数降低 B. 负反馈一定使放大器的输出电阻减小

C. 负反馈可以减小放大器的非线性失真 D. 负反馈可对放大器的输入和输出电阻产生影响

7. 温度升高时，若想稳定放大电路的静态工作点，应当引入_____负反馈。

A. 交流 B. 直流 C. 电压 D. 电流

8. 如果希望减小放大电路从信号源获取的电流，同时维持负载中电流恒定，则应引入_____；如果希望得到将电流信号转换为与之成比例的电压信号的放大电路，则应引入_____；如果希望得到将电压信号转换为与之成比例的电流信号的放大电路，则应引入_____；如果希望从信号源获取更大的电流，同时提高带电压负载能力，则应引入_____。

A. 电压串联负反馈 B. 电压并联负反馈 C. 电流串联负反馈 D. 电流并联负反馈

## 📝 习题

### 7.1 反馈的基本概念与分类

7.1.1 电路如图题7.1.1所示，指出各电路中的级间反馈网络（无级间反馈的指出本级反馈网络），并判断它们是正反馈还是负反馈，是直流反馈还是交流反馈（设各电路中电容的容抗对交流信号均可忽略）。

7.1.2 试判断图题7.1.1所示各电路中级间交流反馈的组态和极性。

7.1.3 试判断图题7.1.3所示各电路中级间交流反馈的组态和极性（电路中的电容对交流信号均可视为短路）。

7.1.4 在图题7.1.4所示的两电路中，从反馈的效果来考虑，对信号源内阻$R_{si}$的大小有何要求？

7.1.5 指出图题7.1.5所示电路能否实现规定的功能，若不能，应如何改正？

7.1.6 由集成运放A及$VT_1$、$VT_2$组成的放大电路如图题7.1.6所示，试分别按下列要求将信号源$v_s$和电阻$R_f$正确接入该电路。

（1）引入电压串联负反馈。

（2）引入电压并联负反馈。

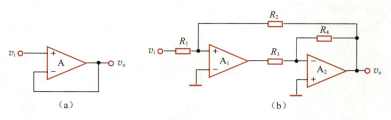

图题 7.1.1

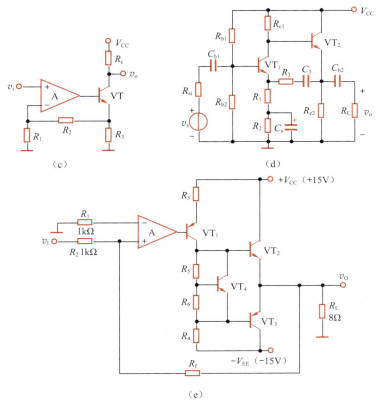

图题 7.1.1（续）

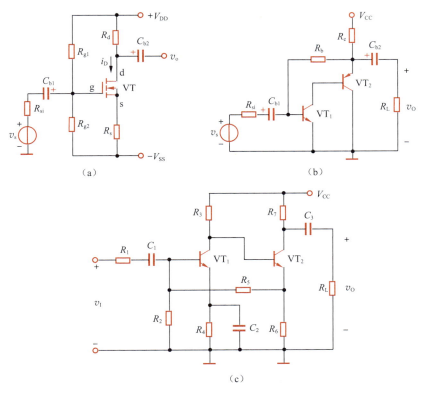

图题 7.1.3

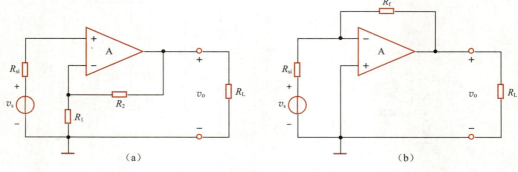

图题 7.1.4

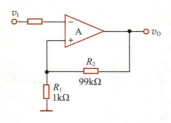

（a）$A_{vf}=100$的直流放大电路

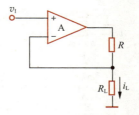

（b）$i_L=v_I/R$的压控电流源

图题 7.1.5

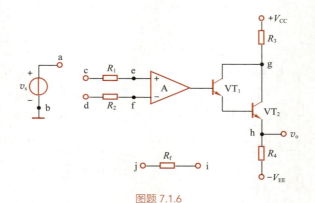

图题 7.1.6

（3）引入电流串联负反馈。

（4）引入电流并联负反馈。

## 7.2 负反馈放大电路增益的一般表达式

7.2.1 （1）已知放大电路的开环增益为$10^4$，闭环增益为20，求反馈系数和反馈深度。

（2）已知放大电路的开环增益为$10^5$，反馈系数为0.01，求闭环增益和反馈深度。

7.2.2 某反馈放大电路的开环电压增益 $A_v=2000$，反馈系数 $F_v=0.0495$。若输出电压$v_o=2V$，求输入电压$v_i$、反馈电压$v_f$及净输入电压$v_{id}$的值。

7.2.3 已知放大电路输入电压为1mV，输出电压为1V，加入负反馈后，为达到同样输出时需要加的输入电压为10mV，求电路的反馈深度和反馈系数。

## 7.3 负反馈对放大电路性能的影响

7.3.1 某放大电路的开环电压增益 $A_{vo}=10^4$，当它接成负反馈放大电路时，其闭环电压增益为50，若开环电压增益变化10%，闭环电压增益变化多少？

7.3.2 在图题7.1.1所示各电路中，哪些电路能稳定输出电压？哪些电路能稳定输出电流？

7.3.3 设某通用型运放的增益带宽积为$4\times10^5$Hz，若将它组成一同相放大电路，其闭环增益为50，它的闭环带宽为多少？

7.3.4　反馈放大电路如图题 7.3.4 所示。

（1）判断电路中反馈的组态和极性。

（2）引入反馈后，对电路的输入电阻将产生什么影响？是稳定了输出电压还是稳定了输出电流？

### 7.4　深度负反馈条件下的近似计算

7.4.1　电路如图题 7.4.1 所示，试判断电路中的级间反馈组态，并求深度负反馈条件下的反馈系数和闭环电压增益。

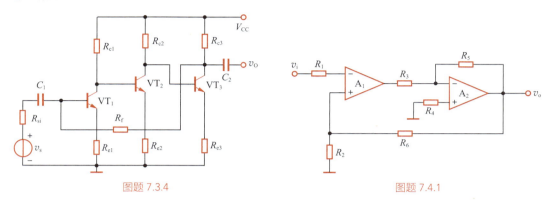

图题 7.3.4　　　　　　　　　　　　　　　图题 7.4.1

7.4.2　电路如图题 7.4.2 所示，试判断各电路的反馈组态，设电路均满足深度负反馈条件，写出各电路的闭环增益的表达式。

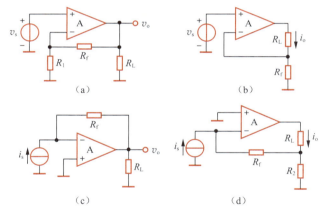

图题 7.4.2

7.4.3　电路如图题 7.4.3 所示，试判断电路的反馈组态，在深度负反馈的条件下，近似计算它的闭环电压增益并定性地分析其输入电阻和输出电阻。

7.4.4　电路如图题 7.4.4 所示，试判断电路的反馈组态，在深度负反馈的条件下，近似计算它的闭环电压增益。

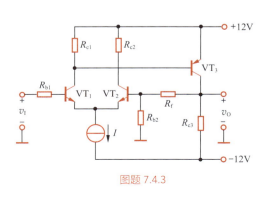

图题 7.4.3

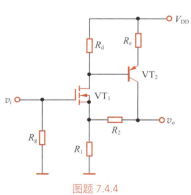

图题 7.4.4

7.4.5 电路如图题7.4.5所示。

（1）指出由$R_f$引入的是什么类型的反馈。

（2）若要求既提高该电路的输入电阻，又降低输出电阻，图中的连线应进行哪些变动？

（3）连线变动前后的闭环电压增益$A_{vf}$是否相同？估算其数值。

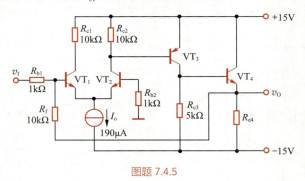

图题 7.4.5

7.4.6 电路如图题7.4.6所示。

（1）指出由$R_f$引入的是什么类型的反馈。

（2）求电路满足深度负反馈条件下的闭环增益的表达式。

（3）在深度负反馈条件下，若电路的闭环电压增益$A_{vf}=-51$，求反馈电阻$R_f$的值。

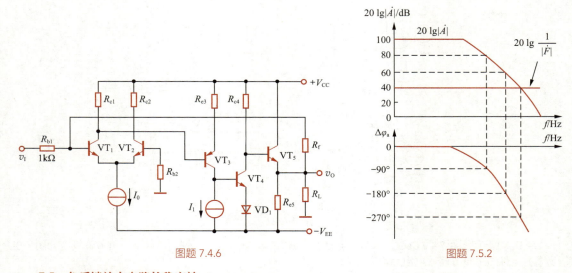

图题 7.4.6

图题 7.5.2

### 7.5 负反馈放大电路的稳定性

7.5.1 负反馈放大电路产生自激振荡的原因是什么？如何消除自激振荡？

7.5.2 某负反馈放大电路的高频区频率响应曲线如图题7.5.2所示。已知$20\lg|\dot{A}|=100\text{dB}$，$20\lg\dfrac{1}{F}$ =40dB。试判断该电路是否会产生自激振荡。如果产生自激振荡，反馈系数$F$的值应该在什么范围内，电路才能稳定工作？

---

### 📝 实践训练

**S7.1** 电路如图 S7.1 所示，设 3 只 BJT 的 $\beta=100$，电路参数为 $R_{c1}=9\text{k}\Omega$，$R_{c2}=5\text{k}\Omega$，$R_{c3}=600\Omega$，$R_{e1}=R_{e3}=100\Omega$，$R_f=640\Omega$，$V_{CC}=6\text{V}$。当 $v_s$ 中有 0.73V 的直流分量为 VT$_1$ 提供静态偏置时，试运用 MultiSim 分析该电路的互导增益 $A_{gf}$、输入电阻 $R_{if}$ 和输出电阻 $R_{of}$。（提示：分析互导增益时，要在 VT$_3$ 集电极串联一个

电压源，且令电压为 0，取其中的电流为输出变量。）

**S7.2** 电路如图 S7.2 所示。试运用 MultiSim 分析：（1）求电路的闭环电压增益 $A_{vf}$、输入电阻 $R_{if}$ 和输出电阻 $R_{of}$，并与手算闭环电压增益结果比较；（2）去掉 $R_f$，求电路的开环电压增益 $A_v$、输入电阻 $R_i$ 和输出电阻 $R_o$。

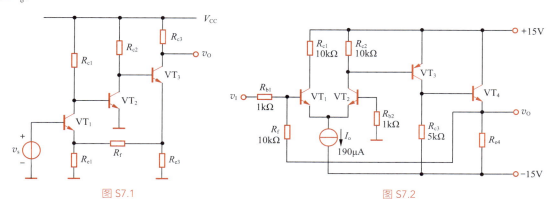

图 S7.1　　　　　　　　　　　　　图 S7.2

# 第 **8** 章

# 信号处理与信号产生电路

本章知识导图

## ⟳ 本章学习要求

- 了解滤波电路的作用与分类。
- 了解典型有源滤波电路的组成、分析方法与特性。
- 掌握正弦波振荡电路的组成、工作原理和振荡条件。
- 掌握 $RC$ 正弦波桥式振荡电路的组成、工作原理和分析方法。
- 了解 $LC$ 正弦波振荡电路和石英晶体正弦波振荡电路的组成、工作原理和性能特点。
- 掌握典型电压比较器的电路组成、工作原理和性能特点。
- 掌握非正弦波产生电路的组成、工作原理、分析方法和主要参数。

## ⟳ 本章讨论的问题

- 滤波电路的功能是什么？什么是无源滤波电路和有源滤波电路？
- 什么是滤波电路的通带和阻带？滤波电路是如何分类的？
- 什么时候需要高阶滤波电路？通常用什么方法实现更高阶的滤波电路？
- 对于低通滤波电路，巴特沃斯、切比雪夫、贝塞尔这3种常见的逼近方法有何不同？
- 开关电容滤波器由哪几部分组成？对驱动MOS开关的两相时钟信号有何要求？
- 信号产生电路的作用是什么？对信号产生电路有哪些主要要求？
- 正弦波振荡电路的振荡条件是什么？
- 何谓三点式 $LC$ 振荡电路？其电路构成有什么特点？
- 石英晶体谐振器有何特点？石英晶体振荡器电路的基本形式有哪两类？
- 电压比较器中的运放通常工作在什么状态（负反馈、正反馈或开环）？
- 迟滞电压比较器为什么具有迟滞特性？
- 集成电压比较器与集成运放相比主要有什么特点？为了获得前后沿较陡的方波，宜选用转换速率较高的集成电压比较器组成比较电路，这是为什么？

# 8.1　有源滤波器

## 8.1.1　基本概念与分类

视频8-1：
滤波器概念

### 1．基本概念

滤波器也称为滤波电路，滤波电路是一种有"频率选择"功能的电子装置，它允许一定频率范围内的信号通过，而同时抑制或急剧衰减此频率范围以外的信号。工程上常用它来处理信号、传送数据和抑制干扰等。

图8.1.1所示是滤波电路的一般结构。在分析滤波电路时，一般先通过拉普拉斯变换将滤波器变换到复频域，即将输入、输出电压变换为象函数 $V_i(s)$ 和 $V_o(s)$，电阻、电容变换为运算阻抗形式 $R$、$1/(sC)$，通过输出电压与输入电压之比得到传递函数

$$A(s) = \frac{V_o(s)}{V_i(s)}$$

然后令 $s=j\omega$，将传递函数转换到频域，得到

$$\dot{A}(j\omega) = |\dot{A}(j\omega)|e^{j\varphi(\omega)} \tag{8.1.1}$$

式中，$|\dot{A}|$ 为传递函数的模，也称为幅频响应；$\varphi(\omega)$ 为输出电压与输入电压之间的相位差，也称为相频响应。

（a）频域　　　　　　　　　（b）复频域

图 8.1.1　滤波电路的一般结构

由于正弦信号的相位变化与时间的关系可表示为 $\Delta\varphi = \omega \times \Delta t$，故常用时延 $\tau$ 来表示信号相位的变化量，定义为

$$\tau(\omega) = -\frac{d\varphi(\omega)}{d\omega} \tag{8.1.2}$$

其单位为 s（秒）。$\tau(\omega)$ 表示不同频率的输入信号通过滤波电路时所产生的延迟时间。由于信号通常由多种不同频率的正弦分量复合而成，因此 $\tau(\omega)$ 也常被称为群时延[①]。

虽然常用幅频响应表征滤波电路特性，但实际上欲使信号通过滤波电路的失真小，不仅需要考虑幅频响应，还需要考虑相频（或时延）响应。当相频响应 $\varphi(\omega)$ 线性变化时，$\tau(\omega)$ 为常数，即信号中各频率分量的时延相同，输出信号才可能避免相位失真。但实际上滤波器的幅频响应和相频响应是相互制约的，幅频响应改善了，相频响应会变差，或者相反。因此，设计滤波器时总要有所取舍。

### 2．分类

按电路所处理信号幅值是否连续，滤波器可分为两大类：模拟滤波器和数字滤波器。数字滤波器是数字信号处理课程的重要内容，这里仅讨论模拟滤波器。

按电路是否包含有源器件，滤波电路有无源和有源之分。由无源元件 $R$、$L$ 和 $C$ 组成的滤波电路称为无源滤波器，而将包含有源器件（如集成运放、晶体管等）的滤波电路称为有源滤波器。两者相比，有源滤波器具有体积小、质量轻、滤波质量（频率特性）好，以及在滤波过程中

---

① 系 group delay 的译文，用于衡量各种不同频率分量信号通过滤波器时的时间延迟。

能放大信号且带负载能力强等优点。但因集成运放的带宽有限，所以有源滤波电路的工作频率难以达到很高，以及难以对功率信号进行滤波。

按照工作信号的频率范围，滤波电路可分为低通、高通、带通、带阻和全通共 5 种类型，图 8.1.2 所示是各种滤波电路的幅频响应曲线。通常，把能够通过滤波电路的信号频率范围定义为**通带**，而把受阻或衰减的信号频率范围称为**阻带**，通带和阻带的分界频率称为**截止频率**[①]。理想滤波电路在通带内应具有零衰减的幅频响应和线性的相频响应，而在阻带内幅度衰减到零（$|\dot{A}(j\omega)|=0$）。但实际上滤波器的幅频响应并没有这么理想，在通带内，信号的幅度并不是零衰减的，只不过衰减较小（一般规定不超过 3dB）；在通带外，信号幅度也不会立即衰减到零，而是存在一个过渡带（将在本节最后讨论）。

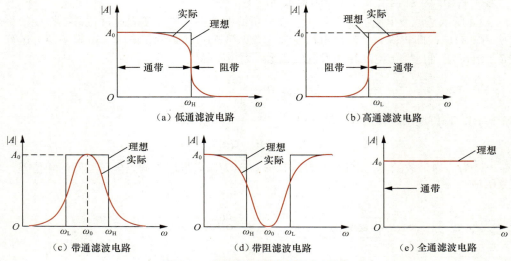

图 8.1.2　各种滤波电路的幅频响应曲线

（1）低通滤波电路

其幅频响应曲线如图 8.1.2（a）所示。它的功能是**允许低频信号通过，阻止高频信号通过**。图中 $A_0$ 表示低频增益，$|A|$ 为增益的幅值。$0<\omega<\omega_H$ 为通带，$\omega>\omega_H$ 为阻带，因此其带宽 $BW=\omega_H$。

（2）高通滤波电路

其幅频响应曲线如图 8.1.2（b）所示。它的功能是**允许高频信号通过，阻止低频信号通过**。图中 $0<\omega<\omega_L$ 为阻带，$\omega>\omega_L$ 为通带。从理论上来说，它的带宽 $BW=\infty$，但实际上，由于受有源器件和外接元件及杂散参数的影响，因此高通滤波电路的带宽也是有限的。

（3）带通滤波电路

其幅频响应曲线如图 8.1.2（c）所示。它的功能是**允许某个频带范围内的信号通过，阻止或衰减该频带范围之外的信号**。由图可知，它有一个通带，即 $\omega_L<\omega<\omega_H$；两个阻带，即 $0<\omega<\omega_L$ 和 $\omega>\omega_H$，因此带宽 $BW=\omega_H-\omega_L$。

（4）带阻滤波电路

其幅频响应曲线如图 8.1.2（d）所示。由图可知，它有两个通带，即 $0<\omega<\omega_H$ 及 $\omega>\omega_L$；一个阻带，即 $\omega_H<\omega<\omega_L$。因此它的功能是**允许某个频带范围之外的信号通过，阻止或衰减该频带范围（$\omega_L\sim\omega_H$）内的信号**。与高通滤波电路相似，由于受有源器件带宽等因素的限制，$\omega>\omega_L$ 的通带也是有限的。

---

[①] 这里用 $\omega_H$、$\omega_L$ 分别表示低通、高通滤波器的截止角频率，以便与第 4.7 节一致。但在滤波器的专业书籍中，通常用 $\omega_P$ 或者 $\omega_C$ 表示截止角频率，下标 P、C 分别是 Passpand（通带）、Cutoff（截止）的首字母。

（5）全通滤波电路

图8.1.2（e）所示是理想全通滤波器的幅频响应曲线。它只有通带，没有阻带。因此，其在全频域内幅度都没有衰减，只有相移随频率而变，常用于对某一特定频率信号的相移或对若干频率信号实现群时延，在时延电路、相移均衡电路中有广泛应用。

### 3．频率响应的逼近方式

实际上，理想化的频率响应是无法实现的，在实际电路中只能采用特性逼近的方式。如何逼近呢？这既是一个电路理论问题，又是一个数学问题。关键是用什么样的数学函数来逼近这种理想化的响应曲线。

工程中，常用**巴特沃斯**（Butterworth）、**切比雪夫**（Chebyshev或Chebyshev 1）、**反切比雪夫**（Inverse Chebyshev或Chebyshev 2）、**贝塞尔**（Bessel）和**椭圆**（Elliptic）等不同形式的传递函数去逼近理想化的频率响应。它们中的任何一种都可用来实现低通、高通、带通与带阻4种不同功能的滤波器。

图8.1.3所示为相同阶数的3类低通滤波器的幅频响应曲线。**巴特沃斯低通滤波器**的幅频响应是单调下降的，且在通带中具有平坦的幅度，但从通带到阻带衰减较慢。**切比雪夫低通滤波器**的幅频响应在一定范围内有起伏波动，但能迅速单调衰减到阻带。而**贝塞尔低通滤波器**的幅频响应也是单调下降的，但通带的平坦度不如巴特沃斯低通滤波器的，从通带到阻带的衰减也比巴特沃斯低通滤波器的慢，但通带内所有频率的相移是线性的（未画出），相位失真最小。这意味着非正弦信号的基波和各次谐波通过滤波器后的相位变化是线性的，因此，输出信号的波形和输入信号的波形相同。

**反切比雪夫**（也称为切比雪夫2型）低通滤波器的幅频响应曲线如图8.1.4所示，在通带内是单调平坦的，在阻带内有起伏波动，且在截止频率后衰减速度较快。图8.1.5所示为**椭圆低通滤波器**的幅频响应曲线，虽然通带和阻带内均有波动，但衰减速度最快。

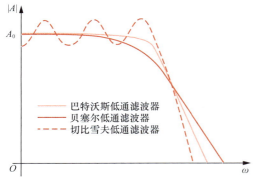

图 8.1.3　相同阶数的 3 类低通滤波器的幅频响应曲线

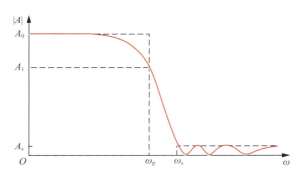

图 8.1.4　反切比雪夫低通滤波器的幅频响应曲线

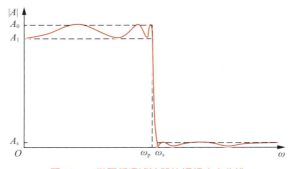

图 8.1.5　椭圆低通滤波器的幅频响应曲线

根据实际需要，可选用不同的滤波器。例如，在不允许带内有波动时，用巴特沃斯滤波器较好；如果允许带内有一定波动，则可用切比雪夫滤波器或椭圆滤波器，以便从通带到阻带有更快速的衰减；如果需要线性相移，就要选用贝塞尔滤波器。

### 4. 实际滤波电路的参数说明

图 8.1.6 所示是一个实际低通滤波电路的幅频响应曲线，由于实际电路的传输特性在通带边界处不可能急剧变化，而只能在指定增益下降到某一特定值（$\gamma_{min}$）以下时才进入阻带，因此，通带与阻带之间存在一个**过渡带**。

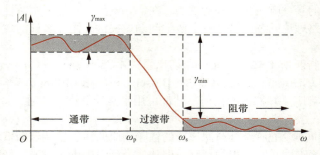

图 8.1.6　实际低通滤波电路的幅频响应曲线

下面对滤波电路中一些参数的含义进行说明。

（1）通带纹波（$\gamma_{max}$）：通带增益的波动范围（误差范围），如图 8.1.6 中上部的阴影区域所示。一般用增益的最大变化值（单位为 dB）进行说明。根据不同的应用，$\gamma_{max}$ 的值一般为 0.05 ~ 3dB。

（2）通带截止角频率（$\omega_p$）：幅频响应曲线在通带内下降到误差范围以外的频率点。对于单调衰减的幅频响应曲线（如巴特沃斯滤波器、贝塞尔滤波器等的），通常定义 $|A/A_0|=1/\sqrt{2}$ 所对应的频率点为通带截止角频率或**3dB 截止频率**。由于该频率点输出信号的功率正好等于通带增益下输出信号功率的一半，因此也称为**半功率点**。

（3）阻带最小衰减量（$\gamma_{min}$）：通带增益衰减到阻带时的最小衰减量（单位为 dB）。理想情况下阻带最大衰减量可达无穷大。阻带内的 $|A|$ 也会有起伏，但它与通带内 $|A|$ 的差值的绝对值要大于 $\gamma_{min}$。根据不同的应用，$\gamma_{min}$ 的值一般为 20 ~ 100dB。

（4）阻带截止角频率（$\omega_s$[①]）：幅频响应曲线达到最小衰减量时所对应的频率点。

（5）频率选择性因子（$\omega_s/\omega_p$）：过渡带的带宽（$\omega_s-\omega_p$）越小，幅频响应曲线越陡峭，滤波器的频率选择性越好，因此，可用比值 $\omega_s/\omega_p$ 来衡量滤波器的选频性能，称 $\omega_s/\omega_p$ 为**频率选择性因子**。通常，$\omega_s/\omega_p \geqslant 1$，此值越接近于 1，频率选择性越好。

注意，并不是所有滤波电路设计都需要用上述所有参数来描述。例如，巴特沃斯滤波器和贝塞尔滤波器就不需要通带纹波。

## 8.1.2　一阶有源滤波器

**在前文讨论过无源 RC 低通电路。**如果在一级 RC 低通电路的输出端加上电压跟随器，就构成简单的一阶有源低通滤波电路。由于电压跟随器的输入阻抗很高、输出阻抗很低，因此它能很好地隔离 RC 电路与负载，且带负载能力得到加强。

如果在滤波过程中，还希望电路对信号有放大作用，则只要将电路中的电压跟随器改为同相比例放大电路即可，如图 8.1.7（a）所示。下面介绍它的特性。

### 1. 传递函数

由于同相比例放大电路的电压增益

$$A_{vf}=\frac{V_o(s)}{V_p(s)}=1+\frac{R_f}{R_1} \tag{8.1.3}$$

———————————

① $\omega_s$ 中的下标 S 是 Stopband（阻带）的首字母。

而运放同相输入端的电压

$$V_{\mathrm{p}}(s) = \frac{\dfrac{1}{sC}}{R + \dfrac{1}{sC}} V_{\mathrm{i}}(s) = \frac{1}{1 + sRC} V_{\mathrm{i}}(s)$$

因此，可导出电路的传递函数为

$$A(s) = \frac{V_{\mathrm{o}}(s)}{V_{\mathrm{i}}(s)} = \frac{V_{\mathrm{o}}(s)}{V_{\mathrm{p}}(s)} \cdot \frac{V_{\mathrm{p}}(s)}{V_{\mathrm{i}}(s)} = \frac{A_{vf}}{1 + \dfrac{s}{\omega_{\mathrm{c}}}} \tag{8.1.4}$$

$$\omega_{\mathrm{c}} = 1/(RC) \tag{8.1.5}$$

我们称 $\omega_{\mathrm{c}}$ 为**特征角频率**（charateristic angular frequency）。

由于式（8.1.4）中分母为 $s$ 的一次幂，因此上式所表示的滤波器称为**一阶低通有源滤波器**。

一阶高通有源滤波器可通过交换图 8.1.7（a）中 $R$ 和 $C$ 的位置来组成，这里不赘述。

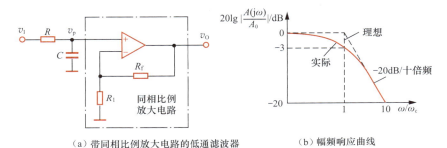

（a）带同相比例放大电路的低通滤波器　　（b）幅频响应曲线

图 8.1.7　一阶低通滤波器

### 2．幅频响应

对于实际的频率来说，式（8.1.4）中的 $s$ 可用 $s = \mathrm{j}\omega$ 代入，于是得到

$$\dot{A}(\mathrm{j}\omega) = \frac{\dot{V}_{\mathrm{o}}(\mathrm{j}\omega)}{\dot{V}_{\mathrm{i}}(\mathrm{j}\omega)} = \frac{A_0}{1 + \mathrm{j}\left(\dfrac{\omega}{\omega_{\mathrm{c}}}\right)} \tag{8.1.6}$$

式中，$A_0$ 称为**通带电压增益**，即 $\omega = 0$（$C$ 相当于开路）时，输出电压 $v_{\mathrm{O}}$ 与输入电压 $v_{\mathrm{I}}$ 的比值，且有 $A_0 = A_{vf}$。

其归一化的幅频响应表达式[1] 为

$$20\lg\left|\frac{\dot{A}(\mathrm{j}\omega)}{A_0}\right| = -20\sqrt{1 + \left(\frac{\omega}{\omega_{\mathrm{c}}}\right)^2} \tag{8.1.7}$$

显然，当 $\omega = \omega_{\mathrm{c}}$ 时，$20\lg\left|\dot{A}(\mathrm{j}\omega)/A_0\right| = -3\mathrm{dB}$，因此，$\omega_{\mathrm{c}}$ 就是 $-3\mathrm{dB}$ 通带截止角频率 $\omega_{\mathrm{H}}$。

由式（8.1.7）可画出其幅频响应曲线，如图 8.1.7（b）所示。当 $\omega \gg \omega_{\mathrm{c}}$ 时，幅频响应曲线以 $-20\mathrm{dB}$/十倍频的斜率下降，与理想滤波器的矩形特性相距甚远。

为了使滤波电路的幅频响应在阻带内有更快的衰减速度，可以采用二阶、三阶等高阶滤波电路。实际上，高于二阶的滤波电路可以由一阶和二阶有源滤波电路级联构成。因此，下面重点研究二阶有源滤波电路的组成和特性。

---

① 画幅频响应曲线时，以 $\left|\dot{A}(\mathrm{j}\omega)/A_0\right|$ 为纵轴，$\omega/\omega_{\mathrm{c}}$ 为横轴，即对幅度和角频率进行了归一化。

### 8.1.3　二阶有源滤波器

#### 1．低通滤波器

视频8-2：
二阶有源低通
滤波电路

在一阶滤波电路的基础上加一级 $RC$ 低通电路，就可构成二阶低通滤波电路[①]，如图 8.1.8 所示。从反馈放大电路角度看，虚线框内的同相比例放大电路属于电压控制的电压源，所以称该电路为压控电压源型二阶低通滤波器。

图中 $C_1$ 的另外一端没有接地而改接到输出端，形成了运放的另一个反馈。尽管它可能会引入正反馈，但当信号频率趋于零时，$C_1$ 的容抗趋于无穷大，反馈很弱；而当信号频率趋于无穷大时，$C_2$ 的容抗趋于零，使 $v_p$ 趋于零，即 $v_O$ 也几乎为零。也就是说，在两种极端频率情况下，正反馈都很弱。因此，只要参数选择合适，就可以在全频域控制正反馈的强度，不致使电路产生自激振荡；而在截止频率附近引入正反馈，可以使 $\omega_c$ 附近的电压增益得到提高，改善 $\omega_c$ 附近的幅频响应。所以，电路中同时引入了正反馈和负反馈（由 $R_f$ 引入）。

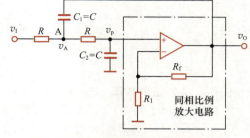

图 8.1.8　压控电压源型二阶低通滤波电路

（1）传递函数

前文已指出，同相放大电路的电压增益 $A_{vf}$ 就是低通滤波器的通带电压增益 $A_0$，即

$$A_0 = A_{vf} = \frac{V_o(s)}{V_p(s)} = 1 + \frac{R_f}{R_1} \tag{8.1.8}$$

考虑到运放的同相输入端电压

$$V_p(s) = \frac{V_o(s)}{A_{vf}} \tag{8.1.9}$$

而 $V_p(s)$ 与 $V_A(s)$ 的关系为

$$V_p(s) = \frac{V_A(s)}{1 + sRC} \tag{8.1.10}$$

对于节点 A，应用 KCL 可得

$$\frac{V_i(s) - V_A(s)}{R} - [V_A(s) - V_o(s)]sC - \frac{V_A(s) - V_p(s)}{R} = 0 \tag{8.1.11}$$

将式（8.1.8）到式（8.1.11）联立求解，可得电路的传递函数

$$A(s) = \frac{V_o(s)}{V_i(s)} = \frac{A_{vf}}{1 + (3 - A_{vf})sCR + (sCR)^2} \tag{8.1.12}$$

令

$$\begin{cases} \omega_c = \dfrac{1}{RC} \\ Q = \dfrac{1}{3 - A_{vf}} \end{cases} \tag{8.1.13}$$

得到二阶低通滤波电路传递函数的典型表达式为

---

[①] 在电路发展史上，图 8.1.8 所示电路称为 Sallen-Key 电路，因为 Sallen（萨伦）和 Key（凯）于 1955 年在 IRE 电路理论期刊上发表了论文："A Practical Method of Designing RC Active Filters"。

$$A(s) = \cfrac{A_{vf}}{1 + \cfrac{1}{Q\omega_c} \cdot s + \cfrac{1}{\omega_c^2} \cdot s^2} = \cfrac{A_0}{1 + \cfrac{1}{Q} \cdot \cfrac{s}{\omega_c} + \left(\cfrac{s}{\omega_c}\right)^2} \qquad (8.1.14)$$

其中，$\omega_c$ 称为**特征角频率**；$Q$ 称为**等效品质因数**。

（2）幅频响应

用 $s = j\omega$ 代入式（8.1.14），得到实际的频率响应表达式为

$$\dot{A}(j\omega) = \cfrac{A_0}{1 - \left(\cfrac{\omega}{\omega_c}\right)^2 + j\cfrac{1}{Q} \cdot \cfrac{\omega}{\omega_c}} \qquad (8.1.15)$$

当 $\omega = \omega_c$ 时，式（8.1.15）可以化简为

$$\dot{A}(j\omega)\Big|_{\omega = \omega_c} = -jQA_0 \qquad (8.1.16a)$$

对上式取模，得到

$$\left|\cfrac{\dot{A}(j\omega)}{A_0}\right|_{\omega = \omega_c} = Q \qquad (8.1.16b)$$

可见，$\omega = \omega_c$ 时的电压增益与通带电压增益 $A_0$ 之比的绝对值与 $Q$ 值相等。$Q$ 值不同时，对应的 $|\dot{A}(j\omega)/(A_0|_{\omega = \omega_c})$ 也不同。

注意，根据式（8.1.13），当 $A_{vf} = 3$ 时，$Q \to \infty$，滤波电路将产生自激振荡；当 $A_{vf} > 3$ 时，$Q$ 为负，此时正反馈过强，会使电路发生振荡。因此，设计电路时，应使 $A_{vf} < 3$。故这类滤波电路又称为**有限增益多路反馈（finite gain multiple feedback）滤波器**。

由式（8.1.15）可得归一化幅频响应表达式为

$$20\lg\left|\cfrac{\dot{A}(j\omega)}{A_0}\right| = 20\lg \cfrac{1}{\sqrt{\left[1 - \left(\cfrac{\omega}{\omega_c}\right)^2\right]^2 + \left(\cfrac{\omega}{\omega_c Q}\right)^2}} \qquad (8.1.17)$$

上式表明，当 $\omega = 0$ 时，$|\dot{A}(j\omega)| = A_0$；当 $\omega \to \infty$ 时，$|\dot{A}(j\omega)| \to 0$。显然，这是低通滤波电路的特性。由式（8.1.17）可画出不同 $Q$ 值下的幅频响应曲线，如图 8.1.9 所示。

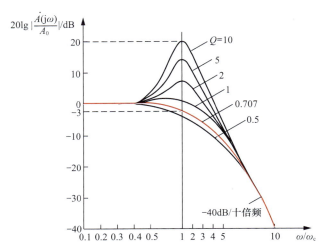

图 8.1.9　图 8.1.8 所示二阶低通滤波电路的幅频响应曲线

257

由图8.1.9可见，$Q$值的大小对$\omega_c$附近的幅频响应影响很大，当$Q>0.707$时，幅频响应出现升峰现象，$Q$值越大，峰值越高（此时$C_1$引入的正反馈较强，提高了$\omega_c$附近的电压增益）。只有当$Q=0.707$时，在通带内幅频响应曲线才最大限度地平坦，没有起伏，在通带外则单调下降直至为零。具有这种特性的滤波电路称为**巴特沃斯低通滤波器**。

在$\omega=\omega_c$处，只有当$Q=0.707$时，归一化增益才为$-3$dB，即此时$\omega_c$才与通带截止角频率$\omega_H$相等；在$\omega=10\omega_c$处，归一化增益为$-40$dB，说明幅频响应大约从$\omega_c$开始，以$-40$dB/十倍频的斜率下降，可见二阶滤波器通带外增益的衰减速度快于一阶滤波器。但这种滤波电路在高$Q$值时，元件参数的微小误差就会引起频率响应的较大变化。所以要选用稳定而精密的电阻和电容，同时通过认真的调试以达到所需的幅频特性。

**例8.1.1** 在图8.1.8所示的二阶低通滤波器中，已知$R=33$kΩ，$C=0.01$μF，$R_1=27$ kΩ，$R_f=16$ kΩ。试求滤波器的通带电压增益（用dB表示）、截止频率$f_H$和等效品质因数$Q$。

**解：**根据式（8.1.8），得到低通滤波器的通带电压增益$A_0$，即

$$A_0=A_{vf}=1+\frac{R_f}{R_1}=1+\frac{16\text{k}\Omega}{27\text{k}\Omega}\approx 1.593$$

用dB表示的通带电压增益为

$$20\lg A_0=20\lg(1.593)\approx 4.04\text{dB}$$

由式（8.1.13），得到低通滤波器的截止频率

$$f_H=\frac{1}{2\pi RC}=\frac{1}{2\pi\times(33\times10^3\,\Omega)\times(0.01\times10^{-6}\,\text{F})}\approx 482.53\text{Hz}$$

等效品质因数

$$Q=\frac{1}{3-A_{vf}}=\frac{1}{3-1.593}\approx 0.71$$

### 2．高通滤波器

高通滤波电路与低通滤波电路有对偶关系，如果将图8.1.8中的$R$和$C$的位置互换，便得到压控电压源型二阶高通滤波电路，如图8.1.10所示。

由图8.1.10可导出其传递函数

$$A(s)=\frac{A_{vf}s^2}{s^2+\frac{\omega_c}{Q}s+\omega_c^2}=\frac{A_0\cdot\left(\frac{s}{\omega_c}\right)^2}{1+\frac{1}{Q}\cdot\frac{s}{\omega_c}+\left(\frac{s}{\omega_c}\right)^2} \quad （8.1.18）$$

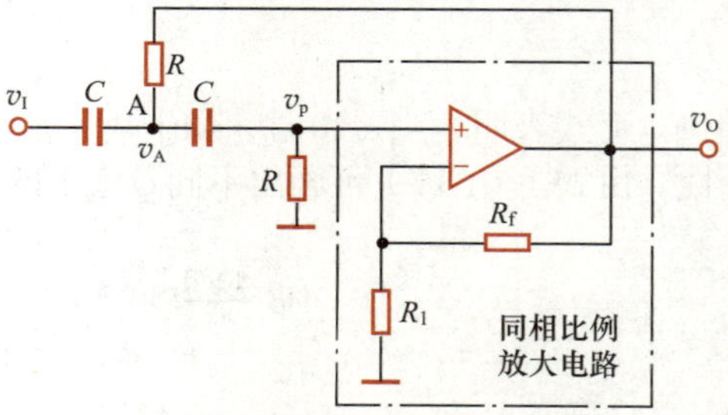

图 8.1.10　压控电压源型二阶高通滤波电路

式中，$\omega_c=\dfrac{1}{RC}$，$Q=\dfrac{1}{3-A_{vf}}$，$A_0=A_{vf}$。

用$s=\text{j}\omega$代入式（8.1.18），整理后得到实际的二阶高通滤波电路频率响应

$$\dot{A}(\text{j}\omega)=\frac{A_0}{1-\left(\frac{\omega_c}{\omega}\right)^2-\text{j}\frac{1}{Q}\cdot\frac{\omega_c}{\omega}} \quad （8.1.19）$$

其归一化的幅频响应表达式为

$$20\lg\left|\frac{\dot{A}(j\omega)}{A_0}\right| = 20\lg\cfrac{1}{\sqrt{\left[\left(\dfrac{\omega_c}{\omega}\right)^2 - 1\right]^2 + \left(\dfrac{\omega_c}{\omega Q}\right)^2}} \tag{8.1.20}$$

由式（8.1.20）可画出不同 $Q$ 值下的幅频响应曲线，如图 8.1.11 所示。可见，二阶高通滤波电路和低通滤波电路具有对偶（镜像）关系。

同理，为了保证电路稳定工作，要求 $A_{vf}<3$。当 $Q=0.707$ 时，幅频响应曲线最平坦，此时下限截止角频率与特征角频率相等，即 $\omega_L=\omega_c$。

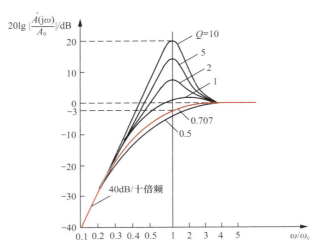

图 8.1.11　图 8.1.10 所示高通滤波电路的幅频响应曲线

### 3．带通滤波器

将低通滤波电路和高通滤波电路串联，且使低通滤波电路的截止角频率 $\omega_H$ 大于高通滤波电路的截止角频率 $\omega_L$，如图 8.1.12 所示，则在 $\omega_L \sim \omega_H$ 形成一个通带，其他频率范围为阻带，从而构成带通滤波电路。

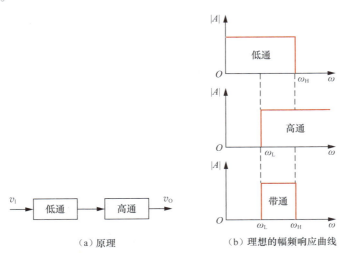

（a）原理　　　　　　　　　　（b）理想的幅频响应曲线

图 8.1.12　带通滤波电路

图 8.1.13 所示为压控电压源型二阶带通滤波电路。其中，$R$、$C$ 组成无源低通网络，$C_1$、$R_3$ 组成无源高通网络，当 $RC<R_3C_1$ 时，就能满足 $\omega_H>\omega_L$ 的要求，两者串联就组成了带通滤波电路。

$R_2$ 引入正反馈。

为了计算简便，设 $R_2=R$，$R_3=2R$，$C_1=C$，通过列电路方程，可导出带通滤波电路的传递函数

$$A(s)= \frac{A_{vf}\,sCR}{1+(3-A_{vf})sCR+(sCR)^2} \qquad (8.1.21)$$

式中，$A_{vf}$ 为同相比例放大电路的电压增益，同样要求 $A_{vf}<3$，电路才能稳定工作。令

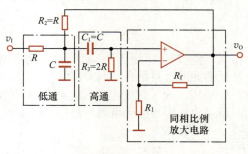

$$\begin{cases} A_0=\dfrac{A_{vf}}{3-A_{vf}} \\ \omega_0=1/(RC) \\ Q=1/(3-A_{vf}) \end{cases} \qquad (8.1.22)$$

图 8.1.13　压控电压源型二阶带通滤波电路

则得到二阶带通滤波电路传递函数的典型表达式为

$$A(s)= \frac{A_0\dfrac{s}{Q\omega_0}}{1+\dfrac{1}{Q}\cdot\dfrac{s}{\omega_0}+\left(\dfrac{s}{\omega_0}\right)^2} \qquad (8.1.23)$$

式中，$\omega_0$ 是特征角频率，也是带通滤波电路的中心角频率。

令 $s=\mathrm{j}\omega$，代入式（8.1.23），则有

$$\dot{A}(\mathrm{j}\omega)=\frac{A_0\dfrac{1}{Q}\cdot\dfrac{\mathrm{j}\omega}{\omega_0}}{1-\left(\dfrac{\omega}{\omega_0}\right)^2+\mathrm{j}\dfrac{\omega}{\omega_0 Q}}=\frac{A_0}{1+\mathrm{j}Q\left(\dfrac{\omega}{\omega_0}-\dfrac{\omega_0}{\omega}\right)} \qquad (8.1.24)$$

式（8.1.24）表明，当 $\omega=\omega_0$ 时，图 8.1.13 所示电路具有最大电压增益，且 $|\dot{A}(\mathrm{j}\omega_0)|=A_0=A_{vf}/(3-A_{vf})$，这就是带通滤波电路的通带电压增益。根据式（8.1.24），不难画出其幅频响应曲线，如图 8.1.14 所示。由图可见，$Q$ 值越大，曲线越陡峭，表明滤波电路的频率选择性越好，但通带越窄。

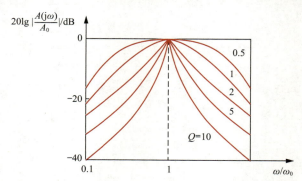

图 8.1.14　图 8.1.13 所示电路的幅频响应曲线

当式（8.1.24）等号右边分母虚部的绝对值为 1 时，得到 $20\lg\left|\dot{A}(\mathrm{j}\omega)/A_0\right|=20\lg\left|1/\sqrt{2}\right|\approx-3\mathrm{dB}$，因此，通带的截止频率可以由 $\left|Q\left(\dfrac{\omega}{\omega_0}-\dfrac{\omega_0}{\omega}\right)\right|=1$ 求出。解这个方程，取正根，可得图 8.1.13 所示电路的两个截止角频率分别为

$$\begin{cases} \omega_{\mathrm{L}} = \dfrac{\omega_0}{2}\left(\sqrt{4+\dfrac{1}{Q^2}} - \dfrac{1}{Q}\right) \\[4mm] \omega_{\mathrm{H}} = \dfrac{\omega_0}{2}\left(\sqrt{4+\dfrac{1}{Q^2}} + \dfrac{1}{Q}\right) \end{cases} \quad （8.1.25）$$

于是，带宽

$$BW = f_{\mathrm{H}} - f_{\mathrm{L}} = \omega_{\mathrm{H}}/(2\pi) - \omega_{\mathrm{L}}/(2\pi) = \omega_0/(2\pi Q) = f_0/Q \quad （8.1.26\mathrm{a}）$$

考虑到 $Q = 1/(3 - A_{vf})$ 和 $A_{vf} = 1 + R_{\mathrm{f}}/R_1$，则带宽还可写为

$$BW = f_0(3 - A_{vf}) = f_0(2 - R_{\mathrm{f}}/R_1) \quad （8.1.26\mathrm{b}）$$

上式表明，改变电阻 $R_{\mathrm{f}}$ 或 $R_1$ 就可以改变通带宽度，并不影响中心频率 $f_0$。为了避免 $A_{vf} = 3$ 时发生自激振荡，一般取 $R_{\mathrm{f}} < 2R_1$。考虑到滤波电路性能对元件的误差相当敏感，电路宜选用精密的电阻和电容。

### 4．带阻滤波器

带阻滤波电路用来抑制或衰减某一频段的信号，而让该频段以外的所有信号通过。这种滤波电路也称为陷波电路，经常用于电子系统的抗干扰。

通过从输入信号中减去带通滤波电路处理过的信号，就可得到带阻滤波后的信号，这是实现带阻滤波的思路之一，读者可自行分析。

这里讨论另一种方案，即将低通滤波电路和高通滤波电路并联，且使低通滤波电路的截止频率低于高通滤波电路的截止频率，便可获得带阻滤波电路，如图 8.1.15 所示。图中，起滤波作用的电阻和电容组成双 T 形网络，故称为双 T 形带阻滤波电路。

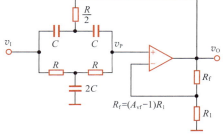

图 8.1.15　双 T 形带阻滤波电路

不难导出电路的传递函数

$$A(s) = \frac{V_{\mathrm{o}}(s)}{V_{\mathrm{i}}(s)} = \frac{A_{vf}\left[1 + \left(\dfrac{s}{\omega_0}\right)^2\right]}{1 + 2(2 - A_{vf})\dfrac{s}{\omega_0} + \left(\dfrac{s}{\omega_0}\right)^2} = \frac{A_0\left[1 + \left(\dfrac{s}{\omega_0}\right)^2\right]}{1 + \dfrac{1}{Q}\cdot\dfrac{s}{\omega_0} + \left(\dfrac{s}{\omega_0}\right)^2}$$

或

$$\dot{A}(\mathrm{j}\omega) = \frac{A_0\left[1 + \left(\dfrac{\mathrm{j}\omega}{\omega_0}\right)^2\right]}{1 + \dfrac{1}{Q}\cdot\dfrac{\mathrm{j}\omega}{\omega_0} + \left(\dfrac{\mathrm{j}\omega}{\omega_0}\right)^2} \quad （8.1.27）$$

式中，$\omega_0 = \dfrac{1}{RC}$，其既是特征角频率，也是带阻滤波电路的中心角频率；$A_{vf} = A_0 = 1 + \dfrac{R_{\mathrm{f}}}{R_1}$ 为

带阻滤波电路的通带电压增益；$Q$ 为等效品质因数，$Q = \dfrac{1}{2(2 - A_0)}$。该电路稳定工作的前提条件

是 $1 \leqslant A_0 < 2$，如果 $A_0 = 1$，则 $Q = 0.5$，增大 $A_0$，$Q$ 将随之增大。当 $A_0$ 趋近 2 时，$Q$ 趋向无穷大。

因此，$A_0$ 越接近 2，$|\dot{A}(\mathrm{j}\omega)|$ 越大，带阻滤波电路的选频特性越好，即阻断的频率范围越小。图 8.1.15 所示带阻滤波电路的幅频响应曲线如图 8.1.16 所示。

前面主要分析了二阶有源滤波电路的传递函数和幅频响应。为便于对比分析，现将 4 种滤波电路的传递函数列于表 8.1.1 中。表中 $\omega_{\mathrm{c}}$ 为特征角频率，$\omega_0$ 为带通、带阻滤波器的中心角频率。

不同类型滤波电路的传递函数仅分子有区别，注意这些区别有助于识别滤波电路的功能。

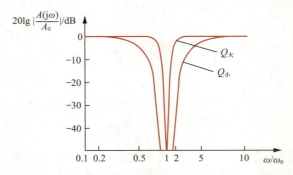

图 8.1.16　图 8.1.15 所示带阻滤波电路的幅频响应曲线

**表 8.1.1　4 种滤波电路的传递函数 [①]**

| 功能 | 传递函数 | 功能 | 传递函数 |
|---|---|---|---|
| 低通 | $\dfrac{A_0}{1+\dfrac{1}{Q}\cdot\dfrac{s}{\omega_c}+\left(\dfrac{s}{\omega_c}\right)^2}$ | 带通 | $\dfrac{A_0\dfrac{s}{Q\omega_0}}{1+\dfrac{1}{Q}\cdot\dfrac{s}{\omega_0}+\left(\dfrac{s}{\omega_0}\right)^2}$ |
| 高通 | $\dfrac{A_0\cdot\left(\dfrac{s}{\omega_c}\right)^2}{1+\dfrac{1}{Q}\cdot\dfrac{s}{\omega_c}+\left(\dfrac{s}{\omega_c}\right)^2}$ | 带阻 | $\dfrac{A_0\left[1+\left(\dfrac{s}{\omega_0}\right)^2\right]}{1+\dfrac{1}{Q}\cdot\dfrac{s}{\omega_0}+\left(\dfrac{s}{\omega_0}\right)^2}$ |

## 8.1.4　二阶低通滤波电路的 MultiSim 仿真

（1）在 MultiSim 中构建例 8.1.1 所示的二阶低通滤波器，如图 8.1.17（a）所示。其中，XBP1 为波特图仪（Bode Plotter），它是一种用来测量和显示被测电路幅频、相频特性曲线的仪表，在测量时，它能够自动产生一个频率范围很大的扫频信号。注意，用波特图仪测量电路的频率特性时，被测电路中必须有一个交流信号源，但该信号源的幅度和频率对分析结果无影响。

（2）双击 XBP1 图标，弹出显示窗口，并在右侧设置相应的参数，运行仿真，得到图 8.1.17（b）所示的幅频特性曲线。在 Mode 区，单击 Magnitude 按钮，左侧窗口显示幅频特性曲线；若单击 Phase 按钮，则显示相频特性曲线。在 Horizontal 区，设置水平坐标，单击 Log 按钮，即 $x$ 轴的刻度取对数，扫描的起始频率 I（Initial）设置为 1Hz，终止频率 F（Final）设置为 10kHz；在 Vertical 区，设置垂直坐标，单击 Log 按钮，即 $y$ 轴的刻度取对数（$20\lg(V_o/V_i)$），单位为 dB。

（3）移动波特图仪上的光标，可读出 10Hz 附近的通带电压增益为 4.041dB，当光标移到 1.046dB 时，可读出滤波器的上限频率为 483.731Hz，此点的电压增益正好比通带电压增益下降了约 3dB。由于 $20\lg A_{vf}=4.041$dB 对应 $A_{vf}=1.66$，代入式（8.1.13），计算得到此时的 $Q=\dfrac{1}{3-A_{vf}}\approx0.75$。对比例 8.1.1 中的计算结果，两者基本一致。

（4）如果将负反馈电阻改成 $R_f=51$kΩ，则其通带电压增益为 9.214dB，得到的幅频特性曲线

---

① 如果将表 8.1.1 中的 $(s/\omega_c)$ 看成归一化的复频率，并用 $s_n$ 来表示，则二阶传递函数的表达式更简洁。

如图 8.1.17（c）所示。此时，对应的 $Q \approx 9$，在频率为 479.569Hz 处，出现升峰现象，此时的增益为 28.261dB。

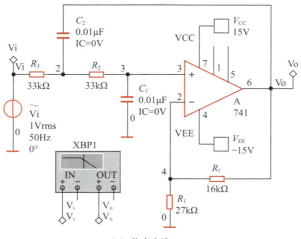

（a）仿真电路

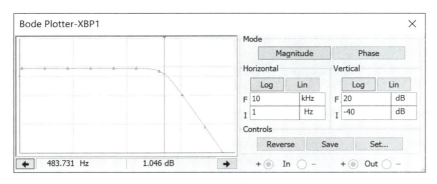

（b）幅频特性曲线1

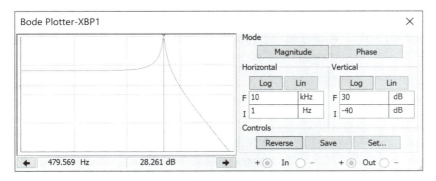

（c）幅频特性曲线2

图 8.1.17　例 8.1.1 的二阶低通滤波电路

## 8.1.5　滤波器设计软件简介

实际上，设计一个满足特定需求的高阶滤波电路是一项比较复杂的电路综合任务，通常可以借助模拟滤波器的软件设计工具来完成。常用的滤波器设计软件有 Nuhertz 公司的 Filter

Solutions，德州仪器（Texas Instruments，TI）公司的免费网页版有源滤波器设计软件Filter Design Tool 和 Windows 桌面版 FilterPro，ADI 公司的 Analog Filter Wizard，Maxim 公司的 FilterLab，Schematica 公司的 Filter Wiz PRO 等。这些软件可以帮助我们完成无源或者有源滤波电路的设计。

下面以 TI 公司的 FilterPro Desktop 3.1 为例，介绍滤波器设计步骤。

**例8.1.2** 采用图8.1.8所示压控电压源型二阶低通滤波电路结构，设计一个二阶巴特沃斯低通滤波器，要求截止频率 $f_H$=1kHz，$Q$=0.707。

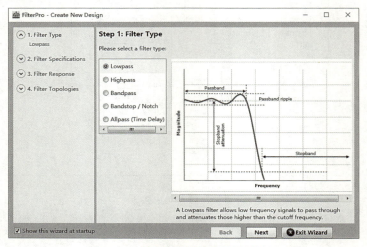

图 8.1.18　创建新设计并选择低通滤波器

**解：** 根据式（8.1.13），得到通带电压增益

$$A_{vf} = 3 - \frac{1}{Q} = 3 - \frac{1}{0.707} \approx 1.586$$

二阶巴特沃斯低通滤波器在通带内幅频响应曲线最大限度平坦，没有起伏，在过渡带内以 $-40$dB/十倍频的斜率下降，所以，在 $f_c$=10kHz 处的幅度比通带增益下降40dB，即

$$20 \lg A_{vf} - 40\text{dB} = 20 \lg 1.586 - 40\text{dB} = (4.006 - 40)\text{dB} \approx -36\text{dB}$$

下面运行滤波器程序，根据滤波器设计向导中给出的4个步骤来确定元器件参数。具体操作如下。

（1）运行 FilterPro Desktop 3.1，自动弹出创建新设计的步骤1界面，即选择低通滤波器，如图8.1.18所示。

（2）单击 Next 按钮，进入步骤2界面，即设置滤波器的技术指标，如图8.1.19所示。在这

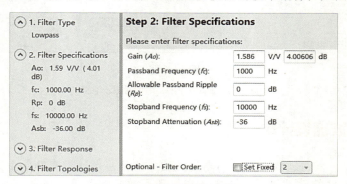

图 8.1.19　设置滤波器的技术指标

里，设置通带增益为1.586（软件自动计算出相应的4.00606dB）、截止频率为1000Hz、允许的通带纹波为0dB、阻带频率10kHz处的衰减值为−36dB。

（3）单击Next按钮，进入步骤3界面，即选择滤波器的频率响应，这里选择巴特沃斯类型，如图8.1.20所示。

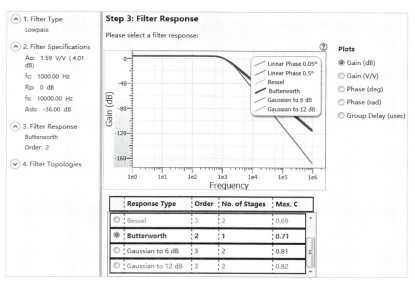

图 8.1.20　选择滤波器的频率响应

（4）单击Next按钮，进入步骤4界面，即选择滤波器的电路拓扑结构，这里选择Sallen-Key（即压控电压源型），如图8.1.21所示。

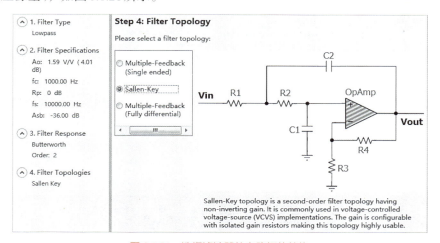

图 8.1.21　选择滤波器的电路拓扑结构

（5）单击Finish按钮，完成设计，出现图8.1.22所示的设计结果汇总界面。单击界面上面的第3个选项卡图标（BOM），得到元器件清单，其界面如图8.1.23所示。图中的电阻和电容使用的是理想元件，其容差为0%。

在界面的右上角，可以根据实际情况，选择不同容差（Tolerance）系列的电阻和电容，可供选择的系列分为E192（容差不大于0.5%）、E96（容差不大于1%）、E48（容差不大于2%）、E24（容差不大于5%）、E12（容差不大于10%）和E6（容差不大于20%）。选择一个系列后，软件重新计算所有电阻和电容的值，并选择该系列中最接近的值作为最终结果，以满足电路的设计指标。

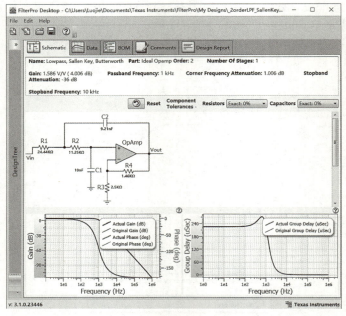

图 8.1.22　设计结果汇总界面

**Name:** Lowpass, Sallen Key, Butterworth **Part:** Ideal Opamp **Order:** 2 **Number Of Stages:** 1

**Gain:** 1.586 V/V ( 4.006 dB) **Passband Frequency:** 1 kHz **Corner Frequency Attenuation:** 1.006 dB **Stopband Attenuation:** -36 dB

**Stopband Frequency:** 10 kHz

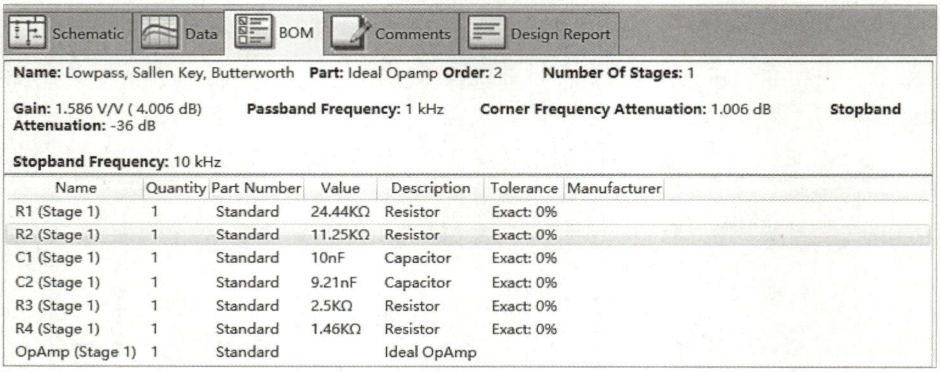

| Name | Quantity | Part Number | Value | Description | Tolerance | Manufacturer |
|---|---|---|---|---|---|---|
| R1 (Stage 1) | 1 | Standard | 24.44KΩ | Resistor | Exact: 0% | |
| R2 (Stage 1) | 1 | Standard | 11.25KΩ | Resistor | Exact: 0% | |
| C1 (Stage 1) | 1 | Standard | 10nF | Capacitor | Exact: 0% | |
| C2 (Stage 1) | 1 | Standard | 9.21nF | Capacitor | Exact: 0% | |
| R3 (Stage 1) | 1 | Standard | 2.5KΩ | Resistor | Exact: 0% | |
| R4 (Stage 1) | 1 | Standard | 1.46KΩ | Resistor | Exact: 0% | |
| OpAmp (Stage 1) | 1 | Standard | | Ideal OpAmp | | |

图 8.1.23　元器件清单界面

## *8.2 开关电容滤波器

前面讨论的有源*RC*滤波电路，由于要求有较大的电容和精确的*RC*时间常数，以致在芯片上制造集成组件难度较大，甚至不可能。随着MOS工艺迅速发展，一种由电容、MOS开关管和MOS运放组成的开关电容滤波器（Switched Capacitor Filter，SCF）实现了单片集成化，并得到广泛应用。这种滤波器具有成本低、体积小、功耗低、温度稳定性好、易于制造等优点，可以对频率在零点几赫兹到几百千赫兹范围内的模拟信号进行滤波。但是，它会产生比传统有源滤波器更大的噪声。

### 1．基本原理

图8.2.1（a）所示是一个有源*RC*积分器。在图8.2.1（b）中，用一个接地电容$C_1$和用作开关的源、漏两个电极可互换的增强型MOSFET $VT_1$、$VT_2$（此处用的是简化符号）来代替输入电阻$R_1$。

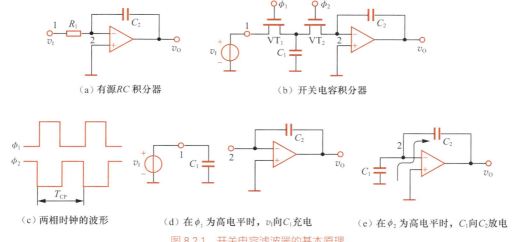

（a）有源 $RC$ 积分器 　　　　　　　　（b）开关电容积分器

（c）两相时钟的波形 　　（d）在 $\phi_1$ 为高电平时，$v_1$ 向 $C_1$ 充电 　　（e）在 $\phi_2$ 为高电平时，$C_1$ 向 $C_2$ 放电

图 8.2.1　开关电容滤波器的基本原理

其中 $VT_1$、$VT_2$ 用不重叠的两相时钟脉冲 $\phi_1$ 和 $\phi_2$ 来驱动。图 8.2.1（c）给出了两相时钟的波形。假定时钟频率 $f_{CP}$（其等于 $1/T_{CP}$）远高于被滤波的信号频率，那么，在 $\phi_1$ 为高电平时，$VT_1$ 导通而 $VT_2$ 截止［见图 8.2.1（d）］。此时 $C_1$ 与输入信号 $v_1$ 相连并被充电，即有

$$q_{c1}=C_1v_I$$

而在 $\phi_2$ 为高电平时，$VT_1$ 截止、$VT_2$ 导通。于是 $C_1$ 转接到运放的输入端，如图 8.2.1（e）所示。此时 $C_1$ 放电，所充电荷 $q_{c1}$ 传输到 $C_2$ 上。

由此可见，在每一时钟周期 $T_{CP}$ 内，从信号源中提取的电荷 $q_{c1}=C_1v_I$ 供给了积分电容 $C_2$。因此，在节点 1、2 之间流过的平均电流

$$i_{av}=\frac{C_1v_I}{T_{CP}}=C_1v_If_{CP}$$

如果 $T_{CP}$ 足够短，可以近似认为这个过程是连续的。将这个表达式与欧姆定律进行比较，就可以在 1、2 两节点之间定义一个等效电阻 $R_{eq}$，即

$$R_{eq}=\frac{v_I}{i_{av}}=\frac{T_{CP}}{C_1}=\frac{1}{C_1f_{CP}} \tag{8.2.1}$$

这说明，电路两节点间接有带高速开关的电容，就相当于该两节点间连接一个等效电阻。因此就可得到一个等效的积分器时间常数 $\tau$，即

$$\tau=C_2R_{eq}=T_{CP}\frac{C_2}{C_1} \tag{8.2.2}$$

显然，影响滤波器频率响应的时间常数取决于时钟周期 $T_{CP}$ 和电容比值 $C_2/C_1$，而与电容的绝对数值无关。在 MOS 工艺中，同一个芯片上电容比值的精度可以控制在 0.1% 以内。这样，只要合理选用时钟频率（如 100kHz）和不太大的电容比值（如 10），对于低频应用来说，就可获得合适的大时间常数（如 $10^{-4}$ s）。

**2．开关电容滤波器举例**

图 8.2.2（a）所示为一阶低通滤波电路（在时域里看，它就是比例积分电路），其传递函数

$$A(s)=\frac{V_o(s)}{V_i(s)}=-\frac{R_f}{R_1}\cdot\frac{1}{1+sR_fC_f}=\frac{A_0}{1+s/\omega_c} \tag{8.2.3}$$

$-3\mathrm{dB}$ 截止角频率

$$\omega_{3dB}=\omega_c=\frac{1}{R_fC_f} \tag{8.2.4a}$$

或

$$f_H = \frac{1}{2\pi R_f C_f} \qquad (8.2.4b)$$

如果所需的截止频率为 10kHz 且 $C_f$=10pF，则所需电阻 $R_f$ 约为 1.6MΩ。此外，如果要求的增益 $A_0 = -\dfrac{R_f}{R_1} = -10$，那么电阻 $R_1$ 必须为 160kΩ。

图 8.2.2（b）所示为图 8.2.2（a）所示电路的等效开关电容滤波电路。其传递函数仍如式（8.2.3）所示，式中 $R_f$=$R_{feq}$=$1/(f_{CP} C_2)$，$R_1$=$R_{1eq}$=$1/(f_{CP} C_1)$，则传递函数变为

$$A(j\omega) = -\frac{1/(f_{CP} C_2)}{1/(f_{CP} C_1)} \cdot \frac{1}{1+j\dfrac{2\pi f C_f}{f_{CP} C_2}} = -\frac{C_1}{C_2} \cdot \frac{1}{1+j\dfrac{f}{f_H}} \qquad (8.2.5)$$

低频增益为 $-C_1/C_2$（即两个电容的比值），并且 $-3dB$ 截止频率

$$f_H = f_{CP} C_2 / (2\pi C_f)$$

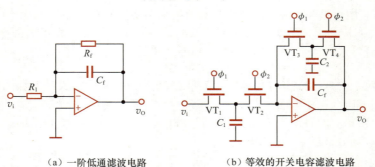

（a）一阶低通滤波电路　　　　　（b）等效的开关电容滤波电路

图 8.2.2　开关电容滤波器举例电路

### 3. 开关电容滤波器的类型

1978 年以来，国外已批量生产了各种开关电容滤波器，在脉冲编码调制（Pulse Code Modulation，PCM）通信、语音信号处理等领域得到了广泛应用。Linear Technology[①] 和 Maxim 等公司提供多种不同型号的开关电容滤波器，主要有专用型和通用型两大类。

专用型开关电容滤波器已经根据确定的传递函数（巴特沃斯、贝塞尔和椭圆等函数）完成了配置，不需要外接电阻就能实现低通滤波，有许多产品可供选择。使用时，除了提供电源外，只需要将一个特定频率的时钟信号连接到时钟引脚，其频率通常是滤波器截止频率的 100 倍或者 50 倍不等。例如，LTC1069-6 是一个 8 阶椭圆低通滤波器，有 8 个引脚。它的通带纹波为 ±0.1dB，最高截止频率为 20kHz。图 8.2.3 所示是截止频率为 5kHz 时的连接示意。

通用型开关电容滤波器通过连接外部电阻，可以实现低通、高通、带通和全通滤波。一般会将多个二阶电路制造在一个芯片中，于是可以将它们级联，在单个芯片上实现高阶滤波。典型产品有 LTC 1060、LTC 1061、LTC 1064、LTC 1067、LTC 1068、MAX260 ～ MAX266 等。

总之，开关电容滤波器的滤波特性取

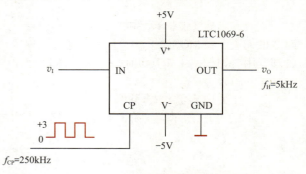

图 8.2.3　用 LTC1069-6 构成 8 阶椭圆低通滤波电路

---

① 该公司于 2017 年被 ADI 公司收购。

决于电容比值和时钟频率，可实现高精度和高稳定滤波，同时便于集成。

# 8.3　正弦波振荡电路

在没有外部交流输入信号的情况下，能够产生一定频率和固定幅度的重复波形的电路称为振荡电路。振荡电路输出的波形可以是正弦波、方波或三角波等。本节讨论正弦波振荡电路，后面再讨论非正弦波振荡电路。

## 8.3.1　正弦波振荡电路的工作原理

### 1．振荡的平衡条件

正弦波振荡电路按照电路形式可分为 $RC$ 振荡电路、$LC$ 振荡电路和石英晶体振荡电路等，它们的基本工作原理是相同的，可以用图 8.3.1 来描述。图 8.3.1（a）表明正弦波振荡电路就是一个没有输入信号的正反馈放大电路，图 8.3.1（b）所示是其等价形式。由图可知，如果在放大电路的输入端（1 端）外接一定频率、一定幅度的正弦波信号 $\dot X_a$，经过基本放大电路后输出信号 $\dot X_o = \dot A \dot X_a$，再经反馈网络传输后，在反馈网络的输出端（2 端）得到反馈信号 $\dot X_f = \dot F \dot X_o = \dot A \dot F \dot X_a$。

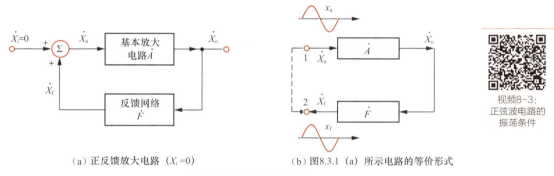

（a）正反馈放大电路（$X_i = 0$）　　　（b）图8.3.1（a）所示电路的等价形式

视频8-3：
正弦波电路的
振荡条件

图 8.3.1　正弦波振荡电路

只要适当地选择电路参数和引入必需的反馈极性，使反馈信号 $\dot X_f$ 的大小和相位都和输入信号 $\dot X_a$ 相同，就可以去掉外接信号 $\dot X_a$，而将 1、2 两端连接在一起［见图 8.3.1（b）中的虚线所示］形成闭环系统，其输出端可能继续维持与开环时一样的输出信号[①]，从而产生持续、稳定的输出信号（也称为自激振荡）。

这样，根据 $\dot X_f = \dot X_a$ 的要求，整个环路的增益

$$\frac{\dot X_f}{\dot X_a} = \frac{\dot X_o}{\dot X_a} \cdot \frac{\dot X_f}{\dot X_o} = 1$$

或

$$\dot A \dot F = 1 \tag{8.3.1}$$

式（8.3.1）称为振荡的平衡条件，又称为维持自激振荡的条件。这里"平衡"的含义是振荡电路的输出信号的大小和相位始终不变。

注意，这里 $\dot A$ 和 $\dot F$ 都是复数。设 $\dot A = A_{\underline{/\varphi_a}}$，$\dot F = F_{\underline{/\varphi_f}}$，则式（8.3.1）可改写为

---

[①] 图 8.3.1（b）中省略了基本放大电路的输入阻抗对反馈网络的负载效应。

$$\dot{A}\dot{F}=AF_{/\varphi_{\mathrm{a}}+\varphi_{\mathrm{f}}}=1$$

于是自激振荡的平衡条件可以表示为振幅平衡条件和相位平衡条件两方面。

（1）振幅平衡条件

$$|\dot{A}\dot{F}|=AF=1 \tag{8.3.2}$$

式（8.3.2）表明，电路进入稳定的持续振荡后，反馈信号与输入信号的大小相同，电路输出等幅振荡信号。若 $AF<1$，则振荡电路的输出将越来越小，最后停止振荡，这种情况称为减幅振荡。若 $AF>1$，则振荡电路的输出将越来越大，这种情况称为增幅振荡。

（2）相位平衡条件

$$\varphi_{\mathrm{a}}+\varphi_{\mathrm{f}}=2n\pi,\ \ n=0,1,2,\cdots \tag{8.3.3}$$

式（8.3.3）表明，放大电路和反馈网络的相移之和（即总相移）必须等于 $2\pi$ 的整数倍，使反馈信号与输入信号的相位相同，以保证环路构成正反馈。

对于一个正弦波振荡电路来说，只可能在一个频率下满足相位平衡条件，这个频率就是振荡电路的振荡频率 $f_0$，这就要求在 $\dot{A}$ 和 $\dot{F}$ 环路中必须包含一个具有选频特性的网络——选频网络，选频网络只允许频率等于所选振荡频率的信号满足 $\dot{X}_{\mathrm{f}}=\dot{X}_{\mathrm{a}}$ 的条件而产生自激振荡。选频网络既可以放置在放大电路 $\dot{A}$ 中，也可以放置在反馈网络 $\dot{F}$ 中，既可以用 $R$、$C$ 元件组成，也可以用 $L$、$C$ 元件组成。我们把用 $R$、$C$ 元件组成选频网络的称为 RC 振荡电路，而把用 $L$、$C$ 元件组成选频网络的称为 LC 振荡电路。

注意，在电路结构上，负反馈放大电路自激振荡与正弦波振荡电路有相似之处。由于反馈信号送到比较环节输入端的"+""−"符号不同，负反馈放大电路的振荡平衡条件应是 $\dot{A}\dot{F}=-1$，而正弦波振荡电路的振荡平衡条件为 $\dot{A}\dot{F}=1$，环路增益都为 1，但相位条件不一致。

### 2. 振荡的起振条件

前面讨论自激振荡条件时，曾假设先给放大电路外加一个输入信号 $\dot{X}_{\mathrm{a}}$，当正弦波振荡电路满足 $\dot{A}\dot{F}=1$ 时，电路维持等幅振荡。但实际的振荡电路一般不会外加激励信号，那么，振荡是如何建立起来的呢？实际上，电路中的元器件都是有噪声的，而且它们的频谱分布很广，当电路刚接通电源时，出现在电路中幅度很小的噪声信号一定会包含 $f=f_0$ 这样的一个频率分量，经过选频网络的选频作用，只有频率为 $f_0$ 的信号满足相位平衡条件，而其余频率成分的信号则不会满足该条件。只要此时满足 $AF>1$，就能形成增幅振荡，这样，频率为 $f_0$ 的噪声信号的幅度在环路中被不断地放大，自激振荡便慢慢地建立起来。因此，振荡电路的起振条件为

$$\dot{A}\dot{F}>1 \longrightarrow \begin{cases} AF>1 \\ \varphi_A+\varphi_F=2n\pi \end{cases} n=0,\pm1,\pm2,\cdots \tag{8.3.4}$$

上式表明，振荡的建立除了要满足相位平衡条件外，还应该满足幅值条件 $AF>1$。

在建立振荡的过程中，频率为 $f_0$ 的输出信号幅度必然越来越大，将出现一个增幅振荡的过程。如果在振荡电路中存在非线性环节，它能随着振荡幅度的增大自动减小 $A$ 或 $F$ 的值，这样在振荡建立的初期，振荡的幅度较小，振荡电路的 $AF>1$，振幅不断增大，当振幅增大到一定数值后，$AF=1$，振荡幅度将自动稳定下来，电路进入平衡状态。

### 3. 正弦波振荡电路的分析方法

正弦波振荡电路的分析方法如下。

（1）观察电路是否含有放大器、正反馈网络、选频网络及稳幅环节等组成部分。注意，放大电路中的放大器可以是晶体管（如 BJT、MOSFET、JFET）、集成运放等。

（2）用瞬时极性法判断电路是否满足振荡的相位平衡条件。

（3）判断电路是否满足起振的幅值条件。由于正弦波振荡电路中起振条件相对来说比较容易满足，通常可以不判断幅值条件。

（4）根据选频网络参数，估算振荡频率。

## 8.3.2　*RC* 桥式正弦波振荡电路

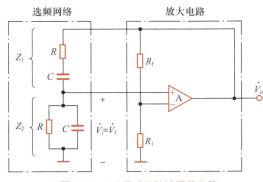

图 8.3.2　*RC* 桥式正弦波振荡电路

*RC* 正弦波振荡电路有桥式振荡电路、移相式振荡电路和双 T 形网络式振荡电路等类型，主要用来产生 1MHz 以下的正弦波。下面讨论常用的桥式振荡电路。

### 1. 电路的组成

图 8.3.2 所示是 *RC* 桥式正弦波振荡电路，这个电路由两部分组成，即放大电路和选频网络。其中，放大电路为集成运放所组成的电压串联负反馈放大电路（即同相比例放大电路），具有输入阻抗高和输出阻抗低的特点，而选频网络则由 *RC* 串并联网络（$Z_1$、$Z_2$）组成，同时兼作正反馈网络。从结构上来看，正弦波振荡电路是一个没有输入信号且带选频网络的正反馈放大器。

由图 8.3.2 可知，$Z_1$、$Z_2$ 和 $R_1$、$R_f$ 正好形成一个四臂电桥，电桥的对角线顶点接到放大电路的两个输入端，桥式振荡电路的名称即由此得来[①]。下面首先分析 *RC* 串并联网络的选频特性，然后根据正弦波振荡电路的振幅平衡条件及相位平衡条件设计合适的放大电路指标，就可以构成一个完整的振荡电路。

### 2. *RC* 串并联选频网络的选频特性

*RC* 串并联选频网络如图 8.3.3（a）所示。选频网络的输入电压为运放的输出电压 $\dot{V}_o$，选频网络的输出电压 $\dot{V}_f$ 为运放的输入电压。由于电路中存在两个电容性元件 $C$，因此选频网络的输出电压 $\dot{V}_f$ 必定与频率相关。

根据图 8.3.3（a），有

$$Z_1 = R + \frac{1}{sC} = \frac{1 + sCR}{sC}$$

$$Z_2 = R // \frac{1}{sC} = \frac{R}{1 + sCR}$$

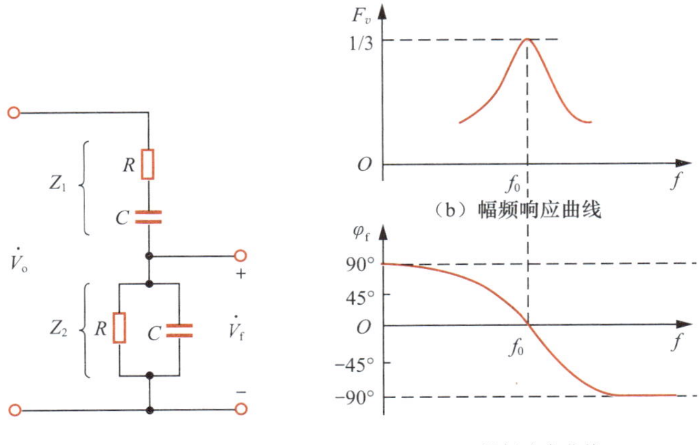

（a）*RC* 串并联选频网络

（b）幅频响应曲线

（c）相频响应曲线

图 8.3.3　*RC* 串并联选频网络的频率响应

视频8-4：
*RC*正弦波
振荡器

用 *RC* 串并联网络的输出信号除以输入信号，得到传递函数

---

[①] 这种振荡电路常称为文氏电桥（Wien bridge）振荡电路。

$$F_v(s) = \frac{V_f(s)}{V_o(s)} = \frac{Z_2}{Z_1 + Z_2}$$

$$= \frac{sCR}{1 + 3sCR + (sCR)^2} \tag{8.3.5}$$

它也是振荡电路的反馈系数。就实际的频率而言，可用 $s = j\omega$ 替换，则得

$$\dot{F}_v = \frac{j\omega RC}{(1 - \omega^2 R^2 C^2) + j3\omega RC}$$

如果令 $\omega_0 = \dfrac{1}{RC}$，则上式变为

$$\dot{F}_v = \frac{1}{3 + j\left(\dfrac{\omega}{\omega_0} - \dfrac{\omega_0}{\omega}\right)} \tag{8.3.6}$$

由此可得 $RC$ 串并联网络的幅频响应及相频响应的表达式

$$F_v = |\dot{F}_v| = \frac{1}{\sqrt{3^2 + \left(\dfrac{\omega}{\omega_0} - \dfrac{\omega_0}{\omega}\right)^2}} \tag{8.3.7}$$

和

$$\varphi_f = -\arctan\frac{\left(\dfrac{\omega}{\omega_0} - \dfrac{\omega_0}{\omega}\right)}{3} \tag{8.3.8}$$

由式（8.3.7）及式（8.3.8）可知，当

$$\omega = \omega_0 = \frac{1}{RC} \text{ 或 } f = f_0 = \frac{1}{2\pi RC} \tag{8.3.9}$$

时，幅频响应的幅值为最大，即

$$F_{v\max} = \frac{1}{3} \tag{8.3.10}$$

而相频响应的相位角为零，即

$$\varphi_f = 0° \tag{8.3.11}$$

根据式（8.3.7）和式（8.3.8）可画出 $RC$ 串并联网络的幅频响应曲线及相频响应曲线，如图 8.3.3（b）和（c）所示。由此可见，$\omega = \omega_0$ 是一个特殊的频率点，此时，反馈系数 $F_v$ 达到最大值 1/3，相位角 $\varphi_f$ 为 0°，即 $RC$ 串并联网络的输出电压与输入电压同相。由图 8.3.3（b）可看出，该网络实际上是一个无源的带通滤波电路。

### 3．工作原理

图 8.3.2 中，将 $RC$ 串并联选频网络和放大电路结合起来组成 $RC$ 正弦波振荡电路。当 $\omega = \omega_0 = 1/RC$ 时，经 $RC$ 选频网络传输到运放同相输入端的电压 $\dot{V}_f$ 与 $\dot{V}_o$ 同相，即有 $\varphi_f = 0°$；而运放 A 构成同相放大电路，有 $\varphi_a = 0°$，于是 $\varphi_a + \varphi_f = 0°$。这样，放大电路和由 $Z_1$、$Z_2$ 组成的反馈网络刚好形成正反馈系统，满足式（8.3.3）的相位平衡条件，因而有可能发生振荡。根据式（8.3.10）可知，此时反馈网络的反馈系数 $F_v = 1/3$，所以，只要集成运放组成的同相放大电路的电压增益 $A_v \geqslant 3$，就能满足电路的起振条件和幅值平衡条件，输出频率为 $\omega_0$ 的正弦波信号。所以，图 8.3.2 所示电路的起振条件为

$$|\dot{A}_v(j\omega_0)| = \left(1 + \frac{R_f}{R_1}\right) > 3 \text{ 或 } R_f > 2R_1 \tag{8.3.12}$$

当输出幅值达到规定值时，要通过电路中非线性元件的限制，使 $|\dot{A}_v(\mathrm{j}\omega_0)|$ 自动等于3，满足幅值平衡条件 $A_vF_v=1$，从而使振荡幅度稳定下来，即稳幅时应有

$$R_\mathrm{f}=2R_1 \qquad\qquad (8.3.13)$$

### 4．稳幅措施

为了起振后能实现稳幅，可以在放大电路的负反馈回路里采用非线性元件来自动调整反馈的强弱以维持输出电压恒定。例如，在图 8.3.2 所示的电路中，$R_\mathrm{f}$ 可用一个温度系数为负的热敏电阻代替。当输出电压 $|\dot{V}_o|$ 增大时，通过负反馈回路的电流 $|\dot{I}_\mathrm{f}|$ 也随之增加，$R_\mathrm{f}$ 的功耗增加，温度升高，结果使 $R_\mathrm{f}$ 的阻值减少，$|\dot{A}_v|$ 减小，从而使输出电压 $|\dot{V}_o|$ 下降；反之，当 $|\dot{V}_o|$ 下降时，由于热敏电阻的自动调整作用，将使 $|\dot{V}_o|$ 回升，因此，可以维持输出电压基本恒定。

---

**例8.3.1**　根据图8.3.2，设计一个振荡频率为1kHz的正弦波振荡电路。

**解：**（1）选取一个合适的电容值，取 $C=0.01\mu\mathrm{F}$。

（2）由式（8.3.9）计算 $R$ 的值：

$$R=\frac{1}{2\pi f_0 C}=\frac{1}{2\pi\times1\mathrm{kHz}\times0.01\mu\mathrm{F}}\approx15.92\mathrm{k}\Omega$$

选取标称电阻值 $R=16\mathrm{k}\Omega$。

（3）选取 $R_1$ 的阻值，令 $R_1=10\mathrm{k}\Omega$，由式（8.3.13）有

$$R_\mathrm{f}=2R_1=2\times10\mathrm{k}\Omega=20\mathrm{k}\Omega$$

为了满足式（8.3.12）的起振条件，$R_\mathrm{f}$ 可以采用具有负温度系数的热敏电阻。电路未工作（冷电路）时，要求 $R_\mathrm{f}>20\mathrm{k}\Omega$。

---

**例8.3.2**　图8.3.4所示为 $RC$ 桥式正弦波振荡电路，已知 A 为741型集成运放，其最大输出电压为 $\pm14\mathrm{V}$。

（1）图中用二极管 $\mathrm{VD}_1$、$\mathrm{VD}_2$ 作为自动稳幅元件，试分析它的稳幅原理。

（2）设电路已产生稳幅正弦波振荡，当输出电压达到正弦波峰值时，二极管的正向压降约为0.6V，试粗略估算输出电压的峰值 $V_{\mathrm{om}}$。

（3）试定性说明当 $R_2$ 不慎短路时输出电压 $v_o$ 的波形。

（4）试定性说明当 $R_2$ 不慎断开时输出电压 $v_o$ 的波形并标明振幅。

**解：**（1）稳幅原理：图8.3.4中 $\mathrm{VD}_1$、$\mathrm{VD}_2$ 的作用：当 $v_o$ 幅值很小时，二极管 $\mathrm{VD}_1$、$\mathrm{VD}_2$ 相当于开路，由 $\mathrm{VD}_1$、$R_3$ 和 $\mathrm{VD}_2$ 组成的并联支路的等效电阻近似为 $R_3\approx2.7\mathrm{k}\Omega$，$A_v=(R_1+R_2+R_3)/R_1\approx3.3>3$，有利于起振；反之，当 $v_o$ 幅值较大时，$\mathrm{VD}_1$ 或 $\mathrm{VD}_2$ 导通，由 $R_3$、$\mathrm{VD}_1$ 和 $\mathrm{VD}_2$ 组成的并联支路的等效电阻减小，$A_v$ 随之下降，$v_o$ 幅值趋于稳定。

（2）估算 $V_{\mathrm{om}}$。

由稳幅时 $A_v\approx3$，可求出对应输出正弦波 $V_{\mathrm{om}}$ 一点相应的 $\mathrm{VD}_1$、$\mathrm{VD}_2$ 和 $R_3$ 并联的等效电阻 $R_3'\approx1.1\mathrm{k}\Omega$。由于流过 $R_3'$ 的电流等于流过 $R_1$、$R_2$ 的电流，故有

$$\frac{0.6\mathrm{V}}{1.1\mathrm{k}\Omega}=\frac{V_{\mathrm{om}}}{1.1\mathrm{k}\Omega+5.1\mathrm{k}\Omega+9.1\mathrm{k}\Omega}$$

即

$$V_{\mathrm{om}}=\frac{15.3\mathrm{k}\Omega\times0.6\mathrm{V}}{1.1\mathrm{k}\Omega}\approx8.35\mathrm{V}$$

（3）当 $R_2=0$ 时，$A_v<3$，电路停振，$v_o=0$ 为一条与时间轴重合的直线。

（4）当 $R_2$ 断开时，$A_v\rightarrow\infty$，理想情况下，$v_o$ 为方波，但由于受到实际741型集成运放的转换速率 $S_\mathrm{R}$、开环电压增益 $A_{\mathrm{od}}$ 等因素的限制，输出电压 $v_o$ 的波形将如图8.3.5所示。

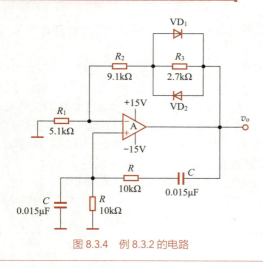

图 8.3.4 例 8.3.2 的电路

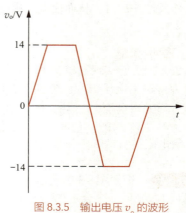

图 8.3.5 输出电压 $v_o$ 的波形

### 8.3.3 *LC* 正弦波振荡电路

*LC* 正弦波振荡电路主要由放大器和 *LC* 选频网络组成，主要用来产生频率为 100kHz ～ 100MHz 范围内的正弦信号。由于普通集成运放的频带较窄，而高速运放价格较高，因此，常常采用晶体管（BJT 或 FET）组成 *LC* 正弦波振荡电路的放大器。

常见的 *LC* 正弦波振荡电路有电容三点式、电感三点式和变压器反馈式这 3 种，它们的选频网络一般采用 *LC* 并联谐振回路。下面首先讨论 *LC* 并联谐振回路的一些基本特性。

#### 1. *LC* 并联谐振回路

*LC* 并联谐振回路如图 8.3.6 所示，其中，*R* 表示回路的等效损耗电阻，由于电容的损耗很小，因此可以认为 *R* 主要是电感支路的损耗。在由半导体放大器件组成的 *LC* 正弦波振荡电路中，接于 *LC* 并联谐振回路的信号源近似于电流源，故图中信号源以电流源表示。

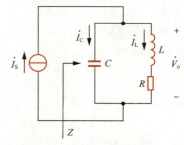

图 8.3.6 *LC* 并联谐振回路

先定性分析 *LC* 并联谐振回路（简称回路）中阻抗 *Z* 的频率特性。当频率很低时，容抗很大，可以认为开路，而感抗很小，则并联阻抗主要取决于电感支路，故阻抗 *Z* 呈感性，且频率越低，阻抗越小。当频率很高时，感抗很大，可以认为开路，但容抗很小，此时并联阻抗主要取决于电容支路，且频率越高，阻抗越小。由此看来，只有在中间某一频率时，并联阻抗有最大值，这个频率称为 *LC* 并联回路的谐振频率。

为了求得 *LC* 并联回路的谐振频率，根据图 8.3.6，写出回路的等效阻抗

$$Z = \frac{1}{j\omega C} /\!/ (R + j\omega L) = \frac{\dfrac{1}{j\omega C}(R + j\omega L)}{\dfrac{1}{j\omega C} + R + j\omega L} \tag{8.3.14}$$

由于回路的等效损耗电阻 *R* 较小，上式分子中 $R \ll \omega L$，可略去 *R*；分母中 $R \ll \left(\omega L - \dfrac{1}{\omega C}\right)$ 的条件不成立，*R* 不能省略，因此

$$Z \approx \frac{\dfrac{1}{j\omega C} \cdot j\omega L}{R + j\left(\omega L - \dfrac{1}{\omega C}\right)} = \frac{L/C}{R + j\left(\omega L - \dfrac{1}{\omega C}\right)} \tag{8.3.15}$$

从这个关系式出发，下面讨论该回路的特性。

（1）当式（8.3.15）中分母的虚部为 0 时，其等效阻抗为实数，信号源电流 $\dot{I}_s$ 与 $\dot{V}_o$ 同相，回路发生并联谐振。令并联谐振的角频率为 $\omega_0$，则由式（8.3.15）可得

$$\omega_0 L = 1/(\omega_0 C)$$

即

$$\omega_0 = \frac{1}{\sqrt{LC}} \text{ 或 } f_0 = \frac{1}{2\pi\sqrt{LC}} \tag{8.3.16}$$

（2）发生谐振时，回路的等效输入阻抗称为谐振阻抗，其值最大，且为纯电阻。由式（8.3.15）得到谐振阻抗

$$Z_0 = \frac{L}{RC} = Q\omega_0 L = \frac{Q}{\omega_0 C} \tag{8.3.17}$$

式中

$$Q = \frac{\omega_0 L}{R} = \frac{1}{\omega_0 CR} = \frac{1}{R}\sqrt{\frac{L}{C}} \tag{8.3.18}$$

称为回路的品质因数。$Q$ 值的大小反映了回路的损耗程度，一般 $Q$ 值在几十到几百之间。$Q$ 值越大，表示损耗越小。

（3）回路电流 $|\dot{I}_L|$ 或 $|\dot{I}_C|$ 与输入电流 $|\dot{I}_s|$ 的关系。

由图 8.3.6 和式（8.3.17）有

$$\dot{V}_o = \dot{I}_s Z_0 = \dot{I}_s Q/(\omega_0 C) = \dot{I}_s Q(\omega_0 L)$$

发生并联谐振时，电容支路的电流

$$\dot{I}_C = \frac{\dot{V}_o}{1/(j\omega_0 C)} = jQ\dot{I}_s \tag{8.3.19a}$$

同理，得到电感支路的电流

$$\dot{I}_L = \frac{\dot{V}_o}{R + j\omega_0 L} \approx \frac{\dot{V}_o}{j\omega_0 L} = -jQ\dot{I}_s \tag{8.3.19b}$$

可见，回路在发生并联谐振时，电容支路的电流和电感支路的电流大小相等，方向相反。由于 $Q \gg 1$，因此有 $|\dot{I}_C| \approx |\dot{I}_L| \gg |\dot{I}_s|$，即发生谐振时，回路电流 $|\dot{I}_C|$ 或 $|\dot{I}_L|$ 比输入电流 $|\dot{I}_s|$ 大 $Q$ 倍，此时可忽略回路外部电流 $\dot{I}_s$ 的影响。这个结论对于分析 $LC$ 正弦波振荡电路的相位关系十分有用。

（4）回路阻抗的频率响应。

将 $\omega_0 = \dfrac{1}{\sqrt{LC}}$ 代入式（8.3.15），得

$$Z = \frac{\dfrac{L}{RC}}{1 + j\dfrac{\omega L}{R}\left(1 - \dfrac{\omega_0^2}{\omega^2}\right)} = \frac{\dfrac{L}{RC}}{1 + j\dfrac{\omega L}{R} \cdot \dfrac{(\omega + \omega_0)(\omega - \omega_0)}{\omega^2}} \tag{8.3.20}$$

如果所讨论的并联等效阻抗仅限于谐振角频率 $\omega_0$ 附近的频率特性，则可认为 $\omega \approx \omega_0$，$\omega L/R \approx \omega_0 L/R = Q$，$\omega + \omega_0 \approx 2\omega_0$，再令 $\omega - \omega_0 = \Delta\omega$，则式（8.3.20）可改写为

$$Z \approx \frac{Z_0}{1 + jQ\dfrac{2\Delta\omega}{\omega_0}} \tag{8.3.21}$$

从而可得阻抗的模（即阻抗的幅频特性）

$$|Z| = \frac{Z_0}{\sqrt{1+\left(Q\dfrac{2\Delta\omega}{\omega_0}\right)^2}} \qquad （8.3.22a）$$

或

$$\frac{|Z|}{Z_0} = \frac{1}{\sqrt{1+\left(Q\dfrac{2\Delta\omega}{\omega_0}\right)^2}} \qquad （8.3.22b）$$

其相角（即阻抗的相频特性）

$$\varphi = -\arctan\left(Q\frac{2\Delta\omega}{\omega_0}\right) \qquad （8.3.23）$$

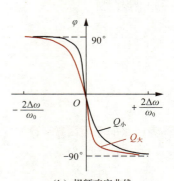

（a）幅频响应曲线

式中，$|Z|$ 为信号的角频率 $\omega$ 偏离谐振角频率 $\omega_0$ 时回路的等效阻抗；$Z_0$ 为回路谐振时的等效阻抗；$2\Delta\omega/\omega_0$ 为相对失谐量，表明信号角频率偏离回路谐振角频率 $\omega_0$ 的程度。

图 8.3.7 所示为回路阻抗的频率响应曲线，从图中的两条曲线可以得出如下结论。

① 从幅频响应曲线可见，当外加信号角频率 $\omega$ 等于谐振角频率 $\omega_0$，即 $2\Delta\omega/\omega_0=0$ 时，出现并联谐振，回路等效阻抗达到最大值，即 $Z_0=L/RC$。当 $\omega$ 偏离 $\omega_0$ 时，$|Z|$ 将减小，而 $\Delta\omega$ 越大，$|Z|$ 越小。$Q$ 值越大，谐振曲线越陡峭，即选频特性越好。

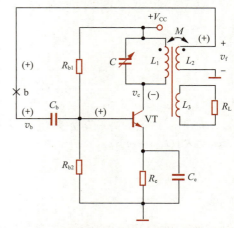

（b）相频响应曲线

图 8.3.7 回路阻抗的频率响应曲线

② 从相频响应曲线可知，当 $\omega>\omega_0$ 时，相对失谐量 $2\Delta\omega/\omega_0$ 为正，$\varphi<0$，说明图 8.3.6 中的容抗小于感抗，等效阻抗呈容性，回路输出电压 $\dot{V}_o$ 滞后于 $\dot{I}_s$。反之，当 $\omega<\omega_0$ 时，$\varphi>0$ 说明回路的等效阻抗呈感性，$\dot{V}_o$ 超前于 $\dot{I}_s$。$Q$ 值越大，相角 $\varphi$ 变化越快，尤其是在 $\omega_0$ 附近，$\varphi$ 值变化更为急剧。

## 2．变压器反馈式 *LC* 正弦波振荡电路

变压器反馈式 *LC* 正弦波振荡电路如图 8.3.8 所示。它包括放大电路、反馈网络和选频网络等。其中，放大电路与前面学过的共发射极放大电路类似，但在集电极上接的不是电阻 $R_c$，而是由并联谐振回路构成的选频网络，因此称为选频放大电路。电路的反馈是通过变压器耦合实现的，二次绕组 $L_2$ 上的电压作为反馈信号引回到 BJT 的基极。振荡产生的正弦波信号由二次绕组 $L_3$ 输出给负载。

现在，用瞬时极性法来分析相位平衡条件。假设从输入端 b 处断开反馈线，并加入角频率为 $\omega_0$ 的信号 $v_b$，在输入端标记瞬时极性为（+），电容 $C_b$ 和 $C_e$ 对 $\omega_0$ 所呈现的阻抗均较小，可视为短路，则 VT 的基极信号极性为（+），由于谐振回路呈纯阻性，则 VT 的集电极信号 $v_c$ 极性为（−），即放大器移相 $\varphi_a=180°$。反馈信号的相位可由变压器绕组 $L_1$ 和 $L_2$ 的同名端决定。若互为同名端，则相位相同；若互为异名端，则相位相反。根据图 8.3.8 中变压器同名端的位置可知，二次绕组 $L_2$ 的上端和一次绕组 $L_1$ 的下端互为异名端，所以 $L_2$ 上端的极性为（+），$v_f$ 与 $v_c$ 的相位差为 180°，即反馈网络相移 $\varphi_f=180°$。因此，$\varphi_a+\varphi_f=360°$，电路满足相位平衡条件。注意，这里所说的谐振回路，不能仅理解为 $L_1$ 和 $C$，而应该考虑 $L_2$ 和 $L_3$ 的影响。

欲使电路起振，必须满足起振条件 $AF>1$。图 8.3.8 中 BJT 组成共发射极放大电路，在电源 $V_{CC}$ 刚接通时，由于电路中存在噪声或某种扰动，这相当于在放大器的输入端上加了许多不同频率的正弦信号，这些不同频率

图 8.3.8 变压器反馈式 *LC* 正弦波振荡电路

的信号中，只有角频率为 $\omega_0$（谐振频率）的信号满足相位平衡条件，电路才有可能产生振荡。只要选择合适的 BJT 及相关元件参数，就能得到足够大的电压增益 $A_p$。另外，改变变压器绕组的匝数比，调节变压器一次、二次绕组之间的耦合程度，可使反馈信号的大小发生变化，从而满足自激振荡的起振条件。

振幅的稳定是利用放大器件的非线性来实现的。当振幅达到一定值时，BJT 集电极电流波形可能会出现截止失真，但由于集电极的负载是谐振回路，有很好的选频特性，因此，通过变压器绕组 $L_3$ 送到负载的电压波形一般失真不大。

根据上述分析，只有在谐振频率处，电路才满足相位平衡条件，才有可能产生振荡。在 $Q$ 值足够大和忽略分布参数影响的条件下，电路的振荡频率

$$f_0 = \frac{1}{2\pi\sqrt{L'C}} \approx \frac{1}{2\pi\sqrt{L_1C}} \qquad (8.3.24)$$

式中，$L'$ 是谐振回路的等效电感，即应考虑其他绕组的影响。当 $L_2$ 和 $L_3$ 中的电流不大时，可以近似地认为 $L'\approx L_1$。

在图 8.3.8 中，并联谐振回路接在集电极电路中，通常称为集电极调谐变压器反馈式正弦波振荡电路。并联谐振回路也可接在发射极或基极，如图 8.3.9 所示，它们分别简称为发射极调谐电路和基极调谐电路。由于基极和发射极之间的输入阻抗较低，为了避免过多地影响回路的 $Q$ 值，在这两个电路中，BJT 与谐振回路只部分耦合（通过 $L_1$ 部分绕组反馈）。

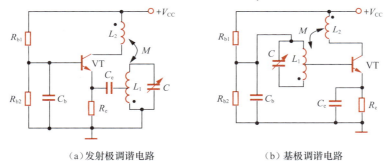

（a）发射极调谐电路　　　　　（b）基极调谐电路

图 8.3.9　变压器反馈式 $LC$ 正弦波振荡电路

### 3．三点式 $LC$ 振荡电路

三点式 $LC$ 振荡电路就是 $LC$ 谐振回路有 3 个端点分别与放大电路的 3 个电极相接（指交流连接）的振荡电路。这种电路又可分为电容三点式和电感三点式两类。

（1）电容三点式振荡电路

电容三点式振荡电路的原理电路如图 8.3.10（a）所示。晶体管 VT 构成共发射极放大电路，电感 $L$ 和电容 $C_1$、$C_2$ 构成正反馈选频网络，反馈电压 $v_f$ 取自电容 $C_2$。图 8.3.10（a）中电容 $C_b$、$C_e$ 对谐振频率的交流信号可视为短路，在交流通路中，$R_c$ 和 $C_1$ 是并联的，由于 $R_c$ 较大，因此可以不考虑 $R_c$；另外，$R_{b1}$、$R_{b2}$ 和 $r_{be}$ 三者是并联的，由于 $r_{be}$ 较小，也可以不考虑 $R_{b1}$ 和 $R_{b2}$，因此，该振荡电路的交流通路如图 8.3.10（b）所示。在交流通路中，由于谐振回路中两个电容的 3 个端子分别接到 BJT 的集电极、发射极（地）和基极，因此该电路称为电容三点式 $LC$ 振荡电路，又称为考毕兹振荡器（Colpitts oscillator）。

现在，用瞬时极性法来判断相位平衡条件。假设从输入端 b 处断开反馈线，同时加入 $v_b$ 瞬时极性为（+）的信号，则 BJT 集电极电压 $v_c$ 的瞬时极性为（−），因为 2 端接地，处于零电位，所以电容 $C_2$ 的 3 端与 1 端的电压极性相反，即 $v_f$ 极性为（+），与 $v_b$ 的相位相同，满足相位平衡条件。可见，谐振回路为振荡电路提供了必要的相移，同时它只让期望的振荡频率信号出现在放大器的输入端。

该电路的振荡频率就是谐振回路的谐振频率。因为在谐振回路中电容 $C_1$、$C_2$ 实际上是串联的，所以总电容

$$C = \frac{C_1 C_2}{C_1 + C_2}$$

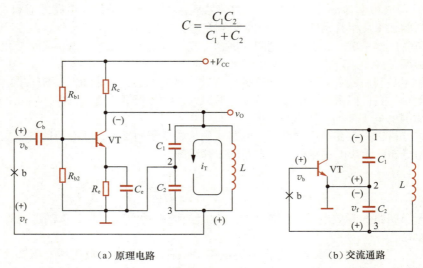

（a）原理电路　　　　　　　　　　　（b）交流通路

图 8.3.10　电容三点式 *LC* 振荡电路

于是，振荡频率

$$f = f_0 \approx \frac{1}{2\pi \sqrt{L \dfrac{C_1 C_2}{C_1 + C_2}}} \tag{8.3.25}$$

　　至于振幅平衡条件或起振条件，只要将 BJT 的 $\beta$ 值选得大一些（如几十），并恰当选取比值 $C_2/C_1$，就有利于起振，一般取 $C_2/C_1$ 为 0.01～0.5。由于 BJT 的输入电阻 $r_{be}$ 比较小，因此增大 $C_2/C_1$ 的值也不会有明显的效果，实际上，有时为了方便，也取 $C_1 = C_2$。

　　该电路的特点：反馈电压取自电容 $C_2$，由于电容对高次谐波的阻抗较小，因而可滤除高次谐波，因此输出波形较好。调节 $C_1$ 或 $C_2$ 可以改变振荡频率，但同时会影响起振条件，因此常采用同轴电容同时调节 $C_1$ 和 $C_2$，在不改变它们比值的情况下改变振荡频率，可调范围从数百千赫兹到 100MHz 以上。也可在 $L$ 两端并联一个可调电容来调节频率，但受固定电容 $C_1$、$C_2$ 的影响，频率的调节范围比较小。

　　为了便于调节频率，通常给电感 $L$ 支路串联一个容量很小的微调电容 $C_3$，得到改进型的电容三点式振荡电路，又称为克拉普振荡器（clapp oscillator），如图 8.3.11 所示。因为在谐振回路中 $C_3$ 与 $C_1$、$C_2$ 串联，所以总电容

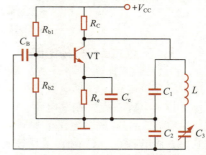

图 8.3.11　改进型的电容三点式振荡电路

$$C = \frac{1}{\dfrac{1}{C_1} + \dfrac{1}{C_2} + \dfrac{1}{C_3}}$$

　　在选取参数时，可使 $C_3 \ll C_1$，$C_3 \ll C_2$，于是 $C \approx C_3$，故这种电路的振荡频率

$$f_0 \approx \frac{1}{2\pi \sqrt{LC}} \approx \frac{1}{2\pi \sqrt{LC_3}} \tag{8.3.26}$$

　　上式说明，在克拉普振荡电路中，如果 $C_3$ 远小于 $C_1$、$C_2$，振荡频率几乎由 $C_3$ 和 $L$ 决定，与 $C_1$、$C_2$ 基本无关，$C_1$、$C_2$ 仅构成正反馈，它们的容量可以相对取大一些，从而减小与之并联的晶体管结电容和其他杂散电容的影响，提高频率的稳定度，同时调节频率也较方便。

（2）电感三点式振荡电路

电感三点式振荡电路又称为哈特莱振荡器（hartley oscillator），其原理电路如图8.3.12（a）所示。晶体管VT构成共发射极放大电路，电感$L_1$、$L_2$和电容$C$构成正反馈选频网络，图中电感分成$L_1$与$L_2$两部分，通常绕在一个绕组架上，且绕的方向相同，其间有互感$M$。该振荡电路的交流通路如图8.3.12（b）所示。在交流通路中，电感绕组的首端、中间抽头和尾端分别接到BJT的集电极、发射极（地）和基极，且反馈电压$v_f$取自电感$L_2$，所以该电路称为电感反馈三点式振荡电路，简称电感三点式振荡电路。

前面讨论$LC$并联谐振回路时已得出结论：谐振时，回路电流远比流入或流出$LC$回路的电流大得多，且1、3两端近似呈纯阻性。因此，当$L_1$和$L_2$的同名端如图8.3.12所示时，若选取中间抽头（2）为参考电位（交流地电位）点，则首（1）、尾（3）两端的电压极性相反。

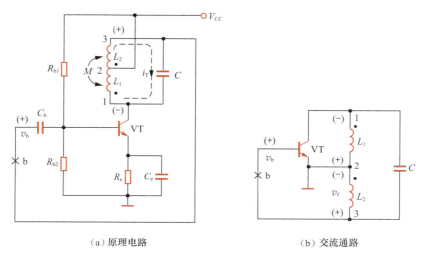

（a）原理电路　　　　　　　（b）交流通路

图 8.3.12　电感三点式振荡电路

电路是否满足相位平衡条件，可以用瞬时极性法来判断。假设从图8.3.12中的输入端b处断开反馈线，同时加入频率为$f_0$的信号$v_b$且$v_b$信号的瞬时极性为（＋）。由于并联谐振回路呈纯阻性，在纯电阻负载条件下，共发射极放大电路具有反相作用，其集电极（1端）电压的瞬时极性为（－），因此3端的瞬时极性为（＋），即反馈信号$v_f$（从$L_2$上取出）与输入信号$v_b$同相，满足振荡的相位平衡条件。

至于振幅平衡条件，由于$A_v$较大，只要适当选取$L_2/L_1$的值，就可实现起振。当加大$L_2$或减小$L_1$时，有利于起振。考虑$L_1$、$L_2$间的互感$M$后，该电路的振荡频率

$$f = f_0 \approx \frac{1}{2\pi\sqrt{(L_1 + L_2 + 2M)C}} \tag{8.3.27}$$

这里忽略了负载回路（图8.3.12中未画出）和放大电路输入电阻的影响。

在电感三点式振荡电路中，采用可变电容，就可以方便地调节振荡频率，其工作频率范围可以从数百千赫兹至数十兆赫兹。但由于反馈电压$v_f$取自电感$L_2$，而电感对高次谐波（相对于$f_0$而言）阻抗较大，因此电压波形中含有高次谐波，波形较差，且频率稳定度不高。所以电感三点式振荡电路通常用于要求不高的设备中，如高频加热器、接收机的本地振荡等。

## 8.3.4　石英晶体正弦波振荡电路

在工程应用中，往往要求振荡电路产生的输出信号应具有一定的频率稳定度。频率稳定度一般用频率的相对变化量$\Delta f / f_0$来表示，$\Delta f = f - f_0$为频率偏移，$f$为实际振荡频率，$f_0$为标称振荡频率。频率稳定度有时附加时间条件，如一小时或一天内的频率相对变化量。

$RC$ 振荡电路输出信号的频率稳定度比较差，而 $LC$ 振荡电路振荡的频率稳定度与 $LC$ 谐振回路的品质因数 $Q$ 有关，$Q$ 值越大，频率稳定度越高。由式（8.3.18）可知，$Q = \dfrac{\omega_0 L}{R} = \dfrac{1}{R}\sqrt{\dfrac{L}{C}}$。为了增大 $Q$ 值，应尽量减小回路的损耗电阻 $R$ 并加大 $L/C$ 的值。但一般的 $LC$ 振荡电路，其 $Q$ 值只能达到数百，在要求频率稳定度高的场合，常采用具有极高 $Q$ 值的石英晶体作为选频网路，取代 $LC$ 振荡电路中的 $L$、$C$ 元件。

下面首先了解石英晶体的基本特性等，然后分析具体的振荡电路。

### 1. 石英晶体的基本特性

石英晶体是一种天然的结晶物质，其化学成分是二氧化硅（$SiO_2$）。从一块晶体上按一定的方位角切下的薄片称为晶片（可以是正方形、矩形或圆形等），然后将晶体两个对应的表面抛光后，涂上敷银层，并作为两个极引出引脚，再用金属外壳或玻璃壳封装，就构成了石英晶体谐振器（quartz crystal resonator）。根据外引线状况，石英晶体可分为直插（有引线）与表面贴装（无引线）两种类型。石英晶体的结构及常见外形如图 8.3.13 所示。

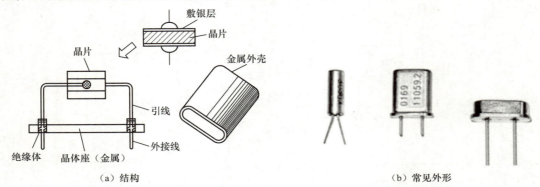

（a）结构　　　　　　　　　　　　　　　　　（b）常见外形

图 8.3.13　石英晶体的结构及常见外形

石英晶体之所以能做成谐振器，是因为它具有压电效应。从物理学中可知，若在晶片的两个极板间加一电场，会使晶体产生机械变形；反之，若在极板间施加机械力，又会在相应的方向上产生电场，这种现象称为压电效应。如果在石英晶体两个引脚加上交变电压，就会产生一定频率的机械变形振动，同时机械变形振动又会产生交变电压。一般来说，这种机械变形振动的振幅是比较小的，其振动频率则是很稳定的。但当外加交变电压的频率与晶片的固有频率（取决于晶片的尺寸）相等时，机械变形振动的幅度将急剧增加，这种现象称为压电谐振。这种现象与 $LC$ 回路的谐振现象十分相似。

### 2. 石英晶体的等效电路

石英晶体的图形符号如图 8.3.14（a）所示，其电路模型如图 8.3.14（b）所示。图中 $C_0$ 称为静电电容，它的大小与晶片的几何面积和电极面积有关，一般在几皮法到几十皮法之间；当晶片振动时，机械振动的惯性（与晶体的质量有关）等效为电感 $L$，其值为几毫亨到几十毫亨；晶片的弹性等效为电容 $C$，其值在 $0.01\text{pF} \sim 0.1\text{pF}$，因此 $C \ll C_0$；而晶片振动时，因摩擦而造成的损耗可用电阻 $R$ 来等效，其值约为 $100\Omega$，理想情况下 $R=0$。由于晶片的等效电感 $L$ 很大，而 $C$ 和 $R$ 很小，因而它的品质因数 $Q$ 高达 $10000 \sim 500000$。因此，利用石英晶体组成的振荡电路有很高的频率稳定度，可达 $10^{-9} \sim 10^{-11}$ 数量级。

在图 8.3.14（b）所示的电路模型中，当忽略损耗电阻 $R$ 时，可求得电抗 $\dot{X}$ 的表达式为

$$\dot{X} = \frac{\dfrac{1}{j\omega C_0}\left(j\omega L + \dfrac{1}{j\omega C}\right)}{\dfrac{1}{j\omega C_0} + j\omega L + \dfrac{1}{j\omega C}} = \frac{1 - \omega^2 LC}{j\omega(C_0 + C - \omega^2 LCC_0)} \tag{8.3.28}$$

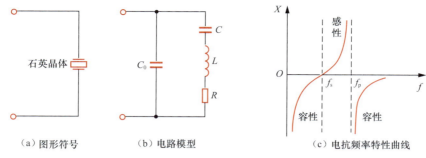

（a）图形符号　　（b）电路模型　　（c）电抗频率特性曲线

图 8.3.14　石英晶体

由上式可知，石英晶体有两个谐振频率。

（1）当 $R$、$L$、$C$ 支路发生串联谐振时，石英晶体的电抗 $\dot{X}=0$，即式（8.3.28）的分子为零，从而可得其串联谐振频率

$$f_s=\frac{1}{2\pi\sqrt{LC}} \tag{8.3.29}$$

由于 $C_0$ 很小，它的容抗比 $R$ 大得多，因此串联谐振的等效阻抗近似为 $R$，晶体呈纯阻性，且其阻值很小。

（2）当 $R$、$L$、$C$ 支路与 $C_0$ 发生并联谐振时，石英晶体的电抗 $\dot{X}=\infty$，即式（8.3.28）的分母为零，从而可得其并联谐振频率

$$f_p=\frac{1}{2\pi\sqrt{L\dfrac{CC_0}{C+C_0}}}=f_s\sqrt{1+\frac{C}{C_0}} \tag{8.3.30}$$

由于 $C\ll C_0$，因此 $f_s$ 与 $f_p$ 很接近（通常 $f_p$ 比 $f_s$ 至少高 1kHz），此时，电感 $L$ 起主要作用，石英晶体呈感性，等效为一个很大的电感。

根据式（8.3.28），可以得到石英晶体的电抗频率特性曲线，如图 8.3.14（c）所示。由图可见，当频率低于串联谐振频率 $f_s$ 及高于并联谐振频率 $f_p$ 时，回路呈容性，当频率在 $f_s$ 和 $f_p$ 之间时，回路呈感性。

### 3．石英晶体振荡电路

石英晶体振荡电路的形式是多种多样的，但根据石英晶体在振荡电路中的作用，可分为并联型和串联型两类，前者以并联谐振的形式出现，而后者则以串联谐振的形式出现。

（1）并联型石英晶体振荡电路

并联型石英晶体振荡电路及其交流通路如图 8.3.15（a）和（b）所示。

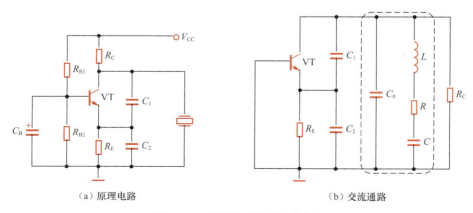

（a）原理电路　　（b）交流通路

图 8.3.15　并联型石英晶体振荡电路

从图中可以看出，这个电路中石英晶体必须呈感性，才能与 $C_1$ 和 $C_2$ 组成电容三点式振荡电路。此时电路的振荡频率

$$f_0 = \frac{1}{2\pi\sqrt{L\dfrac{C(C_0+C')}{C+C_0+C'}}} = \frac{1}{2\pi\sqrt{LC}}\cdot\sqrt{1+\frac{C}{C_0+C'}} \qquad (8.3.31)$$

式中，$C' = \dfrac{C_1 C_2}{C_1 + C_2}$。

由于 $C \ll C_0 + C'$，所以

$$f_0 \approx \frac{1}{2\pi\sqrt{LC}} = f_s \qquad (8.3.32)$$

由式（8.3.32）可见，振荡频率 $f_0$ 接近 $f_s$，但大于 $f_s$，使石英晶体呈感性，由于石英晶体的固有频率很稳定，因此 $f_0$ 也很稳定。

（2）串联型石英晶体振荡电路

串联型石英晶体振荡电路如图 8.3.16 所示。由图可见，石英晶体连接在反馈支路中，当反馈信号频率等于石英晶体的串联谐振频率 $f_s$ 时，晶体的阻抗最小，并且呈阻性。用瞬时极性法可判断电路满足自激振荡的相位平衡条件，并且此时通过晶体的正反馈最强，容易满足自激振荡的振幅平衡条件，电路产生正弦波振荡，振荡频率为石英晶体的串联谐振频率 $f_s$。调节 $R$ 可以改变反馈量的大小，以便得到不失真的正弦波输出。

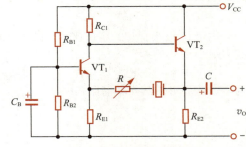

8.3.16　串联型石英晶体振荡电路

## 8.3.5　正弦波振荡电路的 MultiSim 仿真

### 1．*RC* 桥式正弦波振荡电路的 **MultiSim** 仿真

（1）在 MultiSim 中构建 *RC* 桥式正弦波振荡电路，如图 8.3.17（a）所示。

（2）双击示波器图标 XSC1，运行仿真，调节电位器 $R_p$，观察电路的输出情况。由虚拟示波器可见，当减小 $R_p$ 的值时，电路将不能振荡，示波器上显示一条水平线；按键盘上的 A 键，增大 $R_p$ 的值至 65% 时，$R_4+R_p>2R_3$，满足起振条件，电路开始慢慢振荡起来，输出幅度逐渐增大，得

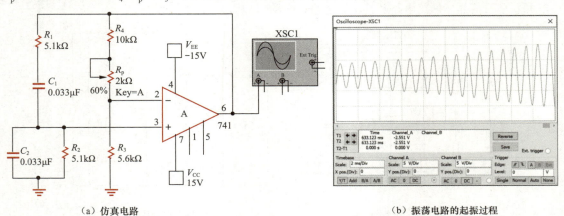

（a）仿真电路　　　　　　　　　　　　　（b）振荡电路的起振过程

图 8.3.17　*RC* 桥式正弦波振荡电路的仿真及输出波形

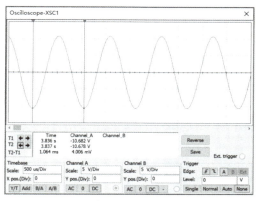

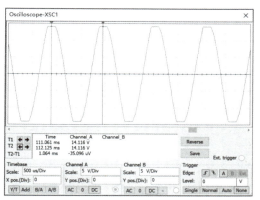

（c）输出不失真的正弦波　　　　　　　　　（d）输出波形出现严重失真

图 8.3.17　*RC* 桥式正弦波振荡电路的仿真及输出波形（续）

到图 8.3.17（b）所示的波形；振荡起来后，输出波形的顶部和底部会出现一些失真，再将 $R_p$ 的值调至 60% 时，使 $R_4+R_p=2R_3$，满足振幅平衡条件，得到不失真的正弦波，如图 8.3.17（c）所示；若继续增大 $R_p$ 的值，则输出波形出现严重失真，如图 8.3.17（d）所示。

（3）根据图 8.3.17（c），从示波器上可以得到不失真正弦波的周期 $T=1.064$ms，则振荡频率 $f=1/T\approx940$Hz。

### 2. 电容三点式振荡电路的 MultiSim 仿真

（1）在 MultiSim 中构建电容三点式正弦波振荡电路，如图 8.3.18（a）所示。

（2）先双击示波器图标 XSC1 和频率计图标 XFC1，再运行仿真，经过至少 12ms 以上，可从示波器上观察到电路输出不失真的正弦波，如图 8.3.18（b）所示，其输出幅度约为 5.1V。

（3）从频率计上可得到正弦波的振荡频率 $f=20.638$kHz，周期 $T=48.454\mu$s。

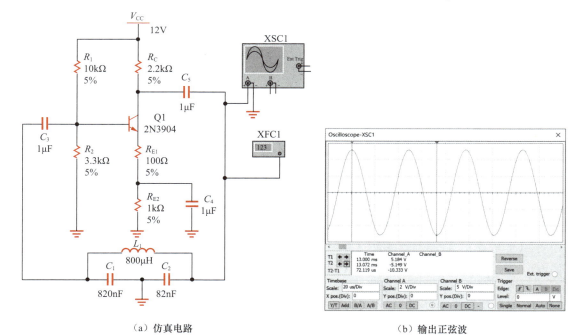

（a）仿真电路　　　　　　　　　　（b）输出正弦波

图 8.3.18　电容三点式振荡电路的仿真及输出波形

# 8.4 电压比较器

在自动控制系统中，经常需要将一个模拟电压的大小与另一个模拟电压的大小进行比较，根据比较的结果来决定执行机构的动作，这就是电压比较器要实现的功能。

电压比较器的种类多，这里主要讨论常用的单门限电压比较器和迟滞电压比较器。

## 8.4.1 单门限电压比较器

### 1．电路组成及工作原理

图 8.4.1（a）所示为一种简单电压比较器的电路，符号 C 表示电压比较器。集成运放工作在开环状态或者引入正反馈，就能组成电压比较器；但为了提高灵敏度和响应速度，也可以选用专用的集成电压比较器（这些集成电路内部通常没有进行补偿）。

这里，假设 C 由运放组成，输入 $v_I$ 加于同相输入端，而参考电压 $V_{REF}$ 加于运放的反相输入端作为比较的基准，$V_{REF}$ 可以是正值或负值，图中给出的为正值。由于运放具有很高的开环电压增益，且在开环状态下工作，两个输入端之间很小的电压差就会使运放的输出电压达到极限值（通常称为饱和值）。当 $v_I < V_{REF}$ 时，即差模输入电压 $v_{ID} = v_I - V_{REF} < 0$ 时，运放的高增益会使输出进入负向饱和状态，$v_O = V_{OL}$；当 $v_I$ 升高到略大于 $V_{REF}$ 时，即 $v_{ID} = v_I - V_{REF} > 0$ 时，运放立即转入正向饱和状态，$v_O = V_{OH}$。

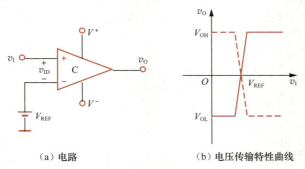

（a）电路　　　　　　　　　（b）电压传输特性曲线

图 8.4.1　同相输入单门限电压比较器

### 2．电压传输特性

由以上分析可知，电压比较器输出 $v_O$ 的临界转换条件是差模输入电压 $v_{ID} = 0$，即 $v_I = V_{REF}$，由此可以求出电路的电压传输特性，其曲线如图 8.4.1（b）中的实线所示（图中 $v_O$ 跳变时的斜率较大，实际上由于运放的开环增益很大，$v_O$ 几乎是突变的）。由图可见，当 $v_I$ 由低变高经过 $V_{REF}$ 时，$v_O$ 也会从低电平 $V_{OL}$ 跳变到高电平 $V_{OH}$；反之，当 $v_I$ 由高变低经过 $V_{REF}$ 时，$v_O$ 由 $V_{OH}$ 变为 $V_{OL}$。我们把电压比较器输出电压 $v_O$ 从一个电平跳变到另一个电平时对应的输入电压 $v_I$ 称为门限电压或阈值电压 $V_T$，对于图 8.4.1（a）所示电路，$V_T = V_{REF}$。由于 $v_I$ 从同相输入端输入且只有一个门限电压，故该电压比较器称为同相输入单门限电压比较器。反之，当 $v_I$ 从反相输入端输入，$V_{REF}$ 改接到同相输入端时，该电压比较器称为反相输入单门限电压比较器，其相应的电压传输特性曲线如图 8.4.1（b）中的虚线所示。可见，当 $v_I$ 由低变高经过 $V_{REF}$ 时，$v_O$ 会从高电平 $V_{OH}$ 跳变成低电平 $V_{OL}$，输入、输出之间的变化方向是相反的。

如果参考电压 $V_{REF} = 0$，则输入电压 $v_I$ 每次过零时，输出就要产生突然的变化，这种电压比较器称为过零电压比较器。

要特别注意，由于运放工作于非线性状态，因此"虚短"不再成立，$v_P=v_n$仅对应输出翻转时刻。另外，由于运放的输入电阻较大，因此"虚断"的特点依然存在，净输入电流为零，即$i_P=i_N=0$仍被采用。

综上所述，得到求解电压比较器电压传输特性的方法如下。

（1）由集成运放输出端的电路形式，确定输出电压高、低电平（$V_{OH}$和$V_{OL}$）。

（2）写出运放两个输入端电位$v_P$和$v_n$的表达式，令$v_P=v_n$，求出门限电压$V_T$。

（3）当输入电压$v_I$由低变高经过$V_T$时，确定输出电压$v_O$的跳变方向。若$v_I$从同相输入端输入，则$v_O$的跳变方向是从$V_{OL}$（低电平）变为$V_{OH}$（高电平）；若$v_I$从反相输入端输入，则$v_O$的跳变方向是从$V_{OH}$变为$V_{OL}$。

**例8.4.1** 图8.4.2（a）所示电路是单门限电压比较器的另一种形式，试求出其门限电压$V_T$，画出其电压传输特性曲线。设运放输出的高、低电平分别为$V_{OH}$和$V_{OL}$。

**解：** 根据图8.4.2（a），考虑到"虚断"，利用叠加定理可得

$$v_N = \frac{R_2}{R_1+R_2}V_{REF} + \frac{R_1}{R_1+R_2}v_1 \qquad (8.4.1)$$

理想情况下，输出电压发生跳变时对应的$v_P=v_n=0$，即

$$R_2 V_{REF} + R_1 v_1 = 0 \qquad (8.4.2a)$$

由此可求出门限电压

$$V_T = v_1 = -\frac{R_2}{R_1}V_{REF} \qquad (8.4.2b)$$

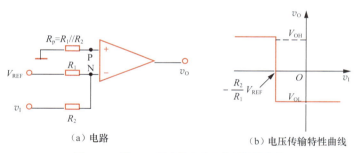

（a）电路　　　　　　　　　　（b）电压传输特性曲线

图8.4.2 例8.4.1的电路和电压传输特性曲线

由图8.4.2（a）可知，输入电压$v_I$从反相输入端输入，当$v_n>0$时，$v_O$为低电平$V_{OL}$。因此，当$v_I$大于门限电压$V_T$时，$v_O$输出为低电平$V_{OL}$。根据电压传输特性的3个要素（输出电压的高、低电平，门限电压和输出电压的跳变方向），画出电压传输特性曲线，如图8.4.2（b）所示。

由式（8.4.2b）可知，只要改变$V_{REF}$的大小和极性、电阻$R_1$和$R_2$的阻值，就可以改变门限电压的大小和极性。若要改变$v_I$过$V_T$时$v_O$的跳变方向，则只需将图8.4.2（a）所示电路中电压比较器的同相输入端和反相端入端的外接电路互换即可。

**例8.4.2** 电路如图8.4.1（a）所示，$v_1$为三角波，其峰峰值为±6V，如图8.4.3中虚线所示。设电源电压为±12V，运放为理想器件，试分别画出$V_{REF}=0$、$V_{REF}=2V$和$V_{REF}=-4V$时电压比较器输出电压$v_O$的波形。

**解：** 由于$v_1$加到运放的同相输入端，因此有

$$\begin{cases} v_I > V_{REF}时，v_O = V_{OH} = 12V \\ v_I < V_{REF}时，v_O = V_{OL} = -12V \end{cases}$$

据此可画出$V_{REF}=0$、$V_{REF}=2V$和$V_{REF}=-4V$时的$v_O$波形，如图8.4.3（a）～（c）所示。由

图可看出，当三角波固定不变，改变 $V_{REF}$ 时，会改变输出方波的高电平持续时间（也称脉冲宽度），但周期不变（与三角波周期相同），此时称输出波形为**脉冲宽度调制**（pulse width modulation，PWM）波形，$V_{REF}$ 为调制信号。电路将 $V_{REF}$ 的大小转换到输出波形的脉冲宽度上了。

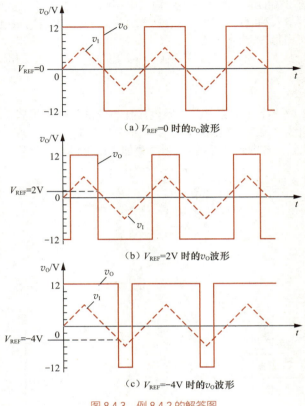

（a）$V_{REF}=0$ 时的 $v_O$ 波形

（b）$V_{REF}=2V$ 时的 $v_O$ 波形

（c）$V_{REF}=-4V$ 时的 $v_O$ 波形

图 8.4.3　例 8.4.2 的解答图

### 3．输出限幅电压比较器

在某些应用中，必须将电压比较器的输出电压限制在小于运放饱和值的范围内。稳压管可以用来限制输出电压的幅值。例如，图 8.4.4（a）所示电路，可以在一个方向上将输出电压限制在稳压管的稳定电压上，在另一个方向上是稳压管的正向压降。以输入的正弦波为例，若 $v_I>0$，稳压管像普通二极管那样工作，有 0.7V 的正向偏置电压，集成运放通过稳压管引入深度负反馈，其反相端"虚地"，输出电位被钳位在 -0.7V；若 $v_I<0$，集成运放输出正电压，使稳压管击穿，于是集成运放也会引入深度负反馈，其输出电压被限制在稳压管的稳压值 $V_z$ 上。如果改变稳压管的连接方向，则可以在相反方向上把输出电压限制在这些值的附近，如图 8.4.4（b）所示。

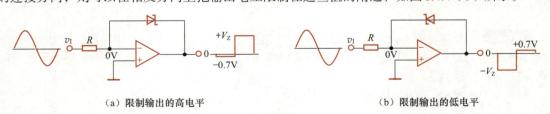

（a）限制输出的高电平　　　　　　　　　　　（b）限制输出的低电平

图 8.4.4　单向限幅电压比较器

两个稳压管组成的双向限幅电压比较器如图 8.4.5 所示，正负输出电压都被限制在稳压管的稳定电压加上正向偏置电压（0.7V）上。当输入为正弦波时，若 $v_I>0$，集成运放输出负电压，

稳压管 $VS_1$ 处于击穿稳压状态，$VS_2$ 为正向偏置导通，于是运放引入深度负反馈，其反相端"虚地"，输出电压被钳位在 $-V_{Z1}-0.7V$；若 $V_I<0$，集成运放输出正电压，使稳压管 $VS_2$ 被击穿，$VS_1$ 为正向偏置导通，于是集成运放的输出电压被限制在 $V_{Z2}+0.7V$。

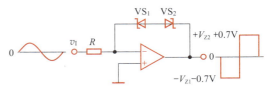

图 8.4.5　双向限幅电压比较器

## 8.4.2　迟滞电压比较器

视频8-6：
迟滞电压
比较器

单门限电压比较器虽然有电路简单、灵敏度高等特点，但其抗干扰能力差。例如，图 8.4.6（a）所示是一个用单门限电压比较器控制路灯的应用电路，其输入信号 $v_I$ 是光检测电路的输出，它与光照强度成正比。设傍晚和黎明时，$v_I=V_{REF}$。在夜间，$v_I<V_{REF}$，$v_o\approx V^+=15V$，此时晶体管 VT 导通，继电器动作使路灯亮。白天光照强度较强，光检测电路产生的输出信号使得 $v_I>V_{REF}$，$v_o\approx V^-=-15V$，T 截止，继电器开关断开，路灯不亮。图 8.4.6（a）中的二极管 D 用作保护器件，防止 T 的发射结被反向击穿。

假如不考虑干扰信号（即 $v_n=0$），根据图 8.4.6（b）中的输入信号可画出 $v_n=0$ 时的输出电压 $v_O$ 的波形，如图 8.4.6（c）所示。但实际上由于云层等对光照强度存在影响，变化的光照强度可以等效为一个与输入信号 $v_I$ 串联的干扰信号 $v_n$，则总的输入信号 $v_I'$ 如图 8.4.6（b）所示。可见，当 $v_I'>V_{REF}$ 时，输出切换为低；而 $v_I'<V_{REF}$ 时，输出切换为高，输出信号 $v_O$ 将出现图 8.4.6（d）所示的抖动现象。随着噪声信号 $v_n$ 幅值的增加，抖动现象变得更加严重，路灯将出现频繁的亮灭现象，这种情况是不允许的。采用迟滞电压比较器可以减少或消除这种抖动。

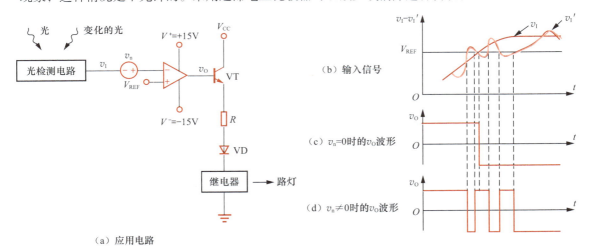

图 8.4.6　单门限电压比较器的应用电路及输入和输出波形

### 1．电路组成

图 8.4.7 所示是一个反相输入迟滞电压比较器电路。$R_1$ 引入正反馈，此时门限电压由 $V_{REF}$ 和 $v_o$ 共同决定，而且正反馈会使增益变得更大，电压比较器的翻转速度会更快。

### 2．门限电压的估算

由图 8.4.7 可知，当 $v_I>v_p$ 时，输出电压 $v_O$ 为低电平 $V_{OL}$，反之，$v_o$ 为高电平 $V_{OH}$；而 $v_I=v_n\approx v_p$ 是 $v_o$ 翻转的临界条件，也即 $v_p$ 就是门限电压 $V_T$，据此可求出门限电压 $V_T$。设运放是理想的，利用叠加定理并考虑"虚断"有

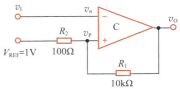

图 8.4.7　反相输入迟滞电压比较器电路

$$v_P = V_T = \frac{R_1 V_{REF}}{R_1 + R_2} + \frac{R_2 v_O}{R_1 + R_2} \tag{8.4.3}$$

根据输出电压 $v_O$ 的不同值（$V_{OH}$ 或 $V_{OL}$），可分别求出上门限电压 $V_{T+}$ 和下门限电压 $V_{T-}$ 分别为

$$V_{T+} = \frac{R_1 V_{REF}}{R_1 + R_2} + \frac{R_2 V_{OH}}{R_1 + R_2} \tag{8.4.4}$$

和

$$V_{T-} = \frac{R_1 V_{REF}}{R_1 + R_2} + \frac{R_2 V_{OL}}{R_1 + R_2} \tag{8.4.5}$$

门限宽度或回差电压

$$\Delta V_T = V_{T+} - V_{T-} = \frac{R_2(V_{OH} - V_{OL})}{R_1 + R_2} \tag{8.4.6}$$

需要特别注意，由于 $v_O$ 不可能同时为 $V_{OH}$ 和 $V_{OL}$，因此 $V_{T+}$ 和 $V_{T-}$ 不可能同时存在。这意味着这种电压比较器看上去有两个门限电压，但实际上是门限电压随输出电压的跳变在 $V_{T+}$ 和 $V_{T-}$ 之间跳变，即实际门限电压所处位置取决于当前输出电压的状态。由式（8.4.4）和式（8.4.5）可看出，当 $v_O = V_{OH}$ 时，$V_{T+}$ 有效；而当 $v_O = V_{OL}$ 时，$V_{T-}$ 有效。

设电路参数如图 8.4.7 所示，且 $V_{OH} = -V_{OL} =$ 5V，则由式（8.4.4）～式（8.4.6）可求得 $V_{T+} =$ 1.04V，$V_{T-} = 0.94V$，$\Delta V_T = 0.1V$。

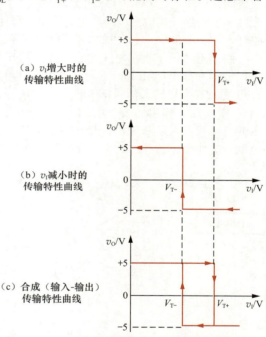

（a）$v_I$ 增大时的传输特性曲线

（b）$v_I$ 减小时的传输特性曲线

（c）合成（输入-输出）传输特性曲线

### 3. 电压传输特性

设从 $v_I = 0$，$v_O = V_{OH}$ 开始讨论。

由于 $v_O = V_{OH}$，因此当前门限电压 $v_P = V_{T+}$。在 $v_I$ 由零向正方向增大到接近 $V_{T+}$ 之前，$v_O$ 一直保持 $v_O = V_{OH}$ 不变。当 $v_I$ 增加到略大于 $V_{T+}$ 时，$v_O$ 由 $V_{OH}$ 下跳到 $V_{OL}$，同时使门限电压 $v_P$ 下跳到 $v_P = V_{T-}$，$v_I$ 再增大，$v_O$ 保持 $v_O = V_{OL}$ 不变，其传输特性曲线如图 8.4.8（a）所示。

若减小 $v_I$，只要 $v_I > V_{T-}$，$v_O$ 将始终保持 $v_O = V_{OL}$ 不变，只有当 $v_I < V_{T-}$ 时，$v_O$ 才由 $V_{OL}$ 跳变到 $V_{OH}$，门限电压也随之跳回到 $V_{T+}$，其传输特性曲线如图 8.4.8（b）所示。把图 8.4.8（a）和图 8.4.8（b）所示的传输特性曲线结合在一起，就构成图 8.4.8（c）所示的传输特性曲线，它有一个迟滞回环，所以这种电压比较器称为**迟滞电压比较器**[①]。根据 $V_{REF}$ 的正、负和大小不同，$V_{T+}$、$V_{T-}$ 可正可负。

图 8.4.7 所示电压比较器的输入 $v_I$ 接在反相输入端，所以是反相输入迟滞电压比较器。如果将 $v_I$ 与 $V_{REF}$ 位置互换，就可构成同相输入迟滞电压比较器。

图 8.4.8 反相输入迟滞电压比较器的传输特性曲线

**例8.4.3** 设电路参数如图 8.4.9（a）所示，输入信号 $v_I$ 的波形如图 8.4.9（b）所示。试画出其电压传输特性曲线和输出电压 $v_O$ 的波形。

**解：** ① 求门限电压。

由于 $V_{REF} = 0$，由式（8.4.4）和式（8.4.5），有

---

[①] 这种迟滞电压比较器又称为施密特触发器（Schmitt trigger）。

$$V_{T-} = \frac{R_1 V_{OL}}{R_1 + R_3} = \frac{15\text{k}\Omega \times (-6\text{V})}{15\text{k}\Omega + 15\text{k}\Omega} = -3\text{V}$$

$$V_{T+} = \frac{R_1 V_{OH}}{R_1 + R_3} = \frac{15\text{k}\Omega \times 6\text{V}}{15\text{k}\Omega + 15\text{k}\Omega} = 3\text{V}$$

② 画传输特性曲线。由于图 8.4.9（a）所示电路结构与图 8.4.7 所示电路结构相似，因此可画出其传输特性曲线，如图 8.4.9（d）所示。此时的上门限电压和下门限电压对称于纵轴。

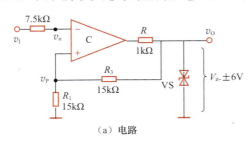

（a）电路

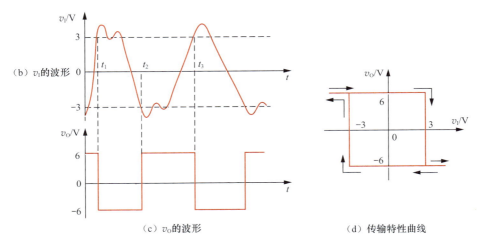

（b）$v_I$ 的波形　　　　（c）$v_O$ 的波形　　　　（d）传输特性曲线

图 8.4.9　例 8.4.3 的电路及波形

③ 画出 $v_O$ 的波形：根据图 8.4.9（d）、（b）可画出 $v_O$ 的波形。

当 $t=0$ 时，由于 $v_I < V_{T-} = -3\text{V}$，因此 $v_O = 6\text{V}$，$v_P = 3\text{V}$。以后 $v_I$ 在 $v_I < v_P = V_{T+} = 3\text{V}$ 内变化，$v_O$ 保持 6V 不变。

当 $t=t_1$ 时，$v_I \geqslant v_P = V_{T+} = 3\text{V}$，$v_O$ 由 6V 下跳到 $-6\text{V}$，门限电压 $v_P$ 也由 $V_{T+}$ 变为 $v_P = V_{T-} = -3\text{V}$（$V_{T+}$ 已无效）。所以后面即使 $v_I$ 又多次穿越 $V_{T+}$，但只要 $v_I > V_{T-}$，$v_O$ 就保持 $-6\text{V}$ 不变。

当 $t=t_2$ 时，$v_I \leqslant -3\text{V}$，$v_O$ 又由 $-6\text{V}$ 上跳到 6V，门限电压 $v_P$ 由 $V_{T-} = -3\text{V}$ 变回到 $v_P = V_{T+} = 3\text{V}$。

依次类推，可画出 $v_O$ 的波形，如图 8.4.9（c）所示。由图可知，虽然 $v_I$ 的波形很不"整齐"，但得到的 $v_O$ 的波形近似方波。因此，图 8.4.9（a）所示电路可用于波形整形。具有迟滞特性的电压比较器在控制系统、信号甄别和波形产生电路中应用较广。

**例 8.4.4**　　将图 8.4.6（a）中的单门限电压比较器用反相输入迟滞电压比较器代替就可得到图 8.4.10（a）所示的迟滞电压比较器应用电路。假设已知 $V_{OH} = 15\text{V}$，$V_{OL} = -15\text{V}$，$(V_{T+} + V_{T-})/2 = 2\text{V}$，回差电压 $\Delta V_T = 60\text{mV}$。

（1）试求 $V_{REF}$、$R_1$、$R_3$、$V_{T+}$ 和 $V_{T-}$ 的值。

（2）假设已知 $v_I'$ 的波形如图 8.4.10（b）所示，试画出 $v_O$ 的波形。

**解：**（1）计算电路参数。

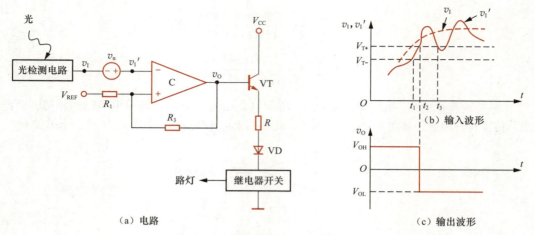

图 8.4.10　例 8.4.4 的电路及输入、输出波形

图 8.4.10（a）所示电路采用的是反相输入迟滞电压比较器，它的电压传输特性曲线与图 8.4.9（d）所示的相似。根据式（8.4.6）可得回差电压

$$\Delta V_{\mathrm{T}} = V_{\mathrm{T}+} - V_{\mathrm{T}-} = \frac{R_1(V_{\mathrm{OH}} - V_{\mathrm{OL}})}{R_1 + R_3}$$

因此有

$$0.06\mathrm{V} = \frac{R_1}{R_1 + R_3} \times [15\mathrm{V} - (-15\mathrm{V})] = \frac{R_1}{R_1 + R_3} \times 30\mathrm{V}$$

由此可得 $R_3/R_1 = 499$。而由式（8.4.4）和式（8.4.5）可求出

$$(V_{\mathrm{T}+} + V_{\mathrm{T}-})/2 = \frac{R_3}{R_1 + R_3} V_{\mathrm{REF}}$$

故

$$V_{\mathrm{REF}} = \left(1 + \frac{R_1}{R_3}\right) \cdot (V_{\mathrm{T}+} + V_{\mathrm{T}-})/2 = \left(1 + \frac{R_1}{R_3}\right) \times 2\mathrm{V}$$

$$= \left(1 + \frac{1}{499}\right) \times 2\mathrm{V} \approx 2.004\mathrm{V}$$

满足上述条件的电阻为 $R_1 = 100\Omega$，$R_3 = 49.9\mathrm{k}\Omega$。因此可求出门限电压 $V_{\mathrm{T}+} = 2.03\mathrm{V}$，$V_{\mathrm{T}-} = 1.97\mathrm{V}$。

（2）画出 $v_{\mathrm{O}}$ 的波形。

在 $t_1$ 时刻，由于 $v_{\mathrm{I}}' < V_{\mathrm{T}+}$，输出电压 $v_{\mathrm{O}} = V_{\mathrm{OH}}$ 不变。在 $t_2$ 时刻，$v_{\mathrm{I}}'$ 将上升到 $v_{\mathrm{I}}' > V_{\mathrm{T}+}$，$v_{\mathrm{O}}$ 由 $V_{\mathrm{OH}}$ 跳变到 $V_{\mathrm{OL}}$。在 $t_3$ 时刻，虽然 $v_{\mathrm{I}}'$ 下降到 $v_{\mathrm{I}}' \leqslant V_{\mathrm{T}+}$，但 $v_{\mathrm{I}}'$ 仍大于 $V_{\mathrm{T}-}$，输出电压 $v_{\mathrm{O}} = V_{\mathrm{OH}}$ 不变。因此，依据 $v_{\mathrm{I}}'$ 可画出 $v_{\mathrm{O}}$ 的波形，如图 8.4.10（c）所示。显然，由于在图 8.4.10（a）中使用了迟滞电压比较器，因而降低甚至消除了 $v_{\mathrm{I}}'$ 中干扰信号对 $v_{\mathrm{O}}$ 的抖动影响。

通过对上述几种电压比较器的分析，可得出如下结论。

① 由于电压比较器通常工作在开环或正反馈状态，运放工作在非线性放大区，其输出电压只有高电平 $V_{\mathrm{OH}}$ 和低电平 $V_{\mathrm{OL}}$ 两种情况，"虚短"不再成立。

② 一般用电压传输特性来描述输出电压与输入电压的函数关系。

③ 电压传输特性的 3 个要素是输出电压的高电平 $V_{\mathrm{OH}}$ 和低电平 $V_{\mathrm{OL}}$、门限电压和输出电压的跳变方向。令 $v_{\mathrm{P}} = v_{\mathrm{n}}$ 所求出的 $v_{\mathrm{I}}$ 就是门限电压。$v_{\mathrm{I}}$ 等于门限电压时输出电压的跳变方向取决于输入电压作用于同相输入端还是反相输入端。

实际电压比较器的输出电压 $v_O$ 从一个电平变到另一个电平并不是理想阶跃信号，它要经过线性放大区 [ 见图 8.4.11 （ a ）]，设 $V_{I1}$、$V_{I2}$ 分别对应距离 $v_O$ 底部和顶部 $0.1(V_{OH}-V_{OL})$ 处的 $v_I$，则 $V_{I2}$、$V_{I1}$ 的差值 $\Delta V_I$ 就称为电压比较器的灵敏度。$\Delta V_I$ 越小，灵敏度越高。因此，灵敏度 $\Delta V_I$ 表示电压比较器对输入信号电压的分辨能力。为了提高灵敏度，应选择开环电压增益大、失调与温度漂移小的集成运放或集成电压比较器构成电压比较器电路。

如果在电压比较器的输入端加上理想阶跃信号，其输出电压 $v_O$ 的波形如图 8.4.11 （ b ）所示。显然，$v_O$ 也不是一个理想阶跃信号，而是需要一定时间 $\Delta t$，这个时间称为电压比较器的响应时间。$\Delta t$ 越小，响应速度越快。为了提高响应速度，应选择高速、宽带集成运放或高速、超高速集成电压比较器。

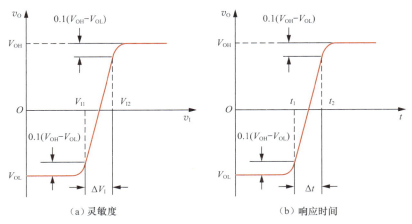

图 8.4.11　电压比较器的灵敏度和响应时间

## 8.4.3　集成电压比较器

电压比较器可将模拟信号转换成双值信号，即只有高电平和低电平两种状态的离散信号。因此，可用电压比较器作为模拟电路和数字电路的接口电路。

集成电压比较器比集成运放的开环增益低、失调电压大、共模抑制比小，因而它的灵敏度往往不如用集成运放构成的电压比较器的高，但由于集成电压比较器通常工作在两种状态（输出为高电平或低电平）之一，因此不需要频率补偿电容，也就不会像集成运放那样因加入频率补偿电容引起转换速率受限。集成电压比较器改变输出状态的典型响应时间是 30 ～ 200ns。转换速率为 0.7V/μs 的 741 型集成运放，其响应时间的期望值是 30μs 左右，约为集成电压比较器的1000 倍。

近年来，高速、超高速集成电压比较器迅速发展。例如，以互补双极工艺制造的 AD790 高速电压比较器，其精度已达到 $V_{IO} \leqslant 50\mu V$，$K_{CMR} \geqslant 105dB$，它可以双电源供电（ ± 15V），也可以单电源工作（ +5V ），其输出可与 TTL（ Transistor-Transistor Logic，晶体管晶体管逻辑 ）、CMOS电平匹配，输出级可驱动 100pF 的容性负载。AD790 在 +5V 单电源工作时的功耗约为 60mW，响应时间的典型值为 40ns。

超高速集成电压比较器的型号也很多，例如，LT1016（ 响应时间为 10ns ）、LT685（ 响应时间为 5.5ns ）、TLV3201/TLV3202（ 响应时间为 40ns ）等。

此外，根据输出方式不同，集成电压比较器还可分为普通、集电极（ 或漏极 ）开路输出或互补输出共 3 种情况。集电极（ 或漏极 ）开路输出电路必须在输出端接一个电阻至电源。互补输出电路有两个输出端，若一个为高电平，则另一个必为低电平。

例如，常用的LM339，其芯片内集成了4个独立的电压比较器。由于LM339采用了集电极开路的输出形式，使用时允许将各电压比较器的输出端直接连在一起。利用这一特点，可以方便地用LM339内两个电压比较器组成双限电压比较器，共用外接电阻$R$，如图8.4.12（a）所示。当信号电压$v_I$满足$V_{REF1}<v_I<V_{REF2}$时，输出电压$v_O$为高电平$V_{OH}$，否则$v_O$为低电平$V_{OL}$。由此可画出其电压传输特性曲线，如图8.4.12（b）所示。

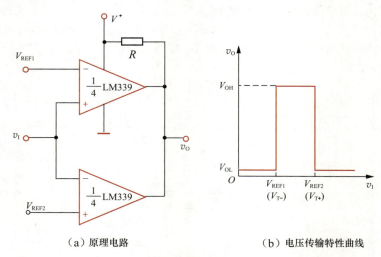

（a）原理电路　　　　　　　　　　　　（b）电压传输特性曲线

图 8.4.12　由 LM339 构成的双限电压比较器及其电压传输特性曲线

## 8.4.4　迟滞电压比较器的 MultiSim 仿真

（1）在MultiSim中构建迟滞电压比较器，如图8.4.13（a）所示。输入信号采用频率为50Hz、占空比为50%、峰值为10V的三角波。注意，输出信号接通道A，输入信号接通道B；稳压管1N4734A的稳定电压$V_Z=5.6V$，按照图中的接法，两个稳压管组成双向稳压电路，$VS_1$和$VS_2$合在一起的稳定电压为±6.1V。

（2）双击示波器图标XSC1，运行仿真，在虚拟示波器上可看到输出为方波。移动示波器上的游标1（对应T1时刻的读数），当输入三角波逐渐增大时，输出从高电平跳变成低电平时对应着上门限电压，可从通道B上读出$V_{T+}=3.069V$；当输入三角波减小时，输出从低电平跳变成高电平，移动游标2（对应T2时刻的读数），可读出下门限电压$V_{T-}=-3.001V$，其波形如图8.4.13（b）所示。

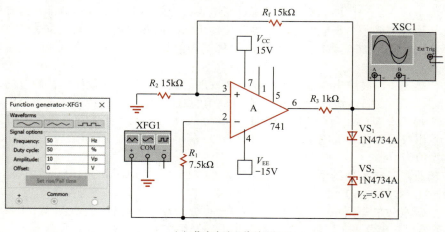

（a）仿真电路及信号源设置

图 8.4.13　迟滞电压比较器的仿真电路及波形

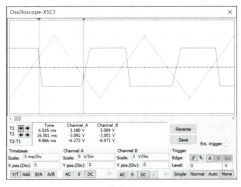 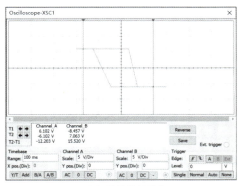

（b）仿真波形　　　　　　　　　（c）传输特性曲线

图 8.4.13　迟滞电压比较器的仿真电路及波形（续）

（3）单击示波器上左下角第4个图标按钮"A/B"，将显示改为 Y-X 方式，可以看到输出电压与输入电压之间的传输特性曲线，如图 8.4.13（c）所示。

# 8.5 非正弦信号产生电路

本节介绍的非正弦信号产生电路有方波产生电路、锯齿波产生电路等。

视频8-7：
方波产生电路

## 8.5.1　方波产生电路

### 1．电路组成及工作原理

方波产生电路是一种能够直接产生方波的非正弦信号产生电路。由于方波包含极丰富的谐波，因此这种电路又称为**多谐振荡电路**。

方波产生电路如图 8.5.1（a）所示，它由反相输入的迟滞电压比较器和 $R_f$、$C$ 回路组成，在电压比较器的输出端还接有限流电阻 $R$ 和两个背靠背的稳压管（稳定电压为 $\pm V_Z$）。$R_f$、$C$ 回路既作为延迟环节，又作为反馈网络，通过 $R_f$、$C$ 的充放电实现输出状态的自动切换。由图可知，迟滞电压比较器的输出电压为 $\pm V_Z$，其门限电压

$$V_T = \frac{R_2}{R_1 + R_2} \pm V_Z \tag{8.5.1}$$

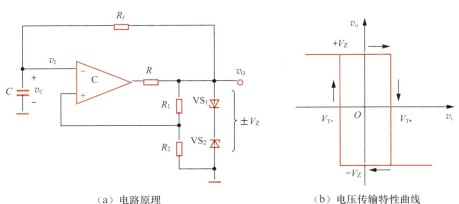

（a）电路原理　　　　　　　　　（b）电压传输特性曲线

图 8.5.1　双向限幅的方波产生电路

293

即 $V_{T-}=-\dfrac{R_2}{R_1+R_2}V_Z$，$V_{T+}=\dfrac{R_2}{R_1+R_2}V_Z$。因而电压传输特性曲线如图8.5.1（b）所示。

在接通电源的瞬间，输出电压偏于正向饱和还是负向饱和具有偶然性。假设开始时输出电压为正饱和值，即 $v_O=+V_Z$ 时，加到电压比较器同相输入端的电压 $v_p=V_{T+}$（当前门限电压），而加到反相输入端的电压为电容上的电压 $v_C$。由于 $v_C$ 不能突变，只能由输出电压 $v_O$ 通过电阻 $R_f$ 按指数规律向 C 充电来建立，如图8.5.2（a）所示，充电电流为 $i^+$。显然，当加到反相输入端的电压 $v_C$ 略大于 $V_{T+}$ 时，输出电压 $v_O$ 便从正饱和值（$+V_Z$）迅速翻转到负饱和值（$-V_Z$），即 $v_O=-V_Z$［见图 8.5.2（b）］，于是电压比较器同相输入端的门限电压也立即变为 $V_{T-}$；输出电压变为 $-V_Z$ 后，电容 C 通过 $R_f$ 开始放电，放电电流如图8.5.2（a）中 $i^-$ 所示，使 $v_C$ 上的电压逐渐降低。一旦到 $v_C$ 略低于 $V_{T-}$ 时，输出状态又翻转回去，即 $v_O=+V_Z$，电容又开始充电，如此循环，形成一系列的方波输出。经过一段过渡过程以后，电路的输出端及电容 C 上的电压波形如图8.5.2（b）所示。

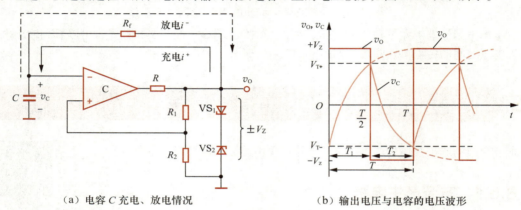

（a）电容 C 充电、放电情况　　　　　（b）输出电压与电容的电压波形

图 8.5.2　方波产生电路工作原理

## 2．振荡频率

电路的振荡频率与电容的充放电规律有关，电容两端电压的变化规律为

$$v_C(t)=v_C(\infty)+[v_C(0)-v_C(\infty)]\,\mathrm{e}^{-\frac{t}{\tau}} \tag{8.5.2}$$

式中，$v_C(0)$ 为选定时间起点时，电容 C 上的初始电压；$v_C(\infty)$ 为电容上的终止电压；$\tau$ 是电容充放电时间常数。在图8.5.2中，设 $t=0$ 时，$v_C(0)=V_{T-}$，则经过 $T_1$ 时间后，$v_C(T_1)=V_{T+}$，充电时间趋于无穷时，$v_C(\infty)=+V_Z$，$\tau=R_fC$，将这些值代入式（8.5.2）中，得到

$$T_1=\tau\ln\frac{v_C(\infty)-v_C(0)}{v_C(\infty)-v_C(t)}=R_fC\ln\frac{V_Z-V_{T-}}{V_Z-V_{T+}}$$

将 $V_{T-}$ 和 $V_{T+}$ 的值代入上式，得到

$$T_1=R_fC\ln\left(1+2\frac{R_2}{R_1}\right)$$

所以，振荡周期

$$T=2T_1=2R_fC\ln\left(1+2\frac{R_2}{R_1}\right) \tag{8.5.3}$$

方波的频率

$$f=\frac{1}{T} \tag{8.5.4}$$

式（8.5.4）表明，方波的频率与充放电时间常数 $R_fC$ 和迟滞电压比较器的电阻比值 $R_2/R_1$ 有关，与稳压管的稳定电压 $V_Z$ 无关，但方波的幅值是由 $V_Z$ 决定的。实际应用中常通过改变 $R_f$ 来调

节频率。

　　在低频范围（如10Hz～10kHz）内，对于固定频率来说，可以直接用运放组成图8.5.2（a）的电路来产生波形。但当振荡频率较高时，为了获得前后沿较陡的方波，最好选择转换速率较高的集成电压比较器代替运放。

### 3. 占空比可调的方波产生电路

　　通常，将方波为高电平的持续时间与振荡周期的比值称为**占空比**（用$q$表示）。图8.5.2中的$v_O$波形为对称方波，其占空比为50%，如需产生占空比小于或大于50%的方波，使电容$C$的充放电时间常数不同即可。

　　图8.5.3（a）所示是一种占空比可调的方波产生电路，图中电位器$R_p$和二极管VD$_1$、VD$_2$的作用是将电容充电和放电的回路分开，并可调节充电和放电两个时间常数的比例。这样，当$v_O$为正值时，VD$_1$导通而VD$_2$截止，充电时间常数为$(R_f+R_{p1})C$；当$v_O$为负值时，VD$_1$截止而VD$_2$导通，放电时间常数为$(R_f+R_{p2})C$，$v_C$和$v_O$的输出波形如图8.5.3（b）所示。

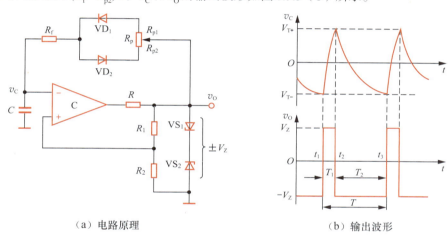

（a）电路原理　　　　　　　（b）输出波形

图 8.5.3　占空比可调的方波产生电路

　　当忽略二极管的正向导通电阻时，利用类似的方法，可求得电容充电和放电的时间分别为

$$T_1=(R_f+R_{p1})C\ln\left(1+2\frac{R_2}{R_1}\right) \qquad (8.5.5a)$$

$$T_2=(R_f+R_{p2})C\ln\left(1+2\frac{R_2}{R_1}\right) \qquad (8.5.5b)$$

输出波形的振荡周期

$$T=T_1+T_2=(2R_f+R_p)C\ln\left(1+2\frac{R_2}{R_1}\right) \qquad (8.5.6)$$

方波的占空比

$$q=\frac{T_1}{T}\times100\%=\frac{R_f+R_{p1}}{2R_f+R_p}\times100\% \qquad (8.5.7)$$

　　式（8.5.7）表明，调节$R_{p1}$的值就能改变占空比，而输出波形的周期不受影响。

---

　　**例8.5.1**　　在图8.5.3（a）所示电路中，已知$R_f=5$kΩ，$R_1=R_2=25$kΩ，$R_p=100$kΩ，$C=0.1\mu F$，$V_Z=8$V。

　　（1）输出电压的幅值和振荡频率约为多少？

　　（2）占空比的调节范围约为多少？

（3）若 $VD_1$ 断路，会产生什么现象？

**解:** （1）输出电压的幅值由双向稳压管的稳定电压决定，即

$$v_O = \pm 8V$$

根据式（8.5.6），得输出信号的振荡周期

$$T = (2R_f + R_p)C\ln\left(1 + 2\frac{R_2}{R_1}\right) \approx 12.1\text{ms}$$

所以，方波的振荡频率

$$f = \frac{1}{T} \approx 83\text{Hz}$$

（2）根据式（8.5.7），将 $R_{p1}$ 的最小值 0 代入，可得占空比 $q$ 的最小值

$$q_{\min} = \frac{R_f + R_{p1}}{2R_f + R_p} \times 100\% = \frac{5}{2 \times 5 + 100} \times 100\% \approx 4.5\%$$

将 $R_{p1}$ 的最大值 100kΩ 代入，可得占空比 $q$ 的最大值

$$q_{\max} = \frac{R_f + R_{p1}}{2R_f + R_p} \times 100\% = \frac{5 + 100}{2 \times 5 + 100} \times 100\% \approx 95.5\%$$

所以，方波占空比的调节范围为 4.5% ～ 95.5%。

（3）若 $VD_1$ 断路，则电路不振荡，输出电压 $v_O$ 恒为 $+V_Z$。因为在 $VD_1$ 断路的瞬间，电容电压将不变，则 $v_O$ 保持 $+V_Z$ 不变；若 $v_O = -V_Z$，则电容仅有放电回路，必然使 $v_n < v_P$，导致 $v_O = +V_Z$。

## 8.5.2　三角波产生电路

### 1. 电路组成

前面的方波产生电路是由一个迟滞电压比较器和一个 $RC$ 反馈网络构成的。$RC$ 反馈网络实际上为积分电路，$v_C$ 的波形近似为三角波。如果用一个线性积分电路来代替 $RC$ 积分电路，则电容上的电压 $v_C$ 的波形必为理想的三角波。图 8.5.4（a）所示就是由一个同相输入迟滞电压比较器和一个反相积分器构成的三角波产生电路。

### 2. 门限电压的估算

在图 8.5.4（a）中，虚线左边的 $C_1$ 组成的同相输入迟滞电压比较器，为了便于讨论，这里将其单独画出，如图 8.5.4（b）所示，图中的 $v_I$ 就是图 8.5.4（a）中的 $v_O$。输出电压 $v_{O1}$ 的高、低电平由双向稳压管 VS 决定，其值分别为 $V_Z$、$-V_Z$。

利用"虚断"概念，根据图 8.5.4（b）可得 $C_1$ 同相电压端的电位

$$v_{P1} = v_I - \frac{v_I - v_{O1}}{R_1 + R_2} R_1 \tag{8.5.8}$$

考虑到电压比较器翻转时有 $v_{N1} \approx v_{P1} = 0$，即得

$$V_T = v_I = -\frac{R_1}{R_2} v_{O1} \tag{8.5.9}$$

由于 $v_{O1} = \pm V_Z$，由式（8.5.9），可分别求出上、下门限电压和门限宽度，即

$$V_{T+} = \frac{R_1}{R_2} V_Z \tag{8.5.10}$$

$$V_{T-} = -\frac{R_1}{R_2} V_Z \tag{8.5.11}$$

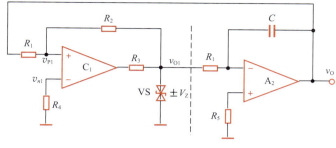

（a）电路原理

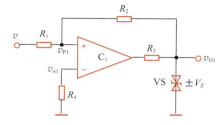

（b）同相输入迟滞电压比较器

图 8.5.4　三角波产生电路

$$\Delta V_T = V_{T+} - V_{T-} = 2\frac{R_1}{R_2}V_Z \tag{8.5.12}$$

## 3．工作原理

在图 8.5.4（a）中，因为电压比较器的输出电压 $v_{O1}$ 作为积分器 $A_2$ 的输入信号，所以积分电路的输出电压表达式为

$$v_O = -\frac{1}{RC}\int v_{O1}dt \tag{8.5.13}$$

设 $t_0 = 0$ 时接通电源，有 $v_{O1} = +V_Z$（称为第一暂态）并保持至 $t_1$，则 $+V_Z$ 经 $R$ 向电容 $C$ 恒流充电，使积分器的输出电压 $v_O$ 线性下降，在此期间式（8.5.13）为

$$v_O = -\frac{1}{RC}\cdot V_Z \cdot (t_1 - t_0) + v_O(t_0) \tag{8.5.14}$$

当 $v_O$ 下降到电压比较器的下门限电压 $V_{T-}$ 时（$t_1$ 时刻），使 $v_{P1} = v_{N1} = 0$，电压比较器输出 $v_{O1}$ 由 $+V_Z$ 下跳到 $-V_Z$（称为第二暂态）且保持至 $t_2$，与此同时，电压比较器的门限电压上跳到 $V_{T+}$。

在 $v_{O1} = -V_Z$ 后，电容 $C$ 放电，使积分器的输出电压 $v_O$ 线性上升，在此期间式（8.5.13）为

$$v_O = \frac{1}{RC}\cdot V_Z \cdot (t_2 - t_1) + v_O(t_1) \tag{8.5.15}$$

当 $v_O$ 上升到电压比较器的上门限电压 $V_{T+}$ 时（$t_2$ 时刻），使 $v_{P1} = v_{N1} = 0$，电压比较器输出 $v_{O1}$ 由 $-V_Z$ 上跳到 $+V_Z$，即返回到第一暂态，积分器又开始反向积分，如此周而复始，产生振荡。

由于积分电容 $C$ 的正向与反向充电时间常数相等，且积分电流的大小均为 $V_Z/R$，于是在一个周期内 $v_O$ 的下降值和上升值相同，因此 $v_O$ 为三角波，$v_{O1}$ 为方波，其波形如图 8.5.5 所示。

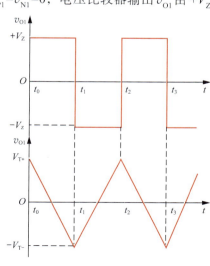

图 8.5.5　$v_{o1}$ 和 $v_o$ 的波形

### 4．输出幅值和振荡周期

由图 8.5.5 所示的波形可知，因为输出方波的幅值由稳压管组成的限幅电路决定，所以输出方波的高、低电平分别为

$$v_{\text{om1}} = \pm V_{\text{Z}} \tag{8.5.16}$$

输出三角波的正、负幅度为电压比较器的上、下门限电压，即

$$v_{\text{om}} = \pm \frac{R_1}{R_2} V_{\text{Z}} \tag{8.5.17}$$

下面根据图 8.5.5 来计算振荡周期。

在 $t_1 \sim t_2$ 这段时间内，有 $t_2 - t_1 = T/2$，输出电压的起始值为 $v_{\text{O}}(t_1) = V_{\text{T}-}$，$v_{\text{O}}(t_2) = V_{\text{T}+}$，将它们代入式（8.5.15）中，得到

$$V_{\text{T}+} = \frac{1}{RC} \cdot V_{\text{Z}} \cdot \frac{T}{2} + V_{\text{T}-}$$

即

$$\frac{T}{2} = \frac{RC}{V_{\text{Z}}} (V_{\text{T}+} - V_{\text{T}-}) \tag{8.5.18a}$$

再结合式（8.5.12），可求得振荡周期

$$T = \frac{4R_1 RC}{R_2} \tag{8.5.18b}$$

由式（8.5.17）和式（8.5.18b）可知，在调试电路时，应先调整电阻 $R_1$ 和 $R_2$ 的值，使三角波的输出幅度达到设计值，再调整积分器的 $R$ 和 $C$ 满足振荡周期的要求。

---

**例 8.5.2** 试分析图 8.5.6 所示的电路，说明电路的组成及工作原理，画出 $v_{\text{O1}}$ 和 $v_{\text{O}}$ 的波形，并计算输出信号的振荡周期。

**解：**（1）工作原理。

由图 8.5.6 可见，它由同相输入迟滞电压比较器（$C_1$）和充电、放电时间常数不等的积分器（$A_2$）两部分，共同组成锯齿波产生电路。如果去掉图 8.5.6 所示电路中的 $R_6$、VD 支路，$C$ 的正、反向充电时间常数就相等，锯齿波就变成三角波了。

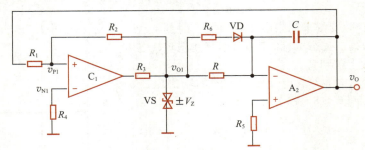

图 8.5.6　锯齿波产生电路

$C_1$ 组成同相输入迟滞电压比较器，根据式（8.5.10）和式（8.5.11）可知，其上、下门限电压分别为

$$V_{\text{T}+} = \frac{R_1}{R_2} V_{\text{Z}}, \quad V_{\text{T}-} = -\frac{R_1}{R_2} V_{\text{Z}}$$

$A_2$ 组成积分器，由于二极管 VD 具有单向导电性，电容 $C$ 的充电、放电时间常数不相等。假设 $t=0$ 时接通电源，有 $v_{\text{O1}} = -V_{\text{Z}}$，则 $-V_{\text{Z}}$ 经 $R$ 向 $C$ 恒流充电，使输出电压按线性规律增长。当 $v_{\text{O}}$ 上升到门限电压 $V_{\text{T}+}$ 使 $v_{\text{P1}} = v_{\text{N1}} = 0$ 时，电压比较器输出 $v_{\text{O1}}$ 由 $-V_{\text{Z}}$ 上跳到 $+V_{\text{Z}}$，同时门限电压下跳

到 $V_{T-}$。以后 $v_{O1}=+V_Z$ 经 $R_6$ 和 VD、$R$ 两支路向电容 $C$ 反向充电，由于时间常数小于之前的充电时间常数，因此 $v_O$ 迅速下降到负值。当 $v_O$ 降到 $V_{T-}$ 使 $v_{P1}=v_{N1}=0$ 时，电压比较器输出 $v_{O1}$ 又由 $+V_Z$ 下跳到 $-V_Z$。如此周而复始，产生振荡。

（2）画出 $v_{O1}$ 和 $v_O$ 的波形。

由于电容 $C$ 的正向与反向充电时间常数不相等，但都是恒流充电，因此 $v_O$ 为锯齿波，$v_{O1}$ 为方波，其波形如图 8.5.7 所示。

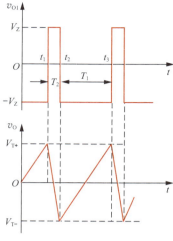

（3）计算振荡周期。

假设二极管 VD 的正向导通电阻可忽略不计。当 $v_{O1}=-V_Z$ 时，VD 截止，输出电压的表达式为

$$v_O = -\frac{1}{RC}V_Z(t_3-t_2)+v_O(t_2) \tag{8.5.19}$$

图 8.5.7　$v_{O1}$ 和 $v_O$ 的波形

在 $t_2 \sim t_3$ 这段时间内，有 $t_3-t_2=T_1$，输出电压的起始值为 $v_O(t_2)=V_{T-}$，$v_O(t_3)=V_{T+}$，将它们代入式（8.5.19）中，得到锯齿波上升时间

$$T_1 = 2\frac{R_1}{R_2}RC \tag{8.5.20}$$

当 $v_{O1}=+V_Z$ 时，VD 导通，输出电压的表达式为

$$v_O = -\frac{1}{(R/\!/R_6)C}V_Z(t_2-t_1)+v_O(t_1) \tag{8.5.21}$$

在 $t_1 \sim t_2$ 这段时间内，有 $t_2-t_1=T_2$，输出电压的起始值为 $v_O(t_1)=V_{T+}$，$v_O(t_2)=V_{T-}$，将它们代入式（8.5.21）中，得到锯齿波下降时间

$$T_2 = 2\frac{R_1}{R_2}\cdot(R/\!/R_6)C \tag{8.5.22}$$

所以振荡周期

$$T=T_1+T_2=\frac{2R_1RC(R+2R_6)}{R_2(R+R_6)} \tag{8.5.23}$$

## 8.5.3　波形产生电路的 MultiSim 仿真

### 1. 占空比可调的方波仿真电路

（1）在 MultiSim 中构建占空比可调的方波仿真电路，如图 8.5.8（a）所示。注意，电容 $C$ 的初始电压为 0V（IC 是 Initial Condition 的缩写）；稳压管直接选用 DIODES_VIRTUAL 中的虚拟器件 ZENER，修改其稳定电压为 $V_Z=7.5V$，按照图 8.5.8（a）中的接法，两个稳压管组成双向稳压电路，VS$_1$ 和 VS$_2$ 合在一起的稳定电压为 ±8.1V。

（2）双击示波器图标 XSC1，将电位器 $R_p$ 的分压调成 50%，运行仿真，在虚拟示波器上可看到电容 $C$ 和输出端的波形，如图 8.5.8（b）所示。可见，输出波形为方波，其幅值为 ±8.059V。注意，起振过程需要较慢，大约经过 940ms 才能看到振荡波形。双击频率计图标 XFC1，读出方波的频率为 74.351Hz，如图 8.5.8（c）所示。

（3）将电位器 $R_p$ 的分压调成 100%，运行仿真，结果电容 $C$ 的充电时间（大约为 12.866ms）变长，放电时间较短，可看到占空比较大的方波。反之，将 $R_p$ 的分压调成 0%，运行仿真，结果电容 $C$ 的充电时间（大约为 0.671ms）变短，放电时间较长，可看到占空比较小的方波。

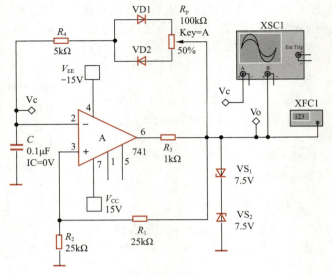

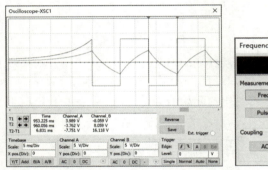

（b）输出波形

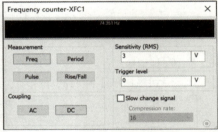

（c）频率计显示的频率值

图 8.5.8　占空比可调的方波仿真电路及输出结果

## 2．方波-三角波仿真电路

（1）在 MultiSim 中构建占空比可调的方波-三角波仿真电路，如图 8.5.9（a）所示。注意，电容 $C$ 的初始电压为 0V。

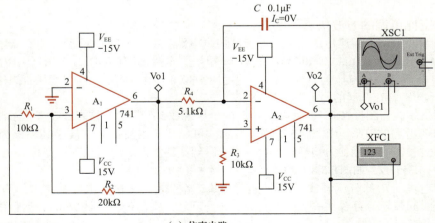

（a）仿真电路

图 8.5.9　方波-三角波仿真电路及输出波形

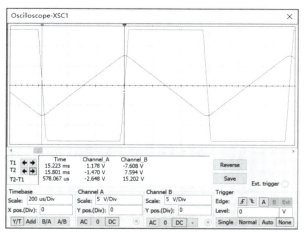

（b）输出波形

图 8.5.9　方波 – 三角波仿真电路及输出波形（续）

（2）双击示波器图标XSC1，运行仿真，在虚拟示波器上可看到输出波形为方波和三角波，如图8.5.9（b）所示。可见，方波的幅值为±14.114V，三角波的最小值、最大值分别为−7.068V和7.594V，即峰峰值为15.202V。从频率计上可以读出输出信号的频率为865.5Hz。

## 小结

- 通常，有源滤波电路是由运放和$RC$网络构成的电子系统，根据幅频响应不同，可分为低通、高通、带通、带阻和全通滤波电路。高阶滤波电路一般可由一阶和二阶有源滤波电路组成。

- 开关电容滤波器的精度和稳定性均较高，目前已有多种集成电路器件可供选用，但其高频信号的滤波受到限制。

- 正弦波振荡电路由放大电路、正反馈网络、选频网络和稳幅环节等部分组成，振荡的条件是环路增益$\dot{A}F = 1$，它可拆分成振幅平衡条件和相位平衡条件。由相位平衡条件决定振荡频率，由振幅平衡条件决定电路能否起振和稳幅。

- $RC$桥式正弦波振荡电路利用$RC$串并联网络作为选频网络和正反馈网络，同相比例运算电路作为放大电路。振荡频率$f_0 = 1/(2\pi RC)$，起振条件为$|\dot{A}_v| > 3$。$RC$振荡电路可产生几赫兹至几百千赫兹的低频信号。

- $LC$振荡电路有变压器反馈式、电感三点式、电容三点式等形式，它们的选频网络都是$LC$谐振回路，电路的振荡频率等于谐振回路的谐振频率。谐振回路的品质因数越大，电路的选频特性越好，振荡频率越稳定。$LC$振荡电路可产生几十兆赫兹，甚至100MHz以上的正弦信号。

- 石英晶体振荡电路是用石英晶体谐振器作为选频网路实现振荡的，其振荡频率取决于石英晶体的谐振频率，且频率稳定度可达$10^{-9} \sim 10^{-11}$数量级。石英晶体振荡电路有并联型和串联型两类。

- 单门限电压比较器、过零电压比较器和迟滞电压比较器均有同相输入和反相输入两种接法。单门限电压比较器和过零电压比较器中的运放或电压比较器工作在开环状态，只有一个门限电压；而迟滞电压比较器中的运放或电压比较器通常工作在正反馈状态，对应输出高、低电平，即有两个门限电压，电压传输特性曲线上有一个迟滞回环。输出电压发生跳变的临界条件是 $v_n \approx v_p$，据此可求得门限电压。

- 集成电压比较器比集成运放的开环增益低、失调电压大、共模抑制比小，因而它的灵敏度往往不如用集成运放构成的电压比较器的高，但集成电压比较器的响应时间远小于集成运放的。因此，要求响应时间短的场合应当用高速集成电压比较器组成比较电路。
- 在非正弦波信号产生电路中没有选频网络。方波、三角波和锯齿波产生电路通常由电压比较器、反馈网络和积分电路等组成。判断电路能否振荡的方法是，设电压比较器的输出为高电平（或低电平），经反馈、积分等环节能使电压比较器输出从一种状态跳变到另一种状态，则电路能振荡。三角波产生电路与锯齿波产生电路的差别是，前者积分电路的正向和反向充放电时间常数相等，而后者的不相等。

## 自我检验题

### 8.1　填空题

1. 试分析在下列情况下，应选用哪种类型的滤波电路。
（1）希望有用信号的频率低于20Hz，可选用_____滤波器。
（2）希望抑制500Hz以下的信号，可选用_____滤波器。
（3）希望抑制50Hz的交流电源干扰，可选用_____滤波器。
（4）希望有用信号的频率为100Hz，可选用_____滤波器。

2. 一阶滤波电路幅频特性的阻带以_____dB/十倍频的斜率衰减，二阶滤波电路的阻带以_____dB/十倍频的斜率衰减，阶数越_____，阻带幅频特性衰减的速度越快，滤波电路的滤波性能越_____。

3. _____滤波器在通带中具有最平坦的幅频响应曲线。

4. 带通滤波器的 $Q$ 值取决于中心频率和_____。

5. 当滤波器的增益在中心频率处最小时，它是_____滤波器。

6. 在某个输出信号稳定的正弦波振荡器中，已知 $A_v=50$，则反馈网络的衰减必须为_____。

7. 根据石英晶体的电抗频率特性，当 $f=f_s$ 时，石英晶体呈_____性；在 $f_s<f<f_p$ 的很小的频率范围内，石英晶体呈_____性；当 $f<f_s$ 或 $f>f_p$ 时，石英晶体呈_____性。

8. 在串联型石英晶体振荡电路中，石英晶体等效为_____；而在并联型石英晶体振荡电路中，石英晶体等效为_____。

9. 迟滞电压比较器中引入了_____反馈，它有两个门限电压。

10. 若希望在 $v_I<3V$ 时，$v_o$ 为高电平，而在 $v_I>3V$ 时，$v_o$ 为低电平，可采用_____输入的单门限电压比较器。

### 8.2　判断题（正确的画"√"，错误的画"×"）

1. 与无源滤波器相比较，有源滤波器具有可提供通带内增益、负载对滤波特性的影响小等优点。
（　　）

2. 对二阶有源滤波电路，当集成运放接成同相放大电路时，增益不能小于3，否则电路工作不稳定。
（　　）

3. 当级联一个低通滤波器和一个高通滤波器得到一个带通滤波器时，低通滤波器的截止频率必须大于高通滤波器的截止频率。（　　）

4. 开关电容滤波器的滤波特性取决于电容比和时钟频率。（　　）

5. 在 $RC$ 桥式振荡电路中，$RC$ 串并联网络既是选频网络，又是正反馈网络。（　　）

6. 选频网络采用 $LC$ 回路的振荡电路，称为 $LC$ 振荡电路。（　　）

7. 凡是集成运放构成的电路，都可以用"虚断"和"虚短"概念加以分析。（　　）

8. 在放大电路中，只要具有正反馈，就会产生自激振荡。（　　）

9. 在正弦波振荡电路中，只允许存在正反馈，不允许引入负反馈。（　　）

10. 对于 $LC$ 正弦波振荡电路，若已满足相位平衡条件，则反馈系数越大，越容易起振。（　　）

# 习题

### 8.1　有源滤波器

**8.1.1**　假设滤波器的幅频响应曲线如图题8.1.1所示，它们应分别属于哪种类型的滤波电路（低通、高通、带通、带阻）？

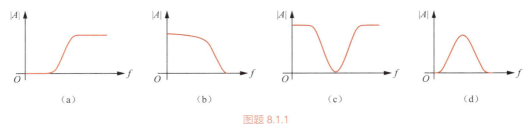

图题 8.1.1

**8.1.2**　一个低通滤波器的截止频率为500Hz，它的带宽是多少？

**8.1.3**　在图8.1.7所示的一阶低通滤波器中，已知 $R=R_1=1\text{k}\Omega$，$C=0.002\mu\text{F}$，$R_f=330\Omega$，试求通带电压增益（用dB表示）和-3dB截止频率 $f_H$，并画出其幅频特性曲线。

**8.1.4**　图题8.1.4所示电路在时域中为比例积分器，而在频域中为一阶低通滤波器。设运放是理想的，试推导电路的电压传递函数 $\dot{A}_v(\text{j}\omega)=\dot{V}_o(\text{j}\omega)/\dot{V}_i(\text{j}\omega)$，并求通带电压增益和-3dB截止角频率 $\omega_H$。

**8.1.5**　图题8.1.5所示为一阶高通滤波电路，设A为理想运放，试推导电路的电压传递函数，并画出其幅频响应曲线，并求-3dB截止角频率 $\omega_L$。

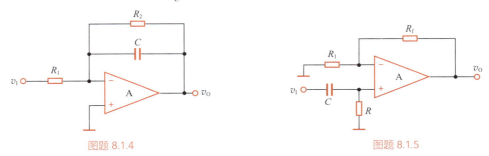

图题 8.1.4　　　　　　　　　　　　　　　　图题 8.1.5

**8.1.6**　设A为理想运放，试写出图题8.1.6所示电路的电压传递函数，并指出这是一个什么类型的滤波电路。

**8.1.7**　在图8.1.8所示二阶低通滤波电路中，设 $R_1=10\text{k}\Omega$，$R_f=5.86\text{k}\Omega$，$R=100\text{k}\Omega$，$C_1=C_2=0.1\mu\text{F}$，试计算截止角频率 $\omega_H$ 和通带电压增益，并画出其幅频响应曲线。

**8.1.8**　在图8.1.10所示二阶高通滤波电路中，设 $\omega_c=2\pi\times200\text{rad/s}$，$Q=1$，试求其幅频响应的峰值，以及峰值所对应的角频率。

**8.1.9**　在图8.1.13所示二阶带通滤波电路中，设 $R_1=38\text{k}\Omega$，$R=R_2=10\text{k}\Omega$，$R_3=20\text{k}\Omega$，$R_f=20\text{k}\Omega$，$C_1=C=0.01\mu\text{F}$，试计算中心频率 $f_0$ 和带宽 $BW$，并画出其幅频响应曲线。

**8.1.10**　图题8.1.10所示为一阶带通滤波电路，设运放是理想的，试写出电路的电压传递函数 $A_v(\text{j}\omega)=v_o/v_i$，并求通带增益和电路的上、下限频率。

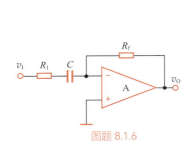

图题 8.1.6

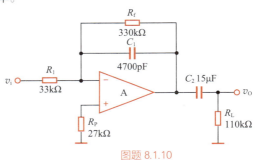

图题 8.1.10

## *8.2　开关电容滤波器

8.2.1　影响开关电容滤波器频率响应的时间常数取决于什么？为什么时钟频率$f_{CP}$通常比滤波器的工作频率（如截止频率$f_P$）要大得多（如$f_{CP}/f_P > 100$）？

8.2.2　开关电容滤波器与一般$RC$有源滤波电路相比有何主要优点？

## 8.3　正弦波振荡电路

8.3.1　电路如图题 8.3.1 所示，试用相位平衡条件判断哪个电路可能振荡，哪个不能振荡，并简述理由。

8.3.2　在图题 8.3.1（b）所示电路中，设运放是理想器件，运放的最大输出电压为 ±10V。试问由于某种原因使$R_2$断开时，其输出电压的波形是什么（正弦波、近似为方波或停振）？输出波形的峰峰值为多少？

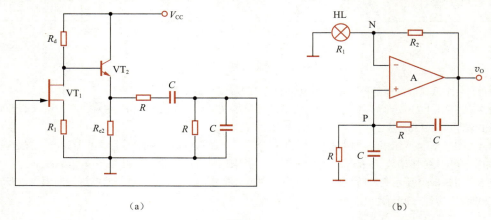

（a）　　　　　　　　　　　　　　　　（b）

图题 8.3.1

8.3.3　正弦波振荡电路如图题 8.3.3 所示，已知$R_P$在 0 ～ 5kΩ 范围内可调，设运放 A 是理想的，振幅稳定后二极管的动态电阻近似为$r_d = 500Ω$，求$R_P$应调整到的阻值。

8.3.4　$RC$桥式正弦波振荡电路如图 8.3.2 所示。

（1）试分析该电路中的正、负反馈网络分别由哪些元件组成。

（2）写出同相输入端到输出端的电压增益表达式。

（3）写出输出端到同相输入端的电压反馈系数。

（4）写出电路的振荡频率表达式。

（5）若$R_1 = 2kΩ$，根据起振的幅值条件，试求$R_f$的值应该大于多少。

（6）为了稳定振幅，又使输出波形不失真，反馈电阻$R_f$应该选择什么特性的热敏电阻？

8.3.5　试将图题 8.3.5 所示电路合理连接起来，组成$RC$桥式正弦波振荡电路。

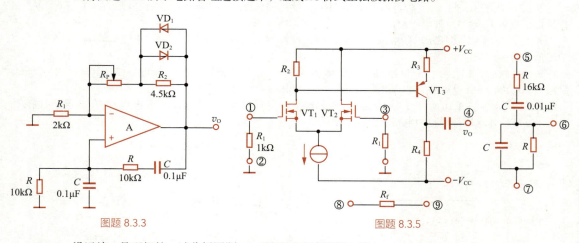

图题 8.3.3　　　　　　　　　　　　　　图题 8.3.5

8.3.6　设运放 A 是理想的，试分析图题 8.3.6 所示正弦波振荡电路。

（1）为满足相位平衡条件，运放 A 的 a、b 两个输入端中哪个是同相输入端，哪个是反相输入端？

（2）为能起振，$R_p$ 和 $R_2$ 两个电阻之和应大于何值?

（3）此电路的振荡频率 $f_0$ 为多少?

（4）试证明稳定振荡时输出电压的峰值为

$$V_{om} = \frac{3R_1}{2R_1 - R_p} V_Z 。$$

8.3.7　电路如图题 8.3.7 所示，试用相位平衡条件判断哪个能振荡，哪个不能振荡，并说明理由。

8.3.8　在图题 8.3.8 所示的各三点式振荡电路中，$C_B$、$C_C$、$C_E$ 的电容量足够大，对交流来说可视为短路，试用相位平衡条件判断哪些电路可能振荡。若不能振荡，试加以改正，并写出振荡频率 $f_0$ 的表达式。

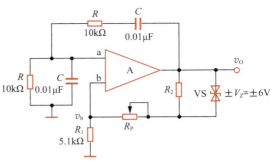

图题 8.3.6

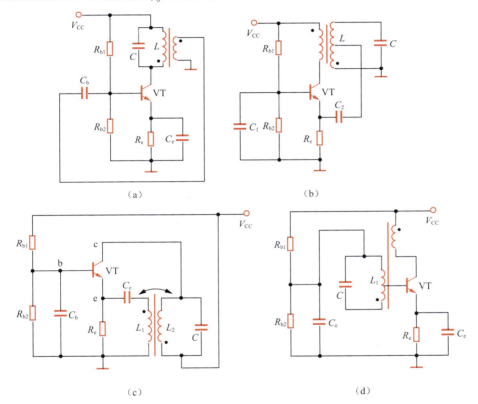

图题 8.3.7

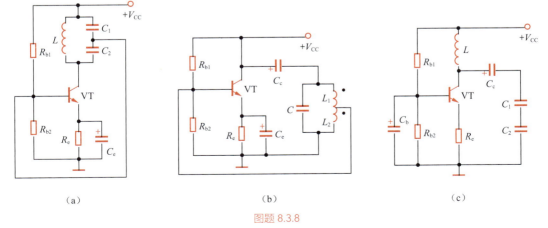

图题 8.3.8

8.3.9　某收音机本机振荡电路如图题8.3.9所示，试标明该电路振荡线圈中两个绕组的同名端，并估算振荡频率的可调范围。

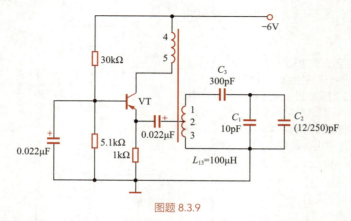

图题 8.3.9

8.3.10　两种石英晶体振荡器原理电路如图题8.3.10所示，试说明它们属于哪种类型的石英晶体振荡电路。为什么说这种电路结构有利于提高频率的稳定度？

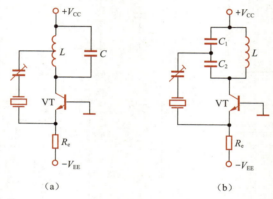

图题 8.3.10

### 8.4　电压比较器

8.4.1　一个运放的开环电压增益为$8\times10^4$，当直流电源电压为±15V时，它的最大饱和输出电压是±13V。如果将一个有效值为0.15mV的差模电压加到输入端，则输出电压的峰峰值是多少？

8.4.2　假设运放的直流电源电压为±15V，它的最大饱和输出电压是±13V。试问图题8.4.2所示各个电压比较器的输出电压是多少？

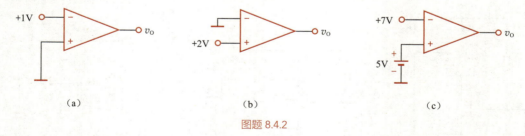

图题 8.4.2

8.4.3　电路如图题8.4.3所示，$A_1$为理想运放，$C_2$为电压比较器，二极管VD也是理想器件，$R_b$=51kΩ，$R_c$=5.1kΩ，BJT的$\beta$=50，$V_{CES}\approx0$，$I_{CEO}\approx0$。

（1）当$v_I$=1V时，$v_O$为多少？

（2）当$v_I$=3V时，$v_O$为多少？

（3）当$v_I$=5sin $\omega t$V时，试画出$v_I$、$v_{O2}$和$v_O$的波形。

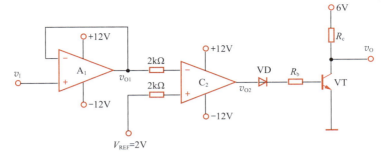

图题 8.4.3

8.4.4 电路如图题 8.4.4（a）所示，其输入电压的波形如图题 8.4.4（b）所示，已知输出电压 $v_O$ 的最大值为 $\pm 10V$，运放是理想的，试画出输出电压 $v_O$ 的波形。

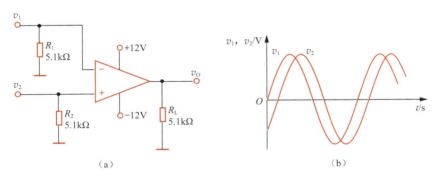

图题 8.4.4

8.4.5 比较电路如图题 8.4.5 所示。设运放是理想的，且 $V_{REF}=-1V$，$V_Z=5V$，试求门限电压 $V_T$，并画出电压比较器的电压传输特性曲线。

8.4.6 设运放为理想器件，试求图题 8.4.6 所示电压比较器的门限电压，并画出它的电压传输特性曲线（图中 $V_Z=9V$）。

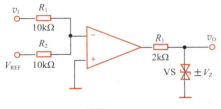

图题 8.4.5

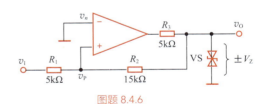

图题 8.4.6

8.4.7 电压比较器电路如图题 8.4.7 所示。

（1）若稳压管 VS 的双向限幅值为 $\pm V_Z=\pm 6V$，运放的开环电压增益 $A_{vo}=\infty$，试画出电压比较器的电压传输特性曲线。

（2）若在同相输入端与地之间接一参考电压 $V_{REF}=-5V$，则重做第（1）问。

8.4.8 图题 8.4.8 所示为波形产生电路，试说明它是由哪些单元电路组成的，各起什么作用，并定性画出 A、B、C 各点的输出电压波形。

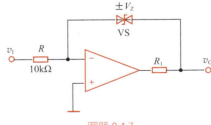

图题 8.4.7

8.4.9 电路如图题 8.4.9 所示，设 $A_1$、$A_2$ 均为理想运放，$C_3$ 为电压比较器，电容 $C$ 上的初始电压 $v_C(0)=0V$。若 $v_I$ 为 0.11V 的阶跃信号，求加上信号后 1s 时，$v_{O1}$、$v_{O2}$、$v_{O3}$ 所达到的数值。

## 8.5 非正弦信号产生电路

8.5.1 方波产生电路如图 8.5.1（a）所示。设运放为理想器件，$R_f=100k\Omega$，$C=0.1\mu F$，$V_Z=5V$，

307

$R_2=R_1=100\text{k}\Omega$，$R=1\text{k}\Omega$。

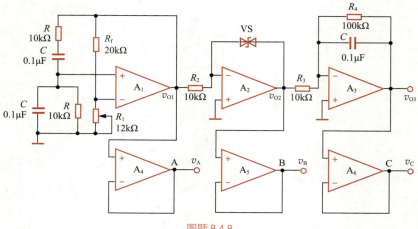

图题 8.4.8

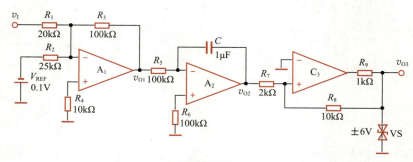

图题 8.4.9

（1）画出输出电压 $v_o$ 和电容 $C$ 上的电压 $v_C$ 的波形。

（2）求振荡周期 $T$。

8.5.2　方波－三角波产生电路如图题 8.5.2 所示，试求出其振荡频率，并画出 $v_{O1}$、$v_{O2}$ 的波形。

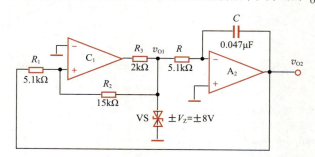

图题 8.5.2

8.5.3　在图 8.5.6 所示锯齿波产生电路中，假设 VD 为理想二极管，$V_Z=6\text{V}$，$R_1=10\text{k}\Omega$，$R_2=R_6=20\text{k}\Omega$，$R_3=1\text{k}\Omega$，$R=150\text{k}\Omega$，$C=0.1\mu\text{F}$，试求电路的振荡周期和频率。

## 📝 实践训练

**S8.1**　在图 8.1.7 所示的一阶低通滤波电路中，已知 $R=10\text{k}\Omega$，$C=0.033\mu\text{F}$，$R_1=R_f=10\text{k}\Omega$。运放采用 741，其直流工作电源为 $\pm15\text{V}$，试用波特图仪来测量电压增益的幅频响应，找出其通带增益、上限频率，并在阻带范围内求出频率增加 10 倍时其增益衰减的分贝值。

**S8.2** 在图 8.1.10 所示的二阶高通滤波电路中，已知 $R=33\text{k}\Omega$，$C = 0.01\mu\text{F}$，$R_1=180\text{k}\Omega$，$R_f=100\text{k}\Omega$，运放采用 741，其直流工作电源为 $\pm15\text{V}$，试用波特图仪来测量电压增益的幅频响应，找出其通带增益、下限频率，并在阻带范围内求出频率为原来的 1/10 时其增益衰减的分贝值。

**S8.3** 在图 8.1.13 所示的二阶带通滤波电路中，已知 $R=79.7\text{k}\Omega$，$C=0.02\mu\text{F}$，$R_2=5.8\text{k}\Omega$，$R_3=11.68\text{k}\Omega$，$R_1=R_f=23.3\text{k}\Omega$，运放采用 741，其直流工作电源为 $\pm15\text{V}$，试用波特图仪来测量电压增益的幅频响应，找出其通带增益、中心频率、下限频率和上限频率。

**S8.4** 在图 8.3.4 所示的 $RC$ 桥式正弦波振荡电路中，运放采用 741，其直流工作电源为 $\pm15\text{V}$，$\text{VD}_1$、$\text{VD}_2$ 选用 1N4007，试对其进行仿真，给出输出电压波形和振荡频率。

**S8.5** 在图 8.4.1（a）所示的单门限电压比较器中，设输入 $v_1$ 的频率为 1kHz、峰峰值为 $\pm6\text{V}$ 的三角波，运放采用 741，其直流工作电源为 $\pm12\text{V}$，当 $V_{\text{REF}}=0$ 和 $V_{\text{REF}}=-4\text{V}$ 时，对电压比较器进行仿真，分别给出输入 $v_1$ 与输出 $v_O$ 的波形。

**S8.6** 在图 8.5.1（a）所示的方波产生电路中，采用 741 型运放构成电压比较器，其直流工作电源为 $\pm15\text{V}$，已知 $R_1=R_2=20\text{k}\Omega$，$R_f=51\text{k}\Omega$，$C=0.01\mu\text{F}$，$R=1\text{k}\Omega$，双向稳压电路由稳定电压为 5.6V 的 1N4734A 稳压管构成，试对其进行仿真，画出电容 $C$ 两端的电压波形及电路输出的电压波形。

**S8.7** 在图 8.5.6 所示的锯齿波产生电路中，$C_1$ 和 $A_2$ 由 741 型运放构成，其直流工作电源为 $\pm15\text{V}$，已知 $R_1=3\text{k}\Omega$，$R_2=20\text{k}\Omega$，$R_3=1\text{k}\Omega$，$R_4=2.6\text{k}\Omega$，$R_5=5.1\text{k}\Omega$，$R_6=R=10\text{k}\Omega$，$C=47\text{nF}$，VD 为 1N4001，双向稳压电路由稳定电压为 5.6V 的 1N4734A 稳压管构成，试对其进行仿真，画出输出电压 $v_{O1}$ 和 $v_{O2}$ 的波形。

# 第 **9** 章

# 功率放大电路

本章知识导图

## ⚡ 本章学习要求

- 能正确表述甲类、乙类和甲乙类功率放大电路的特点。
- 会计算乙类、甲乙类互补对称功率放大电路的功率指标。
- 能根据设计要求，选择合适的功率BJT。

## ⚡ 本章讨论的问题

- 功率放大电路和电压放大电路的异同点是什么？
- 如何构成乙类功率放大电路？
- 如何分析、计算乙类功率放大电路的输出功率、管耗和效率？
- 乙类功率放大电路为何会产生失真？如何克服？
- 集成功率放大器的工作原理是什么？有哪些特性？如何使用？

# 9.1 功率放大电路的一般问题

前面所讨论的放大电路主要用于放大电压或电流，因而称为电压放大电路或电流放大电路。但在多级放大电路中，输出信号往往要去驱动一定的装置，如收音机中扬声器和电动机的控制绕组等。此时除了电压（电流）放大电路外，还要求有一个能输出一定信号功率的输出级。这类主要用于向负载提供功率的输出级常称为功率放大电路。但无论哪种放大电路，在负载上都同时存在输出电压、电流和功率，其名称的区别只是强调输出量的不同。

本章以分析功率放大电路的输出功率、效率和非线性失真之间的矛盾为主线，逐步提出解决矛盾的措施。在电路方面，以 BJT 互补对称功率放大电路为重点进行较详细的分析与计算。

## 9.1.1 功率放大电路的特点及主要研究对象

如前所述，放大电路实质上都是能量转换电路。从能量控制的观点来看，功率放大电路和电压放大电路没有本质的区别。但是，功率放大电路和电压放大电路所要完成的任务是不同的。对电压放大电路的主要要求是使其输出端得到不失真的电压信号，讨论的主要指标是电压增益、输入和输出阻抗等，输出的功率并不一定大。而功率放大电路则不同，它主要要求获得一定的不失真（或失真较小）的输出功率，因此功率放大电路包含一系列在电压放大电路中没有出现过的特殊问题，具体如下。

（1）要求输出足够大的功率

功率放大电路的主要任务是向负载提供额定功率，为了获得大的功率输出，要求功放管的电压和电流都有足够大的输出幅度，因此器件往往在接近极限运用状态下工作。

（2）效率更高

由于输出功率大，因此直流电源消耗的功率也大，这样就存在效率问题。效率就是负载得到的有用信号功率和电源供给的直流功率的比值。这个比值越大，意味着效率就越高。

（3）非线性失真要小

通常功率放大电路在大信号下工作，所以不可避免地会产生非线性失真，而且同一功放管输出功率越大，非线性失真往往越严重，这就使输出功率和非线性失真成为一对主要矛盾。但是，在不同场合下，对非线性失真的要求不同，例如，在测量系统和电声设备中，这个问题显得很重要，而在工业控制系统等场合中，则以提高输出功率为主要目的，对非线性失真的要求就降为次要问题了。

（4）功率器件的散热问题

在 BJT 功率放大电路中，有相当大的功率消耗在晶体管的集电结上，使结温和管壳温度升高。为了充分利用允许的管耗而使放大管输出足够大的功率，功率器件的散热就成为一个重要问题。

此外，在功率放大电路中，为了输出较大的信号功率，器件承受的电压要高，通过的电流要大，功率管损坏的可能性也就比较大，所以功率管的保护问题也不容忽视。

（5）采用图解分析法

在分析方法上，由于晶体管在大信号下工作，需要同时考虑直流和交流对晶体管工作状态的影响，故通常采用图解分析法。

综上所述，对功率放大电路的要求：效率高、非线性失真度低、晶体管安全工作、输出功率尽可能大。

## 9.1.2 输出级工作状态分类

放大电路按电流通过晶体管的情况不同，根据晶体管在一个输入信号周期内导通情况的不同，其工作状态一般可分为 4 类，如图 9.1.1 所示。在输入为正弦信号的情况下，通过晶体管的电流 $i_C$ 不出现截止状态的称为甲类；在正弦信号的一个周期中，晶体管只有半周导通的称为乙类；导通期大于半周而小于全周的称为甲乙类；导通期小于半周的称为丙类。对于上述 4 类工作状态，有的书中分别称为 A 类、B 类、AB 类和 C 类。在低频放大电路中常采用前 3 种工作状态，如在电压放大电路中采用甲类，在低频功率放大电路中采用乙类或甲乙类，而丙类常用于高频功率放大电路和某些振荡电路中。

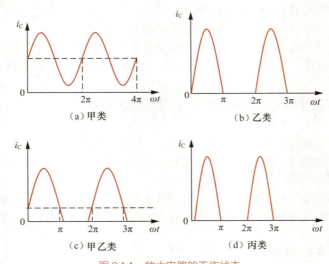

图 9.1.1　放大电路的工作状态

　　分析结果表明，甲类放大电路由于静态工作电流大，因而效率低。由单管组成的甲乙类、乙类和丙类放大电路，虽然减小了静态功耗，提高了效率，但都出现了严重的波形失真。因此，既要保持静态功耗小（效率高），又要使失真不太严重，这就需要在电路结构上采取措施。后面讨论的乙类（甲乙类）互补对称功率放大电路可以较理想地解决此问题。

## 9.2　乙类双电源互补对称功率放大电路

### 9.2.1　甲类放大电路

　　在图 9.2.1 所示共发射极放大电路中，假设 BJT 的 $\beta = 100$，$V_{BE} = 0.7V$，$V_{CES} = 0.5V$，$I_{CEO} = 0$，电容 $C$ 对交流可视为短路，输入信号 $v_i$ 为正弦波。

　　下面分析该电路在甲类工作时可能达到的最大不失真输出功率 $P_{om}$ 和此时电路的效率 $\eta$。

　　根据第 4 章的分析可知，电路的最大输出功率

$$P_{om} = \frac{[(V_{CC} - V_{CES})/(2\sqrt{2})]^2}{R_L} = \frac{[(12V - 0.5V)/(2\sqrt{2})]^2}{8\Omega} \approx 2.07W$$

此时，$I_{CQ} = I_{cm} = \dfrac{V_{CC} - V_{CES}}{2R_L} = \dfrac{12V - 0.5V}{2 \times 8\Omega} \approx 0.72A$

$$R_b = \frac{(V_{CC} - V_{BE})\beta}{I_{CQ}} = \frac{(12 - 0.7)V \times 100}{0.72A} \approx 1570\Omega$$

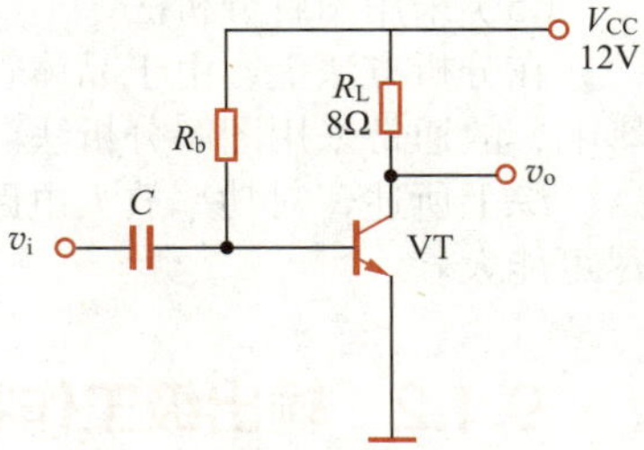

图 9.2.1　甲类放大电路

此时电路的效率：$\eta = \dfrac{P_{om}}{V_{CC}I_{CQ}} \times 100\% = \dfrac{2.07\text{W}}{12\text{V} \times 0.72\text{A}} \times 100\% \approx 24\%$

显然，甲类放大电路在最大不失真输出情况下，效率很低。

考虑到功率放大电路驱动的负载电阻一般较小，如同轴电缆的阻抗为50Ω或75Ω，扬声器的阻抗为4Ω或8Ω，采用BJT实现时，共发射极放大电路和共基极放大电路由于输出电阻过大，难以满足要求，一般采用共集电极放大电路实现，且往往直接驱动负载。因此，图9.2.1所示的电路经过改进，得到图9.2.2（a）所示的电路，合理选取偏置电阻 $R_b$ 的值，可以保证该电路输出最大不失真功率，但是该电路依然为甲类放大电路，效率很低，考虑到功率放大电路一般位于多级放大电路的最后一级，输入的小信号经过前级的多次放大后，电压幅度已经很大，因此将偏置电阻开路，电路就变为图9.2.2（b）所示的形式。

下面分析图9.2.2（b）所示的电路。先给出两个假定条件：①输入信号的幅值足够大，可以接近或者超过 $V_{CC}$；②BJT发射结的开启电压足够小，可以忽略不计，即 $V_{BE(th)} \approx 0$。

当输入信号 $v_i$ 在正半周时，BJT导通，此时电路为电压跟随器，$v_o = v_i$；而当输入信号 $v_i$ 在负半周时，$v_o = 0$。显然，图9.2.2（b）所示电路在输入信号的整个周期，输出只有半周，工作在乙类状态下，电路没有基极偏置电阻后，静态工作点落在截止区，静态功耗近似为零，管耗小，有利于提高效率，但存在严重的失真，使得输出信号的半个波形被削掉了，如图9.2.2（c）所示。

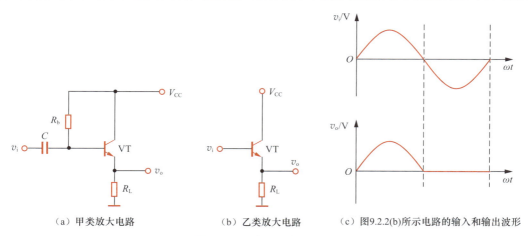

（a）甲类放大电路　　　（b）乙类放大电路　　　（c）图9.2.2(b)所示电路的输入和输出波形

图 9.2.2　甲类和乙类放大电路

如何补足图9.2.2（c）所示波形的负半周，让输出波形不产生失真，同时效率高呢？显然，一只晶体管难以满足要求，可以考虑采用PNP型晶体管，负电源供电，得到的电路如图9.2.3（b）所示。

和图9.2.2（b）分析类似，得到图9.2.3（b）所示电路的输入和输出波形，如图9.2.3（c）所示。显然，如果将图9.2.2（c）和图9.2.3（c）所示波形叠加，就可以得到不失真的输出。

为此，将图9.2.2（b）所示电路和图9.2.3（b）所示电路组合，得到乙类双电源互补对称功率放大电路，如图9.2.4（a）所示。

在图9.2.4（a）所示电路中，$VT_1$ 和 $VT_2$ 分别为NPN型晶体管和PNP型晶体管，两管的基极、发射极分别连接在一起，信号从基极输入，从发射极输出，$R_L$ 为负载电阻。考虑到BJT发射结处于正向偏置时才导电，因此当信号处于正半周时，$VT_2$ 截止，$VT_1$ 承担放大任务，有电流通过负载电阻 $R_L$；而当信号处于负半周时，$VT_1$ 截止，由 $VT_2$ 承担放大任务，仍有电流通过负载电阻 $R_L$，得到图9.2.4（b）所示的输入和输出波形。这样，电路实现了静态时两管不导电，而在有信号时，$VT_1$ 和 $VT_2$ 轮流导电，组成推挽式电路。由于两管互补对方的不足，工作性能对称，因此这种电路通常称为互补对称电路。又由于两管都为发射极输出电路，因此这种电路也称为互补发射极输出电路。这种电路可提供低输出电阻，从而使负载上得到的输出信号增益不会下降。

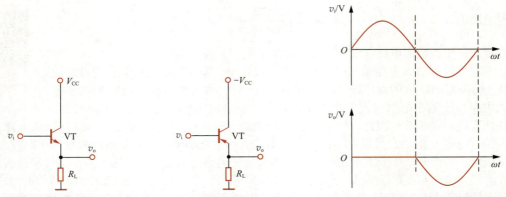

（a）NPN 型晶体管构成的共集电极放大电路 （b）PNP 型晶体管构成的共集电极放大电路 （c）图9.2.3（b）所示电路的输入和输出波形

图 9.2.3　乙类放大电路的输入和输出

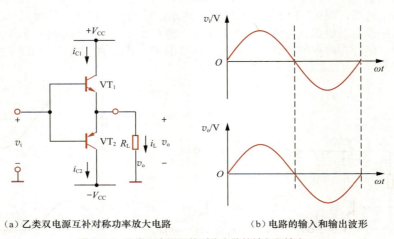

（a）乙类双电源互补对称功率放大电路　　　　　（b）电路的输入和输出波形

图 9.2.4　乙类双电源互补对称电路的输入和输出

## 9.2.2　分析计算

图9.2.5（a）所示为图9.2.4（a）所示电路在 $v_i$ 为正半周时 $VT_1$ 的工作情况（图中 $i_{C1}$、$i_{C2}$ 的参考方向都是电流实际方向）。图中假定，只要 $v_{BE}>0$，$VT_1$ 就开始导电，则在一个周期内 $VT_1$ 导电时间约为半个周期。图9.2.5（a）中 $VT_2$ 的工作情况和 $VT_1$ 的相似，只是在信号的负半周导电。为了便于分析，将 $VT_2$ 的特性曲线倒置画在 $VT_1$ 的右下方（$-v_{CE2}$ 的箭头指向左边），并令二者在 $Q$ 点即 $v_{CE1}=-v_{CE2}=V_{CC}$ 处重合（$v_i=0$ 时两管均处于截止状态），形成 $VT_1$ 和 $VT_2$ 的合成曲线，如图9.2.5（b）所示。这时负载线通过 $V_{CC}$ 点形成一条斜线，其斜率为 $-1/R_L$。显然，负载电流变化的最大范围为 $2I_{cm}$，电压的变化范围为 $2(V_{CC}-V_{CES})=2V_{cem}=2I_{cm}R_L$。如果忽略晶体管的饱和压降 $V_{CES}$，则 $V_{cem}=I_{cm}R_L≈V_{CC}$。

根据以上分析，不难求出工作在乙类的互补对称电路的输出功率、管耗、直流电源供给的功率和效率。

### 1. 输出功率 $P_o$

输出功率用输出电压有效值 $V_o$ 和输出电流有效值 $I_o$ 的乘积来表示。设输出电压的幅值为 $V_{om}$，则

$$P_o = V_o I_o = \frac{V_{om}}{\sqrt{2}} \cdot \frac{V_{om}}{\sqrt{2}R_L} = \frac{1}{2} \cdot \frac{V_{om}^2}{R_L} \tag{9.2.1}$$

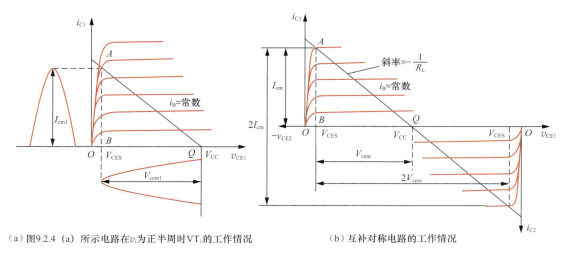

（a）图9.2.4（a）所示电路在$v_i$为正半周时$VT_1$的工作情况　　（b）互补对称电路的工作情况

图 9.2.5　互补对称电路图解分析

图9.2.4（a）中的$VT_1$、$VT_2$可以看成工作在发射极输出器状态，$A_v \approx 1$。当输入信号足够大，使$V_{im} = V_{om} = V_{CC} - V_{CES} \approx V_{CC}$和$I_{om} = I_{cm}$时，可获得最大输出功率

$$P_{om} = \frac{1}{2} \cdot \frac{V_{om}^2}{R_L} = \frac{1}{2} \cdot \frac{V_{cem}^2}{R_L} \approx \frac{1}{2} \cdot \frac{V_{CC}^2}{R_L} \qquad （9.2.2）$$

$I_{cm}$和$V_{cem}$可以分别用图9.2.5（b）中的$AB$和$BQ$表示，因此，$\triangle ABQ$的面积就代表工作在乙类的互补对称电路输出功率的大小，面积越大，输出功率$P_o$越大。但该三角形受BJT安全工作区的限制。

### 2．管耗 $P_T$

考虑到$VT_1$和$VT_2$在一个信号周期内各导电约180°，且通过两管的电流和两管电极的电压$v_{CE}$在数值上都分别相等（只是在时间上错开了半个周期），因此，为求出总管耗，只需先求出单管的损耗就行了。设输出电压$v_o = V_{om}\sin\omega t$，则$VT_1$的管耗

$$
\begin{aligned}
P_{T1} &= \frac{1}{2\pi}\int_0^\pi v_{CE} i_C \mathrm{d}(\omega t) \\
&= \frac{1}{2\pi}\int_0^\pi (V_{CC} - v_o)\frac{v_o}{R_L}\mathrm{d}(\omega t) \\
&= \frac{1}{2\pi}\int_0^\pi (V_{CC} - V_{om}\sin\omega t)\frac{V_{om}\sin\omega t}{R_L}\mathrm{d}(\omega t) \\
&= \frac{1}{2\pi}\int_0^\pi \left(\frac{V_{CC}V_{om}}{R_L}\sin\omega t - \frac{V_{om}^2}{R_L}\sin^2\omega t\right)\mathrm{d}(\omega t) \\
&= \frac{1}{R_L}\left(\frac{V_{CC}V_{om}}{\pi} - \frac{V_{om}^2}{4}\right) \qquad （9.2.3）
\end{aligned}
$$

而两管的管耗

$$P_T = P_{T1} + P_{T2} = \frac{2}{R_L}\left(\frac{V_{CC}V_{om}}{\pi} - \frac{V_{om}^2}{4}\right) = \frac{2V_{CC}V_{om}}{\pi R_L} - \frac{V_{om}^2}{2R_L} \qquad （9.2.4）$$

### 3．直流电源供给的功率 $P_V$

直流电源供给的功率$P_V$包括负载得到的信号功率和$VT_1$、$VT_2$消耗的功率两部分。当$v_i = 0$时，$P_V = 0$；当$v_i \neq 0$，由式（9.2.1）和式（9.2.4）得

$$P_V = P_o + P_T = \frac{2V_{CC}V_{om}}{\pi R_L} \qquad (9.2.5)$$

当输出电压幅值达到最大，即 $V_{om} \approx V_{CC}$ 时，则得电源供给的最大功率

$$P_{Vm} = \frac{2}{\pi} \cdot \frac{V_{CC}^2}{R_L} \qquad (9.2.6)$$

### 4. 效率 $\eta$

一般情况下效率

$$\eta = \frac{P_o}{P_V} = \frac{\pi}{4} \cdot \frac{V_{om}}{V_{CC}} \qquad (9.2.7)$$

当 $V_{om} \approx V_{CC}$ 时，则

$$\eta = \frac{P_o}{P_V} \times 100\% = \frac{\pi}{4} \times 100\% \approx 78.5\% \qquad (9.2.8)$$

这个结论是在假定互补对称电路工作在乙类、负载电阻为理想值，忽略晶体管的饱和压降 $V_{CES}$ 和输入信号足够大（ $V_{im} \approx V_{om} \approx V_{CC}$ ）的情况下得来的，实际效率比这个数值要低一些。

## 9.2.3　功率 BJT 的选择

### 1. 最大管耗和最大输出功率的关系

工作在乙类的互补对称电路，在静态时，晶体管几乎不取电流，管耗接近于零，因此，当输入信号较小时，输出功率较小，管耗也小，这是容易理解的。但能否认为，输入信号越大，输出功率也越大，管耗就越大呢？答案是否定的。那么，最大管耗发生在什么情况下呢？由式（9.2.3）可知，管耗 $P_{T1}$ 是输出电压幅值 $V_{om}$ 的函数，因此，可以用求极值的方法来求解。由式（9.2.3）有

$$\frac{dP_{T1}}{dV_{om}} = \frac{1}{R_L}\left(\frac{V_{CC}}{\pi} - \frac{V_{om}}{2}\right)$$

令 $dP_{T1}/dV_{om} = 0$ ，则 $\frac{V_{CC}}{\pi} - \frac{V_{om}}{2} = 0$

故

$$V_{om} = \frac{2V_{CC}}{\pi} \qquad (9.2.9)$$

式（9.2.9）表明，当 $V_{om} = \frac{2V_{CC}}{\pi} \approx 0.6V_{CC}$ 时管耗最大，且单管最大管耗

$$P_{T1m} = \frac{1}{R_L}\left[\frac{2}{\pi}\frac{V_{CC}^2}{\pi} - \frac{\left(\frac{2V_{CC}}{\pi}\right)^2}{4}\right] = \frac{1}{R_L}\left(\frac{2V_{CC}^2}{\pi^2} - \frac{V_{CC}^2}{\pi^2}\right) = \frac{1}{\pi^2} \cdot \frac{V_{CC}^2}{R_L} \qquad (9.2.10)$$

考虑到最大输出功率 $P_{om} = V_{CC}^2/2R_L$ ，则每管的最大管耗和电路的最大输出功率具有如下的关系：

$$P_{T1m} = \frac{1}{\pi^2} \cdot \frac{V_{CC}^2}{R_L} \approx 0.2P_{om} \qquad (9.2.11)$$

式（9.2.11）常用来作为乙类互补对称电路选择功率管的依据，它表明，如果要求输出功率为 10W，则只需用两个额定管耗大于 2W 的晶体管就可以了。

注意，上面的计算是在理想情况下进行的，实际上在选晶体管的额定功耗时，还要留有充分的余地。

考虑到 $P_o$、$P_V$ 和 $P_{T1}$ 都是 $V_{om}$ 的函数，如果用 $V_{om}/V_{CC}$ 表示的自变量作为横坐标，纵坐标分别用相对值 $P_o\Big/\left(\dfrac{1}{2}\cdot\dfrac{V_{CC}^2}{R_L}\right)$、$P_V\Big/\left(\dfrac{1}{2}\cdot\dfrac{V_{CC}^2}{R_L}\right)$ 和 $P_{T1}\Big/\left(\dfrac{1}{2}\cdot\dfrac{V_{CC}^2}{R_L}\right)$，即 $P\Big/\left(\dfrac{1}{2}\cdot\dfrac{V_{CC}^2}{R_L}\right)$ 表示，则 $P_o$、$P_V$ 和 $P_{T1}$ 与 $V_{om}/V_{CC}$ 的关系曲线如图9.2.6所示。图9.2.6也进一步说明，$P_o$ 和 $P_{T1}$ 与 $V_{om}/V_{CC}$ 不是线性关系，且 $P_V=P_o+2P_{T1}$。

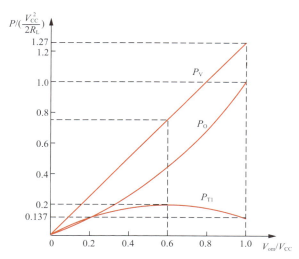

图 9.2.6　乙类互补对称电路 $P_o$、$P_V$ 和 $P_{T1}$ 与 $V_{om}/V_{CC}$ 变化的关系曲线

### 2. 功率BJT的选择

由以上分析可知，若想得到最大输出功率，功率BJT的参数必须满足下列条件。

（1）每只BJT的最大允许管耗 $P_{CM}$ 必须大于 $0.2P_{om}$。

（2）考虑到当 $VT_2$ 导通时，$-v_{CE2}\approx0$，此时 $v_{CE1}$ 具有最大值，且等于 $2V_{CC}$，因此，应选用 $|V_{(BR)CEO}|>2V_{CC}$ 的功率BJT。

（3）通过功率BJT的最大集电极电流为 $V_{CC}/R_L$，所选功率BJT的 $I_{CM}$ 一般不宜低于此值。

---

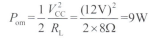 　功率放大电路如图9.2.4（a）所示，设 $V_{CC}$=12V，$R_L$=8Ω，功率BJT的极限参数为 $I_{CM}$=2A，$|V_{(BR)CEO}|$=30V，$P_{CM}$=5W。

（1）试求最大输出功率 $P_{om}$，并检验所给功率BJT是否能安全工作。

（2）试求功率放大电路在 $\eta$=0.6时的输出功率 $P_o$。

**解：**（1）求 $P_{om}$，并检验功率BJT的安全工作情况

由式（9.2.2）可求出

$$P_{om}=\frac{1}{2}\frac{V_{CC}^2}{R_L}=\frac{(12V)^2}{2\times8\Omega}=9W$$

通过功率BJT的最大集电极电流、功率BJT的 c 和 e 极间的最大压降及它的最大管耗分别为

$$i_{Cm}=\frac{V_{CC}}{R_L}=\frac{12V}{8\Omega}=1.5A$$

$$v_{CEm}=2V_{CC}=24V$$

$$P_{T1m}\approx0.2P_{om}=0.2\times9W=1.8W$$

所求 $i_{Cm}$、$v_{CEm}$ 和 $P_{T1m}$ 均分别小于极限参数 $I_{CM}$、$|V_{(BR)CEO}|$ 和 $P_{CM}$，故功率BJT能安全工作。

（2）求 $\eta$=0.6时的 $P_o$

由式（9.2.7）可求出

$$V_{om} = 4 \frac{V_{CC}}{\pi} \eta = \frac{0.6 \times 4 \times 12V}{\pi} \approx 9.2V$$

将 $V_{om}$ 代入式（9.2.1），得

$$P_o = \frac{1}{2} \frac{V_{om}^2}{R_L} = \frac{1}{2} \times \frac{(9.2V)^2}{8\Omega} \approx 5.3W$$

## 9.3 甲乙类互补对称功率放大电路

前面讨论了由两个共集电极放大电路组成的乙类双电源互补对称功率放大电路［见图 9.3.1（a）］，我们在分析时，有一个重要的假定条件，就是假设 BJT 发射结的开启电压足够小，可以忽略不计，即 $V_{BE(th)} \approx 0$。当然，在输入电压远大于开启电压的情况下，假设是成立的。但是，当输入信号较小时，实际的输出波形会发生变化。由于没有直流偏置，功率管的 $i_B$ 必须在 $|v_{BE}|$ 大于某一个数值（即开启电压，NPN 型硅管为 0.6～0.7V）时才有显著变化。当输入信号 $v_i$ 低于这个数值时，$VT_1$ 和 $VT_2$ 都截止，$i_{C1}$ 和 $i_{C2}$ 基本为零，负载电阻 $R_L$ 上无电流通过，出现一段死区，如图 9.3.1（b）所示。这种现象称为**交越失真**。

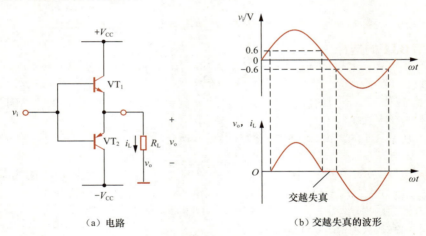

（a）电路　　　　　　　　（b）交越失真的波形

图 9.3.1　乙类双电源互补对称功率放大电路

### 9.3.1　甲乙类双电源互补对称电路

利用图 9.3.2 所示的偏置电路是克服交越失真的一种方法。由图可见，$VT_3$ 组成前置放大级（图中未画出 $VT_3$ 的直流偏置电路），只要 $VT_3$ 能正常工作，$VD_1$、$VD_2$ 就始终处于正向导通状态，可以近似用恒压降模型代替 $VD_1$ 和 $VD_2$，$VT_1$ 和 $VT_2$ 组成互补输出级。

静态时，在 $VD_1$、$VD_2$ 上产生的压降为 $VT_1$、$VT_2$ 提供了一个适当的偏压，使之处于微导通状态。通过适当调整 $R_{e3}$ 和 $R_{c3}$ 可以使输出电路上、下两部分达到对称，静态时 $i_{C1}=i_{C2}$，$i_L=0$，$v_o=0$。而有信号时，由于电路工作在甲乙类，即使交流信号 $v_i$ 很小，$VD_1$ 和 $VD_2$ 两端电压可看成恒压降，其交流电阻近似为零，因而加在 $VT_1$ 和 $VT_2$ 两管基极的交流信号电压也完全相同，基本上可线性地进行放大。

上述偏置方法的缺点：$VT_1$ 和 $VT_2$ 两管基极间的静态偏置电压不易调整。而在图 9.3.3 中，流入 $VT_4$ 的基极电流远小于流过 $R_1$、$R_2$ 的电流，则由图可求出 $V_{CE4}=V_{BE4}(R_1+R_2)/R_2$，因此，利用 $VT_4$

的 $V_{\mathrm{BE4}}$ 基本为一个固定值（硅管为 $0.6 \sim 0.7\mathrm{V}$），只要适当调节 $R_1$、$R_2$ 的比值，就可改变 $\mathrm{VT}_1$、$\mathrm{VT}_2$ 的偏压。这种方法在集成电路中经常用到。

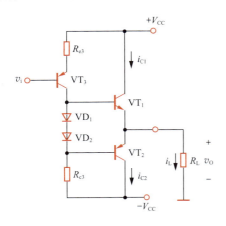

图 9.3.2　利用二极管进行偏置的互补对称电路

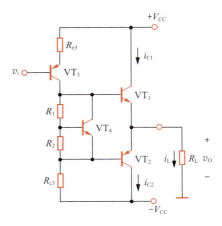

图 9.3.3　利用 $V_{\mathrm{BE}}$ 扩大电路进行偏置的互补对称电路

## 9.3.2　甲乙类单电源互补对称电路

在图 9.3.2 的基础上，令 $-V_{\mathrm{CC}}=0$，并在输出端与负载 $R_{\mathrm{L}}$ 之间接入一大电容 C，就得到图 9.3.4 所示的单电源互补对称电路（OTL[①]电路）。由图可见，在输入信号 $v_{\mathrm{i}}=0$ 时，由于电路对称，$i_{\mathrm{C1}}=i_{\mathrm{C2}}$，$i_{\mathrm{L}}=0$，$v_{\mathrm{O}}=0$，从而使 K 点电位 $V_{\mathrm{K}}=V_C$（电容 C 两端电压）$\approx V_{\mathrm{CC}}/2$。

当有信号时，在信号 $v_{\mathrm{i}}$ 的负半周，$\mathrm{VT}_3$ 集电极输出电压为正半周，$\mathrm{VT}_1$ 导电，有电流通过负载 $R_{\mathrm{L}}$，同时向 C 充电，负载上获得正半周信号；在信号的正半周，$\mathrm{VT}_3$ 集电极为负半周，$\mathrm{VT}_2$ 导电，则已充电的电容 C 通过负载 $R_{\mathrm{L}}$ 放电，负载上得到负半周信号。只要选择的时间常数 $R_{\mathrm{L}}C$ 足够大（比信号的最长周期还大得多），就可以认为用电容 C 和电源 $V_{\mathrm{CC}}$ 可代替原来的 $+V_{\mathrm{CC}}$ 和 $-V_{\mathrm{CC}}$ 这两个电源。

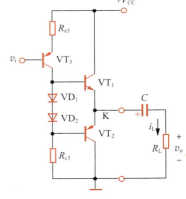

图 9.3.4　单电源互补对称电路

值得指出的是，单电源互补对称电路中，由于每个晶体管的工作电压不是原来的 $V_{\mathrm{CC}}$，而是 $V_{\mathrm{CC}}/2$（输出电压最大也只能达到约 $V_{\mathrm{CC}}/2$），因此前面导出的计算 $P_{\mathrm{o}}$、$P_{\mathrm{T}}$、$P_{\mathrm{V}}$ 和 $P_{\mathrm{Tm}}$ 的公式必须加以修正才能使用。修正的方法很简单，只要以 $V_{\mathrm{CC}}/2$ 代替原来公式中的 $V_{\mathrm{CC}}$ 即可。

OCL 电路和 OTL 电路的比较如表 9.3.1 所示。

表 9.3.1　OCL 电路和 OTL 电路的比较

| 比较参数 | 电路类别 | |
|---|---|---|
| | OCL 电路 | OTL 电路 |
| 供电电源 | 双电源 | 单电源 |
| 输入信号 | 交流、直流 | 交流 |

---

[①] 这种电路的输出通过电容 C 与负载 $R_{\mathrm{L}}$ 相耦合，而不用变压器，因而称为 OTL 电路、OTL 是 Output Transformerless（无输出变压器）的缩写。

续表

| 比较参数 | 电路类别 | |
| --- | --- | --- |
| | OCL 电路 | OTL 电路 |
| 频率响应 | 好 | 下限频率由电容C决定 |
| 电路结构 | 简单 | 较复杂 |
| 最大输出功率$P_{om}$ | $\dfrac{1}{2}\dfrac{V_{CC}^2}{R_L}$ | $\dfrac{1}{8}\dfrac{V_{CC}^2}{R_L}$ |

### 9.3.3　功率放大电路的 MultiSim 仿真

在 MultiSim 中，构建图 9.3.5（a）所示的仿真电路，信号源输入信号为峰值 5V、频率 1kHz 的正弦信号，选择 Simulate→Analysis→Transient Analysis，弹出时域仿真分析对话框，将图中的 VO1 和 VO2 添加到输出信号，运行仿真电路，可以看到输出波形如图 9.3.5（b）所示。

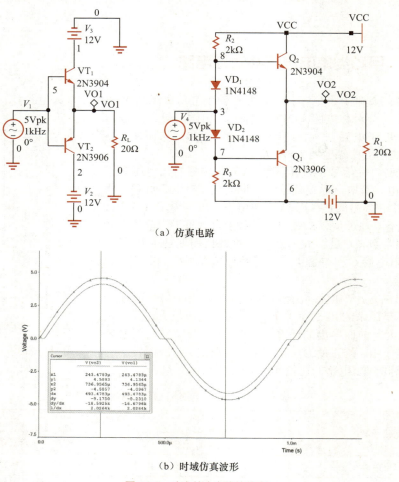

（a）仿真电路

（b）时域仿真波形

图 9.3.5　功率放大电路的仿真

可以看到，乙类双电源互补对称功率放大电路有较为明显的交越失真，而甲乙类双电源互补对称功率放大电路由于二极管的偏置而消除了交越失真，但是输出幅值稍有下降，峰值约为 4.58V。

## 9.4 集成功率放大器举例

LM386集成音频功率放大器的原理电路如图9.4.1（a）所示，它由输入级、中间级和输出级组成。晶体管$VT_1$、$VT_2$和$VT_3$、$VT_4$构成CC-CE复合管差分放大器，$VT_5$、$VT_6$构成的镜像电流源作为其有源负载。中间级为$VT_7$组成的带电流源负载的共发射极放大电路，以提高本级的电压增益。输出级为$VT_8$、$VT_9$、$VT_{10}$组成的准互补对称的甲乙类功率放大电路，其中$VT_8$、$VT_9$等效于PNP型晶体管，这种复合管方案考虑到了集成电路中的横向PNP型晶体管的电流放大系数较低的情况。二极管$VD_1$、$VD_2$组成偏置电路，为$VT_8$、$VT_9$、$VT_{10}$提供直流偏置，以克服交越失真。电阻$R_6$引入了级间交直流负反馈，其中直流负反馈用以稳定电路的静态工作点，交流负反馈为电压串联负反馈，用于确定电路初始增益并改善电路的交流性能。

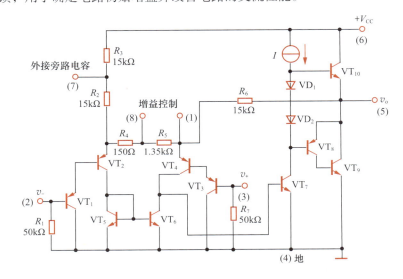

（a）内部原理电路

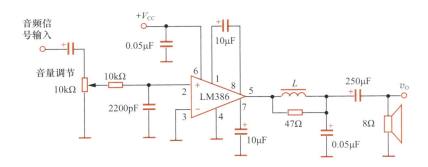

（b）LM386应用于调幅收音机的典型电路

图 9.4.1　LM386集成音频功率放大器

LM386是一个8引脚的器件，图9.4.1（a）所示电路括号中的数字是其引脚编号。查阅数据手册可知，当引脚1和8之间开路时，电压增益为初始增益20；当引脚1和8之间接$10\mu F$电容将$R_5$交流短路时，电压增益为最大值200；如果在引脚1和8之间串接电容和不同大小的电阻，就可以使电压增益在20～200范围内可调。

LM386可在4~12V单电源下工作。当电源电压为6V，负载电阻为$8\Omega$时，典型输出功率为

325mW，典型静态电流为4mA，静态功率为24mW，因此LM386非常适用于收音机、对讲机等电池供电的应用电路。图9.4.1（b）所示为LM386应用于调幅收音机的典型电路。

另一种集成音频功率放大器的型号为LM3886，其供电电压范围可达±28V，负载电阻为4Ω时，输出功率可达68W，读者可参阅其数据手册进一步了解。

## 小结

- 功率放大电路输出级是在大信号下工作的，通常采用图解法进行分析。研究的重点是如何在有限的失真情况下，尽可能提高输出功率和效率。
- 与甲类放大电路相比，乙类放大电路的主要优点是效率高，在理想情况下，其最大效率约为78.5%。为保证BJT安全工作，双电源互补对称电路工作在乙类时，器件的极限参数必须满足：$P_{CM}>P_{T1}\approx0.2P_{om}$，$|V_{(BR)CEO}|>2V_{CC}$，$I_{CM}>V_{CC}/R_L$。
- 由于功率BJT输入电压特性存在死区，工作在乙类的互补对称电路将出现交越失真，克服交越失真的方法是采用甲乙类（接近乙类）互补对称电路。通常可利用二极管或$V_{BE}$扩大电路进行偏置。
- 在单电源互补对称电路中，计算输出功率、效率、管耗和直流电源供给的功率时，可借用双电源互补对称电路的计算公式，但要用$V_{CC}/2$代替原公式中的$V_{CC}$。

## 自我检验题

### 9.1 填空题

1. 乙类互补对称功率放大电路的效率在理想情况下最大可达到_____。

2. 设采用乙类双电源互补对称电路，如果要求最大输出功率为5W，则每只晶体管的最大允许功耗$P_{CM}$应大于_____W。

3. 设输入信号为正弦波，工作在甲类的功率输出级的管耗最大发生在输入信号$v_i$=_____时，而工作在乙类的互补对称功率输出级电路，其管耗最大发生在输出电压幅值$V_{om}\approx$_____时。

自我检验题答案

4. 在图9.3.1（a）所示的双电源互补对称功率放大电路中，输入信号$v_i$为1kHz的正弦信号，输出$v_o$的波形如图题9.1所示，这说明电路出现了_____失真。

### 9.2 判断题（正确的画"√"，错误的画"×"）

1. 互补对称功率放大电路在失真较小时而效率又较高是由于
（1）采用甲类放大。（　　）
（2）采用乙类放大。（　　）
（3）采用甲乙类（接近乙类）放大。（　　）

2. 通常功率放大电路采用的分析方法是
（1）由于功率放大电路电压增益高、频带宽，常采用Π型等效电路进行分析。（　　）
（2）由于输出信号幅值大，利用晶体管特性曲线进行图解分析。（　　）

3. 由于功率放大电路中的晶体管常处于接近极限工作状态，因此，在选择晶体管时必须特别注意以下参数。
（1）$I_{CBO}$和$\beta$。（　　）
（2）$f_T$。（　　）
（3）$P_{CM}$和$I_{CM}$。（　　）
（4）$V_{(BR)CEO}$。（　　）

图题 9.1

4. 某OTL电路，其电源电压$V_{CC}$=16V，$R_L$=8Ω，在理想情况下可得到最大输出功率为16W。（　　　）

## 习题

### 9.1 功率放大电路的一般问题

在甲类、乙类和甲乙类放大电路中，放大管的导通角分别等于多少？它们中哪一类放大电路效率最高？

### 9.2 乙类双电源互补对称功率放大电路

9.2.1 在图题9.2.1所示电路中，设BJT的$\beta$=100，$V_{BE}$=0.7V，$V_{CES}$=0.5V，$I_{CEO}$=0，电容$C$对交流可视为短路，输入信号$v_i$为正弦波。（1）计算电路在甲类工作时可能达到的最大不失真输出功率$P_{om}$。（2）此时$I_{CQ}$≈0.72A，电路的效率$\eta$为多少？试与工作在乙类的互补对称电路比较。

9.2.2 双电源互补对称电路如图题9.2.2所示，已知$V_{CC}$=12V，$R_L$=16Ω，$v_i$为正弦波。（1）求在BJT的饱和压降$V_{CES}$可以忽略不计的条件下，负载上可能得到的最大输出功率$P_{om}$。（2）每个晶体管允许的管耗$P_{CM}$至少应为多少？（3）每个晶体管的耐压$|V_{(BR)CEO}|$应大于多少？

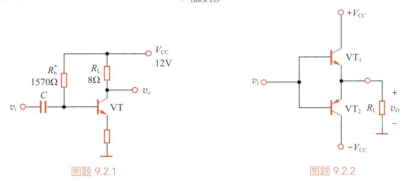

图题 9.2.1　　　　　　　　　　　图题 9.2.2

9.2.3 在图题9.2.2所示电路中，设$v_i$为正弦波，$R_L$=8Ω，要求最大输出功率$P_{om}$=9W，BJT的饱和压降$V_{CES}$可以忽略不计。（1）求正、负电源$V_{CC}$的最小值。（2）根据所求$V_{CC}$的最小值，计算相应的$I_{CM}$、$|V_{(BR)CEO}|$的最小值。（3）当输出功率最大（$P_{om}$=9W）时，求电源供给的功率$P_V$。（4）求每个晶体管允许的管耗$P_{CM}$的最小值。（5）当输出功率最大（$P_{om}$=9W）时，求输入电压的有效值。

### 9.3 甲乙类互补对称功率放大电路

9.3.1 某单电源互补对称功率放大电路如图题9.3.1所示，设$v_i$为正弦波，$R_L$=8Ω，晶体管的饱和压降$V_{CES}$可忽略不计。最大不失真输出功率$P_{om}$（不考虑交越失真）为9W时，电源电压$V_{CC}$至少应为多大？

9.3.2 在图题9.3.1所示电路中，设$V_{CC}$=12V，$R_L$=8Ω，$C$的电容量很大，$v_i$为正弦波，在忽略晶体管的饱和压降$V_{CES}$的情况下，试求该电路的最大输出功率$P_{om}$。

9.3.3 单电源互补对称电路如图题9.3.3所示，设VT$_1$、VT$_2$的特性完全对称，$v_i$为正弦波，$V_{CC}$=12V，$R_L$=8Ω。若$R_1$=$R_3$=1.1kΩ，VT$_1$和VT$_2$的$\beta$=40，$|V_{BE}|$=0.7V，$P_{CM}$=400mW，假设VD$_1$、VD$_2$、$R_2$中任意一个开路，将会产生什么后果？

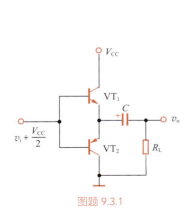

图题 9.3.1

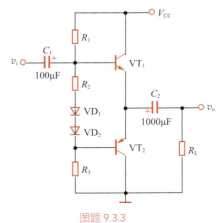

图题 9.3.3

9.3.4　在图题9.3.3所示单电源互补对称电路中，已知$V_{CC}=35V$，$R_L=35\Omega$，流过负载电阻的电流$i_o=0.45\cos\omega t$（A）。（1）求负载上所能得到的功率$P_o$。（2）求电源供给的功率$P_V$。

## 9.4　集成功率放大器举例

9.4.1　一个用集成功率放大器LM384组成的功率放大电路如图题9.4.1所示。已知电路在通带内的电压增益为40dB，在$R_L=8\Omega$时不失真的最大输出电压（峰峰值）可达18V。求当$v_i$为正弦信号时：（1）最大不失真输出功率$P_{om}$；（2）输出功率最大时的输入电压有效值。

9.4.2　2030集成功率放大器的一种应用电路如图题9.4.2所示，假定其输出级BJT的饱和压降$V_{CES}$可以忽略不计，$v_i$为正弦电压。（1）求理想情况下最大输出功率$P_{om}$。（2）求电路输出级的效率$\eta$。

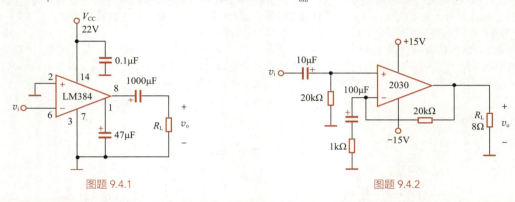

图题 9.4.1　　　　　　　　　　　　　图题 9.4.2

## 📝 实践训练

**S9.1**　乙类互补对称功率放大电路如图 S9.1（a）所示，设输入信号$v_i$为1kHz、幅值为5V的正弦电压。（1）试运用MultiSim观测输出电压波形的交越失真，求交越失真对应的输入电压范围。（2）为减小和克服交越失真，在$VT_1$、$VT_2$两管基极间加上两只二极管$VD_1$、$VD_2$，相应电路如图 S9.1（b）所示，构成甲乙类互补对称功率放大电路。试观察输出$v_o$的交越失真是否消除。（3）求最大输出电压范围。

**S9.2**　电路如图 S9.1所示，已知$V_{CC}=12V$，$R_L=16\Omega$，$v_i$为正弦电压，试分别绘出$P_V$、$P_o$、$P_{T1}$随$V_{om}/V_{CC}$变化的曲线，并求负载上可能得到的最大功率$P_{om}$及最大管耗$P_{T1m}$。

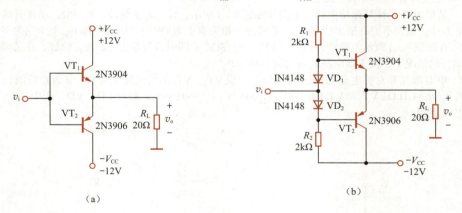

（a）

图 S9.1

（b）

# 第 **10** 章

# 直流稳压电源

本章知识导图

# 10.1 小功率整流滤波电路

正如前面讨论的放大器的直流偏置问题，许多电子电路都需要直流工作电源，提供一个或多个稳定的直流电压。本章讨论如何将220V交流电网电压转变为稳定的直流电压。

## 10.1.1 直流稳压电源的构成

直流稳压电源如图10.1.1所示，它主要由电源变压器、整流电路、滤波电路和稳压电路4部分组成。电源变压器首先将交流电网220V的电压降压为所需要的电压，然后通过整流电路将其变成脉动的直流电压。由于此电压还含有较大的纹波，必须通过滤波电路（电容$C$、电感$L$），滤除整流后脉动直流电压中的交流成分，使输出电压变得比较平滑。但这样的电压还会随输入电网电压、负载和环境温度的变化而变化。为此，在整流电路、滤波电路之后，还需要稳压电路，以维持输出电压的稳定。

视频10-1：
直流稳压电源的构成

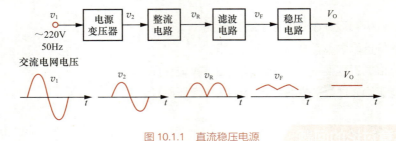

图 10.1.1 直流稳压电源

## 10.1.2 单相桥式整流电路

整流是指将交流电压变换为直流电压。由第3章的内容可知，利用二极管的单向导电性可以完成此任务。常见的二极管整流电路有单相半波、全波、桥式和倍压整流。在第3章中，已经讨论过整流电路的工作原理。本节主要结合直流稳压电路，研究单相桥式整流电路和滤波电路。

简明起见，在后文的整流电路分析中，二极管采用理想模型，即正向偏置时，二极管导通，电阻为0；反向偏置时，二极管电阻无穷大而截止。

### 1. 工作原理

单相桥式整流电路如图10.1.2所示。图中Tr为工频电源变压器，用来将有效值为220V、频率为50Hz的交流电网电压$v_1$变换为整流电路所需要的交流电压$v_2 = \sqrt{2}V_2 \sin \omega t$，同时变压器可以较好地隔离交流电网电压和直流电源电路。$R_L$是负载电阻，整流二极管$VD_1 \sim VD_4$接成电桥的形式，故该电路称为桥式整流电路。图中整流桥中二极管$VD_1$、$VD_2$的阴极连接处称为共阴极，整流电流从此处流向负载，是输出的直流电压的正极性端；$VD_3$、$VD_4$的阳极连接处称为共阳极，是输出的直流电压的负极性端。

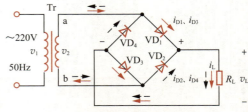

图 10.1.2 单相桥式整流电路

视频10-2：
单相桥式整流电路的工作原理

在电源电压的正半周，即图10.1.2中的a端正、b端为负时，二极管$VD_1$、$VD_3$导通，$VD_2$、$VD_4$截止，电流方向为a→$VD_1$→$R_L$→$VD_3$→b，即图中的蓝色实线箭头所示。在电源电压的负半周，二极管$VD_2$、$VD_4$导通，$VD_1$、$VD_3$截止，电流方向为b→$VD_2$→$R_L$→$VD_4$→a，即图中的虚线箭头所示。

通过负载电阻 $R_L$ 的电压、电流波形如图 10.1.3 所示。显然，在桥式整流电路中，在交流输入电压 $v_2$ 的整个周期，负载始终流过相同方向的电流，故负载电阻 $R_L$ 上为直流脉动波形。

**2. 负载输出电压和输出电流的平均值**

由图 10.1.3 可知，桥式整流电路输出电压的平均值

$$V_L = \frac{1}{\pi}\int_0^\pi \sqrt{2}V_2 \sin\omega t \mathrm{d}(\omega t) = \frac{2\sqrt{2}V_2}{\pi} \approx 0.9V_2 \tag{10.1.1}$$

流过负载的平均电流

$$I_L = \frac{0.9V_2}{R_L} \tag{10.1.2}$$

对图 10.1.3 中负载电压 $v_L$ 的波形进行傅里叶级数分解，可得

$$v_L = \sqrt{2}V_2\left(\frac{2}{\pi} - \frac{4}{3\pi}\cos 2\omega t - \frac{4}{15\pi}\cos 4\omega t - \right.$$
$$\left. \frac{4}{35\pi}\cos 6\omega t\cdots\right) \tag{10.1.3}$$

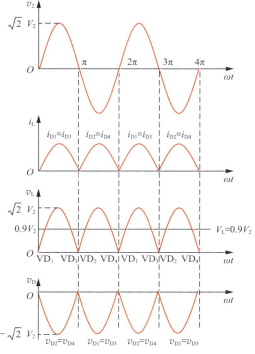

图 10.1.3　桥式整流电路的电压、电流波形

可以看到，其中与角频率无关的恒定分量 $\frac{2\sqrt{2}V_2}{\pi}$ 就是式（10.1.1）所求的直流电压的平均值，其他的分量为谐波，最低次谐波分量频率为电源频率的两倍，即 $2\omega$。其他交流分量的角频率也均为偶次谐波分量，这些谐波分量叠加在直流分量之上，称为纹波。通常，用纹波系数 $K_\gamma$ 表示输出纹波电压相对于直流电压的大小，即

$$K_\gamma = \frac{V_{L\gamma}}{V_L} = \frac{\sqrt{V_2^2 - V_L^2}}{V_L} \tag{10.1.4}$$

式中，$V_{L\gamma}$ 为谐波电压总的有效值，它表示为

$$V_{L\gamma} = \sqrt{V_{L2}^2 + V_{L4}^2 + \cdots} = \sqrt{V_2^2 - V_L^2}$$

其中，$V_{L2}$、$V_{L4}$ 分别为二次、四次谐波的有效值。由式（10.1.3）和式（10.1.4）可得出桥式整流电路的纹波系数 $K_\gamma = \sqrt{(1/0.9)^2 - 1} \approx 0.484$。显然，$v_L$ 中存在较大的纹波，故需用滤波电路来滤除纹波电压。

**3. 整流元件参数的计算**

在桥式整流电路中，$VD_1$、$VD_3$ 和 $VD_2$、$VD_4$ 是两两轮流导通的，因此流经每个二极管的平均电流为负载电流的一半，即

$$I_D = \frac{1}{2}I_L = \frac{0.45V_2}{R_L} \tag{10.1.5}$$

二极管截止时，管子两端承受的最大反向电压可由图 10.1.2 看出，在 $v_2$ 的正半周，$VD_1$、$VD_3$ 导通，$VD_2$、$VD_4$ 截止。此时 $VD_2$、$VD_4$ 所承受的最大反向电压均为 $v_2$ 的最大值，即

$$V_{RM} = \sqrt{2}V_2 \tag{10.1.6}$$

同理，在 $v_2$ 的负半周，$VD_1$、$VD_3$ 也承受同样大小的反向电压。

一般电网电压还有 ±10% 的波动，实际上二极管的最大整流电流 $I_{DM}$ 和最高反向电压 $V_{RM}$ 应留

有大于10%的余量。

　　桥式整流电路的优点是输出电压高，纹波电压小于单相半波整流电路，管子所承受的最大反向电压较低，同时因电源变压器在正、负半周内都有电流供给负载，电源变压器效率较高。因此，这种整流电路应用较为广泛。目前市场上已有集成电路整流桥堆出售，其正向电流可为 $0.5 \sim 20\text{A}$，最大反向电压 $V_{RM}$ 可为 $25 \sim 1000\text{V}$，如 KBL407 的最大正向电流为 4A，最高反向电压达 1000V。

**例10.1.1**　　表10.1.1列出了4种二极管的主要参数。对于图10.1.2所示的单相桥式整流电路，若变压器二次电压有效值 $V_2$=20V，负载电阻 $R_L$=100Ω，选择其中的哪种二极管最合适？

表10.1.1　4种二极管的主要参数

| 二极管 | 最大整流电流 $I_F$/mA | 最大反向电压 $V_{RM}$/V |
|:---:|:---:|:---:|
| A | 5 | 15 |
| B | 25 | 30 |
| C | 100 | 50 |
| D | 1000 | 100 |

**解:** 根据式（10.1.5），每个二极管流过的平均电流

$$I_D = \frac{1}{2} I_L = \frac{0.45 V_2}{R_L} = \frac{0.45 \times 20\text{V}}{100\Omega} = 0.09\text{A} = 90\text{mA}$$

根据式（10.1.6），二极管承受的最大反向电压

$$V_{RM} = \sqrt{2} V_2 \approx 28\text{V}$$

综合考虑，应该选用二极管 C。

## 10.1.3　滤波电路

　　滤波电路用于滤除整流输出电压中的纹波，一般由电抗元件组成，如在负载电阻两端并联电容 $C$，或在整流电路输出端与负载之间串联电感 $L$，以及由电容、电感组合而成的各种复式滤波电路。滤波电路的基本形式如图10.1.4所示，其中称图10.1.4（a）（c）所示形式为电容输入式，图10.1.4（b）所示形式为电感输入式。电容输入式多用于小功率电源中，而电感输入式多用于较大功率电源中。本节首先重点分析小功率整流电源中应用较多的电容滤波电路，然后简要介绍其他形式的滤波电路。

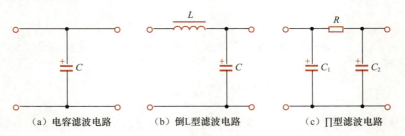

（a）电容滤波电路　　　　（b）倒L型滤波电路　　　　（c）Π型滤波电路

图 10.1.4　滤波电路的基本形式

视频10-3:
电容滤波电路的
工作原理

### 1. 电容滤波电路

　　图10.1.5所示电路是在图10.1.2所示电路的输出端与负载电阻 $R_L$ 之间并联一个容量较大的电容 $C$ 而构成的桥式整流电容滤波电路。由于电容具有储能作用，当电源电压增大时，电容储存能

量；当电源电压减小时，再将储存的能量逐渐释放出来，从而减小输出电压的脉动，得到较为平滑的直流电压。在分析电容滤波电路时，要特别注意电容两端电压 $v_C$ 对二极管导电状态的影响，二极管只有受正向电压作用时才导通，否则截止。

当负载 $R_L$ 未接入（开关 S 断开）时，假设电容 $C$ 两端的初始电压为 0，接入交流电源 $v_2$ 后，在 $v_2$ 的正半周，$v_2$ 的电压从 0 开始逐渐上升时，二极管 $VD_1$、$VD_3$ 导通，电容 $C$ 被充电，如果不考虑二极管的正向导通压降和变压器二次绕组的直流电阻，电容的充电时间常数很小，近似为 0。也就是说，电容电压 $v_C$ 能够跟随交流电压 $v_2$ 很快达到最大值，此时电容电压 $v_C = \sqrt{2}V_2$，极性如图 10.1.5 所示。

当 $v_2$ 从最大值开始逐渐下降时，由于二极管的单向导电性且开关 S 断开，电容 $C$ 无法放电，因此其两端电压 $v_C$ 将保持在 $\sqrt{2}V_2$ 不变，负载开路时，输出电压是恒定不变的。$v_L$ 的波形如图 10.1.6 中的实线所示，电容 $C$ 的充电电压波形如图 10.1.6 中实线的上升段 $OA$ 所示。

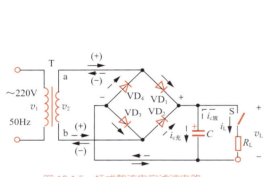

图 10.1.5　桥式整流电容滤波电路

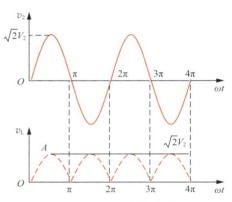

图 10.1.6　$R_L = \infty$ 时的工作波形

当开关 S 闭合，负载接入时，假设在 $v_2$ 的正半周接入负载电阻 $R_L$，在换路瞬间，电容 $C$ 上的电压 $v_C$ 不能产生突变，此时其将维持负载接入之前的充电电压 $\sqrt{2}V_2$，因此 $v_C > v_2$，原本应该导通的 $VD_1$、$VD_3$ 因反向偏置而截止，电容 $C$ 通过负载 $R_L$ 所在的回路放电，放电时间常数

$$\tau_d = R_L C \tag{10.1.7}$$

在电容滤波电路中，一般选择容量较大的电容 $C$，使时间常数 $\tau_d = R_L C$ 足够大，降低放电速度，从而减小 $v_C$ 的下降幅度。由电路理论的知识可知，此时电压 $v_C$ 按照指数规律缓慢下降，直到 $v_C = |v_2|$，且由于负载电阻和电容 $C$ 并联，因此 $v_L = v_C$，如图 10.1.7 中的 $ab$ 段所示。同时，交流输入电压按照正弦规律逐渐上升。当其上升到 $v_2 > v_C$ 时，二极管 $VD_1$、$VD_3$ 正向偏置导通，电容 $C$ 充电，其两端电压 $v_C$ 开始增加，如图 10.1.7 中的 $bc$ 段所示。此后，$v_2$ 又按正弦规律下降。当 $v_2 < v_C$ 时，二极管因反向偏置而截止，电容 $C$ 又经负载 $R_L$ 放电，$v_C$ 下降，$v_C$ 的波形如图 10.1.7 中的 $cd$ 段。不断重复上述充、放电过程，负载上便得到图 10.1.7 所示近似为锯齿波的电压波形，负载电压的波动比没有滤波时大幅度减小。电路的电压、电流波形如图 10.1.7 所示。

由以上分析可以得到电容滤波电路的基本特点，具体如下。

（1）二极管的导电角 $\theta < \pi$，流过二极管的瞬时电流很大，电流 $i_{D1}$、$i_{D3}$ 和 $i_{D2}$、$i_{D4}$ 如图 10.1.7 所示。电流的有效值和平均值的关系与波形有关，在平均值相同的情况下，波形越尖，有效值越大。因此，电容 $C$ 充电时较大的瞬时电流容易损坏二极管，在选择二极管时，必须留有足够的余量。工程上，一般可以按照二极管平均电流的 2 ～ 3 倍选择，即

$$I_D = (2 \sim 3)I_L \tag{10.1.8}$$

（2）负载平均电压 $V_L$ 升高，纹波减小，且 $R_L C$ 越大，电容放电速率越慢，则负载电压中的纹波成分越小，负载平均电压越高。

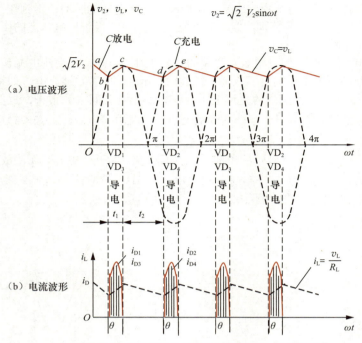

图 10.1.7　桥式整流电容滤波电路的电压、电流波形

为了得到平滑的负载电压，一般取

$$\tau_D = R_L C \geqslant (3 \sim 5)\frac{T}{2} \tag{10.1.9}$$

式中，$T$ 为电源交流电压的周期。

当整流电路的内阻很小，且放电时间常数满足式（10.1.9）时，电容滤波电路的负载电压 $V_L$ 与 $V_2$ 的关系为

$$V_L = (1.1 \sim 1.2)V_2 \tag{10.1.10}$$

综上所述，电容滤波电路结构简单，负载获取的直流电压 $V_L$ 较大，纹波较小，但是由于输出电压的平均值及纹波电压受负载变化的影响较大，输出特性较差，因此电容滤波电路一般用于负载电流变化较小的场合。

---

**例 10.1.2** 单相桥式整流电容滤波电路如图 10.1.5 所示，交流电源频率 $f$=50Hz，电源电压为 220V，要求直流输出电压 $V_L$=25V，负载电阻 $R_L$=40Ω，试求变压器二次电压 $v_2$ 的有效值，并选择整流二极管及滤波电容。

**解：**（1）变压器 T 二次电压有效值。由式（10.1.10），取 $V_L$=1.2$V_2$，则

$$V_2 = \frac{V_L}{1.2} = \frac{25\text{V}}{1.2} \approx 20.8\text{V}$$

（2）整流二极管的选择。

流过整流二极管的平均电流

$$I_D = \frac{1}{2}I_L = \frac{V_L}{2R_L} = \frac{25\text{V}}{2 \times 40\Omega} = 0.3125\text{A}$$

二极管承受的最大反向电压

$$V_{RM} = \sqrt{2}V_2 = \sqrt{2} \times 20.8\text{V} \approx 29.4\text{V}$$

因此，可以选用 $I_F \geqslant (2 \sim 3)I_D$=0.625 $\sim$ 0.9375A、$V_{RM}$>29.4V 的二极管，查数据手册可选 4

只 1N4001 二极管（$I_F=1A$，$V_{RM}=50V$）。

（3）选择滤波电容。

由式（10.1.9），取 $\tau_D=R_LC=4\times\dfrac{T}{2}=2T=2\times\dfrac{1}{50}$ s=0.04s。

由此得滤波电容

$$C=\frac{0.04\text{s}}{R_L}=\frac{0.04\text{s}}{40\Omega}=1000\mu\text{F}$$

考虑到电网电压一般有 10% 的波动，则电容承受的最高电压

$$V_{C\max}=\sqrt{2}V_2\times1.1=(1.414\times20.8\text{V})\times1.1\approx32.4\text{V}$$

可选用标称值为 1000μF/50V 的电解电容。

### 2．电感滤波电路

在桥式整流电路和负载电阻 $R_L$ 之间串入一个电感 $L$，如图 10.1.8 所示，构成桥式整流电感滤波电路。

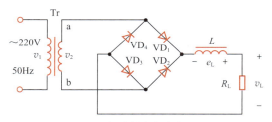

图 10.1.8　桥式整流电感滤波电路

当通过电感线圈的电流增加时，电感线圈产生自感电动势 $e_L$（左"+"右"−"）阻止电流增大，同时将一部分电能转化为磁场能量储存于电感中；当电流减小时，自感电动势 $e_L$（左"−"右"+"）阻止电流减小，同时将电感中储存的能量释放出来，以补偿电流的减小。此时整流二极管 VD 依然导电，导电角 $\theta$ 增大，使 $\theta=\pi$。利用电感的储能作用可以减小输出电压和电流的纹波，从而得到比较平滑的直流。当忽略电感 $L$ 的电阻时，负载上的平均电压和无电感时的相同，即 $V_L=0.9V_2$。

应当指出，要保证电感滤波电路中电流的连续性，需要满足 $\omega L\gg R_L$，也就是电感的储能可维持负载电流连续，此时负载上的平均电流 $I_L=0.9V_2/R_L$。

电感滤波电路的特点：二极管的导电角大，无峰值电流，输出电压脉动小，输出特性曲线比较平坦。其缺点是由于电感铁心的存在（其质量大且体积也较大），易引起电磁干扰。一般电感滤波电路只适用于低电压、大电流且电流变化较大的场合。

## 10.1.4　桥式整流电容滤波电路的 MultiSim 仿真

在 MultiSim 中构建图 10.1.5 所示的桥式整流电容滤波电路，如图 10.1.9（a）所示。

选择 Simulate→Analysis→Transient Analysis，弹出时域仿真分析对话框，将变压器二次绕组的输出信号和负载输出电压添加到输出信号，运行仿真，可以看到输出波形，如图 10.1.9（b）所示。可以看到，输入有效值为 220V、峰值为 311V 左右的交流电压，经过变压器 10∶1 降压后，桥式整流电容滤波电路的输出电压约为 28V。

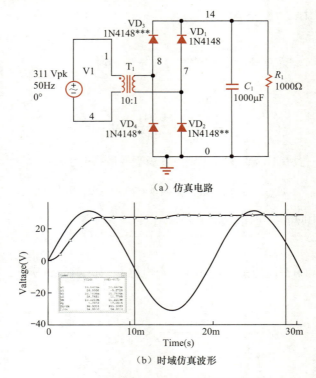

（a）仿真电路

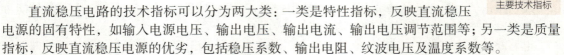

（b）时域仿真波形

图 10.1.9　桥式整流电容滤波电路的仿真

## 10.2 线性稳压电路

　　交流电网电压经降压、整流和滤波后，得到的直流电压还会随电网电压、负载和温度的变化而变化。为此，本节讨论如何进一步得到稳定的直流电压。

视频 10-4：
线性稳压电路的
主要技术指标

### 10.2.1　稳压电路的主要技术指标

　　直流稳压电路的技术指标可以分为两大类：一类是特性指标，反映直流稳压电源的固有特性，如输入电源电压、输出电压、输出电流、输出电压调节范围等；另一类是质量指标，反映直流稳压电源的优劣，包括稳压系数、输出电阻、纹波电压及温度系数等。
　　大多数直流电源有两种工作模式：CV（Constant Voltage，恒压）模式和 CC（Constant Current，恒流）模式。在 CV 模式下，电源会根据用户设置调节输出电压。在 CC 模式下，电源将调节电流。电源是 CV 模式，还是 CC 模式不仅取决于用户设置，还取决于负载电阻。直流稳压电源默认使用 CV 模式，可以设置为电压范围内的任何电压，但当负载电阻过小时，实际输出电流需求大于设置值时，电流维持在设定值，此时实际输出电压低于设定值，工作于 CC 模式。

#### 1．特性指标

（1）输出电压范围
该指标表示在稳压电路正常工作的条件下能够输出的电压范围。
（2）最大输入输出电压差
该指标表示在保证稳压电路正常工作的条件下所允许的最大输入和输出之间的电压差，其主要取决于稳压电路内部调整管的耐压和允许的功耗指标。

（3）最小输入输出电压差

该指标表示在保证稳压电路正常工作的条件下所需的最小输入和输出之间的电压差。

（4）负载输出电流范围

在负载输出电流范围内，稳压电路应能保证符合指标规范所给出的指标。

## 2．质量指标

（1）负载调整率

负载调整率是指输入电压不变，负载发生变化时，输出电压的绝对变化量或者输出电压的变化量和输出电压的比值，其用于衡量负载变化时输出保持稳定的能力。例如，负载调整率可以表示为每安培电流的电压变化量。

（2）线性调整率

线性调整率是指在负载一定的情况下，输入电压在额定范围内变化时，输出电压的绝对变化量或者输出电压的变化量和输出电压的比值，其用于衡量在交流输入电压和频率在整个允许范围内变化条件下，电源保持其输出电压或输出电流稳定的能力。

（3）输出电阻

输出电阻为当输入电压和温度一定时，输出电压的变化量 $\Delta V_o$ 与负载电流的变化量 $\Delta I_o$ 的比值，即

$$R_o = \frac{\Delta V_o}{\Delta I_o} \bigg|_{\substack{\Delta V_I = 0 \\ \Delta T = 0}} \tag{10.2.1}$$

直流稳压电源的输出电阻 $R_o$ 的大小反映直流电源带负载能力的强弱，$R_o$ 越小，其带负载能力越强。

（4）纹波抑制比 RR

纹波电压是指叠加于直流输出电压之上的交流电压，一般用其有效值表示，为毫伏数量级。它表示输出电压的微小波动，经常用纹波抑制比（Ripple Rejection，RR）表示，即

$$RR = 20 \lg \frac{\tilde{V}_{IrP\text{-}P}}{\tilde{V}_{OrP\text{-}P}} \, dB \tag{10.2.2}$$

式中，$\tilde{V}_{IrP\text{-}P}$ 和 $\tilde{V}_{OrP\text{-}P}$ 分别表示输入纹波电压的峰峰值和输出纹波电压的峰峰值。纹波抑制比表示直流稳压电源对输入端的交流纹波电压的抑制能力。

（5）动态响应恢复时间

动态响应恢复时间描述了电源对于变化的响应速度，表示直流电源的瞬态响应，表示当负载或参数发生改变后输出变为稳定直流的速度。

# 10.2.2　串联反馈式稳压电路的工作原理

视频10-5：
串联反馈式稳压
电路的工作原理

## 1．输出电压固定的稳压电路

（1）电路构成

线性稳压电路分为串联型和并联型两类，最简单的并联型是由稳压管与负载并联组成的稳压电路，如图10.2.1（a）所示。

合理选择限流电阻 $R$ 的值，图10.2.1（a）所示电路可以在一定范围内实现稳压，但是该电路一般只用于负载变化不大、输出电流较小的场合，且输出电压受稳压管稳定电压限制，不能随意调节。图10.2.1（b）所示电路利用三极管的电流放大作用，可以在一定程度上增大输出电流，增强带负载能力，但是输出电压依然无法调节，且电路为开环结构，当输入电压 $V_I$ 和负载变化时，无法实现自动稳压。图10.2.1（c）所示电路利用运放引入电压负反馈，弥补了图10.2.1（b）

所示电路开环的缺陷，但是输出电流受运放最大输出电流的限制，带负载能力有限。因此，结合图10.2.1（b）（c）所示电路，得到图10.2.2所示的串联反馈式稳压电路。

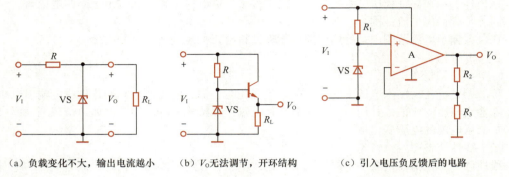

（a）负载变化不大，输出电流越小　　（b）$V_O$无法调节，开环结构　　（c）引入电压负反馈后的电路

图 10.2.1　各种形式的稳压电路

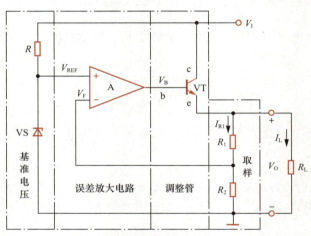

图 10.2.2　串联反馈式稳压电路

图10.2.2所示的电路可划分为图中点划线分割的4个部分。实际上，如果将$V_{REF}$看作输入信号，$V_O$为输出信号，$V_I$为工作电源，那么A、VT和$R_1$、$R_2$组成的电路就是典型的反馈放大电路，其中，$R_1$与$R_2$引入了电压串联负反馈。但作为稳压电路，$V_{REF}$并非输入信号，而是由稳压管VS与限流电阻$R$串联产生的恒定基准电压，从而使输出电压$V_O$也为恒定的直流电压。$V_I$则是第10.1节介绍的整流滤波电路的输出电压。

（2）稳压原理

在图10.2.3所示电路中，由KVL方程可知，输入和输出电压之间满足关系：$V_O=V_I-I_LR_p$。可以根据输入电压$V_I$和流过负载电阻$R_L$上电流$I_L$的变化，适当调节电阻$R_p$的值，可维持输出电压$V_O$恒定。显然，输入电源可以向负载连续地提供电能。

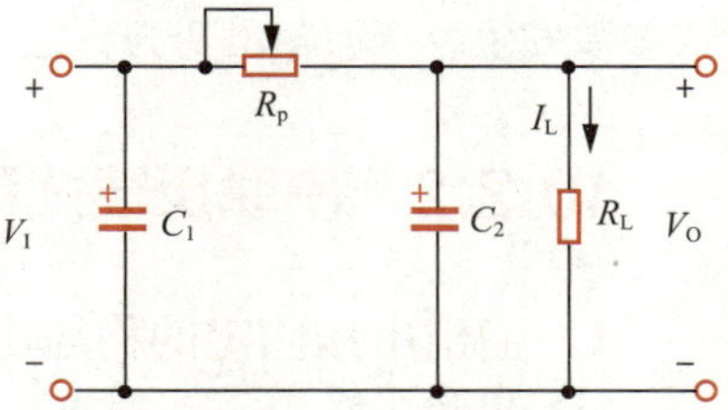

和图10.2.2所示电路比较可知，图10.2.3所示电路中的可调电阻$R_p$就相当于图10.2.2所示电路中的三极管VT，由输出

图 10.2.3　线性稳压电路

回路的KVL方程可知，$V_O=V_I-V_{CE}$，$V_I$变化而$V_O$不变时，变化量由VT的$V_{CE}$承担了，所以称三极管VT为调整管。由于NPN型晶体管的$V_{CE}$必须为正值，因此电路$V_O<V_I$，为降压型，这里因为VT与负载串联，所以该电路称为串联反馈式稳压电路。另外，要使反馈控制起作用，电路中的A和VT必须工作在线性放大区，所以该电路也称为线性稳压电路。

我们知道，电压负反馈可以稳定输出电压。该电路正是通过这种深度的电压负反馈实现稳压的，具体稳压过程：当输入电压$V_I$增大或负载电阻增大使输出电压$V_O$增大时，反馈电压$V_F$也增大，但是基准电压 $V_{REF}$ 维持不变，因此 $(V_{REF}-V_F)$ 减小，其经 A 放大后使 $V_B$ 和 $I_C$ 减小，限制了 $V_O$ 的增大，从而维持 $V_O$ 基本恒定。其反馈控制过程可简单表示如下。

$$V_I \uparrow \atop R_L \uparrow \searrow V_O \uparrow \rightarrow V_F(V_n) \uparrow \rightarrow (V_{REF}-V_F) \downarrow \rightarrow V_B \downarrow$$

$$V_O \downarrow \longleftarrow$$

同理，当 $V_I$ 减小或 $R_L$ 减小，使 $V_O$ 减小时，通过负反馈也能使输出电压基本保持不变，而且反馈越深，调整作用越强，输出电压 $V_O$ 也越稳定，电路的输出电阻 $R_o$ 也越小。

（3）输出电压

利用误差放大器输入端的"虚短"和"虚断"，可得输出电压

$$V_O = V_{REF}\left(1+\frac{R_1}{R_2}\right) \tag{10.2.3}$$

实际上，图 10.2.2 中的放大器 A 也需要有直流供电电源，一般直接取自 $V_I$。

**2．输出电压可调的稳压电路**

如果将图 10.2.2 所示电路的取样部分稍作改动，便可构成输出电压可调的稳压电路，如图 10.2.4 所示。

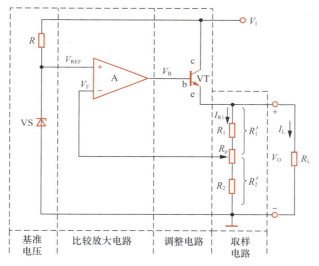

图 10.2.4　输出电压可调的稳压电路

电路的输出电压

$$V_O = V_{REF}\left(1+\frac{R_1'}{R_2'}\right) \tag{10.2.4}$$

显然，调节可变电阻 $R_p$ 的滑动头的位置，可以改变输出电压 $V_O$。
当 $R_p$ 动端在最上端时，输出电压最小，即

$$V_{Omin}=\frac{R_1+R_p+R_2}{R_2+R_p}V_{REF} \tag{10.2.5}$$

当 $R_p$ 动端在最下端时，输出电压最大，即

$$V_{Omax}=\frac{R_1+R_p+R_2}{R_2}V_{REF} \tag{10.2.6}$$

**例 10.2.1**　电路如图 10.2.5 所示。

（1）设变压器二次电压的有效值 $V_2$=25V，求 $V_1$。

（2）当 $V_{VS}$=6V 时，计算输出电压的调节范围。

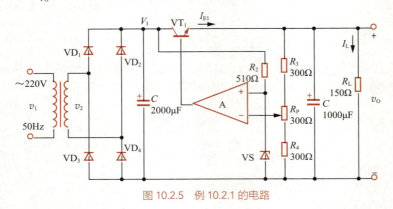

视频10-6：
例题10.2.1

图 10.2.5　例 10.2.1 的电路

**解：**（1）由式（10.1.10）可知

$$V_1=(1.1 \sim 1.2)V_2，取 V_1=1.2V_2=1.2 \times 25V=30V$$

（2）由式（10.2.5），输出电压的最小值

$$V_{Omin}= \frac{R_3+R_p+R_4}{R_4+R_p}V_{REF}= \frac{900}{600} \times 6V=9V$$

由式（10.2.6），输出电压的最大值

$$V_{Omax}= \frac{R_1+R_p+R_2}{R_2}V_{REF}= \frac{900}{300} \times 6V=18V$$

## 10.2.3　三端集成稳压器

### 1．型号与基本指标

很多电子设备中使用输出电压固定的线性集成稳压器，封装后仅引出输入 $V_I$、输出 $V_O$ 和接地（公共端）3 个引脚，称为三端集成稳压器。它的外形和框图如图 10.2.6 所示。需要注意，不同封装形式和不同制造商，器件的引脚排列也不尽相同，使用时应查阅器件手册。

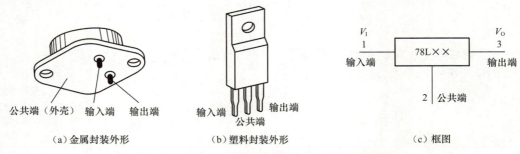

图 10.2.6　78L×× 型输出电压固定的三端集成稳压器

固定输出的三端集成稳压器常以 78××（正电源）和 79××（负电源）来命名。其中"××"（表示两个数字）表示稳压管的输出电压幅值，如 7805 表示输出 +5V 的直流电压。其额定电流一般用 78 或 79 前面所加的字母来表示，L 表示 0.1A，M 表示 0.5A，没有字母表示 1.5A，实际使用

时还是要以数据手册给出的参数为准。

LM317就是输出电压可调的三端集成稳压器。LM337是与LM317对应的负压可调式三端集成稳压器。可调式三端集成稳压器的特点是输出电压连续可调、调节范围较广，且电压调整率、电流调整率等指标优于固定式三端集成稳压器。

表10.2.1给出了几种常见的三端集成稳压器的技术指标（未做特别说明，表中参数均为典型值）。

**表 10.2.1　几种常见的三端集成稳压器的技术指标**

| 参数 | 型号 | | | |
|---|---|---|---|---|
| | LM7805（输出固定） | LM7905（输出固定） | LM317（输出可调） | LM337（输出可调） |
| 输入电压 $V_I$/V | 7～35 | −35V～−7V | 3～40 | −40～−3 |
| 输出电压 $V_O$/V | 5 | −5 | 1.3～37 | −37～−1.3 |
| 最小输入输出电压差 $|(V_I−V_O)|_{min}$/V | 2 | 2 | | |
| 线性调整率 | 4mV | 8mV | 0.01% | 0.02% |
| 负载调整率 | 4 | 3 | 0.1% | 0.3% |
| 纹波抑制比RR/dB | 73 | 60 | 80 | 77 |
| 输出电流 $I_O$/A | 1 | 1 | 1 | 1 |

### 2．典型应用电路

（1）固定式三端集成稳压器的应用

图10.2.7所示为固定式三端集成稳压器的典型应用电路。正常工作时，输入输出电压差必须为2 ～ 3V。电路中电容 $C_1$、$C_2$ 用来实现频率补偿，旁路高频干扰信号，避免高频自激。$C_3$ 是大容量的电解电容，用来减少稳压电源的低频交流干扰。VD是保护二极管，当输入端发生异常短路时，其为 $C_3$ 提供一个放电通路，防止 $C_3$ 电压使稳压器的输出端电压高于输入端电压，导致稳压器内部调整管反向击穿而损坏。

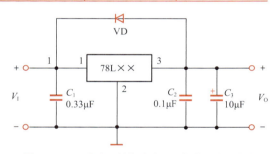

图 10.2.7　固定式三端集成稳压器的典型应用电路

增加一定的辅助电路后，固定式三端集成稳压器也可以实现可调输出，如图10.2.8所示。其中运放A构成电压跟随器，7812的输出电压是固定的，即 $V_{XX}=V_{32}=12V$。由A输入端的"虚短"和"虚断"得知，$V_O$ 与A同相输入端的差值 $V'_O=V_{XX}$ 也固定不变。因此，当调节 $R_p$ 的动端位置时，输出电压随之发生变化，其调节范围为

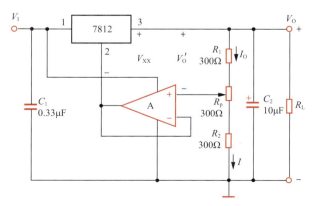

图 10.2.8　输出电压可调的稳压电路

$$V_{\mathrm{Omin}} = \frac{R_1 + R_{\mathrm{p}} + R_2}{R_1 + R_{\mathrm{p}}} V_{\mathrm{XX}} \; ; \quad V_{\mathrm{Omax}} = \frac{R_1 + R_{\mathrm{p}} + R_2}{R_1} V_{\mathrm{XX}}$$

**例10.2.2**　稳压电路如图10.2.9所示。

① 求电路两个输出端对地的直流电压是多少？

② 若7815、7915输入与输出的最小电压差为2.5V，则 $V_2$ 的有效值应不小于多少？

③ 若考虑到交流电网电压有±10%的波动，则 $V_2$ 的有效值应不小于多少？

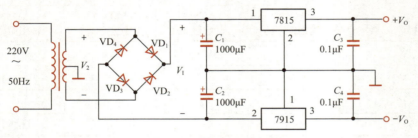

视频10-7：
例题10.2.2

图 10.2.9　例 10.2.2 的电路

**解：** ① 电路采用了固定输出的三端集成稳压器7815和7915，因此电路的两个输出端对地电压 $+V_{\mathrm{O}}=+15\mathrm{V}$，$-V_{\mathrm{O}}=-15\mathrm{V}$。

② 若集成稳压器的输入与输出的最小电压差为2.5V，则两个集成稳压器的两个输入端电压至少为15V+2.5V=17.5V，因此 $V_2$ 的有效值应不小于（这里取系数为1.2计算）

$$(17.5\mathrm{V}+17.5\mathrm{V})/1.2 \approx 29\mathrm{V}$$

③ 若交流电网电压有±10%的波动，即变压器二次侧电压只有原来的90%，仍能实现稳压，此时 $V_2$ 的有效值应不小于（这里取系数为1.2计算）

$$[(17.5\mathrm{V}+17.5\mathrm{V})/1.2]/0.9 \approx 32\mathrm{V}$$

（2）可调式三端集成稳压器的应用

图10.2.10所示是可调式三端集成稳压器的典型应用电路，这类稳压器是依靠外接电阻 $R_1$ 和 $R_2$ 来调节输出电压的。为保证输出电压的精度和稳定性，要选择精度高的电阻，同时电阻要紧靠稳压器，防止输出电流在连线电阻上产生误差电压。

当 $V_{31}=V_{\mathrm{REF}}$ 时，

$$V_{\mathrm{O}}=V_{\mathrm{REF}}\left(1+\frac{R_2}{R_1}\right)+I_{\mathrm{adj}}R_2 \qquad (10.2.7)$$

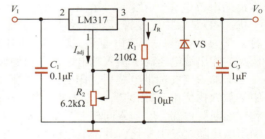

图 10.2.10　可调式三端集成稳压器的典型应用电路

**例10.2.3**　电路如图10.2.10所示，当 $V_{31}=V_{\mathrm{REF}}=1.25\mathrm{V}$ 时，若流过 $R_1$ 的最小电流 $I_{\mathrm{Rmin}}$ 为 5～10mA，调整端1输出的电流 $I_{\mathrm{adj}} \ll I_{\mathrm{Rmin}}$，$V_1-V_{\mathrm{O}}=2\mathrm{V}$。①求 $R_1$ 的值。②当 $R_1=210\Omega$，$R_2=3\mathrm{k}\Omega$ 时，求输出电压 $V_{\mathrm{O}}$。③当 $V_{\mathrm{O}}=37\mathrm{V}$，$R_1=210\Omega$ 时，$R_2$ 为多少？

**解：** ①已知流过 $R_1$ 的最小电流 $I_{\mathrm{R1min}}$ 为5～10mA，$V_{31}=V_{\mathrm{REF}}=1.25\mathrm{V}$，故

$$R_1=\frac{V_{\mathrm{REF}}}{I_{\mathrm{R1min}}}=\frac{1.25\mathrm{V}}{10\times10^{-3}\mathrm{A}} \sim \frac{1.25\mathrm{V}}{5\times10^{-3}\mathrm{A}}=125 \sim 250\Omega$$

② $R_1=210\Omega$，$R_2=3\mathrm{k}\Omega$ 时的输出电压

$$V_{\mathrm{O}}=V_{\mathrm{REF}}\left(1+\frac{R_2}{R_1}\right)=1.25\mathrm{V}\times\left(1+\frac{3\times10^3\Omega}{210\Omega}\right) \approx 19.1\mathrm{V}$$

③ $V_O$=37V，$R_1$=210Ω时，

$$37V=1.25V \times \left(1+\frac{R_2}{210\Omega}\right)$$

$$R_2 \approx 6k\Omega$$

## 10.2.4 线性稳压电路的 MultiSim 仿真

### 1. 固定式三端集成稳压电路的 MultiSim 仿真

在MultiSim中构建图10.2.11所示的仿真电路。图10.2.11中，输入有效值为220V、频率为50Hz的交流电压，经过降压、整流、滤波后送入三端集成稳压器LM7812CT，然后送入LM7805CT。运行仿真电路，单击图中的万用表XMM2和XMM3，可以看到，输出电压分别为11.96V和5.002V。

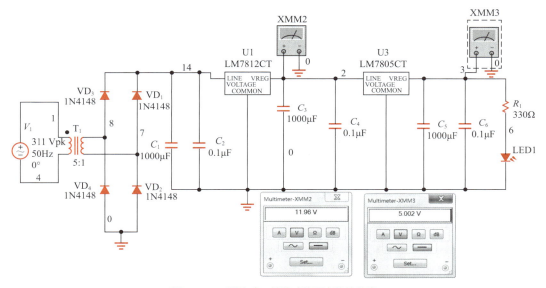

图 10.2.11 固定式三端集成稳压电路的仿真

### 2. 可调式三端集成稳压电路的 MultiSim 仿真

在MultiSim中构建图10.2.12所示的仿真电路。

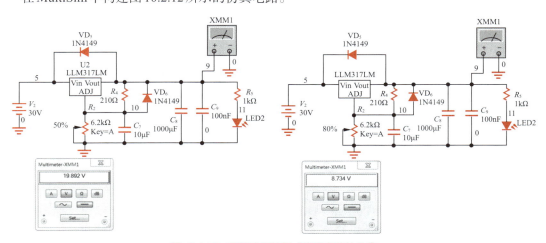

图 10.2.12 可调式三端集成稳压电路的仿真

可调式三端集成稳压器为 LM317，可以看到，$R_2$ 电阻滑动端滑动至 50% 时，输出电压为 19.892V，滑动至 80% 时，输出电压为 8.734V。

# 10.3　开关式稳压电路

视频 10-8：
开关式稳压电路
的工作原理

传统的线性串联反馈式稳压电路的调整管工作在线性放大区，因此在负载电流较大时，调整管的功耗相当大，电源效率较低，有时还要配备庞大的工频电源变压器和散热装置，体积大且质量也大。为提高效率，可采用图 10.3.1 所示的开关式稳压电路。先将 220V 交流电压直接整流、滤波后得到约 311V 的直流电压，用其产生高频振荡及控制脉冲，驱动高频功率开关管，将直流电压逆变成高频方波电压，而后通过高频变压器降压、二次整流、滤波再转换成直流电压。取样电路监视输出电压，通过反馈控制使输出电压保持稳定。

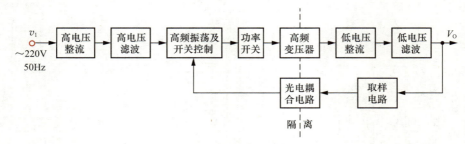

图 10.3.1　开关式稳压电路

相对于线性稳压电路，开关式稳压电路有如下特点。

（1）开关式稳压电路中的晶体管主要工作在开关状态，由于饱和导通时的管压降和截止时的管电流都很小，管耗主要发生在开与关的转换过程中，因此可大幅度提高电源效率。

（2）由于开关式稳压电路省去了体积庞大的工频变压器，改由体积很小的高频变压器降压，而且小功率电源也常省去调整管的散热装置，因此其体积小、质量轻。

（3）开关式稳压电路的主要缺点是输出电压纹波较大，且控制电路比较复杂。但由于其优点突出，且控制电路高度集成化，因此其应用十分广泛。

## 10.3.1　开关式稳压电路的工作原理

### 1．稳压原理

开关式稳压电路如图 10.3.2 所示。这里，替代调整管 $VT_1$ 为开关 S，当开关 S 闭合时，输入电压 $V_1$ 通过开关 S 和 LC 滤波电路施加于负载，向负载提供能量，同时电容 C 和电感 L 进行储能；而当开关 S 断开时，输入电压和负载之间断开，显然不能向负载提供能量。为了使负载仍然能获得能量供给，开关式稳压电路必须要有储能元件，在开关闭合时储存能量，而在开关断开时将能量释放给负载。图 10.3.2 中的电感 L、电解电容 $C_2$ 和二极管 VD 就是实现该功能的储能元件。

显然，储能元件储存能量的多少与开关闭合的时间长短有关，改变开关控制信号的占空比就可以改变输出电压的平均值。因此，开关式稳压电路必须通过适当的反馈，自动调整控制信号的占空比，使输出电压维持恒定。

### 2．串联型

串联型直流/直流（Direct Current，DC）变换电路主回路如图 10.3.3 所示，电路由开关管 VT、肖特基二极管 VD、LC 滤波电路构成。图 10.3.3 中 $V_1$ 是整流滤波后的直流电压，$V_O$ 为输出电压。因为开关管 VT 与负载 $R_L$ 是串联的，所以该电路称为串联型电路。

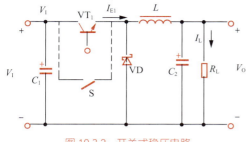

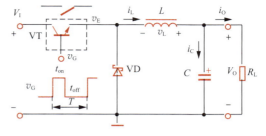

图 10.3.2 开关式稳压电路 图 10.3.3 串联型 DC/DC 变换电路主回路

图10.3.3中的$v_G$控制开关管 VT 的通断，当$v_G$为高电平时 VT 导通，如果忽略 VT 的饱和压降，则$v_S = V_I$，此时 VD 截止，电感$L$充电，电流$i_L$开始增大，随着$i_L$不断增大，$C$由放电转为充电，$V_O$开始上升。当$v_G$为低电平时 VT 截止，此时$L$的自感电动势极性如图 10.3.3 中$v_L$所示，VD 正向导通，接续$i_L$电流回路（常称 VD 为续流二极管），$v_S = -V_D$（二极管导通电压）。由于电感电流$i_L$不能突变，负载中电流无明显变化，$V_O$也不会突变。随着$L$的放电，电感电流$i_L$逐渐减小，$C$由充电逐渐变为放电，$V_O$开始下降。图10.3.4给出了$v_S$、$i_L$和$v_O$的波形。由此可见，尽管$v_S$是方波电压，但经过$LC$滤波电路后，输出电压$V_O$变成了较平坦的直流电压，而且 VT 导通时间越长，$L$储能越多，$V_O$越大，反之亦然。

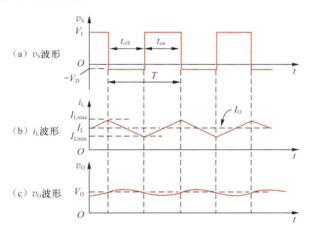

图 10.3.4 串联型 DC/DC 变换电路主回路的电压、电流波形

实际上，在频域里看，方波$v_S$可以展开成直流分量、基波分量及各高次谐波分量的叠加。而$v_S$基波频率通常在几十千赫兹以上，只要$LC$滤波电路的截止频率远低于这个频率，就可以较好地滤除基波和各高次谐波，留下直流分量。

由于电路将某一直流电压转换为负载工作所需的另一直流电压，且中间经过了方波电压，因此称这种电路为 DC/DC 变换电路（实际上还应包括后面要讲的稳压实现电路）。

图10.3.4中开关管的导通时间为$t_{on}$，截止时间为$t_{off}$，开关转换周期$T = t_{on} + t_{off}$，其取决于$v_G$的频率。显然，在不考虑滤波电感$L$的直流压降的情况下，输出电压的平均值

$$V_O = \frac{t_{on}}{T}(V_I - V_{CES}) + (-V_D)\frac{t_{off}}{T} \approx V_I \frac{t_{on}}{T} = qV_I \qquad (10.3.1)$$

式中，$q = t_{on}/T$称为脉冲波形的占空比。式（10.3.1）表明，在输入电压$V_I$一定的情况下，若开关的转换周期$T$保持恒定，通过调节占空比就可以调节输出的直流电压$V_O$，所以称为脉冲宽度调制。由于该稳压电路的$V_O < V_I$，因此这种串联型开关式稳压电路又称为 Buck（降压）型开关式稳压电路。

### 3. 并联型
并联型 DC/DC 变换电路主回路如图10.3.5（a）所示。由于开关管 VT 与负载$R_L$并联，因此

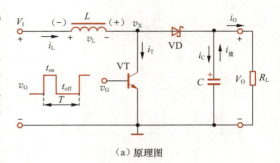

（a）原理图

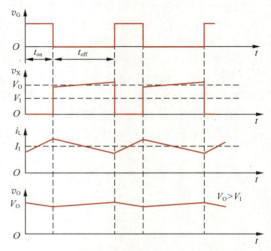

（b）$v_G$ 作用在 $i_L$ 连续条件下 $v_X$、$i_L$ 和 $v_O$ 的波形

图 10.3.5 并联型 DC/DC 变换电路主回路

该电路称为并联型电路。电感 $L$ 接在输入端，VD 仍为续流二极管。

当 $v_G$ 为高电平时（$t_{on}$ 期间），VT 导通，输入电压 $V_I$ 直接加到电感 $L$ 两端，$v_L \approx V_I$（忽略 VT 的导通压降），电感储能，电感电流 $i_L$ 呈线性增大，此时 VD 截止，之前已充电的电容 $C$ 向负载提供电流 $i_{放}=i_O$，在满足 $R_L C \gg t_{on}$ 时，$V_O$ 基本不变。

当 $v_G$ 为低电平时（$t_{off}$ 期间），VT 截止，由于电感电流 $i_L$ 不能突变，$L$ 的自感电动势 $v_L$ 为左负右正 ［图 10.3.5（a）中括号内标注］，此时 $v_X = V_I + v_L$，因而此电路的 $L$ 常称为升压电感。当 $V_I + v_L > V_O$ 时，VD 导通，$V_I + v_L$ 给负载提供电流 $i_O$，同时又向 $C$ 充电，此时 $i_L = i_C + i_O$，显然输出电压 $V_O > V_I$，所以该电路称为 Boost（升压）型电路。

同样，$V_O$ 与控制信号 $v_G$ 的占空比有关。正常工作时 $v_G$、$v_X$、$i_L$ 和 $v_O$ 的波形如图 10.3.5（b）所示。

可以证明，并联型开关式稳压电路的输出直流电压平均值

$$V_O \approx \frac{T}{t_{off}} V_I \approx V_I \frac{1}{1-q} \qquad (10.3.2)$$

式中，$T = t_{on} + t_{off}$ 为开关转换周期；$q = t_{on}/T$ 称为脉冲波形的**占空比**。

实际使用的开关式稳压电路通常还有一些其他的附加电路，如过电压、过电流等保护电路，并且备有辅助电源为控制电路提供低压电源等。

由以上可看出，无论哪种类型的变换电路，输出电压 $V_O$ 的大小总是受信号 $v_G$ 的占空比的控制，如果通过负反馈使 $V_O$ 的变化影响 $v_G$ 的占空比，就可以实现稳压了。

在图 10.3.3 所示电路的基础上，加入反馈控制电路，就可以构成串联型开关式稳压电路，如图 10.3.6 所示。与线性稳压电路类似，取样电路检测 $V_O$ 的变化，然后与基准电压 $V_{REF}$ 比较，其误差经误差放大器放大得到控制电压 $v_A$。但与线性稳压电路不同，$v_A$ 不能直接用于控制开关管 VT，需将其转换成方波 $v_G$ 的占空比 $q$，再去控制开关管 VT。这里将 $v_A$ 作为电压比较器 C 的阈值电压，与固定幅值和频率的三角波 $v_T$ 进行比较，便可产生脉冲宽度调制信号 $v_G$，其占空比 $q$ 反映了 $v_A$ 的大小，这样就可以通过 $q$ 控制 $V_O$ 实现稳压了。

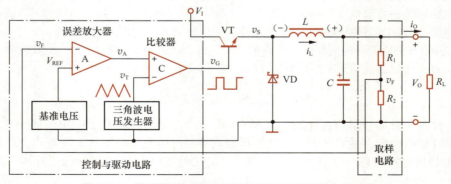

图 10.3.6 串联型开关式稳压电路（DC/DC 变换电路）原理图

例如，当输入电压 $V_I$ 增大或负载 $R_L$ 增大，使输出电压 $V_O$ 增大时，反馈信号 $v_F$ 也增大，使 $v_A$

减小，通过脉宽调制使 $v_G$ 的占空比 $q$ 减小，从而抑制 $V_O$ 增大，达到稳定 $V_O$ 的目的。上述调节过程可表示为

$$\begin{matrix} V_I \uparrow \\ R_L \uparrow \end{matrix} \searrow\!\!\!\!\nearrow\ V_O \uparrow \to v_F \uparrow \to v_A \downarrow \to v_G \text{ 的 } q \downarrow$$
$$V_O \downarrow \longleftarrow$$

同理，$V_O$ 受 $V_I$ 或 $R_L$ 影响减小时，得到 $v_F$ 减小使 $v_A$ 增大，导致 $v_G$ 的占空比 $q$ 增大，从而抑制 $V_O$ 的减小。

注意，负载电阻 $R_L$ 变化时会改变 $LC$ 滤波电路的滤波效果和开关式稳压电路的效率，因而开关式稳压电路不适用于负载变化太大的场合。

电路正常工作时，由于负反馈的作用，$v_F$ 始终跟踪 $V_{REF}$，即有 $v_F \approx V_{REF}$。再根据误差放大器的"虚断"可得到取样电路的电压关系 $v_F = V_O R_2 / (R_1 + R_2)$，于是输出电压

$$V_O = V_{REF}\left(1 + \frac{R_1}{R_2}\right) \qquad (10.3.3)$$

注意，图 10.3.6 中的控制与驱动电路所用电源也是 $V_I$。

为了提高开关式稳压电路的效率，应选取导通压降小、截止漏电流小的开关管。另外，开关频率对稳压电路的性能影响也很大。开关频率越高，需要使用的 $L$、$C$ 值越小。这样，系统的尺寸和质量都会减小。但另一方面，开关频率越高，开关管单位时间转换的次数会增加，功耗将增大，导致效率降低。因此要合理选择开关频率，而且针对不同的器件和电路结构，最佳的开关频率往往是不同的。续流二极管 VD 一般选用正向压降小、反向电流小及反向恢复时间短的肖特基二极管。滤波电容和电感要使用耐高温的高频电解电容和高频电感。

并联型稳压电路的稳压原理与串联型的基本相同，这里不赘述。

## 10.3.2　开关式稳压电路的应用

### 1．LM2596 及其应用电路

LM2596 是美国国家半导体公司（national semiconductor）推出的一款 DC/DC 变换器，其有 3.3V、5V、12V 的固定电压输出和可调电压输出，可调输出电压范围为 1.235V ～ 37V（±4%）；输入电压高达 40V，输出线性好；内部振荡频率为 150kHz，输出电流高达 3A；外围电路简单，使用方便。

其外围引脚如图 10.3.7 所示。各引脚功能：1 引脚 $V_{IN}$ 为输入电压端；2 引脚 Output 为输出电压端；3 引脚 Ground 为接地端；4 引脚 Feed Back 为反馈端，在构成可调输出时

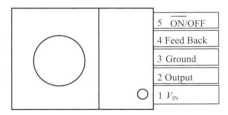

5　ON/OFF
4　Feed Back
3　Ground
2　Output
1　$V_{IN}$

图 10.3.7　LM2596 的外围引脚

与取样的输出电压相连，在构成固定输出时通过电容连接到地；5 引脚 $\overline{ON}$/OFF 为通/断控制端，在低电平时工作，在高电平时输出关断。

LM2596 的内部结构如图 10.3.8 所示。

相对于图 10.3.6 所示的串联型开关式稳压电路，LM2596 内部增加了启动电路、热保护电路和限流电路（由 COMP1 和 COMP2 实现限流功能），AMP1 为误差放大器，其对基准电压 1.235V 与反馈端的取样电压的差值进行放大，将放大的信号送入比较器 COMP3 的反相输入端，与内部振荡器产生的 150kHz 的三角波信号进行比较，其输出信号控制门闩的开和关。由于 LM2596 的三角波信号来自芯片内部的振荡器，因此其属于自激式开关电路。

（1）固定 5V 输出

LM2596-5 构成的固定 5V 输出电路如图 10.3.9 所示。输入电压 $V_I$ 的范围是 7 ～ 40V，输出电压 $V_O$ 为 5V。可见，LM2596 只需连接 4 个外部元件。图中，$C_1$ 为输入端滤波电容，可以抑制在

输入端出现大的瞬态电压，同时为 LM2596 在每次开关时提供瞬态电流。$C_{OUT}$ 为输出端滤波电容，其主要对输出进行滤波，且可以进一步提高环路的稳定性，一般采用容量大、耐高压、耐高温的电解电容。续流二极管 VD 可采用 1N5825 型肖特基二极管，其具有开关速度快、正向电压小的优点。

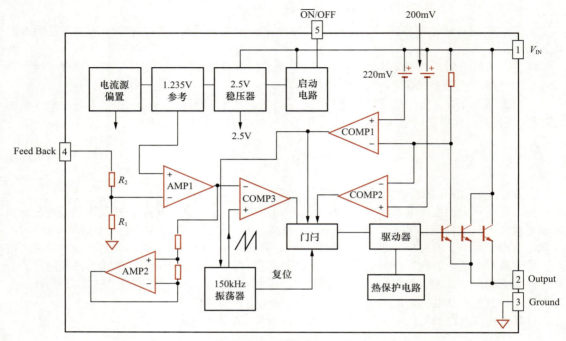

图 10.3.8　LM2596 的内部结构

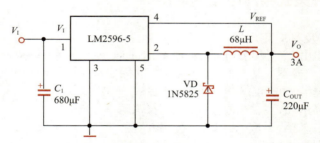

图 10.3.9　LM2596-5 构成的固定 5V 输出电路

（2）输出可调应用

如果图 10.3.9 中 LM2596 引脚 4 的反馈端不是通过电容 $C_{OUT}$ 接地，而是连接精度为 ±1% 的精密取样电阻 $R_1$、$R_2$，如图 10.3.10 所示。LM2596 内部基准电压 $V_{REF}$=1.235V，其中带 ADJ 后缀的为可调变换器。输出电压 $V_O = V_{REF}\left(1+\dfrac{R_2}{R_1}\right)$，$R_1$ 为 1～5kΩ，$R_2$ 为 50kΩ 的电位器，可以根据输出电压的要求来选择，即 $R_2 = R_1\left(\dfrac{V_O}{V_{REF}}-1\right)$，当输入电压 $V_1$=7～40V 时，输出电压 $V_O$ 为 1.235～37V，输出电流 0.5A≤$I_O$≤3A。当 $R_1$=1kΩ，$R_2$=3.07kΩ 时，输出电压 $V_O$=5V，输出电流 $I_O$=3A。

## 2．TPS63020 及其应用电路

TPS63020 是一款电流可达 4A 的开关升降压转换器，输入工作电压介于 1.8～5.5V，在典型情况下，降压模式下可输出 3.3V 的电压、3A 的电流；升压模式下则可输出 3.3V 的电压、超过 2.0A 的电流。TPS63020 广泛应用于各种便携式电子产品。TPS63020 的典型应用电路如图 10.3.11 所示。

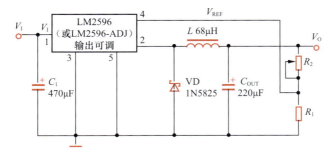

图 10.3.10 LM2596 组成可调输出电压的典型应用电路

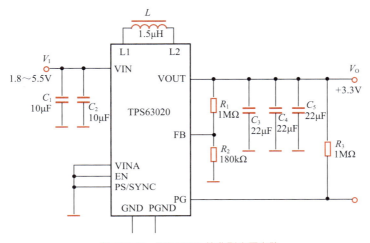

图 10.3.11 TPS63020 的典型应用电路

# 10.4 设计举例

小功率直流稳压电路如图 10.4.1 所示，它是以三端集成稳压器为核心组成的直流稳压电路。其工作原理：输入有效值为 220V、频率为 50Hz 的交流电，经 T 降压，经过 $VD_1 \sim VD_4$ 桥式整流，

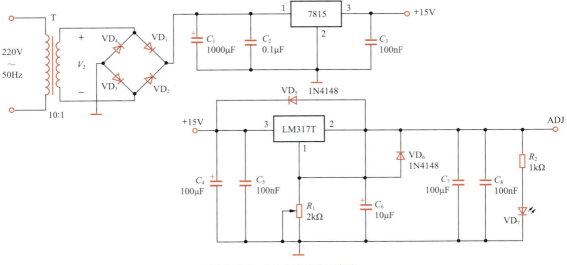

图 10.4.1 小功率直流稳压电路

$C_1$、$C_2$ 滤波后送入三端集成稳压器 7815，输出 +15V 直流电压。

此 15V 直流输出电压作为 LM317T 的输入，输出可调的直流电压。

## 小结

- 在电子系统中，经常需要将交流电压转换为稳定的直流电压，为此要用整流、滤波和稳压等电路来实现。
- 整流电路可利用二极管的单向导电性将交流电转变为脉动的直流电。为抑制整流输出电压中的纹波，通常在整流电路后连接滤波电路。滤波电路一般可分为电容输入式和电感输入式两大类。在输出直流电流较小且负载几乎不变的场合，宜采用电容输入式，而负载电流大的大功率场合，宜采用电感输入式。
- 为了保证输出电压不受电网电压、负载和温度的变化而变化，可再接入稳压电路。在小功率供电系统中，多采用串联反馈式线性稳压电路，在移动式电子设备中或要求节能的场合，多采用由集成开关稳压器组成的 DC/DC 变换器供电，而中、大功率稳压电源一般采用集成的 PWM（或 PFM）控制与驱动电路再外接大功率开关调整管和 LC 滤波电路的开关式稳压电路。
- 串联反馈式线性稳压电路的调整管工作在线性区，利用控制调整管的管压降来调整输出电压，它是一个带负反馈的闭环有差调节系统，它的输出电压小于输入电压，即 $V_O<V_I$，调整管功耗大，电源效率低（只有 40% ~ 60%），纹波电压小。
- 开关式稳压电路的调整管工作在开关状态，利用控制调整管导通与截止时间的比例来调整和稳定输出电压，它也是一个带负反馈的闭环有差调节系统。

## 自我检验题

### 10.1　选择题

1. 稳压管的稳压区是_____。
A. 反向击穿区　　　　　　　　　　　　　B. 反向截止区
C. 正向导通区　　　　　　　　　　　　　D. 无法确定

2. 整流的目的是_____。
A. 将交流变为直流　　　　　　　　　　　B. 将高频变为低频
C. 将正弦波变为方波　　　　　　　　　　D. 将直流变为交流

3. 在桥式整流电路中，负载流过电流 $I_L$，则每只整流管中的平均电流 $I_D$ 为_____。
A. $I_L/2$　　　　　B. $I_L$　　　　　C. $I_L/4$　　　　　D. $2I_L$

4. 直流稳压电源中滤波电路的目的是_____。
A. 将交直流混合量中的交流成分滤掉　　　B. 将高频变为低频　　　C. 将交流变为直流

5. 在单相桥式整流（无滤波时）电路中，输出电压的平均值 $V_L$ 与变压器二次电压有效值 $V_2$ 应满足关系_____。
A. $V_L=0.9V_2$　　　B. $V_L=1.4V_2$　　　C. $V_L=0.45V_2$　　　D. $V_L=1.2V_2$

6. 在单相桥式整流（电容滤波时）电路中，输出电压的平均值 $V_L$ 与变压器二次电压有效值 $V_2$ 应满足关系_____。
A. $V_L=0.9V_2$　　　B. $V_L=1.4V_2$　　　C. $V_L=0.45V_2$　　　D. $V_L=1.2V_2$

### 10.2　判断题（正确的画"√"，错误的画"×"）

1. 单相整流电路可将单相交流电压变换为脉动的单向电压。　　　　　　　　　　　　（　　）
2. 在直流稳压电源中，降压、整流、滤波、稳压这 4 个环节都是必需的环节。　　　　（　　）
3. 在选择整流元件时，只需要考虑负载所需的直流电压和直流电流。　　　　　　　　（　　）

自我检测题
答案

4. 单相桥式整流电路的输出电压的平均值比半波整流时的增加了一倍。　　　　（　　）
5. 在单相桥式整流电路中，若有一只整流管接反，将造成短路而无法正常工作。　　（　　）
6. 串联反馈式稳压电路中的调整管工作于共发射极组态。　　　　　　　　　　　（　　）
7. 开关式稳压电路中，若开关管采用晶体管，开关管导通时工作于线性放大区。　（　　）
8. 开关式稳压电路的输出电压动态范围宽，且纹波小于串联反馈式稳压电路的。　（　　）
9. 直流稳压电路是一种能量转换电路，它能将交流能量转变为直流能量。　　　　（　　）
10. 在串联型线性稳压电路中，调整管与负载串联且工作于线性放大区。　　　　（　　）

## 习题

### 10.1　小功率整流滤波电路

10.1.1　单相桥式整流电路如图10.1.2所示，已知变压器二次电压的有效值 $V_2$=20V，负载电阻 $R_L$=100Ω。
（1）求直流输出电压 $V_L$。
（2）求直流输出电流 $I_L$。
（3）求流过二极管的平均电流 $I_D$。
（4）求二极管承受的最大反向电压。

10.1.2　桥式整流电容滤波电路如图10.1.5所示，已知变压器二次电压的有效值 $V_2$=20V，负载电阻 $R_L$=100Ω，电容 $C$=2200μF。
（1）求直流输出电压 $V_L$。
（2）求直流输出电流 $I_L$。
（3）求流过二极管的平均电流 $I_D$。
（4）求二极管承受的最大反向电压。

10.1.3　桥式整流电容滤波电路如图10.1.5所示，已知负载电阻 $R_L$=20Ω，交流电源频率 $f$=50Hz，要求输出电压 $V_L$=12V，试求变压器二次电压的有效值 $V_2$，并选择整流二极管和滤波电容。

### 10.2　线性稳压电路

10.2.1　采用稳压管构成的并联型稳压电路如图题10.2.1所示，稳压管VS的稳定电压 $V_Z$=6V，$V_I$=18V，$C$=1000μF，$R$=1kΩ，$R_L$=1kΩ。（1）电路中稳压管接反或限流电阻 $R$ 短路，会出现什么现象？（2）求变压器二次电压的有效值 $V_2$ 和输出电压 $V_O$。

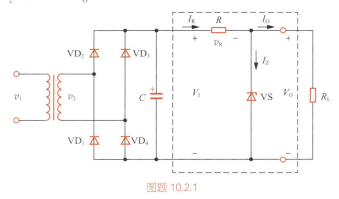

图题 10.2.1

10.2.2　小功率直流稳压电路如图题10.2.2所示。
（1）电路中存在两个错误，请指出错误之处并改正。
（2）试求输出电压 $V_O$ 的调节范围。

10.2.3　电路如题10.2.3所示。（1）设变压器二次电压的有效值 $V_2$=25V，求 $V_I$。（2）当 $V_{Z1}$=6V，$V_{BE}$=0.7V，电位器 $R_P$ 箭头在中间位置，不接负载电阻 $R_L$ 时，试计算A、B、C、D、E各点的电位和 $V_{CE3}$。（3）计算输出电压的调节范围。

10.2.4　电路如图题10.2.4所示，已知三端集成稳压器7815输入与输出之间的最小压差为2V。

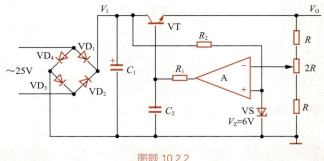

图题 10.2.2

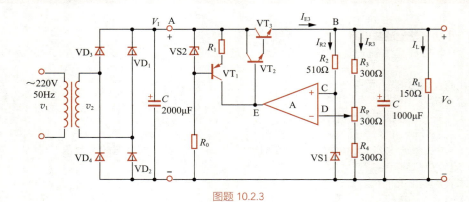

图题 10.2.3

图题 10.2.4

（1）电路中存在两个错误，请指出错误之处并改正。

（2）求输出电压 $V_O$。

（3）若电网电压最大波动±20%，那么，在电网电压220V标称值下，变压器二次电压的有效值 $V_2$ 最小应设计为多少？（整流滤波的电压关系按1.2计算。）

### 10.3　开关式稳压电路

10.3.1　在串联型开关式稳压电路中，参考电压 $V_{REF}$ 的产生一般采用稳压管实现。在图题10.3.1所示电路中，若 $V_I$ 为11～13.6V，稳压管的 $V_Z$=9V，$I_{Lmin}$=0，$I_{Lmax}$=100mA，试求 $R$。

10.3.2　开关式稳压电路相对于线性稳压电路主要的优点有哪些？

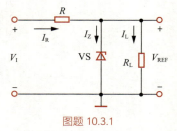

图题 10.3.1

## 📝 实践训练

**S10.1**　串联型直流稳压电路如图S10.1所示，设BJT用2N3904和2N3906，$\beta$=50，$V_{BE}$= 0.6V，两只稳压管用1N750，它的稳定电压 $V_Z$=6V，$I_{Zm}$=30mA，二极管用1N4148，运放A用μA741。输入电压

$v_I$=28sin$\omega t$V，电位器 $R_P$ 处于中间位置。试运用 MultiSim 分析该电路。（1）给出 $v_A$、$v_O$ 的波形，观察输出电压的建立和稳定的过程。（2）输出电压稳定后，分别求 $v_A$、$v_O$ 的直流平均值及其纹波大小。

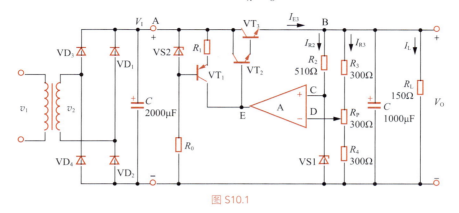

图 S10.1

**S10.2**　电路如图题 10.2.1 所示。设正弦电压 $v_2$ 的振幅为17V，频率为50Hz，二极管采用1N4148，稳压管采用1N750，它的 $V_Z$=10V，$I_{Zmin}$=1mA。当负载电流为50mA（$R_L$=200Ω）时，试分析：（1）$C$=1000μF，正常稳压时，$R$ 的取值范围，并绘出输出电压波形；（2）$R$=40Ω，正常稳压时，$C$ 的取值范围，并绘出输出电压波形。

# 参 考 文 献

[1]  康华光、张林. 电子技术基础·模拟部分：第七版. 北京：高等教育出版社，2021.

[2]  康华光. 电子技术基础·模拟部分：第五版. 北京：高等教育出版社，2006.

[3]  张林、陈大钦，模拟电子技术基础：第三版. 北京：高等教育出版社，2014.

[4]  华成英. 模拟电子技术基础：第四版. 北京：高等教育出版社，2001.

[5]  瞿安连. 应用电子技术. 北京：科学出版社，2003.

[6]  谢嘉奎. 电子线路. 线性部分：第四版. 北京：高等教育出版社，2000.

[7]  Donald A. Neamen.  Electronic Circuit Analysis and Design 4th ed. McGraw-Hill Companixes, Inc. 2018.

[8]  Ulrich Tietze 等. 电子电路设计原理与应用（第二版）（卷Ⅱ应用电路）. 邓天平，瞿安连译. 北京：电子工业出版社，2014.

[9]  Pual Horowitz and Win field Hill. The Art of Electronics, 2nd ed. Cambridge University Press，1989.

[10]  Sergio Franco.  模拟电路设计分立与集成 [M].雷鑑铭，等译. 北京：机械工业出版社，2017.

[11]  Donald A. Neamen. 电子电路分析与设计：第 4 版. 任艳频，赵晓燕，张东辉译. 北京：清华大学出版社，2020.

[12]  赵进全，杨拴科. 模拟电子技术基础：第 3 版. 北京：高等教育出版社，2019.

[13]  王淑娟，齐明，徐乐. 模拟电子技术基础：第 2 版. 北京：高等教育出版社，2022.

[14]  王志功，沈永朝等. 电路与电子线路基础·电子线路部分：第 2 版. 北京：高等教育出版社，2016.

[15]  Albert Malvino, David Bates. Electronic principles, Eighth edition. McGraw-Hill，2015.